船舶与海洋工程专业规划教材

舰艇结构

（第2版）

梅志远　张　二　白雪飞　李华东　吕岩松　编著

国防工业出版社
·北京·

内 容 简 介

本书以舰船结构为对象，针对水面舰船和潜艇船体结构部段及部（构）件的组成、功能作用及承载受力特征，船体结构的典型形式、构件名称、布置规律、连接和图示方法，以及舰船复合材料结构主要设计特点等进行了较为系统、完整的阐述。本书以舰船结构评价体系及要求为牵引，力求体现舰船结构技术的最新发展趋势。本书共分为四篇，分别为舰船结构基础知识，水面舰船结构，潜艇结构和舰船复合材料结构。

本书可作为舰艇设计、船体维修、舰船管理等船舶类专业以及轮机工程、电气工程等涉船类专业本科生教材。同时，本书也可作为相关专业工程技术人员、舰船装备管理人员或舰员的工作参考用书。

图书在版编目（CIP）数据

舰艇结构 / 梅志远等编著. —2 版. —北京：国防工业出版社，2023.9

ISBN 978-7-118-13059-1

Ⅰ. ①舰…　Ⅱ. ①梅…　Ⅲ. ①军用船－船体结构－教材　Ⅳ. ①U674.7

中国国家版本馆 CIP 数据核字（2023）第 173780 号

※

国防工業出版社 出版发行

（北京市海淀区紫竹院南路 23 号　邮政编码 100048）

三河市腾飞印务有限公司印刷

新华书店经售

*

开本 787×1092　1/16　印张 15¾　字数 355 千字

2023 年 9 月第 2 版第 1 次印刷　印数 1—3000 册　定价 63.00 元

（本书如有印装错误，我社负责调换）

国防书店：(010) 88540777　　书店传真：(010) 88540776

发行业务：(010) 88540717　　发行传真：(010) 88540762

前　言

本书为“十三五”时期海军院校第四批重点课程建设任务之一。在编著过程中，编者为贯彻新时代军事教育方针，突出高素质、专业化新型军事人才培养要求，在上一版（获海军院校重点教材）的基础上，认真梳理基本概念体系，精心设置章节内容，紧跟装备发展前沿，力求为从事舰船设计、舰船保障工程以及船体维修等舰船类专业学员夯实舰船平台专业基础，为涉船类专业学员构筑平台总体及系统接口概念。本书的主要特征如下：

（1）根据授课对象的“宽口径”专业培养要求，全书采用模块化内容体系设置，主要分为舰船结构基础知识（公共模块），水面舰船结构（专业模块 1），潜艇结构（专业模块 2），舰船复合材料结构（拓展模块）。对于从事船舶设计与船体维修专业学员，建议全面掌握四大模块知识体系；对于从事水面舰船维修或涉船类专业学员，建议选学公共模块和专业模块1；对于从事潜艇类相关专业学员，建议选学公共模块和专业模块2。

（2）本书在阐述舰船结构特征思路上，遵循从宏观到具体细节的原则，把握舰船结构构成特征，明确了舰船结构部段、部件、构件以及板材概念，强调了舰船基本结构与专用结构的功能性差异；在内容阐述上遵循以需求为牵引，以评价体系和要求为约束的原则，按照部（构）件功能、承载受力特征、结构形式、构件组成、布置规律和要求的思路展开。

（3）重视教材体系性和完整性，力求将复杂概念诠释得更为清晰，易于掌握。如本书从使用者的角度，将舰船结构评价体系分为可用（基本功能性）、好用（扩展功能性）、耐用（保障性）与高性价比（经济性）；再如，书中为帮助学员对结构构造特点的理解，在保留工程图示的同时，对应增补三维立体图示，并提供了三维图库二维码链接，体现了本教材数字信息化建设成果。

（4）突出舰船结构特色，反映现代舰船结构技术发展的最新成果。如在水面舰船结构形式介绍中，本书主要以舰船的纵骨架式为主，综合分析不同骨架形式的特点，使读者对舰船结构有深刻认识和全面了解；为紧跟装备发展前沿，增设了航空母舰等大型水面舰船主要结构特点介绍；此外，潜艇结构也是军用舰船的重要特色。本书突出了最新科技成果，如在舰船结构评价体系的扩展功能性要求中，重点阐述了舰船安全性和隐身性设计要求与应用，此外，潜艇锥环柱过渡连接结构和舰船功能型复合材料结构的 3 个“一体化”设计特点体现了现代舰船结构技术发展的前沿特征。

（5）为了启发式教学，本书在思考题的设置方面，给出了更多值得思考的工程性问题，以供读者扩展思考与练习。

本书第一篇舰船结构基础知识，共 4 章（第 1 章至第 4 章）和第二篇水面舰船结构，共 9 章（第 5 章至 9 章），由梅志远教授编著；第三篇潜艇结构，共 3 章（第 10 章至第 12 章），由张二讲师和白雪飞副教授编著；第四篇舰船复合材料结构，共 3 章（第 13 章至 15 章），由李华东副教授和梅志远教授编著；三维立体结构图由吕岩松副教授统一组织制作完成；资料的收集整理工作由张二讲师完成。本书由梅志远教授、白雪飞副教授统稿，吴梵教授主审。中国船舶集团有限公司七〇一所的张新宇研究员也提出了许多宝贵意见；研究生张弛、夏奕和陈国涛讲师等承担了部分三维绘图工作，在此一并表示诚挚的感谢。

由于编著者知识结构和水平有限，本书在内容上或编排上肯定会有很多不足之处，希望广大读者批评指正。

编著者

目　录

第一篇　舰船结构基础知识

第三篇 潜艇结构

第四篇　舰船复合材料结构

第一篇　舰船结构基础知识

第1章　船体结构构成与图示方法

1.1　舰船分类

1.1.1　船舶分类

船舶是指能航行、停泊于水域，从事运载、作战、作业和科研等活动的构造物，是各种船、舰、艇、舢板、筏以及水上浮动作业平台等的统称。

船舶分类可根据其各种功能或特点，从不同的角度给出不同的分类方法，主要有：使用功能、航行区域、航行状态、动力装置、推进形式、上层建筑形式或机舱位置、主船体结构形式以及主船体材料等。根据使用功能，可分为军船、民船、运输船、工程船、渔业船等；根据航行区域，可分为远洋船、沿海船、海峡船、内河船等；根据动力装置，可分为帆船、机动船、机帆船、核动力船、内燃机船、汽轮机船、燃气轮机船、电力推进船等；根据推进形式，可分为常规螺旋桨推进船、喷水推进船、吊舱螺旋桨推进船、空气螺旋桨推进船等；根据主船体材料，则可分为木质船、水泥船、钢质船、铝质船、复合材料船等。下面重点介绍按照航行状态的船舶种类，如图1-1-1所示。

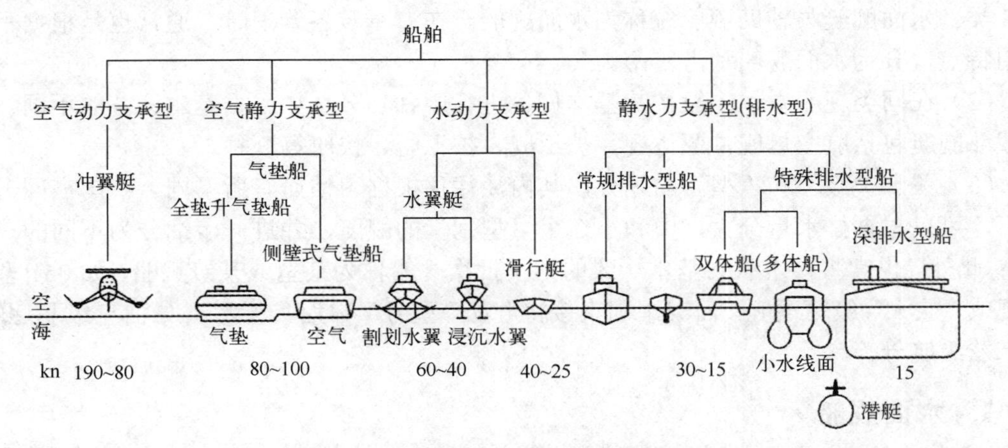

图1-1-1　按照航行状态分类的船舶种类

船舶航行状态分类方法是由航行中船体所受支承力的不同来区分的，它分为静水力支承、水动力支承、空气静力支承及空气动力支承4种航行状态。静水力支承航行状态的船舶为排水型船，包括水面排水型船和水下排水型船（潜艇）。排水型船舶的船体重量由船体排开海水所产生的静浮力支承。在排水型船中，除常规排水型船以外，还包括双体船（多体船）、小水线面船、深排水型船等特殊排水型船。水动力支承航行状态的船舶主要有滑行艇、水翼艇等，它们在水面高速航行时，船体吃水很浅或离开水面，船体重量主要由与水接触的部分船体或水翼产生的水动升力支承。空气静力支承航行状态船舶是指气垫船，它由船底高压空气室把船体垫升，使船底与水面之间形成空气垫，并借助空气螺旋桨驱动高速行驶。空气动力支承航行状态船舶为冲翼艇，或称气翼艇及地效应船，它利用冲入翼下的高速气流所产生的动升力，以及船体和机翼贴近水面高速航行时产生的地面效应升力支承船体重量，因而又称地面效应船。由上可知，采用不同航行支承方式船舶的船型差异较大。具有不同船型的船舶，在航行中所承受的主要载荷也是存在差异的，这就导致了船舶结构强度要求的变化，并最终形成了不同航行支承方式船舶的结构设计特点。考虑到目前军用舰船仍然是以常规排水型为主，因此，本书将以常规排水型水面舰船结构为主。此外，潜艇作为军用舰船的重要组成部分，潜艇结构也是本书介绍的重点对象。

1.1.2 舰船分类

舰船通常按照性能和使用特点以及吨位进行分类，这有利于平时妥善维护管理舰船与组织训练，战时正确使用舰船，充分发挥各种舰船所具有的性能与特点，协同配合作战。

GJB4000—2000中，通常根据舰船的基本使命和遂行的任务进行类别划分，将所有舰船分为不同的舰类、舰种和舰级（型），基本要求如下：

（1）根据舰类，舰船通常可分为作战舰艇和辅助舰船两大类。

作战舰艇类主要可分为：水面舰艇和潜艇，水面舰艇则包括水面战斗舰艇，两栖战舰艇和水雷战舰艇3类；辅助舰船类则可分为：作战保障类，技术保障类以及勤务保障类3类。水面舰艇与辅助舰船统称为水面舰船。在海军装备管理时，通常也是根据平台使用特点，分为水面舰船和潜艇两大类。

（2）在同类舰船中，一般按其基本任务进行舰种划分。如根据基本任务的不同，水面战斗舰艇包括航空母舰、驱逐舰、护卫舰、护卫艇、快艇等舰种。

（3）关于“级”和“型”的划分，其内涵往往根据习惯而有所不同。我国在同一舰种下，可以根据排水量分大、中和小3个“型别”的舰艇，并进一步细分为不同的“级别”；此外，也常将技术状态基本一致的同一批次舰船称为某型或某级舰船，如051型驱逐舰或“旅大”级驱逐舰。而美军则直接将舰船“型号”称为“舰级”，如伯克级驱逐舰、尼米兹级航母等。

1. 水面舰船

1）水面战斗舰艇

具有直接作战能力的水面舰艇称为水面战斗舰艇，水面战斗舰艇按吨位（正常排水量的大小）将其划分为大、中、小3型和8个级别，并将正常排水量500t及其以上的水面舰艇称为舰，正常排水量小于 500t 的水面舰船称为艇。

水面战斗舰艇根据基本任务、功能及吨位的不同，又可分为下列各舰种：

（1）航空母舰。以舰载机为主要作战武器，是现代海战的主力舰。它对于战争的制空权和制海权具有举足轻重的作用。航空母舰根据排水量大小和功能可分为不同的舰级（型）。例如，按排水量可分为小型航空母舰，排水量为 10000～30000t；中型航空母舰，排水量为 30000～60000t；排水量 60000t 以上的为大型航空母舰。

（2）驱逐舰。是现代海战的多面手，可以参与编队作战；可为航空母舰及运输舰队护航，担任反潜和对空对海作战；可担负巡逻警戒、封锁海域、对敌舰或海岸攻击、协同快艇作战等任务。目前，驱逐舰正向着大型化和综合化发展，排水量一般为 3000～12000t，其中 8000t 以上称为大型驱逐舰。

（3）护卫舰。主要任务是护航、护渔、巡逻等，其排水量为 500～4000t。由于护卫舰排水量较小，因而多为单一作战功能，如导弹（对海）护卫舰、反潜护卫舰及防空护卫舰等。

（4）快艇。通常将速度较快、吨位较小的水面作战舰艇统称为快艇。它是海岸防卫的突击力量，可在近海防御中发挥积极作用。快艇按武器装备的不同分为导弹艇、鱼雷艇、护卫艇以及猎潜艇等；按航行状态不同可分为滑行艇、水翼艇、气垫船和冲翼艇。

2）两栖舰艇

两栖舰艇是指主要用于对岸登陆、支援和攻击的两栖作战舰艇。两栖舰艇主要包括两栖指挥舰、两栖攻击舰、两栖运输舰、火力支援舰、登陆舰艇等。目前，我国现役舰艇中主要为登陆舰艇，在装备管理上通常列入辅助舰船类。但随着我国海军发展战略逐渐从近海防御转向远海防卫，两栖舰艇的发展已初露端倪，后续前景可期。登陆舰艇按排水量分为大、中和小 3 型。

3）水雷战舰艇

（1）布雷舰艇。它的主要任务是在重要海域、航道、港口布设水雷，以封锁敌港口、航道，或阻止敌舰进攻。

（2）猎、扫雷舰艇。它的主要任务是解除敌人的布雷封锁，为舰队、港口开通航道。

4）辅助舰船

凡以直接或间接方式为战斗舰艇提供各种支援、保障和训练、试验等使命的军用舰艇，称为辅助舰船。

辅助舰船按其使命可划分为 3 个大类，即战斗支援类、后勤保障类和科研试验训练类。战斗支援类舰船主要从事水面、水下收集军事情报，进行海战救难、援助等活动，并为战斗舰艇提供各种战斗支援。包括电子侦察和电子对抗船、卫星通信船、打捞救生船、援潜救生船、深潜救生艇及航标船、测量船等。后勤保障类舰船是指为舰艇部队、基地建设提供运输、供应、维修、居住、卫勤、工程等服务的舰船。它包括运输船、补给船、供应船（如油水船）、拖船、浮船坞、工程船、医院船、救护艇、交通舰艇、消磁船等。科研试验训练类舰船是指在海上进行科学试验及各类新武器试验测量，对官兵进行海上训练的舰船。它包括水声试验船、航天测量船、武器试验船、鱼雷跟踪试验船、训练船、靶船等。

2. 潜艇

潜艇是各种水下舰船的总称。根据潜艇使命任务及技战术指标特征差异分类，便于潜艇的作战使用和日常管理。目前，用于对潜艇分类的技术特征主要包括：排水量、动力装置、噪声水平以及结构形式特征等。

1）按排水量分类

潜艇按排水量的大小可分为三个级别：大型、中型和小型潜艇。由于排水量的大小在一定程度上反映了潜艇的任务及其主要战术、技术性能（如活动半径、自持力、武器装备数量等），因此这种分类方法已被常规动力潜艇普遍采用。目前，我国通常按下列标准划分：

（1）大型潜艇。水面正常排水量大于 2500t 的称为大型潜艇。这类潜艇具有较大的自持力、续航力，能携带较多的武器装备，能在远海、远洋进行长期的活动。如日本“苍龙"级潜艇，正常排水量 2950t（水面）/全排水量 4200t（水下），长×宽×型深（m）= 84×9.1×10.3（m），下潜深度 500m，航速 13kn（水面）/20kn（水下），是目前世界上排水量最大的常规动力潜艇。

（2）中型潜艇。水面正常排水量在 1000～2500 t 的称为中型潜艇。它主要活动于中海、远海，其自持力、续航力比大型潜艇要小，所携带鱼雷、导弹等武器也少些，但活动较为灵活，制造难度和成本也较低。这种潜艇目前世界各国常规潜艇中占有相当大的比例，如德国的“212A”型潜艇，正常排水量 1500 t（水面）/全排水量 1830 t（水下），长×宽=57.1m×7.0m，下潜最大深度>200m，航速 12kn（水面）/20kn（水下），续航力为水面 8000n mile/8kn（水下 420n mile/8kn），5kn AIP 续航 2～3 周。

（3）小型潜艇。水面正常排水量在 1000 t 以下的称为小型潜艇。它主要用于近海防御或从事特种作战任务，其自持力、续航力均较小，功能相对单一。其典型代表如法国的“SMX-23”型近海潜艇，艇长 48.8m，正常排水量 855 t（水面），下潜最大深度>200m，续航力为水面 1850n mile/8kn（水下 60h/4kn）。此外，还有德国的“210”型概念潜艇以及俄罗斯的“阿穆尔”系列潜艇。

2）按动力装置类型分类

潜艇按动力装置类型通常分为常规动力潜艇和核动力潜艇两类。

（1）常规动力潜艇。现代常规动力潜艇广泛采用柴油发电机组+蓄电池+推进电机间接传动的动力系统模式。潜艇水面航行时，由柴油机带动发电机供电给推进电机，再由推进电机带动推进器航行。水下航行时，则由蓄电池供电给推进电机，推动潜艇航行。

常规潜艇不依赖空气的推进系统（air independent propulsion system，AIP），是 20 世纪 80 年代发展起来的常规潜艇水下长时间潜航推进动力源的总称。AIP 系统的应用使常规动力潜艇的水下航速和续航力大幅提高，暴露率大为降低。目前，比较成熟的 AIP 系统主要有热气机 AIP 系统（SE/AIP），燃料电池 AIP 系统（FC/AIP），小型核动力 AIP 系统（LLNP/AIP）三大类别。

（2）核动力潜艇。核动力装置主要由核反应堆、蒸汽发生器、加压器、主循环泵和主汽轮机等组成。现代潜艇上的反应堆大多采用轻水型压水反应堆。核燃料在反应堆内产生链式裂变反应，释放出巨大的热量，利用主循环泵使载热剂（高压水）通过堆芯把热带走，通过蒸汽发生器把水加热成蒸汽，供给汽轮机驱动推进器，推动潜艇航行。为了提高潜艇的生命力，通常在核动力潜艇上还配置电力传动装置，作应急机动手段，有的还装有辅助推进装置，既可作应急动力，又可作低噪声超低速水下航行。核动力潜艇的出现使潜艇真正做到了不依赖大气而能在水下进行长期活动，实现了人们多年来所寻求的目标，因此发展很迅速。但由于核动力技术复杂、价格昂贵以及受到排水量的限制，因此，尽管其有很多无可争辩的优点，仍不能完全代替常规动力潜艇。

3）按船体结构形式来分

（1）单壳体潜艇。艇体中段只有一层壳板的潜艇称为单壳体潜艇，如图 1-1-2 所示。这种单壳体潜艇船体结构早期仅用于小型潜艇，第二次世界大战以后成为欧美等西方国家潜艇的主要结构形式。在相同内部容积条件下，单壳体潜艇水下全排水量较小，故其快速性、机动性等均优于双壳体潜艇。但单壳体潜艇也存在储备浮力小，抗沉性劣于双壳体潜艇的问题。

（2）双壳体潜艇。潜艇中段存在两层壳板的潜艇称为双壳体潜艇，如图 1-1-3 所示。它在耐压船体之外还设置了一层非耐压壳板，非耐压壳板具有良好的流线型，从而可有效降低水下航行阻力，苏联和我国大、中型潜艇广泛采用这种形式。

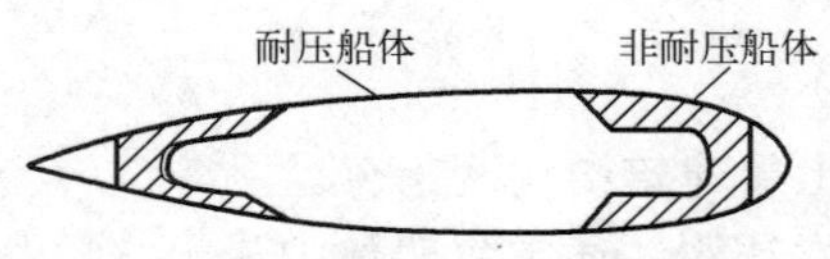

图 1-1-2　典型单壳体潜艇结构形式

图 1-1-3　典型双壳体潜艇结构形式

（3）混合壳体潜艇。随着现代建造工艺水平的提高，按照型线要求对耐压壳体结构进行制造已不再成为技术障碍时，统筹运用单双壳体的设计优势，使潜艇既具有较强的抗沉能力，也可尽量提高其快速性，现代潜艇越来越倾向于采用混合壳体潜艇结构，如图 1-1-4 所示。这种潜艇沿船体纵向局部采用单壳结构，而在另一些部位采用双壳结构。以往这种结构多用于战略导弹核潜艇的弹仓设计，目前已逐步得到推广应用。

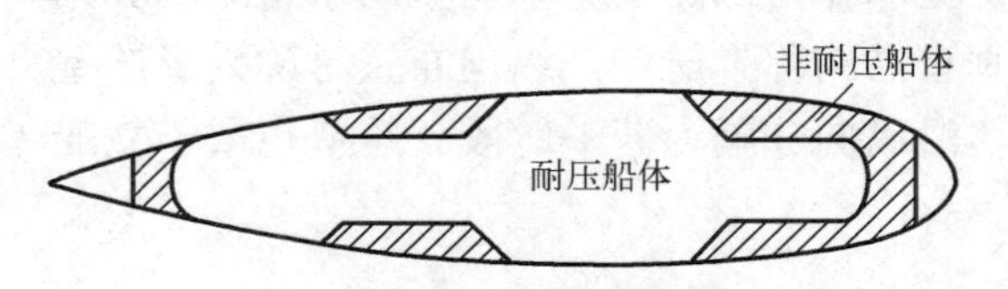

图 1-1-4　典型混合壳体潜艇结构形式

4）按噪声水平分类

隐蔽性是衡量现代潜艇先进性，保证其战斗力和生命力的重要指标之一。水下辐射噪声是评价潜艇隐蔽性的主要指标之一，因此，按潜艇噪声水平进行分类能在较大程度上反映其先进性。由于潜艇具体的噪声信息特征涉密程度极高，目前世界各国关于潜艇噪声水平的表征方法和“安静型潜艇”的定义及标准尚难以统一，对此，国内较为一致的看法是：以辐射噪声总声级（1μPa，1m；水下 3kn 或 6kn 航速；5Hz～50kHz 频段）作为评判潜艇噪声水平的标准参考，将潜艇噪声水平从低到高分为 6 级，如表 1-1-1 所列。

表 1-1-1　根据辐射噪声总声级对潜艇噪声水平的分类

序号	潜艇分类	辐射噪声总声级/dB		举例
		水下 3kn	水下 6kn	
1	高噪声潜艇	>150	>160	第二次世界大战期间的潜艇
2	普通潜艇	140～150	150～160	涡潮（日），格贝（美）
3	低噪声潜艇	130～140	140～150	209（德），奥白龙（英），阿戈斯塔（法）
4	准安静型潜艇	120～130	130～140	636（俄），亲潮（日），洛杉矶（美），哥特兰（瑞典）
5	安静型潜艇	110～120	120～130	212A（德），阿穆尔（俄），海狼（美），阿库拉-971M（俄）
6	极安静型潜艇	<110	<120	2000（瑞典），北德文斯克（俄）

1.2　水面舰船结构的构成

船体是指舰船上除各种设备和装置系统以外的船身构造物，而船体结构则是组成船体各种具体部（构）件的总称。船体结构可分为两大类：一类是组成船体所必需的、主要的部（构）件，称为船体基本结构。另一类是因某些特殊需要而设置的局部性部（构）件，称为船体专用结构。

1.2.1　部段构成

水面舰船船体基本结构包括主船体结构和上层建筑结构两部分。

主船体结构是指上甲板及其以下的船体基本结构。通常将船体中最上一层从首至尾连续贯通全舰的甲板称为上甲板。主船体从船体纵向来看，分为首部、中部和尾部 3 个部分。通常将从首端算起的大约 25%～35%船长范围称为首端部，从尾端算起的大约 25%船长范围称为尾端部，船体中部 40%～50%船长范围称为中部。从主船体横剖面来看，位于主船体横剖面下方的水平结构称为船底结构，位于主船体横剖面左右的垂直结构称为舷侧结构，位于主船体横剖面上方的水平结构称为甲板结构。船底与舷侧之间的过渡区域称为舭部。此外，主船体内部用于分隔舱室的水平结构称为下甲板或平台，主船体内部用于分隔舱室的垂直结构称为舱壁，纵向布置时称为纵舱壁、横向布置时称为横舱壁，主横舱壁将主船体沿纵向分隔为若干舱段。舱壁也属于主船体结构。图 1-2-1 所示为主船体结构的组成。

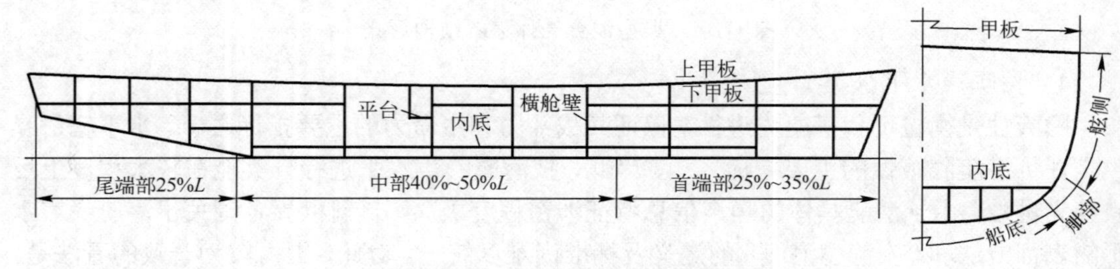

图 1-2-1　主船体结构的组成

上层建筑是上甲板以上各种围蔽结构及其附属结构（如舷伸平台等）的统称。在结构形式上，主要有两种类型，即船楼和甲板室。其中宽度与上甲板相同，由一舷连续伸至另一舷的称为船楼；宽度不伸到两舷时，称为甲板室。位于船体首部、中部和尾部的船楼分别称为首楼、桥楼和尾楼。对于战斗舰艇来说，尾部上甲板通常设置直升机起降平台，因此，往往不设尾楼；首楼的设置通常具有短首楼和长首楼两种类型，短首楼结构一般终止于舰桥前，而长首楼一般是将首楼与船中部桥楼连为一体，形成长首楼，可增加舰船的干舷高度和舱容，以提高舰船的大倾角稳性。舰船中部桥楼上部的作战与操纵指挥部位称为舰桥。20 世纪 90 年代以来，随着舰船雷达波隐身性能要求的不断提升，长桥楼型集成式上层建筑结构的设计理念已逐渐成为主流。

船体专用结构是基本结构的自然延伸，也是船体结构与总体性能以及舰船系统、设备、各种装置之间接口关系的集中体现，主要包括：支柱，开口及开口加强结构，武器装备下的基座及其加强结构，基座及其加强结构，桅杆结构，烟囱结构及装甲防护结构等。

1.2.2　部件与构件

在船体结构中，除了首柱、尾柱等各种铸锻件以外，船体构件大多由板材和型材按一定要求连接而成。其中，用于保证密性，分隔内部空间的板材组合构件称为船体板；而用于支撑船体板的板材及型材组成构件则统称为船体骨件。船体结构由船体板和骨件所组成，船体板和骨件是最基本的船体结构构件；由船体板和纵横交叉的骨件组合所组成的近似平面结构称为板架结构，它是构成船体结构的基本部件，主要包括船底板架、舷侧板架、甲板板架和舱壁板架。各板架结构所处的位置不同，其结构形式也不同，组成构件名称是存在差异的。下面分别介绍船体各板架结构的主要组成构件及其名称。

（1）船底板架。船底结构有单底和双底之分，因此船底板架也存在单层和双层的差别。通常型深 3m 以上的舰船中部均可设置双层底，称为双底船，内层称为内底，外层称为外底。单底船只有外底。单底船、双底船船体结构主要构件及名称如图 1-2-2 和图 1-2-3 所示。

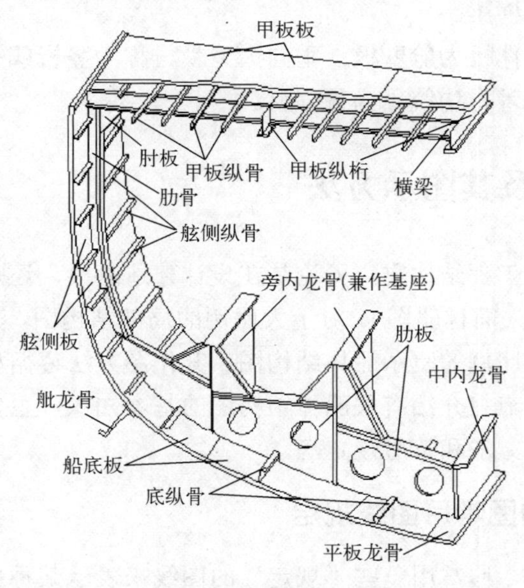

图 1-2-2　单底船船体结构主要构件及名称

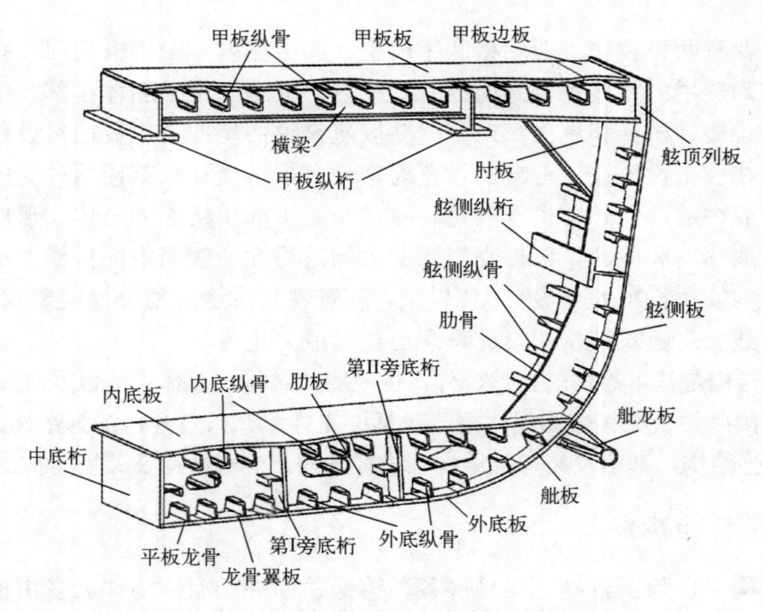

图 1-2-3　双底船船体结构主要构件及名称

单底船船底板架主要构件为：船体板有平板龙骨、龙骨翼板、外底板、舭板；纵向骨架包括中内龙骨、旁内龙骨、底纵骨；横向骨架为肋板。

双底船船底板架主要构件为：船体板有平板龙骨、龙骨翼板、外底板、内底板、舭板；纵向骨架包括中底桁、旁底桁、内底纵骨、外底纵骨；横向骨架为肋板。

（2）舷侧板架。船体板有舷侧顶板（或称舷顶列板）和舷侧板；纵向骨架包括舷侧纵桁、舷侧纵骨；横向骨架为肋骨和强肋骨。

（3）甲板板架。船体板有甲板边板和甲板板； 纵向骨架有甲板纵桁和甲板纵骨；横向骨架为普通横梁和强横梁。

（4）舱壁板架。船体板为舱壁板；垂向大型骨材称为竖桁或垂直桁，水平大型骨材称为水平桁，所有小型骨材均统称为扶强材。

1.3　船体结构图及其图示方法

船体是一个复杂的工程结构物，无论是在设计建造阶段，还是在使用维修阶段，都要经常使用船体结构图（简称船图）。对于大比例的局部结构图，其表示方法与机械制图基本相同，但对于较小比例的复杂船体结构图，其作图方法遵循相应的行业规定，且与机械制图相差较远。本节将介绍有关船体结构图的基本知识，主要包括船体结构图特定的图线规定、尺寸标注方法和符号规定等。

1.3.1　船体结构图常用图线规定

在船体结构图样中，通常用一些“规定”的图线来表示某种构件及其相互关系，这就简化了图面，且使图示的意义更为清晰。表 1-3-1 给出了船图中的常用图线及其应用范围，表中 b 为线的粗度，约为 0.4～1.2mm。图 1-3-1 给出了细实线、粗实线、细点划线的应用示例；图 1-3-2 给出了粗虚线、细虚线、粗双点划线、轨道线、波浪线的应用示例。

表 1-3-1　船图中的图线及其应用范围表

序号	名称	型式	粗度	应用范围举例
1	粗实线		b	钢板、型材的可见截面线及设备部件的可见轮廓线、图框线和特种线条，允许用 2～3b
2	细实线		(1/3) b 或更细	型线、格子线、基线、剖面线、零件号圆及引出线、局部放大线、尺寸线、尺寸界线、板缝线、构件可见轮廓线、总布置图及设备图样中的船体轮廓线、总布置图中设备的可见轮廓线等
3	双细线		(1/3) b 或更细	小比例时，板和型材厚度的可见轮廓线，板厚度的可见截面轮廓线
4	粗虚线		b	不可见非水密板材结构（舱壁、甲板、平台及甲板间围壁、肋板、龙骨、舷侧桁材以及肘板等）的简化线
5	细虚线		(1/3) b 或更细	不可见次要构件（肋骨、扶强材、横梁、纵骨等）的简化线；不可见构件的投影轮廓线
6	轨道线		b	不可见的主船体水密构件（舱壁、甲板、平台、肋板等）的简化线
7	细点画线		(1/3) b 或更细	轴线、中心线、开口对角线、转角线、折角线，可见的纵骨、扶强材等次要构件简化线
8	粗点画线		b	可见的强构件（纵桁、强横梁、强肋骨、龙骨、竖桁、水平桁等）及钢索、缆索、起货索、锚索等简化线
9	细双点画线		(1/3) b 或更细	假想构件的投影轮廓线 非本图所属构件及零部件的投影轮廓线
10	粗双点画线		b	不可见的强构件（纵桁、强横梁、强肋骨、龙骨、竖桁、水平桁等）的简化线，以及非本图所属构件的截面线
11	波浪线		(1/3) b 或更细	断裂的边界线
12	折断线		(1/3) b 或更细	长距离断裂的边界线
13	斜栅线		(1/3) b 或更细	分段线。注：斜栅线的短线的斜度为 30°～60°，高度 2～4mm，间隔为 1～3mm
14	阴影线		(1/3) b 或更细	焊接腹板四周的轮廓线。注：阴影线的短线的斜度为 30°～60°，高度 2～4mm，间隔为 1～3mm

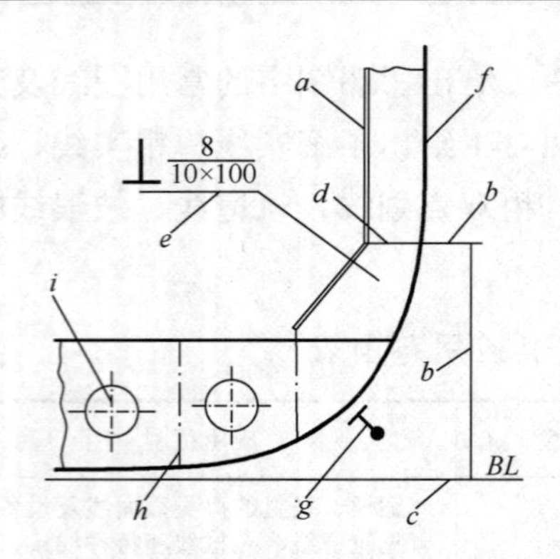

图 1-3-1　横骨架式双底舭部局部结构

应用示例说明：细实线：a 为双细线（肋骨面板）；b 为尺寸线与尺寸界线；c 为基线；d 为接缝线；e 为引出线。粗实线：f 为可见轮廓线（外板）；g 为骨材剖面线（舭龙骨）。细点划线：h 为可见次要构件（肋板加强筋）；i 为中心线。

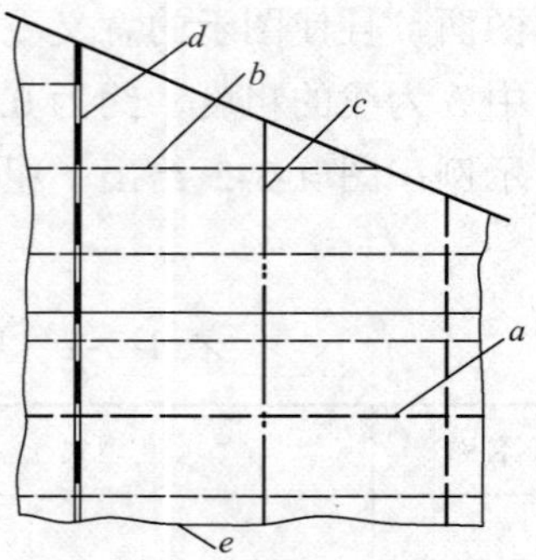

图 1-3-2　甲板局部结构

应用示例说明：粗虚线：a 为不可见非水密板材简化线（纵舱壁）；细虚线：b 为不可见次要构件简化线（甲板纵骨）；粗双点划线：c 为不可见主要构件简化线（强横梁）；轨道线：d 为图内不可见水密板材简化线（水密舱壁）；波浪线：e 为构件断裂边界线。

1.3.2　船体构件图示方法

1. 船体板图示方法

对于船体板的制图，船图标准作出了如下规定：①按大比例绘制钢板厚度的可见轮廓线时，采用双细线表示，双线之间宽为 0.4～1.2mm；②按小比例绘制钢板的截面线时，采用粗实线表示，线宽为 0.4～1.2mm。

肘板是船体结构中构件之间的连接加固构件，使用十分广泛。肘板通常有 3 种形式，即无折边肘板、有折边肘板、T 形肘板。肘板的表示方法如图 1-3-3 所示。

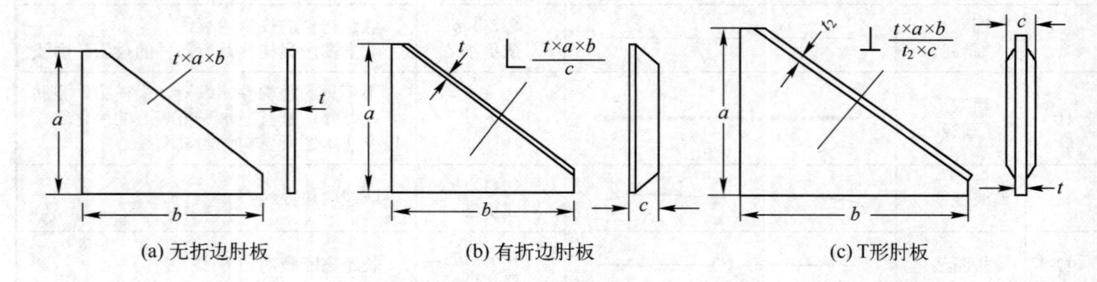

图 1-3-3　肘板的表示方法

2. 船体骨架图示方法

船体骨架一般采用型材制作，舰船结构用型材种类很多，如球扁钢、工字钢、圆钢、角钢、扁钢、槽钢等，从制作方法来看，主要是轧制型材和焊接型材。

型材的尺寸标注方法是：先画一个型材断面形状符号，然后注出断面尺寸或型钢的型号。如⌈18 表示型钢为球扁钢，型号为“18”号或 FB180×9。

型材的断裂画法。断裂画法有以下两点规定：一是型钢断开时两端画的断面腹板线应稍有弯曲（波浪线）；二是型钢两端画断面面板形状时，将可见的部分画在内侧，不可见部分画在外侧，好像将型钢端部偏斜一个角度时所看到的形象。角钢断裂画法如图 1-3-4 所示。

图 1-3-4　角钢断裂画法图示

球扁钢具体尺寸和几何参数可查相关标准（如 GB/T 9945-2001）获取。

思考题

（1）为什么需要对船舶进行分类?军船和民船在分类原则上有哪些差异？为什么？

（2）将舰船划分作战舰艇和辅助舰船的依据和基本原则是什么？航母、两栖作战舰船属于哪一类舰船?

（3）为什么可将舰艇船体结构分为基本结构与专用结构两大部分?具体应该如何区分，试举例说明。

（4）通过学习，谈谈你对船体结构图与机械图异同的认识，试举例说明。

扫描查看本章三维模型

第2章　船体（部）构件的连接

2.1　连接分类

船体结构部（构）件之间的连接部位（或区域）称为连接结构或连接接头，按设计要求，连接一般可分为坚固连接、紧密连接、坚固紧密连接和可拆卸连接，具体情况如下：

（1）坚固连接。为了保证船体的总强度和局部强度，要求部件或构件之间的连接是坚固可靠的，并要求连接强度不小于被连接件自身强度，从而使得连接结构能够承受并相互传递载荷，坚固连接并不要求保持紧密性，如船体舱内的非水密舱壁与四周的连接，骨架（除水密肋板和底纵桁以外）与板的连接等。

（2）紧密连接。紧密是水密、油密和气密的统称。舰船上并非所有部件均具有较高的强度要求，但必须具有合乎要求的紧密性。如舰船内部医疗站的洗消室，储藏冷冻库等，舱室结构由轻围壁构成，承载要求低，连接强度要求不高，但必须保证结构的气密性。

（3）坚固紧密连接。坚固紧密连接是指部（构）件的连接必须同时满足坚固性和紧密性要求。舰船结构中绝大部分水密部（构）件的连接，均需同时满足坚固和紧密要求，如外板板、甲板板、舱壁板中各列板间的连接，水密肋板和底纵桁与内外底板间的连接，各板架相交的连接等，这些水密部（构）件在承受舷外水压力或破损水压力作用的同时，还将参与保证船体总强度，承载要求高，连接必须坚固。同时，排开外部水，提供浮力和分隔舱室提高抗沉性的功能特性，就要求其连接必须是紧密的。

（4）可拆卸连接。船体结构中绝大部分部（构）件的连接在使用中是不需要拆卸的，均为不可拆卸连接，修理时将根据需要切割拆开。可拆卸连接主要用于机械设备、装置系统等与船体结构的连接，如各型武备系统、机械、装置等。可拆卸连接便于拆卸和复原，通常采用螺钉连接形式。

为实现上述部（构）件间的不同连接要求，在舰船建造中常常会根据连接方法或原理将连接结构分为焊接和铆接等不同类型。

（1）焊接。焊接是20世纪40年代开始在造船领域得以采用的一种构件连接方法，目前焊接方法已成为近现代造船重要的标志性技术之一。相对于早期的铆接而言，焊接方法具有明显的优越性，主要体现为连接强度高（焊接强度可以达到，甚至超过构件母材强度），易于保证紧密性要求，便于施工可改善劳动条件，减轻结构重量，降低造船成本，提高生产率。但也存在以下不足，如焊接易产生焊接裂纹等缺陷，从而对船体结构抗疲劳断裂性能不利，且焊接使船体结构连为整体，对于裂纹扩展的止裂作用较差。尽管如此，现代造船仍然普遍采用焊接方法，对于上述缺点，可通过改进焊接工艺、研制新型焊接材料以及优选造船材料等加以避免和尽量消除。

（2）铆接。采用铆钉连接船体部（构）件的方法称为铆接，主要分为热铆和冷铆两种形式。由于铆接施工存在生产效率低、劳动强度大和噪声大，目前已较少采用。但船体结构中的一些可焊性差的部（构）件，如铝合金围壁与钢质主船体的连接，我国仍有采用铆接连接的。另外，为了提高舰船的抗损性，部分结构处也可采用铆接：如舰船在舷侧顶板与甲板边板连接处设置的止裂器，可防止舷侧裂纹扩展至甲板，或甲板裂纹传至舷侧。该止裂器采用较多的是铆接。

（3）螺钉连接。螺钉连接是以螺钉、螺栓和螺母为连接件，将两个或两个以上的部（构）件连接在一起。螺钉连接方法主要适用于有可拆要求部（构）件间的连接，目前常用于特种结构部（构件），如：复合材料部（构）件与船体的连接。

2.2　连接形式与要求

船体结构部（构）件的连接将最终表现为构件的连接，其本质则是板材和型材的连接。因此，部（构）件间的连接结构，最终可归纳为 3 种类型，即板材与板材之间的连接、型材与型材之间的连接，以及板材与型材之间的连接。每类连接结构又可根据构件的空间几何相对位置分为平面内对接和异面交接等多种具体的连接形式，具体介绍如下。

2.2.1　板材与板材的连接

船体结构中船体板的连接可概括为两种形式：板材在同一平面（或曲面）内的对接和在不同平面（或曲面）的相交连接。

1. 板材的对接

同一平面内两板的连接称为对接。传统铆接方法，多采用搭接连接形式，如图 2-2-1 所示。

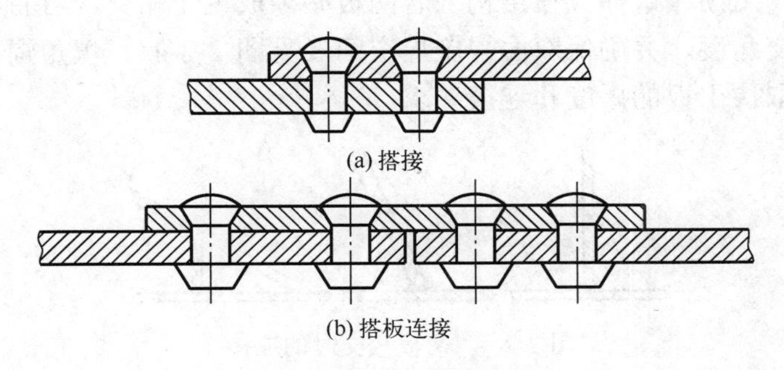

图 2-2-1　铆接搭接接头

焊接对接接头，又称为对接焊接头。目前钢板的对接焊接头的静强度大多超过钢板母材强度，加上紧密性好、工艺简便、成本低等优点，已成为钢板对接首选连接形式。

钢板对接焊时，要根据钢板厚度、焊接方式和焊接工艺参数的不同要求确定是否采用开坡口焊接，以及单面焊或双面焊。对接焊钢板坡口形式如图 2-2-2 所示。

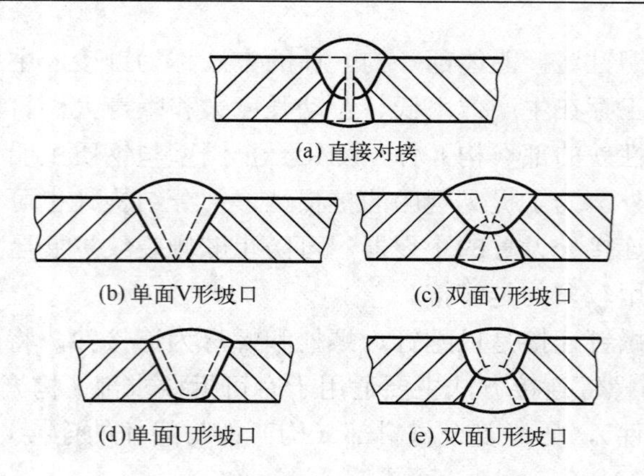

图 2-2-2　对接焊钢板坡口形式

另外，当两板厚度相差较大时（厚度差 $t_1-t_2 \geqslant 30\%t_2$，或 $t_1-t_2 \geqslant 4$mm），较厚板材的边缘应削斜边，削边长度 $l \geqslant 3 \sim 5$（t_1-t_2），如图 2-2-3 所示。

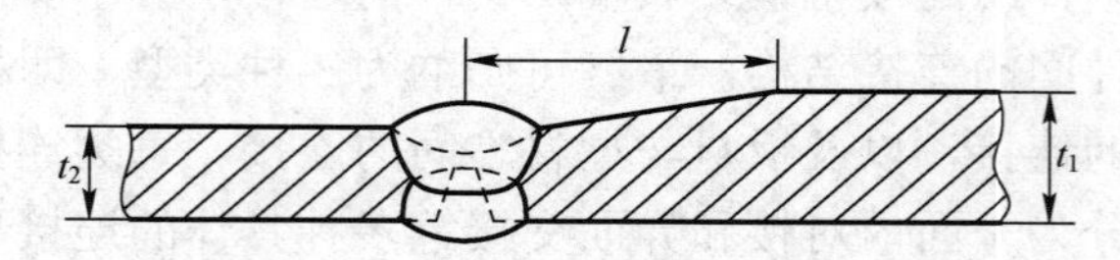

图 2-2-3　两板厚度相差较大时的边缘削斜

2. 板材的相交连接

两板异面相交时，存在垂直相交和斜交两种情况，如图 2-2-4 所示。两板相交焊接接头称为填角焊接头。根据结构强度要求的不同，填角焊接头有单面焊、双面焊和连续焊、间断焊之分。两板斜交时，其交角不能太小，要避免成尖锐角。尖锐角相交的主要问题在于：①无法采用双面焊，对强度不利；②尖锐角单面焊易产生未焊透裂纹的严重缺陷，使结构易产生断裂破坏。在结构上若两板必须成锐角相交，可将其中一板折边或弯曲，以增大相交角度，并确保双面焊施焊空间（见图 2-2-4）。填角焊在垂直相交板边上是否开坡口，取决于板的厚度和连接要求。

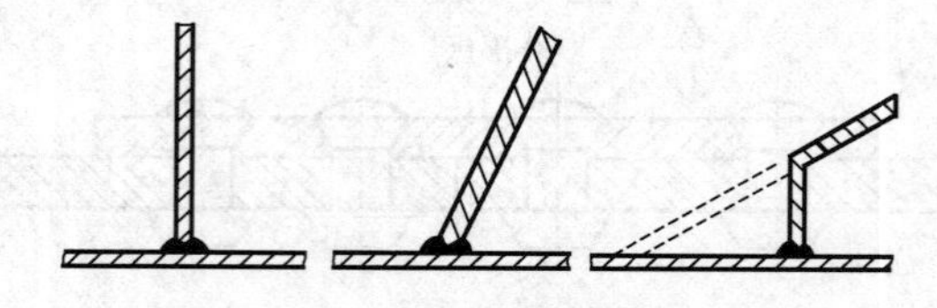

图 2-2-4　两板相交时的连接

船体结构中，上层纵舱壁与下层横舱壁在甲板处的相交称为“刀刃”式垂直相交。该交点在结构上称为“硬点”，易产生应力集中，因此在结构设计时应尽量避免发生构件的“刀刃”相交，不可避免时可通过加装肘板，将两板的“点”接触改变为“线”连接，以减缓应力集中，防止结构破坏。图 2-2-5 为两板“刀刃”式相交连接示意图。船体结构中时常遇到“刀刃”相交构件的连接问题，例如，纵舱壁端部与首部平台端部的相交，纵、横构件的腹板“刀刃”相交等，这些结构上的“硬点”必须通过加肘板过渡的方法予以消除，否则构件连接处易发生连接处开裂。

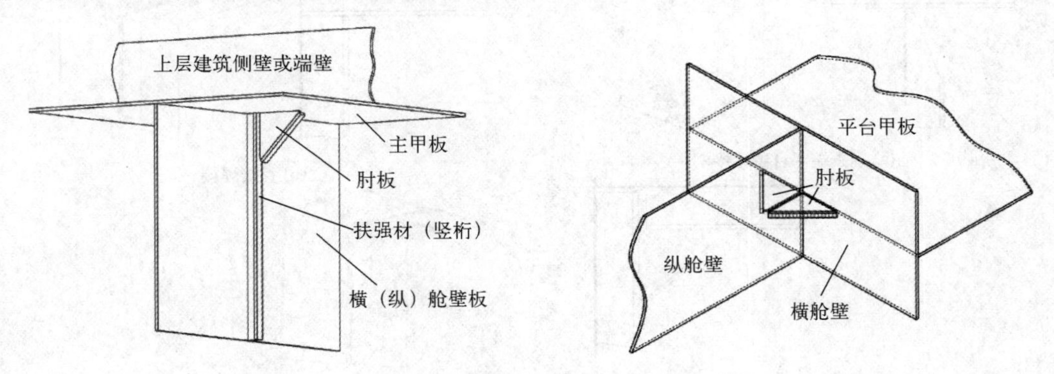

图 2-2-5 两板“刀刃”相交时的连接示例

2.2.2 型材与型材的连接

船体结构中，骨架之间的连接主要有 3 种：型材的对接，两型材腹板同面垂直相交，以及两型材腹板异面垂直相交。

1. 型材的对接

对接时可直接将相同腹板高度的型材对准后焊接；对于 T 形型材，可将腹板与面板接缝交错，形成阶梯形对接，如图 2-2-6 所示。

当型材尺寸不同时，必须将尺寸较大的型材腹板高度逐渐减小到小型材腹板高度，以避免产生应力集中。过渡区长度 l 应满足 $l \geqslant 3 \sim 5\ (H_2-H_1)$，其中：$H_1$，$H_2$ 分别为小、大型材腹板高度，如图 2-2-7 所示。型材对接还可以采用搭接焊，但应注意避免应力集中。

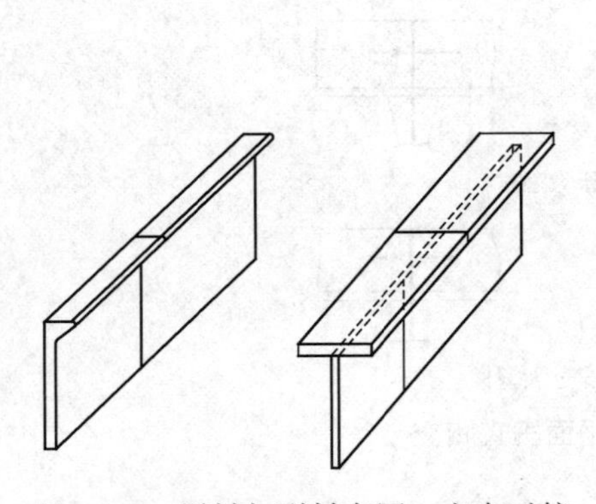

图 2-2-6 型材与型材在同一方向对接

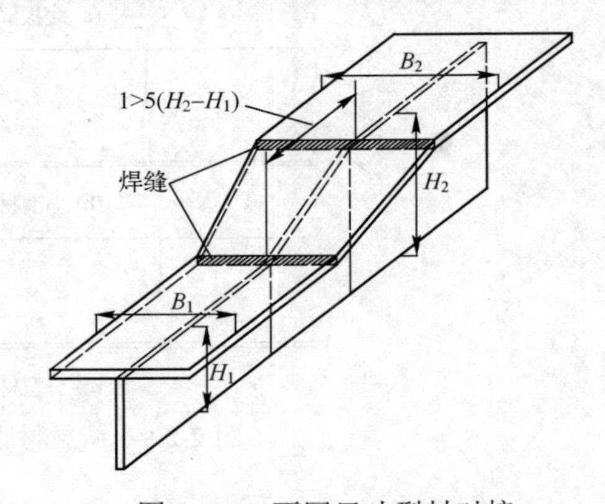

图 2-2-7 不同尺寸型材对接

2. 两型材腹板同面垂直相交

这种接头在船体结构中较多，例如，横梁与肋骨、甲板纵骨与舱壁扶强材等。根据结构强度要求的不同，该接头存在削去端部自由连接、直接焊接及加肘板坚固连接 3 种形式，如图 2-2-8 所示。

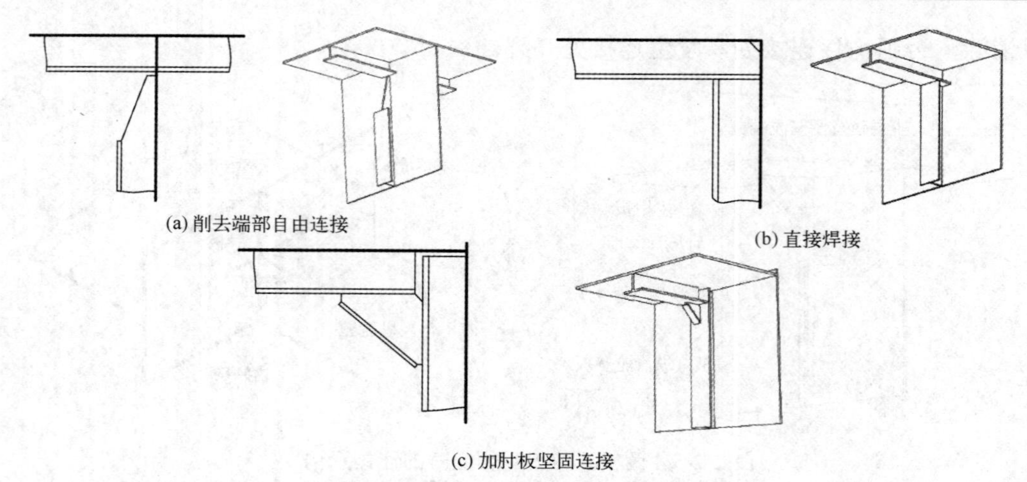

(a) 削去端部自由连接

(b) 直接焊接

(c) 加肘板坚固连接

图 2-2-8　两型材腹板在同一平面内垂直相交

3. 两型材腹板异面垂直相交

船体结构中同一板架内的纵、横骨架的相交均属于此类连接。对于腹板高度相同的两根型材，一根连续（符号“←→”表示），另一根间断（符号“→←”表示）并可沿交线直接焊接。其原则是重要的连续，次要的间断。若腹板高度不等的两型材相交，则小型材间断于大型材，并加肘板坚固连接，保证大型材的连续性；或在大型材腹板上开口，让小型材连续穿过，开口形状视小型材断面形状来定，如图 2-2-9 所示。

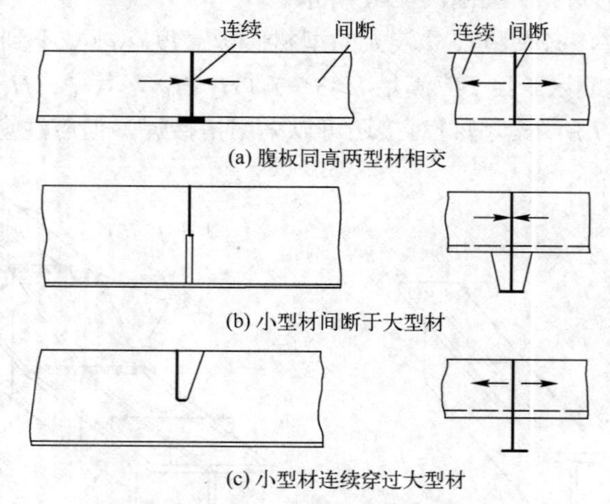

(a) 腹板同高两型材相交

(b) 小型材间断于大型材

(c) 小型材连续穿过大型材

图 2-2-9　两型材腹板平面垂直相交

2.2.3　型材与板材的连接

1. 型材腹板与板材垂直相接

船体结构中的最长焊缝是用于支撑船体板的骨架（型材）与船体板（板材）的连接焊缝，如图 2-2-10 所示。该连接焊缝为填角焊缝，根据坚固性与紧密性要求，存在单面焊、双面焊和连续焊、间断焊等不同焊接形式。

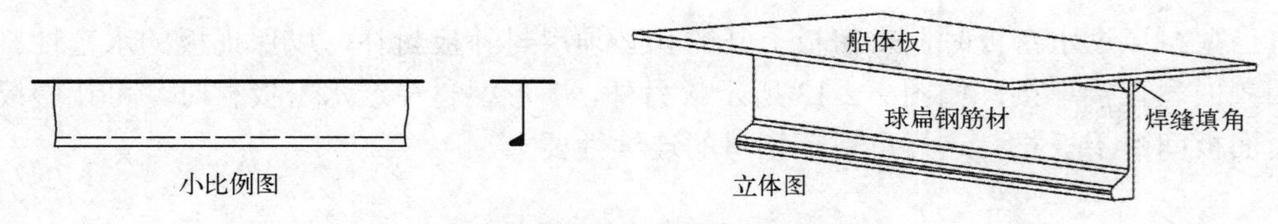

图 2-2-10　型材腹板与板材的垂直相交

2. 型材终止于板材

型材终止于板材的连接，与型材腹板同平面垂直相交连接类似。根据强度要求可采用型材端部切口自由连接，如图 2-2-11（a）所示，或沿接触线直接焊接（图（b）），也有加肘板坚固连接（图（c））。

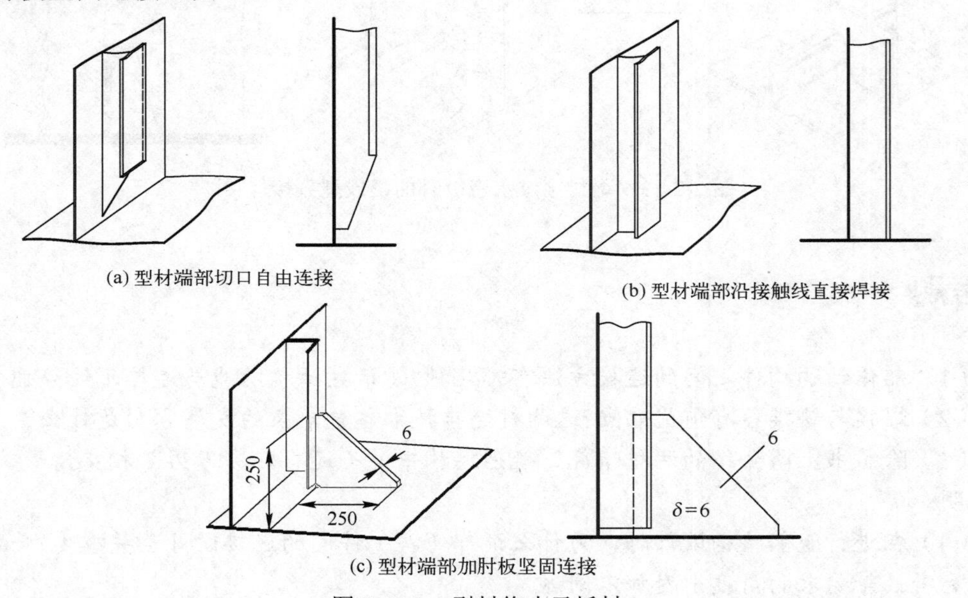

图 2-2-11　型材终止于板材

3. 型材垂直贯穿板材

型材与板材相交时，通常型材应贯穿板材，以保持型材的连续。贯穿连接根据板材（舱壁、肋板等）的紧密性要求，可分为非紧密连接和紧密连接两种。非紧密连接只需在板材上开与型材断面形状相似的切口，让型材穿过，并在型材腹板处与板材焊接，如图 2-2-12 所示。其中切口顶角处必须为圆弧形，以防止开裂，保证结构的完整性。

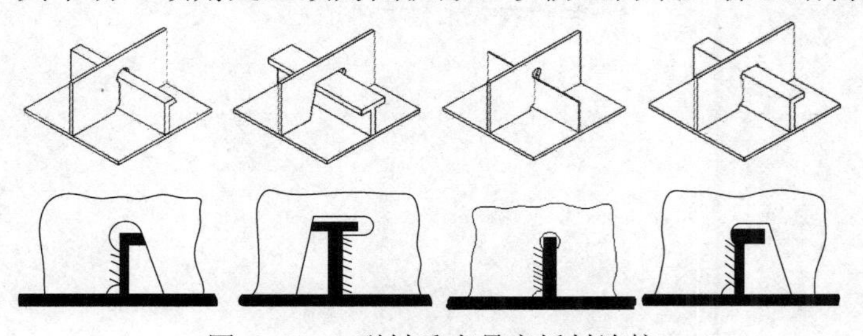

图 2-2-12　型材垂直贯穿板材连接

当型材穿过水密板时，水密板上开的孔必须用封补板封补，以保证板的水密性。也可用镶嵌型直接焊接，如图 2-2-13 所示。另外，T 形型材穿过水密板材时，可让腹板穿过而面板间断于板材，这样可保证型材的连续性要求。

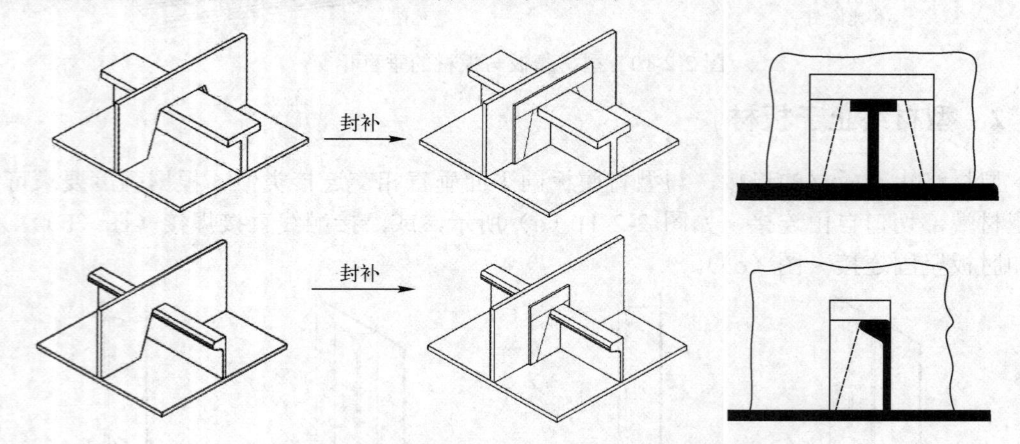

图 2-2-13　型材穿过水密板时的镶嵌型直接焊接

思考题

（1）船体结构构件之间的连接方法有哪几种?（请按结构功能与连接元件分别叙述）

（2）焊接与铆接各有何优缺点?这两种连接技术各自未来的发展方向是什么?

（3）除了书上所介绍的两种情况，舰船结构中是否还存在“刀刃”相交情形，请举例说明。

（4）在进行舰船结构设计时，为什么说部（构）件间的连接设计至关重要？试从坚固性和密性等要求的角度出发加以阐述。

扫描查看本章三维模型

第 3 章　船体结构强度与材料

3.1　水面舰船船体结构强度概念

舰船在服役期间会受到各种外力的作用，为了保证能够顺利执行各种航行和战斗任务，船体结构必须具备抵抗这些外力作用的能力，并保证船体结构的完整性。船体结构在各种外力作用下抵抗变形和破坏的能力就称为船体强度。各类舰船都必须具有与其使命要求相适应的船体强度，船体结构设计的基本目标就是使船体既能满足强度要求，在各种受力状态下船体结构不会产生大于允许的变形和应力的同时，还能尽可能降低船体结构的重量占比。

舰船船体所受的外力主要有：自然环境载荷，包括静水压力、浮力、重力、波浪冲击力等，以及由于浮力与重力分布不同而产生的弯矩、扭矩与剪力等；偶发性非自然环境载荷，如爆炸冲击力、碰撞和触礁时的撞击力等。严格意义上，船体结构强度需要针对在各种自然及非自然环境载荷作用下，船体结构抵抗变形和破坏的能力开展研究工作，然而，在船体结构常规设计时，设计者主要还是以自然环境载荷为主要对象。以下介绍水面舰船强度的基本概念。

3.1.1　水面舰船结构强度的分类

根据长期的使用经验以及对海损事故的分析研究，尤其是通过总结水面舰船船体结构的变形和破坏特征，一般可将船体结构强度问题概括为以下四大类：

（1）船体纵向的变形和破坏，对应于船体总纵强度。

（2）船体横向的变形和破坏，对应于船体横强度。

（3）船体扭转变形和破坏，对应于船体扭转强度。

（4）船体局部变形和破坏，对应于船体局部强度。

前 3 种可归结为船体整体的变形与破坏问题，其对应船体总纵强度、横强度、扭转强度。因此，船体结构强度问题又可分为船体总强度和局部强度。

一般说来，水面舰船由于其快速性的要求，船体都比较细长，船体结构的总纵强度问题最为突出；但是水面舰船在海上航行时，船体各部分结构都可能承受静水压力、波浪冲击力和武器装备的重力、惯性力等的作用，因此，船体结构局部强度问题也应予足够重视。此外，由于水面舰船抗沉性要求较高，横舱壁设置较多，且甲板开口较小，水面舰船船体结构的横强度和扭转强度问题往往并不突出。

3.1.2　自由漂浮于静水时的船体总纵强度

船体总纵强度问题的产生来自于总纵弯矩载荷的存在。舰船漂浮于静水时，作用于船体上的外力主要是重力和浮力。重力来自于舰船上各种机械装备和油、水、弹药，以及船体结构自身重量，重力大小等于舰船总重量，其方向垂直向下，合力作用于重心处；浮力则是由舰船排开外水而产生的支承力，浮力大小等于船体排开外水的总重量，方向垂直向上，合力作用于浮心处。舰船在重力和浮力作用下静力是平衡的，因而船体所受到的合力为零。那么，船体结构在此状态下是否存在总纵弯矩载荷呢？下面作进一步分析。

舰船的重力和浮力均沿舰长分布，如图 3-1-1 所示。如果把船体沿纵向分成若干段（重力分布曲线通常按船长的 20 等分给出），则对于每一段船体来说，其所受的重力和浮力一般是不相等的，这是因为重力和浮力沿舰长的分布不可能完全一致。浮力分布为一条光顺曲线，并由船体水下部分形状确定；重力则通常按各理论段的总重量平均，绘制成阶梯分布曲线如图 3-1-1（b）所示。由于每段上重力与浮力不相等，将重力减去浮力就得到船体各段所受的载荷，船体沿舰长所受的载荷分布曲线如图 3-1-1（c）所示。事实上，如果船体各段之间没有船体结构的连接，船体各段将自由沉浮，则船体在上述载荷作用下各段将呈现出七上八下的漂浮状态，如图 3-1-1（d）所示。然而，实际上船体是一个连续的整体，各段船体之间的约束力使船体不可能产生上述现象，这种约束力就是作用在船体结构横剖面上的正应力和剪应力。

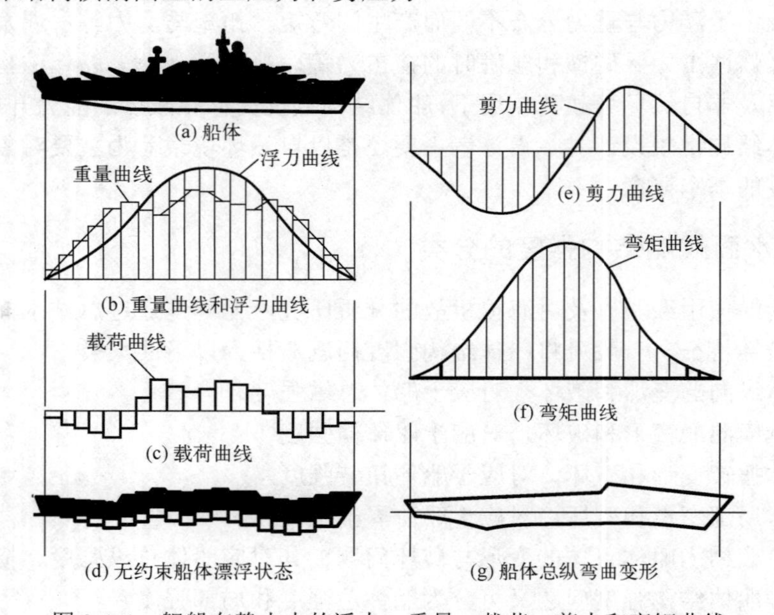

图 3-1-1　舰船在静水中的浮力、重量、载荷、剪力和弯矩曲线

由材料力学知识可知，如果横向分布载荷为 $q(x)$，则梁横剖面的剪力 $N(x)$和弯矩 $M(x)$可对分布载荷 $q(x)$进行积分求得。沿船体长度分布的载荷 $q(x)$将产生沿船长分布的剪力 N（x）和弯矩 $M(x)$，剪力和弯矩的计算公式如下：

$$\begin{cases} N(x)=\int_0^x q(x)\mathrm{d}x \\ M(x)=\int_0^x\int_0^x q(x)\mathrm{d}x\mathrm{d}x \end{cases}$$

剪力和弯矩分布如图 3-1-1（e）和（f）所示。弯矩的最大值在船长的中部区域，向首尾逐渐减小至零；剪力的最大值在船长的 1/4 和 3/4 附近区域。船体产生弯曲变形时，船体剖面受到弯曲正应力作用，在船体弹性变形条件下，弯曲正应力沿横剖面高度方向呈线性分布，如图 3-1-2 所示。

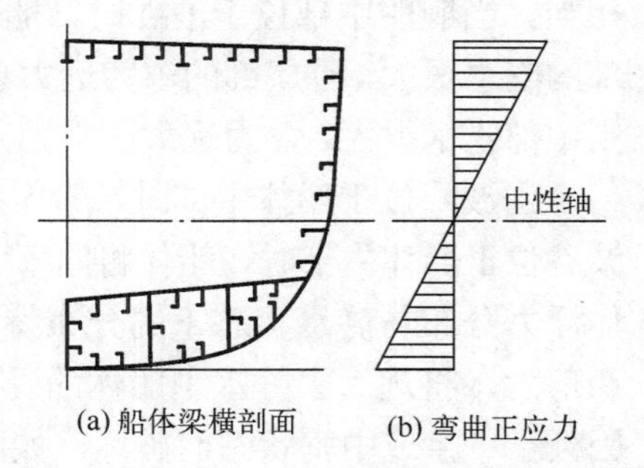

图 3-1-2　船体梁横剖面弯曲正应力

根据外载荷分布的不同，舰船可能向上弯曲，也可能向下弯曲。在船体总纵强度中将船体向上（中部）弯曲时称为中拱，中拱状态下，船体上部构件受拉应力的作用，下部构件受压应力的作用。船体向下弯曲称为中垂。中垂状态下，船体下部构件受拉应力的作用，上部构件受压应力的作用。船体剖面上正应力在上甲板和底部最大，当该应力值大于船体材料许用应力值时，船体结构就可能产生塑性变形、失稳，甚至断裂破坏。

3.1.3　波浪中航行时的船体总纵强度

舰船在波浪中航行时，舰船遭遇的波浪大小以及波浪与舰船的相对位置都是随机的。为了研究问题的方便，通常假设舰船静置在一定的波浪之上，将波浪的随机性化为确定性，从而将船体结构的随机强度问题转换为一般静强度问题来分析。显然，波浪的波高和波长对于船体水线波面及浮力分布影响较大，这里仅就几种典型情况进行讨论。

第一种情况，波长远大于船长，此时船体水线仍近似一条直线，即此时浮力的分布情况与静水时并无多大变化，船体受力也就与在静水中的受力情况相似。该受力状态不是舰船的危险受力状态，如图 3-1-3（a）所示。

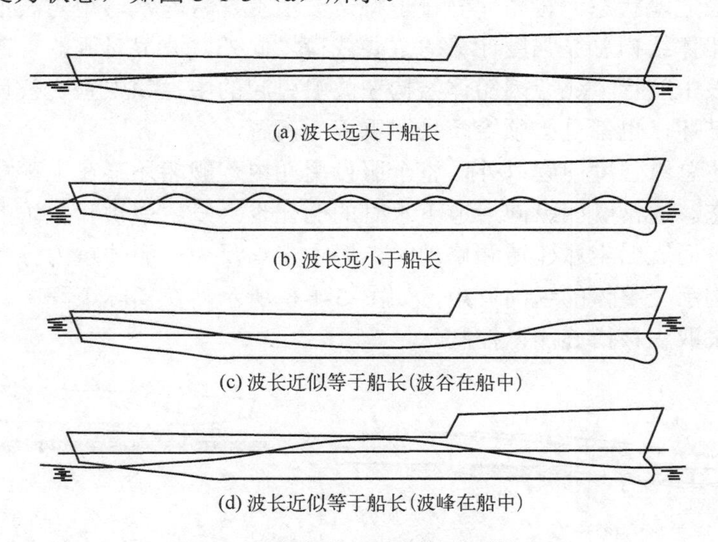

图 3-1-3　舰艇在波浪中的典型情况

第二种情况，波长远小于船长，此时在船长范围内存在很多个波峰和波谷，总的来看，浮力沿船长的分布变化并不大，船体结构的受力情况仍与在静水中船体受力相差不大，如图 3-1-3（b）所示。

第三种情况，波长近似等于船长，而波高近似与波长成正比，此时的波高与舰船型深相当。当舰船中部位于波谷时，船体中部吃水很小，在中部重力远大于浮力，而船体首尾部的吃水很大，首尾部的浮力远大于重力，如图 3-1-3（c）所示。如果舰船中部位于波峰处，则中部吃水很大，浮力远大于重力，首尾吃水很小，重力远大于浮力，如图 3-1-3（d）所示。

当波峰位于船体中部时，船体将向上弯曲的现象，称为中拱，如图 3-1-4（a）所示；当波谷位于船体中部时，船体将向下弯曲的现象，称为中垂，如图 3-1-4（b）所示。此时，船体浮力分布与静水状态下的分布特征相比，其变化是很大的，此时船体剖面中产生的弯矩和剪力，将远大于静水中船体的受力。当舰船中部位于波峰或波谷时，极端情况下船体将因处于中拱或中垂状态而破坏，如图 3-1-4 所示。

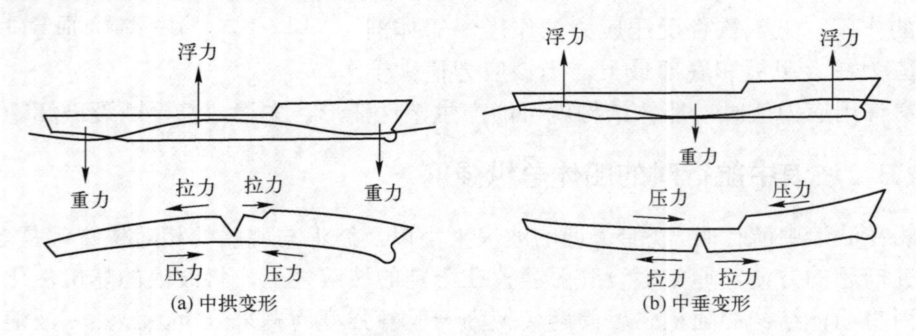

图 3-1-4　船体中拱和中垂破坏示意图

理论与实践都表明，波长近似等于舰长，波峰或波谷位于船体中部时，船体处于中拱、中垂状态，船中弯矩较大，船体结构的破坏多发生在中部，这是舰船在波浪中航行时所能遇到的最危险状态。将船体静置于特定波浪上，将静水弯矩与波浪附加弯矩相叠加，就构成了船体结构总纵强度计算的主要载荷。此外，波浪对舰船首部的砰击作用，以及舰船在波浪中航行，还会因船体结构在波浪引起的中拱和中垂交替反复作用，可能产生疲劳断裂破坏，也都是必须给予足够重视的问题。

除以上所述总纵强度问题以外，整个服役周期内，舰船还存在上下排道检修或坐墩坞修的特殊状态。通常舰船纵向滑道下水时的船体也会发生中拱和中垂的受力状态，如图 3-1-5 所示。而舰船坐墩建造和修理时，墩木支承反力与船体重力分布的不一致性，也会使船体结构承受整体的纵向弯矩，如图 3-1-6 所示。在实际工程中，以上状态都应予以重视，并采取积极措施加以控制。

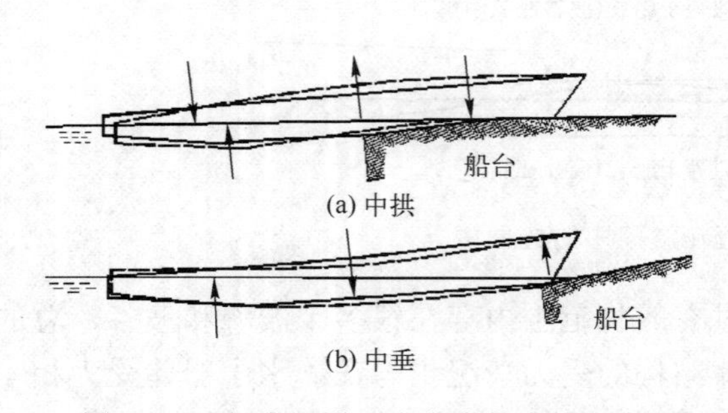

图 3-1-5　纵向滑道下水产生的中拱和中垂

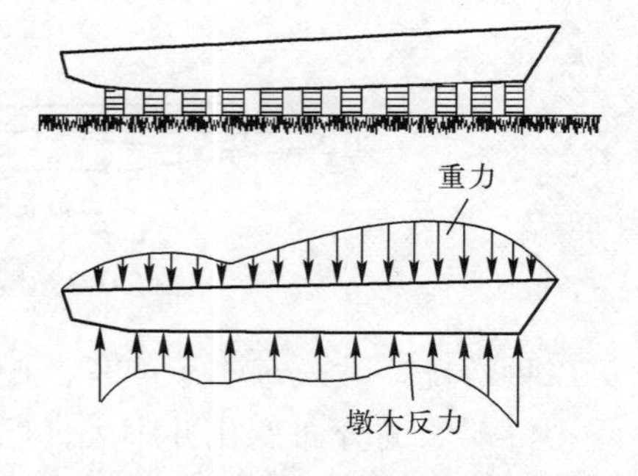

图 3-1-6　舰艇在墩木上的受力

3.1.4 提高船体总纵强度的措施

1. 船体梁概念

在船体总纵强度计算中，将船体结构视为一根由纵向连续构件所组成的变断面梁，使其抗弯能力与实际船体的抗弯能力等值，就称为船体等值梁或船体梁。

从梁的弯曲理论可知，梁的抗弯能力是由梁的横剖面模数、剖面惯性矩、剖面面积静矩等几何参数以及船体材料机械性能决定的。剖面模数、剖面惯性矩和剖面面积静矩只与梁剖面的各部分面积及其距中和轴的距离有关，而与各部分面积在宽度上的位置无关。那么，将参与总纵弯曲的所有纵向构件的剖面面积平移，并集中到横剖面中线面处，而不改变构件剖面面积在高度上的位置，则可得一根实心的相当梁，当船体材料保持一致时，该梁的抗弯能力与实际船体的抗弯能力就是等值的，如图 3-1-7 所示。

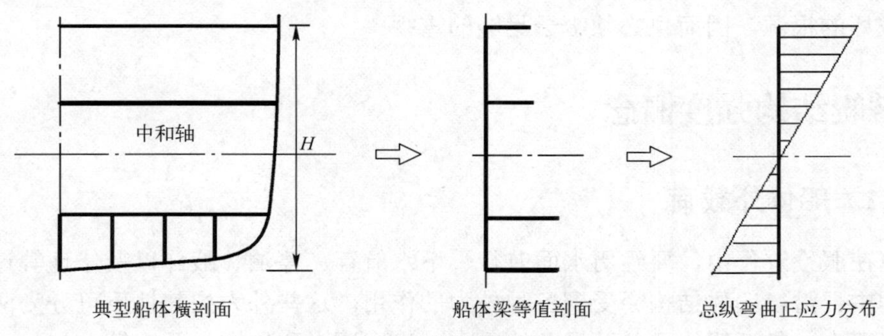

图 3-1-7　船体梁剖面示意图

分析船体梁的剖面可看出，船体梁可以反映船体各构件在抵抗总纵弯曲的作用。具体为：①船体梁越高，船体抗弯惯性矩越大；②船体横剖面构件距中轴越远，其对船体抗弯的贡献越大；③计入船体梁的纵向连续构件越多，则船体结构的抗弯能力越大。

因此，这就要求船体型深更大，应尽量增大上甲板和船底构件的尺寸，增加船体纵向构件的数量，并保持其连续性。

2. 提高船体总纵强度的措施

船体总纵强度的应力计算方法是采用梁的弯曲理论，将船体视为变断面的船体等值梁，船体的总纵强度实质上是梁的抗弯强度问题。从梁的弯曲理论可知，梁弯曲时横剖面上的弯曲正应力可由下式求出。

$$\sigma = \frac{M}{I}Z$$

式中：M 为计算剖面所受的弯矩（N·m）；I 为计算剖面的剖面惯性矩（m^4）；Z 为计算剖面上计算应力点到剖面中和轴的距离（m）。

在校核梁的抗弯强度时，要求满足下列强度条件：

$$\sigma_{max} = \frac{M_m Z_m}{I} \leqslant [\sigma]$$

式中：Z_m 为该剖面距中和轴的最大距离（m）。该式要求梁横剖面上的最大正应力 σ_{max}

小于或等于梁材料的许用应力$[\sigma]$。从这个强度条件可知，要提高船体总纵强度可从下面 3 个方面加以考虑：

（1）正确选用船体的结构材料。一般中小型舰船，由于舰长较小，外力也相应较小，采用低碳钢（一般强度结构钢）就可以保证船体强度。若选用较高强度结构钢，其经济性要差很多，且易造成船体强度的剩余。

（2）尽量增大船体抗弯惯性矩。选择纵向连续构件多的骨架形式——纵骨架结构；尽量保证纵向构件的连续性，使其参与船体梁；加厚加大船体梁上下缘构件的尺寸等。

（3）减小船体所承受的弯曲力矩。在设计阶段合理布置舰船的装载，在航行中利用合适的航向，减少波长近似等于舰长时中拱和中垂状态的出现。

除了上述 3 个方面以外，合理的结构设计和良好的建造质量，也是提高和保证船体总纵强度的重要方面。船体结构与均质梁的不同在于，船体结构中存在构件的间断与终止，以及存在因焊接而造成的缺陷与裂纹。这些都是造成船体结构在较小应力状态下产生断裂破坏的根源，因而也必须给予足够的重视。

3.2 潜艇结构强度概念

3.2.1 船体外载荷

潜艇在服役过程中，要经历水面航行、下水航行、停泊、战斗以及修理等过程。在这些过程中，潜艇船体结构会受到各种外力的作用。这些外力按其性质可分为两类：

（1）静力，包括船体及各种设备的重力、静水压力和坞墩木反力等。

（2）动力，包括波浪冲击力、机械工作时由于不平衡而产生的惯性力、各种武备发射时的后坐力、爆炸冲击波压力及碰撞力等。

在潜艇结构设计中，主要以作用在船体上的静载荷作为结构强度计算的依据。至于船体结构的动力强度只是在静力强度计算基础上作某些校核。因此，潜艇船体结构所受的静载荷是潜艇强度计算所考虑的主要受力。潜艇船体结构所受的静载荷按其航行状态可分为水面状态的受力和水下状态的受力。

潜艇在水面状态的受力与水面舰船是一样的，包括静水与波浪中两种情况，而且都是由于潜艇重力与浮力沿艇长分布不同而产生的分布载荷，由分布载荷积分可计算沿船长分布的剪力和弯矩。

潜艇处于水下状态时，作用在船体上的外力是深水静压力，其次是由于各段上重力和浮力不一致而产生的剪力和弯矩。下面分析潜艇水下状态时的受力特点。

潜艇处于水下状态的静水压力由耐压船体来承受。从耐压船体横剖面来看，压力分布沿高度方向呈线性变化，其作用压力可分为两部分，即均布载荷 p_0 和按三角形分布的载荷 p_1，如图 3-2-1 所示。因此，作用在耐压船体上的载荷为

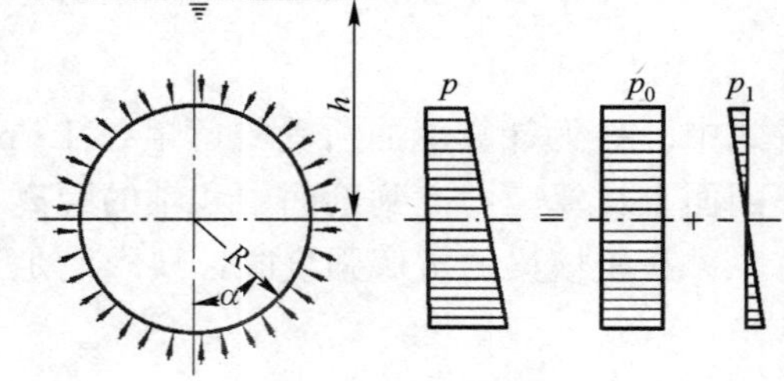

图 3-2-1　耐压船体横剖面压力分布图

$$p = p_0 + p_1 = \gamma h + \gamma R \cos \alpha$$

式中：γ 为水的重度，在潜艇强度计算中通常取 γ =9.8kN/m^3；h 为自由水面至耐压船体轴线距离，即下潜深度（m）；R 为耐压船体半径（m）；a 取决于耐压船体各点位置的角度。

比较上述两部分载荷可以看出，p_1/p_0 的最大比值为 R/h。对于现代潜艇，耐压船体半径一般为 3～5m，而极限深度一般为 300～450m，R/h 一般小于 2%。因此，为了计算方便通常忽略 p_1 的影响。

由此可见，当不考虑潜艇纵倾时，在深水中受力相当于耐压船体受到一个均布载荷，其值等于耐压船体轴线至自由水面高度的水柱压力，即

$$p = \gamma h = 0.0098h \text{（MPa）}$$

3.2.2　强度特点

由上面分析可以看出，潜艇主要受力是水面状态的总纵弯曲力矩和深水状态的静水压力。总纵弯曲力矩的作用与深水压力的作用对船体的效应是不同的，前者力图使船体产生沿纵向的弯曲或稳定性破坏，而后者将使船体产生沿周向的压缩或稳定性破坏。但实践及计算均表明，如果耐压船体在深水压力作用下横向强度有保证，那么，在水面状态的总纵弯曲力矩作用下的强度也一定有保证。表 3-2-1 列举了某艇在水面（波浪中）状态和深水状态船体结构内部的最大应力。

表 3-2-1　某艇结构中最大应力

工作状态	纵向应力 σ_1 /MPa	中面周向应力 σ_2^0 /MPa	壳板失稳理论临界应力 σ_e /MPa
深水中	168	336	$\sigma_e = \dfrac{p_E R}{t} = 608$
水面波浪中（中拱）	74.1	—	$\sigma_e = \dfrac{Et}{R\sqrt{3(1-\mu^2)}} = 1050$
水面波浪中（中垂）	11.1	—	$\sigma_e = \dfrac{Et}{R\sqrt{3(1-\mu^2)}} = 1050$

由表 3-2-1 可以看出，纵向弯曲应力比周向应力小得多。因此，潜艇设计中都以深水压力作为耐压船体强度计算的依据，即潜艇耐压船体强度的计算状态仅考虑深水压力状态，此时潜艇耐压结构应力成分是薄膜应力与弯曲应力的合成。

3.2.3　提高潜艇船体强度的途径

在深水压力载荷作用下，耐压船体圆柱壳板周向和纵向的薄膜应力近似为

$$\begin{cases} \sigma_2 \approx \dfrac{pR}{t} \leqslant K\sigma_s \\ \sigma_1 \approx \dfrac{pR}{2t} \leqslant K\sigma_s \end{cases}$$

式中：p 为深水压力；t 为耐压船体圆柱壳板厚度；K 为许用应力系数；σ_s 为壳板材料的屈服极限。

耐压船体圆柱壳壳板失稳欧拉应力为

$$\sigma_{\mathrm{e}} = \frac{p_E R}{t}$$

耐压船体环肋圆柱壳肋骨失稳压力为

$$p_{\mathrm{E}} = \frac{3EI}{R^3 l}\chi$$

式中：l 为单位圆柱壳长度，对于环肋圆柱壳，l 为肋骨间距；I 为单位圆柱壳长度的壳板剖面惯性矩；E 为壳板材料的弹性模量；x 为与圆柱壳长度等几何参数相关的系数。

保证船体结构强度和稳定性满足设计要求，是保障潜艇安全性的前提。可以看出，在保证潜艇耐压船体结构强度的前提下，潜艇的下潜深度（外载荷 p）主要取决于壳板的厚度、耐压船体的半径 R 以及壳板材料的屈服极限 σ_{s}。当肋骨尺寸与间距不变时，潜艇壳板的厚度越大，耐压船体的半径越小、壳板材料的屈服强度 σ_{s} 越大，则潜艇耐压船体结构强度和下潜深度越大；反之，则越小。但这里需要特别指出，决定潜艇耐压船体结构强度时，壳板应力强度只是一个方面，另一个方面是壳板稳定性。

由失稳压力计算公式可以看出，耐压船体环肋圆柱壳失稳临界压力 p_{E} 与耐压船体半径 R 的 3 次方和单位圆柱壳长度（肋骨间距）l 成反比，与壳板材料的弹性模量 E 和单位圆柱壳长度（肋骨间距）壳板剖面惯性矩 I 成正比。显然，潜艇壳板剖面惯性矩 I 越大，壳板材料的弹性模量 E 越大，耐压船体的半径 R 越小，则耐压船体环肋圆柱壳失稳临界压力 p_{E} 就越大，潜艇耐压船体结构稳定性也就越好，下潜深度也越大；反之，则越小。

对于实际潜艇，希望壳板屈服破坏载荷与肋间壳板失稳破坏载荷相同。因此在实际设计过程中，由应力强度条件所确定的壳板厚度与由稳定性条件所确定的壳板厚度，基本上是一致的。因为总可以通过选取适当的肋骨尺寸和间距，以及采用合适的材料，使应力强度与稳定性之间得到协调。

3.3 船体结构材料

3.3.1 基本要求

船体材料是开展船体结构工程设计与建造的基础。现代舰船选材要求严格，并集中体现为材料的机械性能、耐海洋环境性、工艺性以及经济性等方面的要求。

1. 应具有良好的机械性能

金属类船体材料机械性能的主要指标是强度、塑性和冲击韧性。强度通常用屈服强度 σ_{s} 和极限强度 σ_{b} 表示。目前，船体结构强度计算时的主要依据是屈服强度或屈服点。当环境载荷不变时，对于具有同等尺度的船体，采用具有更高屈服强度 σ_{s} 的结构钢，可以大幅度地降低结构重量，因此，目前水面战斗舰艇一般均要求采用更高强度等级的结构钢。此外，材料极限强度 σ_{b} 则主要用以表征材料的抗断裂能力和极限强度储备的大小，材料屈强比 $\sigma_{\mathrm{s}}/\sigma_{\mathrm{b}}$ 越小，则极限强度储备越多，抗疲劳断裂的能力越强，一般强度船体结构钢屈强比为 0.48～0.59，高强度船体结构钢屈强比为 0.53～0.71（或 0.57～0.72）。

塑性是指金属材料在外力作用下产生塑性大变形而不破坏（断裂）的能力。常用材

料延伸率 δ 和断面收缩率 ψ 表示。我国在《船舶与海洋工程用结构钢》（GB712—2011）规范中，对于一般强度船体用钢要求延伸率 $\delta>22\%$，高强度船体用钢 $\delta>20\%$，超高强度船体用钢 $\delta>14\%$；而断面收缩率 $\psi>50\%$时，一般能够满足使用要求，对此，建造规范中尚无明确要求。

自 20 世纪 40 年代焊接代替铆接并应用于造船工程之初，曾出现过不少断裂事故，其主要原因就来自于材料的抗断裂性能，特别是低温冲击韧性。冲击韧性是指材料在已有初始裂纹情况下的抗断裂破坏的能力。有鉴于其重要性，美国海军舰船工程专家威廉·S.佩利尼在 20 世纪 60 年代曾将船体结构在环境载荷作用下的抗断裂和抗裂纹扩展能力定义为船体结构的完整性，它是影响船体结构可靠性的重要指标之一。

由于焊接式船体结构的整体性特点和易产生焊接缺陷等问题，现代舰船对船体材料的冲击韧性指标的要求更加重视和严格。此外，舰船工作环境的恶劣和易受爆炸攻击而破损的特点，也要求对冲击韧性指标给予足够的重视。

冲击韧性指标一般通过冲击试验来测定，即考核带缺口试件在冲击力作用下的断裂情况，并用 a_k 参数表示（a_k 为单位断口面积的吸能量）材料的冲击韧性。对于不同材料级别，冲击韧性 a_k 值的要求不同，例如，一般强度船体结构钢要求 $a_k>27J/cm^2$（−40℃）；$36kgf/cm^2$ 级别高强度结构钢在−40℃下则要求 $a_k>34J/cm^2$；$60kgf/cm^2$ 级别超高强度钢在−20℃下要求 $a_k>64J/cm^2$。目前，船体材料规范要求采用夏比 V 形缺口冲击试验试样的吸能量来表示材料的冲击韧性。

为了考核船体材料的裂纹敏感性还可以通过有关试验，如爆炸鼓胀试验、落锤试验或止裂温度试验 CAT 等，来测定材料断裂控制的温度转变值 NDT、FTE 和 FTP，以便对其性能给予评定。NDT（Nil Ductility Transition Temperature）为无塑性转变温度（脆性转变温度），当某型材料的工作温度在该温度附近或以下时，则该材料在使用中仅发生脆性断裂，可称为裂纹敏感性材料。FTE（Fracture Transition Elastic）为弹性断裂转变温度，这是失稳断裂在弹性应力场传播的最高温度，当某型材料的工作温度在该温度附近或以上，则该材料在使用中主要产生弹塑性断裂，属中等程度裂纹敏感。FTP（ Fracture Transition Plastic）为塑性断裂转变温度。当材料的使用温度高于 FTP 时，该材料只有当应力大于材料强度极限 σ_b 时才会产生断裂，此类材料可称为裂纹不敏感性材料。

我国水面舰船船体结构用钢材的 NDT 脆性转变温度要求低于−40℃，潜艇船体结构用钢材则要求低于−20℃。

2. 应具有良好的海洋环境适应性

舰船在服役过程中将始终承受海洋环境载荷（高温、高湿、盐雾、海水和海生物等）和舱室环境载荷（油、水、酸、碱等腐蚀性介质）的侵蚀，因此，船体结构材料必须具有良好的耐腐蚀性和防污损性。一般船用碳钢在海水中的平均腐蚀率为 0.10 毫米/年，而含镍低合金钢平均腐蚀率仅为 0.08 毫米/年，除均匀腐蚀以外，由于材料冶炼质量的不均匀性，钢材的局部腐蚀和坑点腐蚀可能是现代舰船船体结构用钢更为值得关注的问

注：1kgf=9.8N。

题。20 世纪 60 年代，开始研制的以锰为主要合金元素的较高强度船体结构钢和以镍铬为主要合金元素的高强度舰船船体结构钢，是我军第一代舰船船体用钢，典型代表有 901、903 等，其主要问题是耐腐蚀性较差。为解决这一问题，70 年代末又研制了以镍铬为主要合金元素的第二代船体结构钢，主要有 907、945、921A 等。总体来看，第二代船体钢在耐腐蚀性上优于第一代，且其综合性能也有相应提高，但在耐腐蚀性能方面与国外同类船体结构钢相比，仍有明显差距。当然，船体结构防腐蚀问题不仅仅是材料问题，还与结构设计和使用维护密切有关。

3. 应具有较好的工艺性与经济性

工艺性主要指船体材料对于生产工艺的适应性。在现代造船生产中，根据工艺特点，船体材料的工艺性可分为可连接性和可加工性。以焊接式船体结构为例，可连接性主要是指可焊性。可焊性又具有两层含义：一是材料适合于焊接，对焊接工艺条件要求不高；二是材料焊接后，焊接接头强度和母材强度相当，同时产生焊接裂纹的可能性小。由于现代钢质船体结构的连接几乎都采用焊接，其可焊性好坏已成为船体钢选用的主要依据之一。可加工性也可以理解为易于加工，且性能不会发生改变。以船体钢为例，它主要指生产过程中材料进行切割、冷弯、热弯等加工的难易程度，以及在加工过程中材料不改变原有性能或不产生开裂等损坏的能力。一般要求在弯心直径为 2 倍板厚，冷弯 180° 的条件下，板材不会产生裂纹，而这一要求对于超高强度船体钢往往是很难满足的。

船体材料的经济性则主要受原材料成本、修造工艺性以及船体结构维修费用等因素的影响，因此应从全寿命周期费用角度加以综合考虑。

3.3.2 船体钢分类及选用

1. 船体钢中的元素

钢的基本元素是铁和碳两种。除这两种基本元素以外，合金钢中还包含其他两类元素，一类是固有元素，或称常存或残余元素，如硅、锰、硫、磷、氧、氢、氮等，它们是原材料本身所具有或冶炼过程生成的；另一类是为了调整某些性能而有意添加的元素，如硅、锰、铬、镍、钼、钨、钒、钛、铌、钴、铝、铜、硼、稀土等。元素的存在对合金钢的性能具有重要影响，列举如下：

（1）钢的硬度、强度和淬透性是随碳、硅元素含量的提高而增加的，但塑性和韧性下降，焊接性能和可锻性将逐步变差。

（2）铬能显著改善钢的抗氧化性能，提高钢的抗腐蚀能力。

（3）镍能有效提高强度，但对塑性指标的影响不明显，同时，镍还能降低钢的低温脆性转变温度和提高耐酸、碱能力。

（4）稀土元素的添加能提高锻、轧钢材的塑性和冲击韧性，尤其是低温韧性，此外，还可以提高钢的抗氧化性和耐蚀性。

应该注意，以上元素中的硫和磷是有害元素，如硫会造成钢的热脆性，而含磷的钢在低温时将使钢的韧性和塑性降低，强度和硬度提高而产生冷脆性，因此，一般称之为杂质，其含量应加以严格控制。

2. 船体钢的分类

现代造船工业中已用于船体建造的主要材料有钢、铝合金和玻璃钢。其中钢材仍然是目前的主要船体材料。根据船体钢制造工艺的差异，船体钢主要分为轧制钢、铸钢、锻钢等。

铸钢件是直接由钢液浇铸而成的制品，能成型结构复杂的零部件，且受尺寸和重量的限制较小，原材料利用率高。船体结构用的铸钢件分为一般强度铸钢件和高强度铸钢件两个类别。一般强度铸钢屈服点不小于 200MPa，为碳素钢铸钢件。超高强度铸钢分为 ZG40 和 ZG52 两个级别，铸件厚度分别不大于 250mm 和 130mm，ZG40 屈服点不小于 390MPa，ZG52 屈服点不小于 510MPa，为低合金钢铸钢件。

锻钢件是由钢锭直接锻制或由钢锭锻成的方坯锻制而成的，在舰船工程中常用的锻钢件主要有船体结构锻钢件、轴系和机械锻钢件以及齿轮锻钢件等。船体结构用的锻钢件分为一般强度锻钢件和高强度锻钢件两个类别。一般强度锻钢件屈服点不小于 215MPa，为碳素钢锻钢件。超高强度锻钢为 DG52 级别，其屈服点不小于 510MPa。

轧制钢是使用最为广泛的船体钢。根据《船舶及海洋工程用结构钢》（GB712—2011）的规定，船体钢按强度等级可分为一般强度、高强度和超高强度结构钢 3 类，其中：一般强度钢的屈服强度≥235MPa；高强度钢的屈服强度≥320MPa，而低于 390MPa；超高强度钢一般为 400～690MPa，如表 3-3-1 所列。

表 3-3-1　船舶及海洋工程用结构钢分类及牌号

牌号	用途
A、B、D、E	一般强度船舶及海洋工程用结构钢
AH32、DH32、EH32、FH32 AH36、DH36、EH36、FH36 AH40、DH40、EH40、FH40	高强度船舶及海洋工程用结构钢
AH420、DH420、EH420、FH420 AH460、DH460、EH460、FH460 AH500、DH500、EH500、FH500 AH550、DH550、EH550、FH550 AH620、DH620、EH620、FH620 AH690、DH690、EH690、FH690	超高强度船舶及海洋工程用结构钢

注：牌号中 A，B，D，E 为结构钢的质量等级，H 代表高强度，数值为屈服强度。

除屈服强度以外，结构钢还根据冲击韧性的不同分为 A，B，D，E 四个质量等级，其中 E 级钢的冲击韧性最佳。如：我国一般强度 B、D、E 船体结构钢的冲击试验温度分别为 0℃，−20℃和−40℃，冲击功要求均为 27 J，和国外标准一致。

3. 典型军用船体结构合金钢

舰船船体结构钢主要为高强度和超高强度合金钢，其主要特点：①强度高，且具有良好的综合力学性能；②较高的韧性和较低的时效敏感性；③良好的焊接性能；④良好的冷热加工性能；⑤良好的耐海洋环境及海水腐蚀性能。目前，几种常用型号及特点如下：

1）14MnVTiRe（903）钢

903 钢属于我国第一代舰船结构用钢，它是含有多种合金元素及稀土元素的高强度船体结构钢，强度等级为屈服强度≥450MPa。该型钢低温韧性较高，且因含有稀土元素，钢材的方向性较不明显，主要可用于建造各型舰船。但多年的使用经验表明，它对焊接的要求较高，且在马脚焊缝处常易出现裂纹，目前已较少应用。

2）10CrNiCu（907）钢

907钢属于我国第二代舰船结构用钢，屈服强度≥390MPa，用以替代902钢，该型钢在强度、韧性、疲劳性能及耐海水腐蚀性能方面均优于第一代的902钢，达到了国外相同强度级别舰船结构钢的水平，而且907钢具有较好的低温韧性和抗爆性能。

3）945钢

945钢的屈服强度≥440MPa，主要用以替代903钢，其强度、韧性、疲劳性能及耐海水腐蚀性能方面均优于第一代的903钢，而且具有更为优异的低温韧性和抗爆性能。

907和945钢均属于二代高强度船体结构钢，适用于建造中小型水面舰船主船体结构和大型水面舰船次承载结构部件，其中907钢也是我国潜艇非耐压结构建造的主要材料。

4）10CrNi3MoV（921A钢）、10CrNi3MoCu（922A钢）、10CrNi2MoCu（923A钢）

主要包括3个型号：

10CrNi3MoV-921A钢，适用于厚度10～35mm，屈服强度590～745MPa；

10CrNi3MoCu-922A钢，适用于厚度36～70mm，屈服强度510～665MPa；

10CrNi2MoCu-923A钢，适用于厚度5～9mm，屈服强度510～685MPa。

主要特点如下：

921A钢是超高强度、高韧性的调质船体结构钢，与一般船体钢相比较而言，其含有较多的合金元素，冷热加工性能稍差，焊接时应采取预热等措施。

922A钢与921A的主要区别是含Cr量较多，还含有0.8～1.1%的Cu，因此，其淬透性较高，在钢板整个厚度断面上均能满足强度要求。

923A与921A的区别在于其Cr和Ni元素的含量较低，但也含有0.8%～1.1%的Cu。

以上3型结构钢的强度性能好，适用于建造大型水面舰船主船体结构和潜艇耐压结构等重要结构。

5）45Mn17Al3低磁钢（917钢）

舰用917低磁钢屈服点为300～450MPa。917钢目前主要用于建造猎扫雷舰船主船体结构和其他具有低磁要求的舰艇结构部件。

6）防弹钢板

我国采用的舰用防弹钢为4～15mm厚的薄装甲钢板，分两个级别：高硬度防弹钢板F-1G和中硬度防弹钢板F-1Z。主要用于水面舰船局部装甲防护结构设计，以防御轻武器或攻击武器的破片杀伤。

4. 舰船船体结构钢的选用

由船体结构钢的分类方法可知，船体结构钢在满足塑性、冲击韧性、工艺性和耐腐蚀性要求的情况下，主要根据强度等级进行类别划分，这样划分可较好地适应船体结构选材的需要。对于一般舰船而言，舰长越长，其可能受的外力越大，因而所需的船体材料强度等级就越高。GJB4000-2000要求排水型水面舰艇主船体结构的钢材选用应在满足船体强度、刚度及经济性的前提下，选择合适的屈服强度等级的钢材。当船长≥80m时，在船中 0.5L 范围内应采用韧性较好的钢材，其他部位（如下层甲板、舱壁结构以及船中 0.6L 以外的首尾端结构）允许采用力学性能较低的钢材。表 3-3-2 所列为目前俄罗斯海军的舰船船体钢强度等级规定，可供参考。

表 3-3-2 俄罗斯舰船船体钢强度等级规定

舰长 L/m	$L<80$	$80\leqslant L<130$	$130\leqslant L<160$	$L\geqslant 160$
材料屈服极限 σ_s/MPa	235	315	390	>500

3.3.3 舰船船体用铝合金

自 20 世纪 60 年代以来，铝合金已经逐步开始在造船行业中得到广泛应用，在现代舰船上主要用于小型水面舰船的主船体和中小型舰船的上层建筑。船用铝合金的主要特点如下。

（1）比强度高：性能优良的铝合金，其强度可接近中、低碳钢，而密度仅为钢的 1/3，所以具有优异的比强度特性。

（2）低温韧性好：铝合金在低温下基本没有脆性破坏倾向，而且强度和伸长率还都能略有提高。

（3）无磁：这一特征对于猎扫雷舰艇设计具有重要意义。

（4）良好的耐腐蚀性：纯铝、铝-镁系以及铝-镁-硅系和经过适当热处理后的某些铝-锌-镁系合金在海水中均具有良好的耐腐蚀特性。

（5）具有良好的可焊性。

（6）具有良好的可加工性。

对于军用舰船而言，航速、续航力以及稳性是舰船的重要技战术性能指标。采用铝合金可有效降低船体的重量，尤其是减轻上层建筑重量，提高舰船稳性。目前，国内舰船船体结构中常用的铝合金主要牌号有 5A05、5083、5086、5456 和 6061 等。

思考题

（1）水面舰船无论漂浮于静水中，还是航行于波浪中以及坐墩时均处于总纵弯曲承载状态，那么，请问船体结构是否存在总纵弯曲零承载状态？在实际工程中，应该如何正确通过实船测量以及仿真计算获得船体结构的总纵弯曲承载状态？请谈谈你的思路或初步方案。

（2）根据提高船体总纵强度措施知识的学习，请分别从船体结构设计者、舰船使用者以及船体维修者的角度阐述在工作中为确保船体总纵强度，应重点关注哪些的因素或必要时采取哪些措施？

（3）你认为船体结构钢与其他工程领域中（如机械工程、建筑工程、航空和车辆等）的钢材有何区别？采用船体结构专用钢建造舰船的必要性是什么？

（4）某种新材料的出现，导致了其用于建造猎扫雷舰艇主船体结构的行业争论，试谈谈你的观点。建议从适用性和可行性角度出发进行分析。

（5）为什么需要按照强度性能对船体结构钢划分等级？试对采用较低强度等级船体钢建造大型水面战斗舰船主船体结构，谈谈你的观点。

第 4 章　船体结构评价体系与要求

4.1　概述

随着现代舰船技术的不断发展，专业门类分工越来越细，且相互关联程度不断提高，高性能舰船的设计已被公认为巨系统工程，舰船综合集成总体技术的作用日渐突出。

在舰船设计、使用与管理工作中，我们通常将舰船系统分为平台、动力和作战 3 个大系统，船体结构是舰船的重要组成部分，属于舰船平台大系统研究范畴。船体结构既是各种舰载武器系统的发射平台，又是各种机械装备的装载平台；既是官兵战斗的阵地，又是官兵生活的场所；既是舰船设计与建造的主体，也是舰船使用、维修、改装的主要对象。因此，对船体结构功能和性能的评价必须反映其对舰船战斗能力和生存能力的支撑作用，同时还应兼顾舰船的适用性要求。

评价是对某个对象进行的体系性的综合分析研究和评估，以确定对象的意义、价值或者状态。对舰船结构的评价，就是对舰船结构满足基本要求的各个方面及其程度，根据评价指标和标准进行的定量或定性的度量过程，最终得出一个可靠的并且符合逻辑的结论。因此，正确构建舰船结构评价体系，既是梳理对舰船结构设计、使用和维修管理的要求，也可指引舰船结构技术的未来发展。

4.1.1　舰船研制管理要求

根据《GJB4000—2000 041 章　工程项目管理》的规定，舰船研制主要分为方案和工程研制阶段。

方案阶段主要是进行舰船研制方案论证、设计和验证，初步确定舰船主要总体性能、总体布置、主要系统和设备的配置，系统、设备的性能、功能要求，提出舰船的主要系统、设备清单及研制要求，解决关键技术（或找到可靠的技术途径），落实保障条件，编制研制任务书。

工程研制阶段一般可分为初步设计、技术设计和施工设计。

初步设计应提出舰船设计所采取的各种技术措施，进一步确定舰船性能和实现舰船性能进行的计算（估算）、试验结果、图样等资料。初步设计图样和技术文件送审图机构送审后，由使用部门和研制主管部门组织召开初步设计审查汇报会。

技术设计根据研制任务书、初步设计（或方案设计）进行，以提出技术设计图样和技术文件，编制技术规格书为目标。技术设计图样和技术文件送审图机构审查后，由使用部门和研制主管部门组织召开技术设计审查汇报会。总体设计单位应按审查意见和审查汇报会结论对技术设计图样和技术文件进行修改后，送交审图机构复审并盖章认可。技术规格书由承造船厂、总体设计单位、驻承造船厂军事代表室的代表和舰船总体总设计师或主任设计师签署。

施工设计根据研制任务书审查认可的技术设计和技术规格书进行。施工设计应提交施工设计图样和技术文件。施工设计结束后，将进入建造、试验试航以及定型（鉴定）以及交付部队使用。

船体结构的性能在很大程度上取决于船体结构的设计，并主要体现在方案设计、技术设计和施工设计 3 个阶段中。在方案设计阶段，结构设计的主要任务是确定整个船体结构设计的基本原则，如确定船体结构材料，确定骨架形式和主要构件的间距与布置，新材料与新结构形式的采用，估算结构重量、重心等。技术设计阶段的主要任务是解决结构设计中的主要技术问题，如协调构件布置与总布置之间的关系，确定所有构件的尺寸、构件的连接形式与方法，完成船体结构图的绘制与船体结构强度计算书的编制，计算较准确的结构重量及重心位置，提出材料订货预估单等。施工设计阶段的主要任务则是绘制全部结构及零部件的施工图，编制施工工艺文件，详细计算结构重量及重心位置。建造完工后，还要根据施工修改情况，绘制完工结构图。

4.1.2　评价体系构成

舰船是产品，部队是使用者，也是最终用户，对产品性能的评价必须以其对用户需求的符合程度为根本依据。从使用者的角度来看，舰船属于船舶的一个分支，因此，舰船结构的设计首先应满足船体结构设计的基本或通用性要求；其次，作为武器装备，其设计方案是否有利于提高舰船战斗力和生命力是衡量其先进性的最重要性能指标，因此，舰船结构的设计必须围绕战斗力和生命力的提高，满足其特殊性要求；舰船结构的固有可用性取决于设计水平的高低，而使用可用性则主要来自于对船体结构的日常及等级维护与保障，因此，良好的可保障性和可维修性也是衡量船体结构优劣的重要指标；最后，舰船结构的全寿命周期费用在很大程度上严重制约舰船的采购数量与战术运用，也是舰船结构设计、使用、维修，甚至退役阶段必须综合考虑的重要因素。

综合以上论述，根据舰船的使命特征以及船体结构的主要特点，开展船体结构功能和性能评价，应从使用方对舰船结构的需求角度出发，本书将其总结为以下 4 个方面：

（1）基本功能性，主要包括可用性、可靠性、坚固性、紧密性、防护性等。

（2）扩展功能性，主要包括安全性、隐身性、重量性和居住舒适性。

（3）保障性与维修性，主要包括保障性、维修性、结构模块化等。

（4）工艺性与经济性，主要包括工艺性、全寿命周期费用管理等。

4.2　基本功能性

舰船结构基本功能性是指舰船作为船舶的一个特殊种类，在服役周期内履行规定水域内正常航行、装载等基本任务所需满足的基本功能特性要求。它反映船体结构与舰船总体各项性能之间，各部（构）件与整体结构之间最基本的相互协调和匹配特性。

船体结构的基本功能性包括可用性、可靠性、坚固性、紧密性和防护性等。

4.2.1 可用性

可用性是指产品在任一时刻需要和开始执行任务时，处于可工作和可使用状态的程度。舰船结构的可用性一般采用可用度指标加以定量描述与评价，常用可用性参数有固有可用度和使用可用度。

固有可用度：
$$A_i = \frac{\text{MTBF}}{\text{MTBF+MTTR}}$$

使用可用度：
$$A_0 = \frac{\text{MTBM}}{\text{MTBM+MDT}}$$

式中：MTBF为平均故障间隔时间；MTTR为平均修复时间；MTBM为平均修复间隔时间；MDT为平均不能工作时间。

在实际工程中，相对于舰船设备及系统而言，舰船船体结构的故障率更低，可用度更高。

4.2.2 可靠性

可靠性是指产品在规定的条件下和规定的时间内，完成规定功能的能力。船体结构可靠性是指船体结构在规定服役年限内和规定环境条件下（包括航行海域、海况，维修次数、等级等），实现其设计功能的能力。因为船体结构的设计功能是多方面的，所以其可靠性是反映结构实现各种性能或功能能力的定量描述，一般用可靠度或失效概率来衡量。

船体结构属于可修复产品，其可靠性包括固有可靠性和使用可靠性。固有可靠性是通过设计和建造等环节赋予船体的，是新建船体结构全寿期内可靠性的预报或预测；使用可靠性则是船体结构在使用过程中，对受到实际环境条件、操作状况、维修方式和维修技术等因素影响以后的可靠性水平。船体结构可靠性与设计，建造过程中的质量控制和管理，使用维护、维修，修理技术与实施方法等有直接的关系。

目前，船体结构强度可靠性分析方法已经建立了较为成熟的理论体系，它是基于船体所受载荷以及结构承载能力的随机特性（如材料强度不确定性、焊接质量的不确定等），针对船体结构典型破坏模式，采用统计学方法加以描述相关参量演变规律，求解船体结构的破坏概率或可靠度，并明确满足可接受的概率水平。

要保证船体结构的可靠性，船体结构强度可靠性设计、计算仅仅是措施之一，更重要的是如何通过材料质量控制和建造过程中的各种工艺质量控制和管理措施，保证建造出达到设计可靠性水平的船体结构，以及在舰船服役过程中，如何通过建立合理的使用维护制度和计划修理制度来保持船体结构的可靠性。

4.2.3 坚固性

船体结构坚固性是指在服役要求环境下的各种自然载荷（如静水压力、浮力、重力以及波浪冲击力等）以及正常工作载荷（如武器发射后坐力、惯性力以及机械或螺旋桨引起的周期性激振力等）作用下，船体结构抵抗变形、振动、塑性屈服、开裂等破坏，并将其控制在允许限度以内的能力。坚固性是船体结构最基本，且最重要的性能要求，坚固性不满足时，船体结构将无法保证舰船的正常装载和规定海域安全航行。船体结构坚固性的内容较为广泛，根据船体结构破坏状态的不同，船体结构坚固性可分为总纵强度、横强度、扭转强度和局部强度等。根据舰船受力特点和结构失效机理的差异，则可分为应力强度、刚度和稳定性3个方面。其中，应力强度包括静强度、振动及疲劳强度、强动冲击强度；刚度包括变形挠度控制和固有频率要求；稳定性则包括静载稳定性和冲击稳定性等。

通常船体结构首先要保证船体梁应有足够的强度和刚度，如在静置波浪的中拱、中垂状态下，船体梁上构件的最大应力应不大于材料的许用应力。对此，GJB4000—2000中规定船体梁总纵强度校核时许用应力$[\sigma]<0.38\sigma_s$，其中0.38为许用系数，σ_s为船体钢屈服强度；船体梁的刚度则通常要求在静置波浪的中拱、中垂状态下的最大挠度值应不大于舰船设计水线长的1/500。另如：上甲板和外板上的纵向骨架必须有足够的稳定性储备，如在船体中部，上述纵向骨架的欧拉应力应大于材料屈服应力的2倍。船体结构强度设计的安全系数一般取得较大，这除了考虑到一些不确定因素和计算方法的近似性以外，保证船体在发生严重破损时具有一定的剩余强度也是主要因素之一。

船体结构的抗冲击动强度要求，如：船体首端部应能承受波浪的冲击力；船体结构应具备一定的抗核爆炸冲击强度；炮下加强结构应能承受火炮后坐冲击力的作用等。

船体结构振动失效是动强度不足的另外一种重要表现形式。船体结构振动对舰员的工作和生活，以及机械设备的正常运行都有直接的影响。另外，船体结构振动还直接影响结构自身的疲劳断裂强度。

船体结构振动主要有两种形式：一种为自由振动，如火炮射击的后坐力引起的船体结构的振动。该振动与船体结构（整体与局部）的刚度有关，结构刚度越大，振动幅值越小。另一种为强迫振动，如主机运转时的不平衡激振力使船体结构产生的振动，其振动频率与主机运转不平衡力的作用频率一致。螺旋桨激振力作用下的船体尾部结构产生的振动也是强迫振动。强迫振动的振幅大小与激振力大小和结构刚度的大小并没有直接的比例关系，对于强迫振动的控制最重要的是要使船体结构的固有频率与激振力频率错开，以避免产生共振。一般要求船体结构的第一、二、三谐调固有频率值与干扰激振力频率错开10%以上。

目前，船体结构的机舱振动和船体尾部振动都属于强迫振动。因此，要求船体板或板架结构的固有频率应尽量避开舰船高速航行段主机激振力频率和螺旋桨激振力频率。

4.2.4　紧密性

船体结构应具备排开外水，为舰船提供浮力的能力；舰船上的油水要通过船体结构来分隔和储存；舰船三防要求船体内设置防辐射防污染的密闭舱室；舰船破损后，要求船体内部舱壁结构和甲板结构能防止浸水区域的扩展，保持舰船的浮性等。由此可见，紧密性是船体结构基本功能性的一个重要方面。

船体结构的紧密性分水密性、油密性和气密性。如船体外板、甲板板、内底板及舱壁板等，必须满足水密性要求；船体的油舱、机舱的底部等结构应满足油密性要求；舰船作战指挥、工作、居住等场所的密闭区和密闭舱室、洗消站、食品间、淡水舱等必须满足气密性要求，以防止毒气渗漏。关于船体结构的紧密性要求，在船体各部分结构介绍中均有详细阐述。

4.2.5 防护性

舰船防护性专指船体结构、设备及管路的防腐、防漏和防污损，是船体结构的基本功能性要求。水线以下船体结构长期浸泡在海水中，水线以上船体结构以及舰载设备、管路将受到海浪冲刷，海上潮湿且含有盐雾空气的浸蚀，在电化学作用下，产生锈蚀，将使船体结构失去应有的强度、设备损坏、管路泄漏；污损则指船体水线以下部分，海生物在船体结构及设备上生长、繁殖，将加速船体锈蚀，增加结构重量，从而导致增加舰船航行阻力、降低航速，腐蚀、泄漏和污损的结构，也会影响任务完成，缩短船体寿命。

舰船的防护性具有可设计性，同时，在使用中也需通过维修、保养加以维持。从某种意义上讲，提高舰船结构的防护性，也是提高舰船的战斗力，延长船体使用寿命。

船体结构防腐蚀主要遵循针对产生腐蚀的原因，采取相应措施，消除或减缓腐蚀作用的原则实施，并根据船体的不同部位及其所处的环境不同而有所差异，同时，还要求在同一部位采用两种或两种以上保护方法时，不能产生不利的相互作用，即要有相容性。目前，船体结构主要的防腐蚀方法有两种：一种是使用涂料覆盖船体结构，以隔离海水或盐雾空气的浸蚀；另一种为阴极保护，即使被保护船体结构成为腐蚀电池中的阴极并极化到某一电位，以减小和防止船体结构腐蚀。阴极保护常用措施有两种：一是牺牲阳极阴极保护；二是外加电流阴极保护。因此，船体结构的防腐设计主要有涂料防护设计和阴极保护设计。

船体结构防污损的措施目前主要为防污涂料、电解防污以及定期保养。其中电解防污是通过电解防污装置，释放出有效氯能击晕或杀死附着海生物幼虫或孢子以达到防污目的。电解防污措施主要用于舱内设施和船体结构的防污处理。

防漏措施目前主要针对管路泄漏问题展开。防腐和防漏是相关的，应在设计时综合考虑。

4.3 扩展功能性

船体结构扩展功能性是在船舶基本功能性已得到满足的前提下，为适应舰船履行特殊使命任务需求或随船舶设计技术整体水平的提高，而对船体结构性能和功能所提出的更高的或特殊的要求。扩展功能性是基本功能性的扩展和延伸。当技术成熟或用户要求明确时，扩展功能性中的某些要求甚至可以直接定义为基本功能性，如安全性要求中的不沉性要求以及居住性中的舒适性要求等。基于以上考虑，本书将舰船船体结构扩展功能性暂定为以下几个方面，即安全性、隐身性、重量性以及居住舒适性。

4.3.1　安全性

船体结构安全性，是指船体结构在阻止和限制舰船可能发生事故方面的能力，主要包括防火与防爆、抗沉、“三防”与抗损特性等。

1. 防火与防爆

舰船上防火与防爆除了配备足够防火防爆设备与器材以外，针对船体结构设计提出必要的防火与防爆要求也是极为重要的。例如，舰船一般依托船体结构设置防火区划，防火区划的周界主要由主舱壁和甲板所构成，主舱壁和甲板不仅需要满足火灾环境下结构坚固性的基本功能要求，同时还应具备阻止火苗和烟气蔓延的功能。因此，船体结构一般应采用阻燃材料或耐火材料建造，而铝合金等材料由于存在熔点低（约 600℃），在战斗舰船上，尤其是主船体内部舱室中使用时应受到限制。

2. 抗沉

不沉性是指舰船在船体结构破损、舱室浸水后，仍能满足浮性要求的能力。舰船不沉性是完整船体的固有能力或者设计能力。它由总体设计确定，并由船体结构给予提供和保证。船体结构的抗沉性则是在舰船不沉性的基础上，加入了更多的主观因素，它是指船体破损、舱室浸水后，通过船体结构以及损管措施阻止浸水进一步蔓延，并有效防止舰船因破损而沉没的能力。

提高船体不沉性的结构设计途径及措施主要如下：

（1）合理构建水密区划。通过船体结构设计，合理构建水密区划是防止舰船破损后沉没的基本保障，是船体结构设计中必须给予足够重视的问题。目前，我国舰船采用以每个主横水密隔舱为一独立抗沉区划，为了保证每一区划的绝对水密性，要求主横水密舱壁必须左右延伸到两舷外板，垂向应从船底板延伸到纵通的上甲板或更上层甲板，并实施隔舱独立交通制，主横舱壁不开通道或水密门，主隔舱之间交通由垂直水密通道及上甲板以上纵向通道实现。

舰船不沉性要求有一定数量的相邻水密隔舱（对称或不对称）浸水时，舰船应能保持浮性。我国舰船最小浸水隔舱数、最小干舷高，以及主横舱壁数要求如表 4-3-1 所列。

表 4-3-1　水面舰船不沉性要求

正常排水量 Δ/t	最小浸水隔舱数	最小干舷高/m	主横舱壁数	正常排水量 Δ/t	最小浸水隔舱数	最小干舷高	主横舱壁数
$2500 \leqslant \Delta < 5000$	3	0.6	12～17	$500 \leqslant \Delta < 1000$	2	0.5	8～10
$1000 \leqslant \Delta < 2500$	2	0.6	10～13	$200 \leqslant \Delta < 500$	2	0.4	6～8

（2）采取结构加强措施。船体壳板发生破裂，必引起舱室浸水，此时原来施加在船体壳板上的静水压力将直接作用在浸水舱室内的舱壁上，因此需要对舱壁采取加强措施，以防止舱壁隆起变形甚至破损。破损水线以下的舱壁的设计，应以船体破损后构件的承载状态为计算工况，要采用较厚的板，并设置更大的扶强材，除了需进行强度校核计算以外，还应开展加压密性试验。如果浸水舱室顶部的下甲板或水密平台位于破损水线以

下，则应考虑破损水压力的影响，对该甲板进行结构加强。

3. 三防

舰船对核武器、生物武器和化学武器的防护简称为三防。舰船三防对船体结构的要求主要体现为坚固性和紧密性要求，例如，上层建筑各层的围壁结构和露天甲板应能承受表 4-3-2 所列的核爆冲击波超压值，并且在空气冲击波超压作用下，主船体结构应保持水密，以及保证武器的正常使用；上甲板舷边结构及上层建筑的露天甲板应便于排放洗消后的污水；主船体不宜设置舷窗等。

表 4-3-2　上层建筑结构承受核爆超压要求

正常排水量Δ/t	核爆冲击波超压值（自由场）/kPa
$\Delta \geqslant 5000$	70
$5000 > \Delta \geqslant 1000$	60

4. 抗损

船体结构在遭受武器攻击、舰载弹药自爆、碰撞以及搁浅时，船体所具有的抵抗破损能力称为船体结构的抗损性。船体抗损性可以由高向低分为以下 3 个层面的要求：①能够承受以上各种形式的载荷作用，并不会导致船体结构产生严重破损；②在承受载荷作用后，允许船体结构产生严重破损，但不会出现整体结构或局部结构承载能力的完全丧失，即仍具有一定的破损剩余强度；③承受载荷，产生严重破损后，船体结构具有较好的阻止破损进一步扩展的能力，如能有效控制裂纹的扩展，防止浸水向完好舱段的漫延等。

事实上，以上所述的第一层面要求目前一般只能在大型水面舰船上才有可能实现，而对于中小型舰船，往往仅以第二、三层面要求为设计目标。

对于舰船来说，船体结构抗损性能的好坏，是衡量舰船结构设计质量优劣的重要指标之一。提高船体结构抗损性的主要途径如下：

（1）设置装甲防护专用结构。为了抵御或管控舰船在遭受武器攻击或舰载弹药自爆时所产生舰船结构破损，保持舰船的生命力和人员安全，现代水面舰船一般会遵循重点部位或区域防护的原则在水线以上设置一定等级的装甲防护结构。例如：中小型舰船防护结构会在重要舱室，如作战指挥室、弹药库舱壁设置轻型防护舱壁结构，以防止攻击武器二次杀伤效应；大中型水面舰船，则可在一定区域内设置更高等级的防护结构，如德国 F124 型护卫舰通过采用双层抗爆舱壁以及箱型梁结构，可抵御 150kg TNT 装药反舰导弹战斗部的舱内爆炸（图 4-3-1）；而航空母舰等大型舰船甚至可充分利用舱室空间，如水上部位利用舷台结构，抵御反舰导弹或激光制导炸弹的直接攻击，以提高舰船的生命力。

（2）设置水下防雷舱室。对于大型舰船，设置水下防雷舱，可有效抵御鱼雷和水雷爆炸的毁伤。防雷舱室一般由舷侧空舱、液舱和过滤空舱构成立体防护结构来对动力舱段或弹药库加以保护。1.2～1.5m 宽的液舱即可有效阻挡高速破片的侵彻，保护液舱内层舱壁，如图 4-3-2 所示。

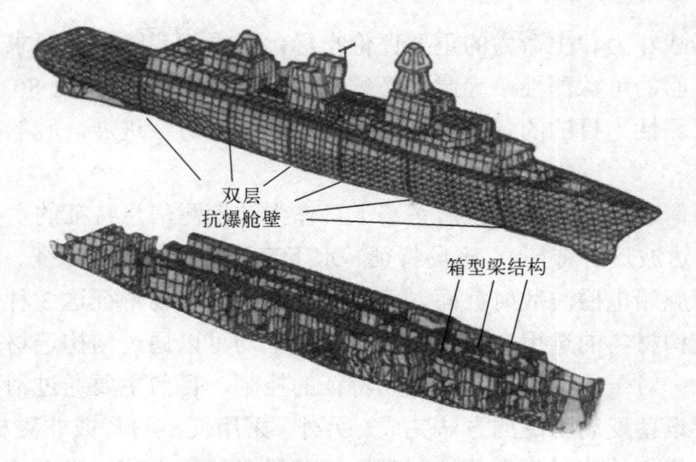

图 4-3-1　德国 F124 舰抗损结构设计

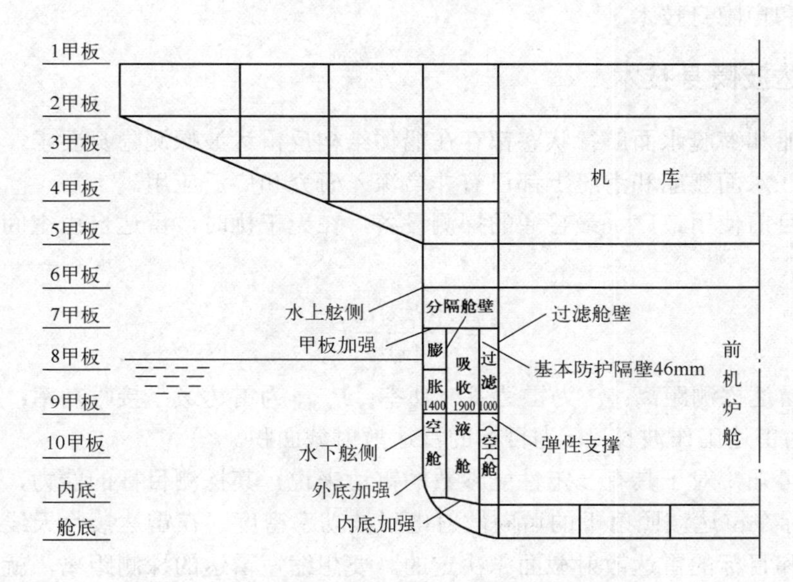

图 4-3-2　典型航母舷侧抗损结构设计

（3）采取必要的结构抗损与止裂措施。例如，船体结构采用纵骨架式骨架结构，可以较好地阻止裂纹沿横向的传播与扩展；船体上甲板与舷侧顶板采用止裂结构进行连接；船体首尖舱舱壁的扶强材布置形式必须考虑舰首破损后的波浪冲击力的作用；破损水压力线以下的水密主横舱壁和下甲板必须能抵御破损后静水压力的作用等，都是提高船体抗损性的重要途径。

4.3.2　隐身性

1. 概述

船体结构隐身性主要是指通过外形设计、隐身功能材料的选用以及船体材料/结构一体化功能性设计，以实现弱化舰船固有可探测信息特征为目标的扩展功能特性。舰船隐蔽性是现代舰船战斗力和生命力的重要评价指标，根据舰船隐蔽性要求，船体结构设计时应力求降低舰船的可探测性，因此，必须采用隐身技术。20 世纪 80 年代以来，以降低武器装备被探测性为目的的各种隐身技术研究有了突破性进展，舰船隐身化趋势越来越明显。

舰船的目标信息特征非常丰富，军事上可作为被探测信息特征的主要有 6 种：电磁波散射截面（雷达波反射特征）、磁场特征、水下声波特征、红外特征、可见光特征及尾流场特征。其中舰船电磁波散射截面、水下声波特征和磁场特征这 3 种信息特征与船体结构设计以及结构材料的选用存在直接关系，三者均可以通过结构选材及结构隐身设计加以控制。例如：对于钢质船体结构磁场特征的控制，目前主要通过消磁站定期消磁以及舰载消磁补偿设备现场消磁的方法完成。另外，采用低磁材料或非磁材料（如低磁钢、玻璃钢等）作为船体结构材料也是控制磁场特征最有效的方法。下面着重介绍船体结构电磁波隐身和声隐身技术。

2. 雷达波隐身技术

水面舰船和潜艇水面航行状态都存在船体结构反雷达波探测隐身要求，当前国内外电磁波隐身在水面舰船和潜艇上都已有非常深入研究和广泛应用。

雷达是目前使用最广、最普通的探测设备，在无干扰时，雷达自由空间探测距离公式为

$$R_{\mathrm{t}}^{4}=\frac{P_{\mathrm{t}}G_{\mathrm{t}}^{2}\lambda^{2}\sigma}{(4\pi)^{3}}P_{\mathrm{r\,min}}$$

式中：R_{t} 为雷达探测距离；P_{t} 为雷达发射功率；$P_{\mathrm{r\,min}}$ 为雷达最小接收功率；G_{t} 为雷达天线增益；λ 为雷达工作波长；σ 为目标的雷达散射截面积。

由上式可知，对于具有一定性能参数的雷达来说，其探测目标的能力，即探测距离 R_{t}，是由目标在雷达波照射下的后向散射电磁波功率密度（在雷达接收天线方向的散射信号强度）和目标的雷达散射截面积决定的。要想缩短雷达的探测距离，就要减小目标的雷达散射面积，降低反射电磁波的功率密度。当物体被电磁波照射时，能量将朝各个方向散射。能量的空间分布依赖于物体的形状、大小、结构形式及入射波的频率等，而单位面积的反射功率密度则主要取决于目标的材料特性。因此，目前船体结构反雷达探测隐身的主要技术途径是外形隐身设计和隐身材料技术的应用。

1）外形隐身技术

不同几何形状对电磁波散射强度是不同的。一般当相互垂直的两个或三个平面所构成的凹角反射器，其回波最强。另外，任何结构体的边缘和尖顶，由于存在电磁波多次绕射，以及总会存在某一外法线指向雷达，从而形成“镜面”条件，使其成为“亮边”或“亮点”。在正入射条件下，平板、圆柱和球的雷达散射面积将依次迅速减小。

合理设计船体结构外形是减小雷达散射截面积的重要措施，其设计基本原则如下：

（1）在不影响舰船其他战术性能条件下，应尽量减小上层建筑尺寸，消除镜面反射的表面设计，避免出现较大的反射平面。

（2）消除易产生角反射器效应的外形组合，避免出现任何凹角、边缘、尖角等垂直相交接面。

（3）降低雷达波的后向散射强度，并尽量使回波向非探测方向散射。

（4）尽量减少露天甲板以上突出独立散射源数量。

目前，实际船体结构的隐身外形设计主要以避免敌方雷达波的镜面反射和角反射为核心，其技术措施为改进船体和上层建筑的结构外形。具体措施如下：

（1）外形用曲面板代替平面板。如美国“伯克”级驱逐舰的主船体和上层建筑都采用了圆弧形的外壳和过渡连接棱。

（2）各部分结构（舷侧和上层建筑侧壁）设计成倾斜式，使雷达波产生不同的散射方向。如法国“拉菲特”级护卫舰以及我国的 22 型导弹快艇，都采用了外倾式干舷和内倾式（8º ～10°）上层建筑侧面，避免海面与舷侧、甲板与侧壁垂直相交而形成凹角反射器（图 4-3-3、图 4-3-4）。

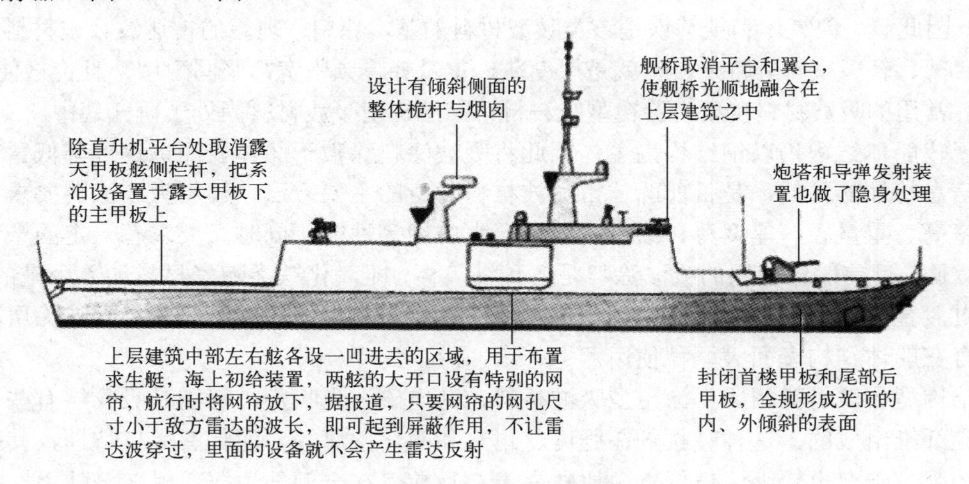

图 4-3-3　法国“拉菲特”级护卫舰

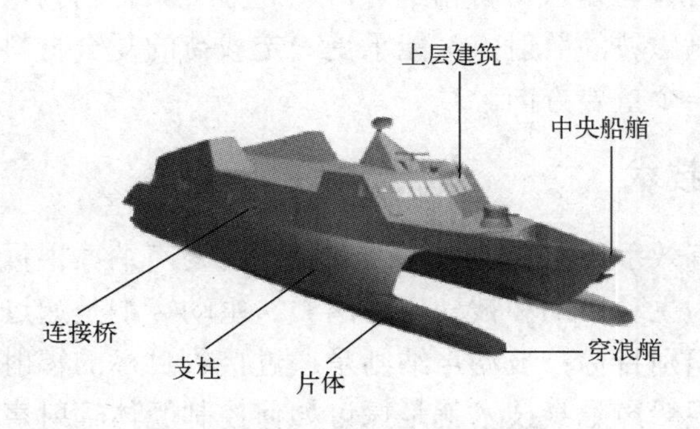

图 4-3-4　我国 22 型导弹快艇

（3）外露相互垂直板架的连接采用圆弧过渡（倒角）连接。如英国 23 型护卫舰，法国“C-70”级驱逐舰，美国“伯克”级驱逐舰等，其主船体与上层建筑、甲板边板与舷顶列板及各层上层建筑侧壁连接处，普遍采用凸面圆滑过渡的倒角连接，可使雷达反射波强度降低 10 倍。

（4）避免电磁谐振。如果敌雷达照射入射波经船体结构或部件反射可能造成“聚焦”，形成很强的反射波，可能成为谐振反射的构件主要是长度为入射雷达波波长若干倍数的船体细长件、陡沿等。

（5）减少外露的武器装备和设备。如瑞典隐身试验艇“维斯比”号将所有通常外露的武器装备都尽量设计成可伸缩的，并使舱口盖与甲板齐平。

2）隐身材料技术

目前舰船雷达波隐身设计，原则上仍然是以外形隐身设计为主。雷达波隐身材料技术，也称吸波材料技术，它是可以使特定频段内雷达波探测手段完全失效的关键技术，因此，也是舰船雷达波隐身技术的重要发展方向之一。

雷达波吸波材料的工作原理是雷达波作用于该材料时将产生电导损耗、高频介质损耗和磁滞损耗等。吸波材料的性能特征参数主要为介电常数和磁导率。由于碳具有较好的导电性，以及铁氧化物（铁氧体）和羰基铁等，因容易产生磁偶极矩而具有较好的磁性吸收特性，因此碳、铁氧体和羰基铁是该类吸波材料的基本原料。理想的雷达波吸波材料应该具有“薄、轻、宽”等特点，也就是厚度薄、重量轻、频带宽，坚固耐用，且价格便宜。目前，常用的吸波材料主要为涂覆型吸波材料，结构型吸波材料尚处于研究之中。

现代船体结构仍以钢结构为主，因此将吸波涂料涂敷于船体表面以达到降低雷达波散射信息特征的目的，是目前船体雷达波材料隐身的主要方法。舰用吸波涂料要求具有吸收率高、重量轻、厚度薄、频带宽、耐海水腐蚀等性能，同时又要求有一定的塑性，不能太脆。目前船体使用的吸波涂料是各种铁氧体，即氧化铁类陶瓷材料加入少量的锂、镍等过渡金属。但由于舰船使用环境比较复杂，目前常见的各种铁氧体类吸波涂层，并不适合在船体结构表面大面积使用。

结构型吸波材料相比于涂覆型吸波材料，其电磁波吸收剂，特别是吸收层有些是由碳化硅纤维组成的，这种吸收剂在强度、耐热和耐化学腐蚀方面具有优良特性，其吸波能力较强、带宽也较大，但价格也比较昂贵，目前仅在全舰的主要散射部分使用。除此以外，将结构型吸波材料与复合材料相结合，以高分子聚合物为基体，通过填充吸波填料形成一种既能减弱电磁波的散射，又能承受一定载荷的复合材料板架结构，应该是未来舰船雷达波隐身的一个重要方向。

3. 水下声隐身技术

水下目标探测最有效手段是声波探测，主要设备为声纳。根据信息特征获取方式的不同，舰载声纳可分为主动声纳和被动声纳两类。主动声纳是通过发射声波后接收目标的反射声波来探测与识别目标；被动声纳则是通过接收目标的辐射声波（辐射噪声）来获取目标信息特征。舰船声隐身技术就是探讨如何控制舰体辐射声波和反射声波，以降低主被动声纳探测距离和被发现概率的相关技术。

对于水下声辐射信息特征的控制，根据声源的不同，舰船水下辐射噪声主要可分为机械噪声、螺旋桨噪声和水动力噪声三大类型。机械噪声是指因机械设备不平衡旋转部件、往复运行部件等产生的周期性振动，这种振动激励通过基座传递给船体，并引起船体结构振动，当结构在水中振动时，将通过流固耦合作用改变周边水介质的压力场，并以声波形式向外界传播能量，这就是水中辐射噪声的产生机理，所以，船体结构是将机械激励转换为水中辐射噪声的声学通道和主要载体。螺旋桨噪声组成主要可分为两部分：一是螺旋桨直发声，它主要包括由非定常流场与桨叶的相互耦合作用产生的辐射噪声和空泡噪声；二是螺旋桨转动产生激振力向船体传递，导致与艇体的耦合振动，而产生的船体结构辐射噪声。设计不合理时，螺旋桨激励船体产生的耦合振动辐射噪声极有可能成为舰船尾部低频特征辐射线谱噪声的主要来源。水动力噪声是不规则海流流过运动船体或高速航行时船体结构与流体相互作用所产生的噪声，此类噪声产生的机理，同样也是由流固耦合直发声和流激结构振动辐射声所组成，水动力噪声的影响权重将随着舰船航速的增加而迅速提高，是中高航速航行舰艇声辐射的重要组成部分。

由上可知，船体结构设计是控制舰船辐射噪声特征的重要组成部分。目前为了更好地研究船体结构噪声的传播与辐射，国内外已形成了一门新的学科，即船体结构声学。在实际工程中，控制舰船水下辐射噪声的主要结构设计相关技术途径在于：

（1）控制和降低振源激振力向船体结构的传递。如：对于大型机械设备通过设置双层隔振基座、舱筏、隔声罩等，可大幅降低机械设备振动激励向船体结构的传递。

（2）深入开展结构减振降噪设计。如：为避免螺旋桨激振力引起的尾部耦合振动，原则上应合理设计尾部结构，以尽可能错开共振峰；此外，缩短轴系长度，提高轴系及舰船尾部结构刚度也是有效的控制措施。此外，为控制水动力噪声，除应合理设计船体外形外，还应尽可能保持船体表面的光顺度，减少船体表面开口等。

（3）积极推进新材料结构技术。如：积极发展具有吸声、减振降噪、吸波、红外抑制、无磁等功能特性的新材料结构技术，并在装备研制工程中科学应用。

主动声纳的反射声特征也主要来自于船体结构，目前减小舰船声目标强度特征的主要技术途径是外加高阻尼吸声层。在潜艇轻外壳表面贴敷一层厚度为 50～150mm 左右的声学覆盖层，也称之为“消声瓦”，是目前世界各国海军控制潜艇声目标强度特征的主要技术途径。消声瓦一般以橡胶材料为基体，内部周期性地设置不同密度或构型的人造介质或空腔，其工作原理是将弹性体内传播的拉伸-压缩声波在空气腔体的自由表面上变换为剪切波，这种波形的传播速度低、可吸收性能强，从而达到降低目标声反射特征的效果。消声瓦技术虽然具有优良的吸声特性，但同时也存在厚度和重量大，复杂曲面贴敷施工困难，强烈冲刷时易脱落，且吸声性能受压力影响大等问题，此外，消声瓦技术也无法做到对潜艇外伸附体结构物（如舵、稳定翼等）的完全覆盖。

4.3.3　重量性

一般而言，舰船结构重量约为舰船正常排水量的 40%～50%，减小结构重量必然有利于提高舰船的有效装载能力。但是，由于水的密度约为空气的 800 倍，相对于航空航天领域运载平台而言，舰船对重量的控制要求并没有那么严格。事实上，舰船对结构重量性的要求更侧重于稳性要求，也就是舰船重心以上舰身结构物重量特性。第二次世界大战以后，现代舰船进入电气化、电子化和信息化时代，各种先进观通导设备和武器装备不断涌现，并优先挤占视野相对广阔的上层空间，此外，基于舰船隐身性设计要求，长桥楼或封闭集成式上层建筑也已逐渐成为主流，这都将直接或间接导致舰船重心以上重量的迅速增加。对此，传统钢质上层建筑结构的设计，已经越来越难以适应现代舰船的发展需求，这就要求舰船设计者们深入探讨如何通过设计方法的优化，合理开展新材料结构的应用，以降低舰船结构重量，这就是船体结构的重量性要求，也属于舰船船体结构的扩展功能性要求之一。

对于传统钢质船体结构，提高重量性的主要途径是合理地开展结构优化设计，其核心思想在于尽量消除应力集中的硬点，提高结构的承载效率。优化结构，减小结构重量，在保持排水量一定的条件下，可将减轻的结构重量转化用于增强武器装备或增大推进功率，从而改善舰船的战术性能。

此外，近年来随着轻质结构新材料（如铝合金、钛合金以及纤维增强复合材料等）技术的日益成熟，大幅降低船体结构，尤其是上层建筑轻质围蔽结构的重量已成为可能，铝合金或复合材料上层建筑、围壳、机库、桅杆、烟囱等结构的设计，现已在国内外主战舰船上逐步得到应用，如：法国的“拉菲特”级护卫舰、美国的“伯克Ⅲ”型驱逐舰均已采用复合材料机库，较原钢质结构重量可减少 30%以上。俄罗斯“现代”级驱逐舰也整体采用铝合金上层建筑结构，大幅降低了结构重量，提高了舰船稳性。

当然，对于不同排水量的舰船，对结构重量的要求及结构重量对舰船性能的影响程度是存在差异的。一般小型舰船和潜艇对结构重量的指标控制更为严格，而大、中型舰船则更强调船体结构的坚固性，对结构重量的限制有所放宽。但近年来，随着大功率探测设备以及高能武器的陆续上舰应用，大中型舰船在保证船体结构坚固性的前提下，降低结构重量，尤其是降低重心以上的结构重量，也已成为迫切需要解决的问题了。

4.3.4 居住舒适性

从定义来看，居住性应归属于船舶基本功能特性要求，然而，对于我国舰船设计而言，居住舒适性在总体技术要求中长期处于从属地位，并没有得到足够的重视。近年来，随着我国舰船远洋巡航趋于常态化，居住舒适性要求的地位不断提升，同时，舰船大型化和自动化水平的提高也为居住舒适性的改善提供了可能。将船体结构居住舒适性划归为船体结构扩展功能性要求，主要也是基于舰船居住舒适性的发展需求、重要性以及可设计性的综合考虑结果。船体居住舒适性与船体结构的关系主要体现在以下两个方面：

一是船体结构构件尺寸对居住性的影响。虽然舱室空间主要由总布置确定，但是当船体容积一定，船体结构设计的好坏，对舰船的可利用空间具有较大的影响。一般结构设计应采用合理的骨架形式，以减小构件的高度尺寸，从而保证舱室（特别是居住舱室）具有足够的可使用面积和空间高度。

二是船体结构的振动与噪声对居住性的影响。舰船的振动与噪声控制是提高舰船居住舒适性的一个重要方面。过大的船体结构振动与舱室噪声，不仅对舰员的工作与生活产生不良影响，而且对舰员身心健康存在极大危害。舰船的振动与噪声主要是由船体结构传递和体现的。虽然振动与噪声源一般是动力与推进系统的不平衡力以及波浪冲击力等，但是船体结构设计的好坏直接影响结构对振动与噪声源的响应程度。目前，控制结构振动主要通过避开共振区、增加阻尼材料或隔声材料、采用减振装置和减小振源强度等措施和方法。

4.4 保障性与维修性

4.4.1 概述

舰船保障性定义为：在整个服役过程中，保证舰船平时战备完好性和战时完成任务要求的能力。保障性是舰船装备的一个重要系统特性，它对舰船全寿命周期费用、使用效能和使用寿命具有重大影响，也可称之为综合保障工程，船体结构保障性属于舰船保障性。

现代舰船是高新技术密集的装备，为保证能正常使用，除必须具有的高可靠性外，在设计阶段也必然需要对其使用和维修问题给予充分重视。因此，对于船体结构而言，保障性与可靠性、维修性、安全性等已并列成为船体结构设计的重要性能指标。下面主要介绍船体保障性和维修性基本概念。

由于在装备设计阶段就要考虑对可保障性的影响，因而保障性分析已成为舰船装备设计的重要一环。保障性设计的意义在于：

（1）考虑保障的有关问题以影响设计。

（2）确定与战备完好性目标、设计状态及彼此之间有最佳关系的保障要求。

（3）获得系统和设备所需的保障信息。

（4）在使用阶段以最低的费用与人力提供所需的保障。现代装备只有通过保障性分析，才能获得满足保障性要求的综合保障能力。

为了使舰船装备的设计特性和计划的保障资源能满足平时战备完好性和战时使用的要求，在设计和计划保障资源时，应考虑以下综合保障要素：维修规划、供应品保障、人员与技术保障、设施与设备保障、技术资料保障、训练保障、计算机资源保障、储存与运输保障等。

船体结构保障性是指船体结构的设计特性和计划的保障资源，能满足平时战备完好性及战时使用要求的能力。其主要内容为制定合理的维修规划和维修技术标准，以及保养和修理过程中的物品供应保障和维修设备保障等，具体体现为：是否具有合理的计划修理方案和先进的修理技术标准，是否拥有相应的维修场所和维修设备及满足技术等级要求的专业维修人员，船体所用材料是否保证供应或有代用品，维修中所需的技术资料，如布置图、结构图、材料手册等，是否完备且妥善保管等。以上问题应能较好得到满足，否则应改变船体结构的设计方案。

舰船结构维修性一般是指舰船结构在规定的条件下和规定的时间内，按规定的程序和方法进行保养和修后，舰船结构能保持或恢复到特定功能状态的能力。船体结构的维修性主要涉及材料的耐蚀性、结构的防腐设计、结构的可达性等。其含义有两方面：一是在正常服役期间，船体结构应设计成不需要或仅需要少量修理就能保持船体结构基本功能特性和扩展功能特性；二是当船体结构需要维修时，应尽量减少维修内容，并以简便、迅速的维修恢复船体结构的设计功能。

4.4.2 可达性与人素工程要求

船体结构的可达性是指船体结构在进行检查、维护和修理时，应能保证人员的顺利进出，并到达任何需要到达的部位的一种能力。船体结构设计时，应根据舰船各部分装备故障率的高低、维修的难易、空间大小及安装特点等，统筹安排各种通道、水密门、人孔等。另外，对于故障率高而又需经常维修的部位，应考虑人员进出的最佳路径及维修的人素工程要求，从而提供最佳的可达性。例如，为了便于检修，内底高度应不小于700～800mm，且每个底舱至少应开设两个人孔，其位置一般选在每个底舱内底板上，并对角分布，使人员能以最短的距离到达底舱的各个部位。

船体结构设计时，应按照使用和维修时人员所处的位置、姿势与使用工具状况，以及操作时间长短及经常性，提供适当的操作空间，使维修和使用人员有一个合理的操作与维修姿态，一般不宜采用跪、卧、蹲、趴等容易疲劳或致伤的姿势进行操作。另外，操作与维修环境，如噪声、振动等也是人素工程的重要内容。一般正常舱室，船体结构的布置应能保证人员的站立与行走，特别舱柜应保证人员的可操作性。例如，一般舱室高度不应小于 1.85m，一般通道宽度不应小于 500mm；双层底的底舱，其高度受布置和重心要求限制被严格控制，但为了便于底舱的施工和维修，内底高度不小于 800mm，保证维修、施工人员可以蹲和侧卧进行操作。

4.4.3 船体结构设计要求

在保证船体结构满足基本功能特性要求的前提下，应尽量将船体结构设计得更为简洁，从而使维修简便、迅速。具体内容包括：选用的板材和型材应考虑可保障性，尽量减少品种和规格，提高构件尺寸的标准化和通用化；简化结构形式，减少复杂曲面；采用简单的加工和连接方法等。

4.5 工艺性与经济性

4.5.1 工艺性

船体结构设计必须与现代造船工艺水平相适应。良好的结构设计方案应与造船厂的设备能力、工艺水平相适应，并力求施工方便、节省人力、提高效率、改善劳动条件、保证质量、缩短建造周期。这里主要包括：

（1）船体分段和总段的划分。一般在能保证吊运、翻身和船台安装的条件下，船体分段尺寸大一些为好，便于先进工艺方法和设备的利用。

（2）连接方法应尽量采用焊接，减少铆接，焊接应采用自动焊和半自动焊，尽量减少手工焊。

（3）尽量减少焊缝的总长度。在保证船体坚固性的条件下，通过合理设计骨架形式和骨架间距，以及板接缝位置等，可以减少船体结构的焊缝数量。

（4）船体结构的标准化、统一化是简化结构、提高工艺性能的又一个主要方面。船体结构设计应尽量采用统一构件尺寸规格，减少构件类型；尽量采用原有标准板材尺寸布置板缝，减少下料、焊接工作量；尽量减少构件的曲线外形，简化加工和装配工艺；结构上的开孔、切角等应尽量选用标准尺寸和通用尺寸，便于加工，减少差错。另外，模块化设计技术可改善船体结构的工艺性，原因在于武器装备模块与平台可以并行建造，从而缩短建造周期。船体结构的工艺性好坏不仅影响到舰船的造价，更主要的是会影响船体结构的建造质量和完整性。

4.5.2　全寿命周期费用概念

经济性是装备建设的重要原则之一，也是船体结构设计的重要指标之一。对舰船结构经济性的讨论，必须立足于全寿命周期费用开展。

舰船全寿命费用是指舰船从论证设计开始到退役处理为止，整个寿命周期内的全部费用，包括装备购置费、使用费、维修费、改装费、退役处置费等。现代舰船全寿命费用中，装备购置费（包括论证设计费和制造费）约占总费用的 25%～30%，使用费（人员给养、燃料、弹药、备品等）约占 45%～50%，维修费（维护保养、计划修理、改换装、器材及其他）约占 25%～30%。

舰船全寿命费用中与船体结构有关的主要是装备购置费和维修费。因此，船体结构全寿命费用主要是设计制造费和维修费。其中设计制造费约占舰船装备购置费的 20%，主要是船体材料费和工时费。与船体结构维修有关的舰船维修费，主要包括舰员自修保养费（约占总维修费 10%）和厂修费用（包括计划修理、改换装、临时修理等，约占总维修费 65%）。其中厂修费用与船体结构直接或间接相关的有材料费（结构材料、涂料等）、工时费、船台费、除锈费和管理费等，约占厂修费用的 60%～80%。由此可见，在船体结构全寿命费用中，维修费比制造费要多，甚至可达到 2 倍的制造费。

因此，提高船体结构的经济性，必须从船体结构全寿命费用最低来考虑。一般认为，如果增加最初投入费用（制造费）能够小于以后引起的维修和保障等费用的减少量的总和，则该投入是经济的。因为减少维修意味着舰船在航率和战备完好率的提高，其费效比是可观的。从这一点来说，设计时提高船体结构的维修性比降低船体结构的制造费更为重要。

此外，在建造阶段节约材料和工时，选用性能满足要求、价格适宜的船体材料，降低建造工艺的复杂性，缩短建造周期，也可以达到降低造价的目的；在使用阶段认真做好定期维护保养，减小修理工程范围，延长修理间隔期，降低维修复杂性，缩短在修时间等，均能减少维修费用。

思考题

（1）何谓评价？当以舰艇船体结构为对象时，应该具体从哪些方面构建评价体系？对于所建立的评价体系又应该如何看待其优劣？

（2）对于舰船的抗沉性和抗损性要求，作为船体结构设计者，应该关注哪些方面的问题，并采取哪些主要措施？

（3）舰船隐身性是舰船进入信息化时代的重要特征，试重点针对舰船雷达波隐身和水中声隐身需求，谈谈你对舰体结构设计相关要求的认识和未来发展趋势的看法？

（4）什么是船体结构的保障性和维修性?从结构设计的角度出发，提高船体结构维修性的途径有哪些？

（5）影响船体结构建造工艺性的设计因素可能有哪些方面？

（6）为什么说提高船体结构的经济性必须从全寿命费用来考虑？

第二篇　水面舰船结构

第 5 章　船体板与骨架

5.1　概述

板材和型材是钢质船体结构材料的两种最基本存在形式，它们通过焊接形成船体基本结构构件：船体板和骨架，进一步则形成船体结构典型部件：板架。船体结构部段主要由各大板架及其相交典型节点连接组成。

水面舰船船体结构重量一般占舰船正常排水量的 40%～45%，军辅船和民用船舶则可高达 50%以上。其中船体板约占船体结构总重量的 70%，而骨架约占 30%。船体板主要包括：外板板、甲板板、平台板、内底板、舱壁板以及各种围壁板等。它们在构成船体封闭容积，保证舰船的水密性，不沉性以及船体强度等方面，具有十分重要的作用。

船体骨架是船体基本构件，其布置方式称为骨架形式。船体骨架的作用主要在于保证船体强度，减轻结构重量，是船体结构的主要承载构件，具体可表现如下：

（1）支撑壳板，提高壳板的抗弯刚度和稳定性。

（2）减小壳板厚度，减轻船体结构重量。

（3）直接参与保证船体总强度和局部强度。

从船体板所占的重量比例角度来看，正确、合理地进行船体板的设计，对于保证船体结构的强度和结构抗损性，减轻结构重量，简化工艺，降低造价等具有更为重要的意义。

5.2　船体板

外板板是船体外底、舭部及舷侧板架中所有船体板的统称，是包裹在船体外表面的全部船体板，其范围从舰首至舰尾，从一舷舷侧顶板上缘沿肋骨线围长至另一舷舷侧顶板上缘。当舰船有船楼结构时，船楼侧壁板是舷侧外板的连续延伸，故也属于船体外板，而甲板室结构的侧壁板，因与外板板不在同一平面内，故不属于外板板。下面将以外板板为例，介绍船体板的主要结构特点。

船体外板板是由多块板材拼接焊接而成的，且多采用纵向（沿舰长方向）布置，其短边接缝称为端接缝，长边接缝称为边接缝。由多块板材短边相接而成的，沿舰长的一列连续板材称为列板。因此，船体外板板是由列板通过长边对接焊而建成的。为了工程设计和建造方便，船体外板板的各列板都用一定的符号表示。从底部正中开始，向两侧至舷顶（对称）依次为 K 列板、A 列板、B 列板等，如图 5-2-1 所示。

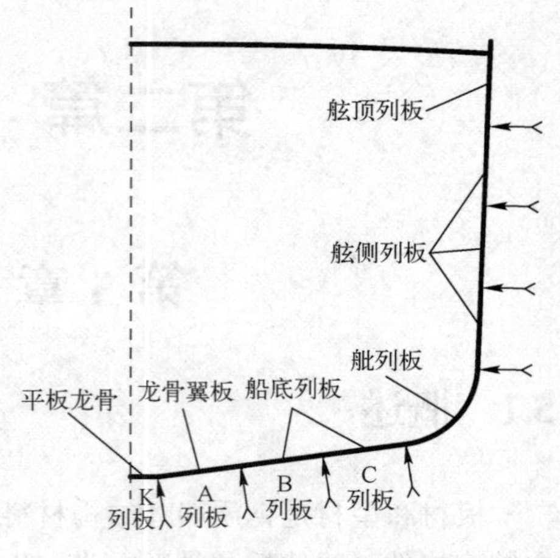

图 5-2-1　外板列板组成

位于船体底部中心线的一列船底板称为龙骨板，即平板龙骨，可记为 K 列板。位于平板龙骨旁边的船底板为龙骨翼板，记为 A 列板，位于船底和舷侧相交处的一列船底板称为舭列板。舭列板下面的其余船底各列板都称为船底板。舭列板上面的舷侧各列板统称为舷侧板。舷侧板中最上面与强力甲板相连接的一列板为舷顶列板，又称舷侧顶板。舷侧在水线附近的一列船体板称为水线列板，在冰区航行的舰船又称为抗冰列板。

5.2.1　作用与受力

船体外板板将船体内部空间与外部水分隔，并与强力甲板一起构成舰船封闭容积，为舰船提供浮力，使其能航行或漂浮于水面。船体外板板在保证船体强度中起重要作用，其所承受的主要载荷如下：

（1）船体总纵弯曲时的弯矩和剪力。将船底板视为船体梁的下缘，它主要承受较大的总纵弯曲应力，而将舷侧板视为船体梁的腹板，它将承受总纵弯曲剪切应力和线性分布的弯曲应力。

（2）静水压力和波浪冲击力。船体排开外水所承受的静水压力与吃水深度成正比，底部压力最大，舷侧呈线性分布，波浪冲击力以首部外板受力最大。外板板在这些力作用下，将产生局部弯曲变形，其弯曲将以支承外板的纵横骨架为刚性支撑边界，且边界处局部弯曲应力最大。

（3）砰击载荷和螺旋桨脉动水压力。舰船航行时，船体会产生较大的升沉与纵摇，使舰首底部出水，当船体重新入水时，船首底部与波浪发生严重的撞击称为砰击。砰击力既会使舰首部外板板和骨架产生局部变形和破坏，同时对船体总纵强度也造成危害。在进行船体极限强度计算时，必须考虑砰击动弯曲力矩。船体尾部船底板会受到螺旋桨高速转动产生的脉动水压力作用，该作用力是引起船体尾部强迫振动的主要激励源。

（4）偶然性载荷，包括船舶碰撞、搁浅、触礁、爆炸冲击等。

5.2.2　设计要求

船体外板板的设计应首先确保其主要功用，即坚固性和水密性。船体外板板的坚固性和水密性涉及外板板的连接方法、连接质量、板的厚度尺寸以及板材的布置等。外板板的板厚与船体强度直接有关，在设计中应以能保证总强度和局部强度为确定外板板厚的基本依据；外板板连接方法和连接质量是保证结构抗损性和紧密性的重要途径；除了上述问题以外，船体外板板的设计还应兼顾船体结构重量性、工艺性以及经济性等方面的要求。通过合理设置外板板厚度分布，在满足强度要求的前提下，可以降低外板板重量；通过合理布置外板板材，可以节省外板加工量，简化工艺，降低造价。

5.2.3　厚度变化

外板板的厚度根据其所处位置而不同。受力大的部位外板板应厚一些，受力较小的部位应减薄，从而可以在保证船体坚固性要求的条件下，实现结构重量降低和舰船综合性能的提高。船体外板板厚度变化的基本规律如下。

1．沿船长方向

船体外板板沿舰长方向的厚度变化规律是：船体中部外板板的厚度最厚，并在中部30%～40%舰长范围内保持最大厚度不变，再向首、尾逐渐减薄，在首部和尾部各 15%舰长范围内又适当增加板的厚度，如图 5-2-2 所示。

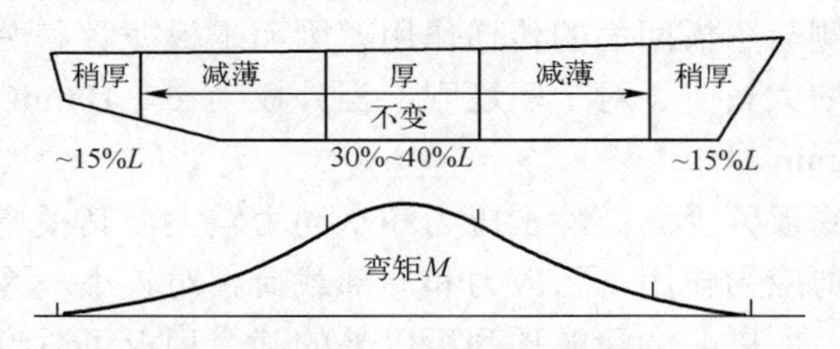

图 5-2-2　外板板厚度沿舰长方向的变化

这是因为船体在产生总纵弯曲时，船体中部的弯矩最大，向首尾逐渐减小至零。而根据船体弯曲正应力计算公式：$\sigma=M\cdot Z/I$，当弯矩 M 增大时，必须增大惯性矩 I，才能使应力 σ 保持在一定的范围内，所以船体中部外板板应增大板厚（相当于增大 I），并向首、尾逐渐减薄。对于船体首、尾端部，虽然弯曲力矩 M 很小，但是首、尾端部较大的静水压力（首埋）和水动力（波浪冲击力、砰击力和螺旋桨脉动力），要求外板板具有相当的厚度，以抵抗局部载荷作用下的变形和破坏，因此至首尾 15%舰长范围应适当加厚船体外板。

以上外板板的纵向厚度变化只是一般规律，对于不同的舰船，其变化的具体范围及变化量是不同的，例如，高速舰船，砰击严重，首部外板板加厚的量和范围都要加大；尺度很小的舰艇，由于总纵强度问题不突出，加上腐蚀和工艺要求，外板板厚可由最小板厚要求确定。

在我军舰船船体建造时一般要求：船中横剖面上的各构件尺寸，至少应在 0.3L（自中站向首尾各 0.15L）长度范围内保持不变，其纵向骨架（中底桁、旁底桁、纵骨等）的尺寸宜在 0.4L 长度范围内保持不变。船体板与骨架尺寸变化的位置应错开相当距离，可以避免剖面模数在同一剖面内产生突变而造成应力集中，这对于保证船体结构抗损性非常有益。

2. 沿肋骨围长方向

船体外板板沿肋骨围长方向（横向）的厚度变化规律为：距中和轴最远的舷侧顶板和平板龙骨的板厚最大，沿趋近中和轴方向，板厚逐渐减薄，如图5-2-3所示。

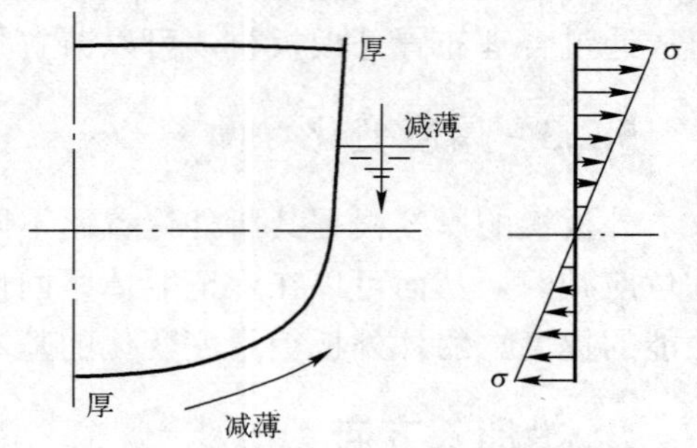

图5-2-3 外板板厚度沿肋骨围长方向的变化

这是因为，船体在产生总纵弯曲时，船体梁的上、下缘正应力最大，向中和轴逐渐减小，而船体外板板中舷侧顶板和平板龙骨分别处于船体梁的上缘和下缘，应力最大，应加厚。加大船体梁上下缘构件尺寸有两个好处：一是可提高构件自身的坚固性；二是可提高船体材料的有效利用率，这是因为位于中和轴处的纵向连续构件对提高剖面惯性矩 I 几乎没有什么贡献，而将增加的尺寸移至船体梁的上下缘构件，则可以大大增加剖面惯性矩。另外，平板龙骨要承受建造和修理时的墩木反力和磨损，以及砰击力等；舷侧顶板是甲板与舷侧相交位置，起着舷侧与甲板间力的传递作用，因而平板龙骨和舷侧顶板要比其他外板列板更为重要，厚度增大较多。对于驱逐舰，当外板为6～10mm厚时，平板龙骨和舷侧顶板一般为14～16mm厚。

船体外板中的外底板因受局部静水压力和水动力较大，其板厚通常应稍厚。舷侧板主要受总纵弯曲时的剪应力作用，正应力和局部载荷相对较小。因为船体结构抗剪切变形的问题不是很突出，所以舷侧除舷顶列板以外的其余列板可适当减薄。

此外，船体外板中还有两块列板应给予重视，一是舭列板，它处于舷侧和底部的相交处，是船体横剖面的一个顶角，在横摇时可能处于船体梁下缘，因此应适当加厚，可与船底板同厚；二是水线列板，考虑到浮冰或漂浮物撞击与磨损以及较易腐蚀等因素，应适当加厚，通常比相邻列板厚1～3mm。

各种舰船船体外板板的厚度，除主要是根据总纵强度和局部强度计算确定外，还要考虑磨损、腐蚀余量以及工艺要求。根据目前焊接技术水平及外板的平整性、水密性要求，外板板最小厚度为4mm。对不同舰船，船体规范给出的船体外板最小板厚计算公式为

$$t = \frac{L}{30} + 2 \quad \text{mm}$$

式中：L 为设计水线长（m）。

对于纵骨架式船体结构，船体外板板最小厚度要求随舰长的变化如表5-2-1所列。

表5-2-1 舰船外板板最小厚度要求

舰种	护卫艇、猎潜艇	扫雷舰、护卫舰	驱逐舰	巡洋舰
舰长 L/m	40～80	80～120	120～160	160以上
最小厚度/mm	4～5	5～6	6～8	8～10

5.2.4　板材布置与要求

1. 布置方式

船体外板板普遍采用以板材的长边沿船体长度方向的纵向布置方式，而很少采用沿肋骨围长方向的横向布置（仅在局部区域应用）。其原因在于：

（1）舰长方向曲率变化较缓慢，横向曲率变化较大。

（2）外板板厚度在船长方向变化较为平缓，而肋骨围长方向厚度变化较快。

因此，采用纵向布置能较好地适应船体线型和外板板厚度的变化特点，从而减少板弯曲加工量，便于选取板厚，减轻船体重量。一般板材宽度为 1000～2000mm，长度为 6000mm 以上，而驱逐舰的型深一般为 10m 左右，外板板若采用横向布置，则由于肋骨线型复杂，每块板都需要进行弯板加工；舭部以上舷侧大多为平直区，采用纵向布置时，外板板基本上不需弯曲加工；采用横向布置，3～4 块板即可围肋骨围长一周，无法适应外板厚度变化的要求。

除此之外，外板板材采用纵向布置的另一个主要原因是要减少船体横向焊接接头数量。横向焊接接头多，容易造成船体的纵向焊接变形大，且横向焊缝过多，易因焊接缺陷和裂纹而造成船体毁灭性的横向断裂。因此，外板板材采用纵向布置可以提高结构抗损性和安全性。

综上所述，船体外板板材的布置应该采用纵向布置，并且应充分利用板材的原有规格尺寸，以减少板材尺寸类别。对于纵向和横向弯曲曲率均较大的局部外板，为便于加工制作，应将板的尺寸适当减小，以降低加工成形难度，保证加工成形质量，如轴包板等尾部有双向曲率板。由于船体线型变化，船体中部肋骨围长大于首尾部肋骨围长。这样，中部外板的列板数较多，这些列板延伸至肋骨围长较小的首尾部时，要么减少列板的数目，多数列板宽度保持不变；要么各列板宽度逐渐减小，保持列板数目不变。从工艺性和经济性角度考虑，保持多数列板宽度不变，减少列板数目，将大大减少板材的切割加工量，节约材料。

因此，外板板材布置的另一个要求是尽量保持多数列板宽度不变，少数列板减小宽度，并用拼板方式减少列板数目。为了使外板排列整齐，外表美观，拼板部位应选在首尾水线以下区域。拼板是指将两列板变为一列板，主要有双拼板和齿形拼板两种形式，如图 5-2-4 所示。

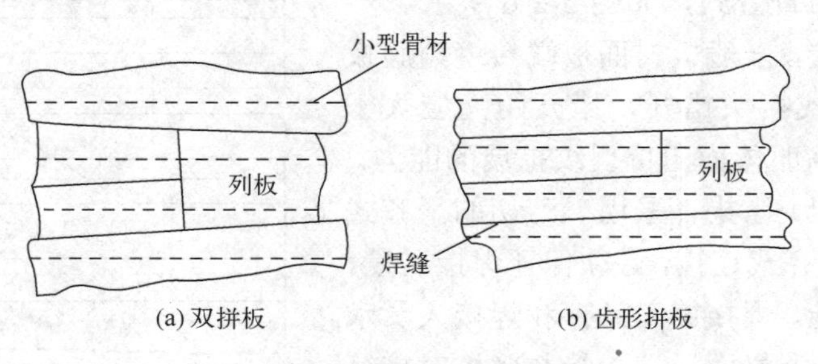

图 5-2-4　外板板的拼板结构

2. 焊接要求

目前，船体板大多采用板材对接焊连接。对接焊工艺简单，强度好，易保证紧密性。但板材的对接焊缝并不是可以任意设置的，必须从提高结构的安全性，防止断裂，以及提高结构的工艺性等方面加以综合考虑。

船体外板板材边接缝应尽量平直、连续，外板板展开为矩形，从而可直接采用板材尺寸，减少切割加工，有利于采用自动焊接，简化工艺。边接缝应尽量布置在相邻两纵向构件（纵骨等）间距的 1/4 处附近，且距纵向构件的距离不得小于 100mm。板端接缝应布置在板格 1/4 处，避开板格局部弯曲的高应力区，而且要求离横向骨架的距离不小于 200mm。另外，为了避免焊缝的开裂，端接缝不应布置在板的大开口角隅区域，以及其他应力集中较大的部位。其原因在于板格在局部弯曲时，板格边界和中部应力最大。边接缝与纵骨保持一定距离是为了防止焊缝过于密集而影响焊接质量。焊接时，焊缝附近一定距离上的母材将产生高温，称为热影响区。如果母材热影响区经多次焊接的升温和降温影响，其材质将产生脆化，使结构的抗断裂性能降低。对于厚板的多道焊，必须是在冷却以前连续完成。同理，必须避免焊缝呈尖锐角相交，包括两边接缝之间的尖锐角相交，或边接缝与纵向构件之间的尖锐角相交。如果布置上有困难，可将板的对接调整为阶梯形，通常相交的夹角应大于 30°，如图 5-2-5 所示。

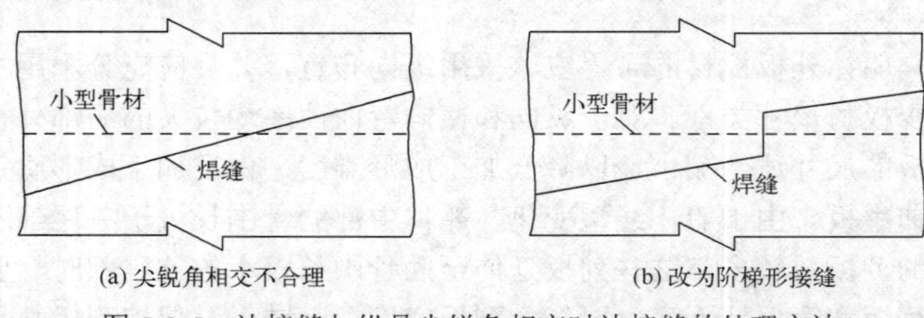

图 5-2-5　边接缝与纵骨尖锐角相交时边接缝的处理方法

外板板材端接缝的布置应与船体分段划分统筹兼顾，一般分段划分应充分利用板材的长度，力求减少端接缝数量。分段对接处，端接缝在同一断面内，为平齐式。在分段内，各列板的端接缝可在同一肋骨剖面内对齐成一线，也可错开端接缝，即阶梯式布置。虽然这种布置对工艺性不利，但对船体总体抗断强度是有利的。可采用一组列板端接缝对齐，而与另一组错开的布置方式，如图 5-2-6 所示。

对于型材焊接，一般板材面板端接缝与腹板的焊接采用阶梯式接头错开，错开距离应大于 200mm，从而提高船体横向抗裂纹扩展的能力。但从工艺上（装配）考虑，采用一刀切的平齐式更好，如果采用平齐式连接，必须保证焊接质量，并从材料焊接性能、焊接施工条件和焊接人员水平综合考虑。焊接型材面板端接缝与腹板对接缝的布置如图 5-2-7 所示。

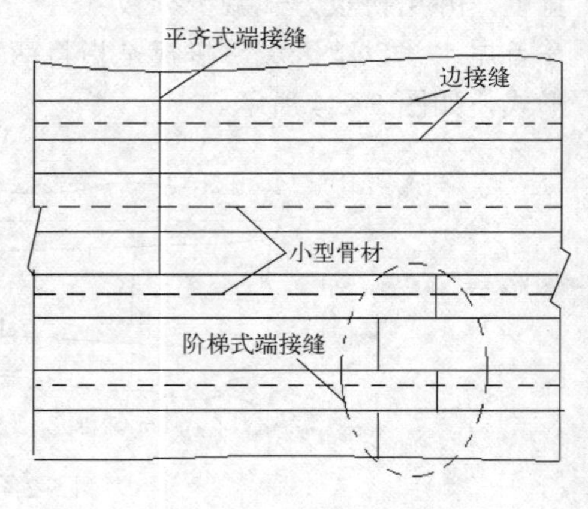

图 5-2-6　端接缝布置

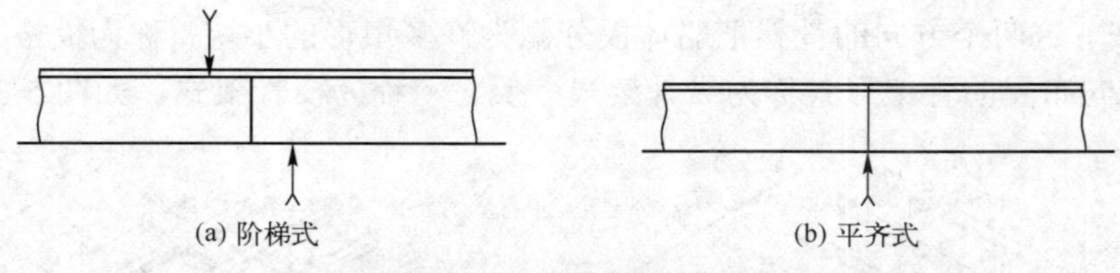

图 5-2-7　型材面板端接缝与腹板对接缝的布置

3. 其他问题

（1）外板板的局部加厚。对受力情况比较特殊的局部区域，外板板应该局部加厚，以提高局部区域外板的坚固性和抗损性。例如：锚链孔下船体板的加强、首底部砰击区的加强、尾部螺旋桨工作区底板的加强及开口角隅的加强等。一般加强区域的加强板可采用开口嵌入厚板的方式完成，而不宜采用贴复板的方式。

（2）外板板的开口。在船中范围内，平板龙骨、舷顶列板及舭列板上一般不允许开口，特别是在薄弱肋骨剖面内，如甲板大开口处和上层建筑端部等，更不许在舷顶列板上开口。外板板上的一切开口应避免切断肋骨和纵向骨架，当不可避免时必须在结构上给予特别加强，如海底门、声纳出口处、舷窗等。关于船体板的开口方式与加强方法，将在 9.3 节给予详细介绍。

5.3　船体骨架

5.3.1　概述

船体上用于支持外板板、甲板板、内底板和舱壁板等船体板的纵横骨件的组合统称为船体骨架。由于船体板在总纵弯曲和局部弯曲载荷作用下，可能产生两个方向的弯曲变形，因此骨架的布置存在纵横方向上的差异，这种船体骨架的布置方式称为骨架形式。

在船体结构中设置骨架的主要目的，是在保证船体结构坚固性的同时，减轻船体结构的重量。由于船体板具有以下两方面的缺陷：一是面内弯曲刚度低，承载能力差，船体板在厚度方向的特征尺寸远小于平面内的特征尺寸，其面内抗弯惯性矩很小；二是面内轴向压缩承载能力弱，薄板在轴向压力作用下极易失稳，例如：甲板宽 10m，板厚 20mm，在没有任何骨架支撑的情况下，其抗轴向压缩的失稳临界应力 σ_{cr}=3.04MPa，约为钢材强度的 1/100。因此，如果船体每一部分结构均仅由船体板所构成，而不用骨架支撑，那么，为了承受外载荷的作用，就必须大大增加板厚度。很显然，这不仅不能充分利用材料，还会大大增加结构重量。因此，采用骨架支撑船体板，组成板架结构，共同承担外力的作用，既可以发挥骨架具有较大的抗弯能力和抗失稳能力的优势，又可以发挥船体板具有封闭容积、分隔空间的好处，从而在保证船体坚固性的条件下，使船体的结构重量性更佳。

5.3.2　骨架形式

1. 分类

船体结构基本骨架形式有两种：纵骨架式和横骨架式，均由纵、横两个方向的构件

（型材）组成。这两个方向的骨架把船体板分割为许多矩形的小块，称为板格。板格的长边沿舰长方向布置的骨架形式称为纵骨架式；反之，称为横骨架式，如图 5-3-1 所示。

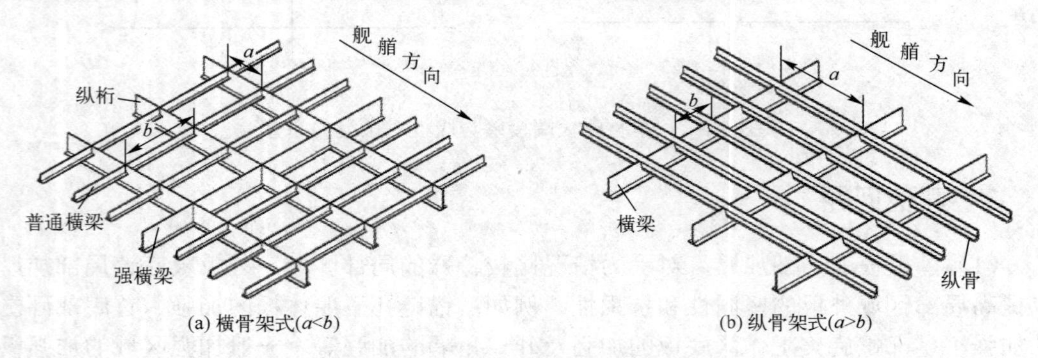

图 5-3-1　横骨架式和纵骨架式

船体各部分结构的骨架形式可以一致，也可以不同。通常将纵骨架式结构占比较大的船体统称为纵骨架式船体结构；反之，则称为横骨架式船体结构。如果船体结构中既有纵骨架式骨架结构，又有横骨架式骨架结构（图 5-3-2），则该船体结构称为混合骨架式结构。

图 5-3-2　混合骨架式示意图

2. 骨架形式结构特征

（1）纵骨架式：纵骨架式的纵向构件（主要是指纵骨）稠密。一般纵骨间距为 300～600mm，其断面尺寸相对较小，纵向大型构件为纵桁。纵骨架式中的横向构件相对比较稀疏，间距一般为 1000～2000mm，断面尺寸较大。当纵、横构件相交时，通常都是纵向构件保持连续性，而横向构件间断或开孔让纵向构件连续通过。因此，纵骨架式的船体结构有更多的纵向连续构件，这对于保证船体总纵强度和稳定性十分有利。

（2）横骨架式：横骨架式的横向构件（如肋板、肋骨及横梁）布置较稠密，间距一般为 500～700mm，普通横梁和肋骨的尺寸较小，横向大构件称为强横梁、强肋骨以及强肋板。横骨架式船体结构中的纵向构件仅有纵桁，布置稀疏，间距较大，一般为 1000～2000mm，其断面尺寸较大。当纵、横构件相交时，除中底桁或中内龙骨以外，通常都是横向构件保持连续，纵向构件间断或开口，让横向小构件连续穿过。因此，横骨架式船体结构横向强度较好，由于肋骨刚度较大，这对于承受外部水压力和保证局部强度是有利的。

3. 不同骨架形式的优缺点及应用

1）纵骨架式

对于不同骨架形式的优缺点，可从船体结构的坚固性、抗损性、工艺性、重量性以及空间利用效率（舱容）等方面加以评价。

（1）纵骨架式船体结构纵向强度好，并有较高的船体板稳定性。这是因为：一方面由于有大量连续的纵向骨架构件可计入船体梁，因而提供了相当大一部分船体梁的惯性矩和剖面模数，可大大提高船体的纵向抗弯刚度和强度；另一方面，在同样的骨架间距与板厚条件下，纵骨架式壳板的稳定性较好，其失稳临界应力约为横骨架式壳板临界应力的 4 倍。

（2）纵骨架式船体结构抗损性较好。当船体的纵向构件数量较多时，对保持船体破损后的纵强度是十分有利的。特别是在爆炸攻击下，有利于限制船体破损范围，阻止破损裂纹沿横向扩展，这是船体结构抗损性设计必须重视的问题。

（3）纵骨架式船体结构重量更轻。这是因为纵骨架式可提高壳板的稳定性，因而可减薄船体板，降低结构重量；此外，纵骨架式船体结构中横向大型构件（如横梁、肋骨和肋板）的数量较少，虽然尺寸稍大，但骨架的总重量较低。

（4）纵骨架式船体结构的工艺性不佳。由于纵骨架式纵向构件多，间距相对较小，因而其焊缝总长度要大于横骨架式结构，纵向构件穿过水密舱壁和肋板的安装与封补工作量大，分段建造中为保持构件连续性，纵向构件对准安装的工作量和难度较大等，因此纵骨架式的工艺性较差，造价也更高。

（5）纵骨架式船体舱容净空损失多。这是因为纵骨架式结构中横向构件尺寸较大，一般横梁和肋骨的最小高度要大于纵骨高度的 1.6～2 倍，这对舱室布置和空间利用是不利的。

2）横骨架式

（1）横骨架式船体结构横强度较好，横向刚度大，有利于承受横向载荷，提高局部强度。由于横骨架式肋骨框架较密，这对于提高横向强度和刚度，保证船体形状是极为有利的；此外，肋骨的弧形也会增加舷侧板架刚度，对承受局部横向载荷是有利的。但是，横骨架式结构参与船体梁承载的骨架构件较少，影响船体的总纵强度，加上横骨架式壳板失稳临界应力为纵骨架壳板的 1/4，焊接变形又对壳板的稳定性不利，所以其总纵强度较差，壳板容易丧失稳定性。

（2）横骨架式船体结构的抗裂纹横向扩展的能力弱于纵骨架式，抗损性相对较差。

（3）横骨架式船体结构重量性劣于纵骨架式。由于横骨架式船体结构的壳板稳定性较差，且横向大型材数量较多，因而船体重量通常会较重。当然，对于小型舰艇，由于其总纵强度问题并不突出，采用横骨架式也并不一定会增加重量。

（4）横骨架式船体结构工艺性更好。由于焊缝总长度要短，并减少了纵向构件穿过水密舱壁的封补工作量，以及分段装配的工作量，因而其制造工艺比较简便。

（5）横骨架式船体结构可更好地利用舱容，便于布置与使用。横骨架式中横向构件的尺寸相对较小，而大的纵向强构件很少，有利于设备布置，也有利于各种管系、电缆的布设。

3）混合骨架式

混合骨架式优点是可以充分利用纵、横骨架结构的特点，如中部上甲板、底部及舷顶采用纵骨架式，以保证船体结构的总纵强度，减薄壳板、减轻重量。下甲板、舷侧下部及首、尾部可采用横骨架式结构，提高局部强度，并可减轻重量。

混合骨架式的缺点是结构比较复杂，纵、横骨架转变区域施工比较麻烦，如果舰船整体采用混合骨架形式，处理不当就极易产生硬点和突变，造成应力集中，抗损性较差，很少会得到采用；以往应用较多是首尾部局部采用横骨架式结构的“纵骨架式船体结构”，目前也倾向于在首尾端部采用纵骨架式（保持纵骨的连续性），横向加密（加半肋骨和肋板）的办法，来保障首尾端部结构的坚固性要求。

4. 工程应用

目前大中型常规排水型舰船大多采用纵骨架式船体结构，其原因在于：一是此类舰船的航速要求较高，一般航速为 28～35kn。为适应快速性要求，通常船体设计得比较细长，所承受的总纵弯矩较大，船体结构总纵强度问题更为突出。为了保证总纵强度，应采用纵强度较好的纵骨架式船体结构。二是在保证船体结构坚固性的条件下，根据重量性要求，也更宜采用纵骨架式船体结构。三是采用纵骨架式有利于提高船体结构的抗损性。虽然纵骨架式有工艺性、经济性不佳以及舱容利用率稍差的缺点，但从总体性能来说，军舰采用纵骨架式船体结构更为适宜，因此，我国现役战斗舰船大都是纵骨架式船体结构。然而，对于小型舰艇，由于总纵弯矩较小，板厚度通常是按局部强度、工艺条件、使用要求和腐蚀损耗等因素决定的，纵向强度往往容易保证，在此情况下采用纵骨架式结构并不能减轻结构重量，因此从工艺性、经济性和舱容利用等角度考虑，采用横骨架式结构反而更为有利；大型军辅船也较多采用横骨架式船体结构。

以上对于骨架形式在舰船船体结构中应用的讨论属于一般规律。应该说，任何结构形式均有利有弊，某型舰船具体采用何种形式，不仅应综合考虑以上因素，设计人员的设计习惯等有时也会成为影响因素。

思考题

（1）在介绍船体结构部（构）件结构特征时为什么必须关注或强调其承载受力特点？部（构）件的设计载荷是否为所有可能载荷的叠加？

（2）具有长桥楼或长首楼船型的水面舰船，1 甲板至 01 甲板之间的舷侧板是否属于外板？

（3）通过对外板厚度变化规律及其原因的学习，试总结在舰船部（构）件尺寸优化设计时的一般原则？

（4）通过对船体外板板材以及焊缝布置规律和要求的学习，试总结船体外板建造施工时应遵循的一般原则和要求？

（5）纵、横骨架式以及混合骨架式的优缺点是什么？实际工程中，应该如何正确选用不同骨架形式以及将面临哪些可能存在的结构问题？

扫描查看本章三维模型

第 6 章　典型中部结构

6.1　概述

船体中部约占水面舰船主船体结构的 40%～50%，是船体结构部段构成中的重要组成部分，结构部件的组成以及构件形式规整，有时也常称为平行中体。

舰船典型中部结构是由上甲板、舷侧和底部结构围成封闭近似矩形截面的箱型结构，如图 6-1-1 所示，并通过设置下层甲板和舱壁形成若干个分隔的水密舱段和内部舱室。甲板、舷侧、底部和舱壁四大板架的基本组成构件为船体板和骨架，板架结构根据所处部位的不同，承受不同形式的载荷作用，并满足不同的结构基本功能性和扩展功能性要求。

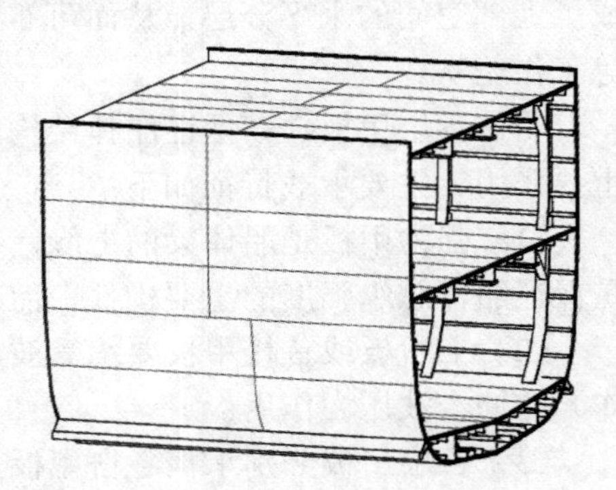

图 6-1-1　舰船典型中部段

相对于船体板而言，骨架在支撑船体板，保证结构强度及稳定性，减轻结构重量等方面具有更为重要的作用，因此，骨架形式的选择、主要构件的布置规律与要求以及构件的交叉间断与过渡是舰船的主要结构特征。

为确保满足船体结构的基本功能性要求，各大板架之间必须坚固连接，板架之间的连接称为节点，节点既是不同板架间的交汇处，也是板架之间载荷传递和应力集中问题比较突出的部位，应加以重点关注。

6.2　甲板结构

6.2.1　分类

船体结构中除了底部结构（内底和外底）以外，其余所有水平设置的、用于形成船体内空间顶盖和分隔内部空间的板架结构统称为甲板。

根据舰船类型及排水量的不同，舰船甲板的层数各不相同，且各层甲板的名称也不同。通常将主船体最上一层连续贯通全船的甲板称为上甲板或 1 甲板，上甲板以下各层连续甲板依次定名为 2 甲板、3 甲板等，统称下甲板。主船体内不连续的甲板称为平台甲板，简称平台。上甲板以上为上层建筑甲板，自下而上依次称为 01 甲板、02 甲板等，也可依其位置、用途来命名，如桥楼甲板、信号甲板、指挥台甲板等。上方无遮挡的甲板称为露天甲板，露天甲板设计时，应考虑甲板上浪的载荷作用。

在保证船体总纵强度中起主要作用的甲板称为强力甲板。应该注意，强力甲板是一个具有结构力学含义的概念。例如采用低平甲板或高平甲板船型的舰船，其上甲板通常即为强力甲板，它构成了船体梁的上缘面，对总纵强度起主要作用。然而，对于长桥楼、长首楼型舰船，主船体中部大多设置了强力上层建筑，此时 01 甲板就成为了强力甲板的重要组成部分。

6.2.2 功能与受力

强力甲板覆盖主船体内部空间，与外板一起形成主船体的封闭容积，保持船体紧密性。下层甲板从高度方向上分隔船体内部空间，形成各层舱室，以充分利用内部容积来布置各种舱室及设备。在船体破损时，下甲板可以阻止海水漫延，提高舰船的抗沉性。为了扩大船体有效容积，充分利用船体上甲板以上空间，上层建筑的各层甲板和平台构成了上部空间的水平分层，从而可布置各种指挥舱室、驾驶室、会议室以及通信、航海等工作舱室。

船体各层甲板，在保证船体结构的各种强度和刚度，保持船体的正常形状等方面起重要作用。主要承载特征如下：

（1）强力甲板是船体梁的上缘，在船体梁总纵弯曲时，将承受很大的拉压正应力，是保证船体总纵强度的重要构件，而下层甲板所承受的总纵弯曲力较小。

（2）上甲板或首楼甲板要承受波浪飞溅的水压力和波浪冲击力以及空中爆炸（核爆炸）的冲击波压力作用。

（3）各层甲板分别承担各自甲板上的载重，如武器设备、人员及备品的重量，以及火炮等武器发射时的后坐力，气浪冲击力等。

（4）下层甲板在船体破损时，要承受破损后的静水压力等。

6.2.3 构件布置规律与要求

1. 甲板板

1）厚度变化

船体甲板板厚度变化相对较大的主要是强力甲板，而其他甲板的船体板相对较薄，且主要由局部强度、工艺性和腐蚀性等因素确定。因此，除边板稍厚以外，其余板厚度相当。

强力甲板板沿船体纵向与外板的厚度变化规律相似，即在舰中（0.3～0.4）L 范围内甲板板较厚，并保持不变，然后向首尾逐渐减薄，如图 6-2-1 所示。但在首尾两端的上甲板板（约 $0.1L$）可适当加厚。其原因仍然是船体在总纵弯曲时，中部所受到的总纵弯矩最大，向首尾逐渐减小；而首尾端部稍加厚则是根据甲板上浪等局部强度要求确定的。

沿舰宽方向，强力甲板板的厚度变化规律是，靠两舷边板最厚，向甲板中央逐渐减薄，如图 6-2-1（b）所示。其原因主要是：上甲板中部的中央大多因机舱等开有各种较大的舱口，甲板中央沿纵向被分割成不连续的几段，为了保证船体强度，必须加强开口两侧的甲板边板。另外，甲板边板与舷侧顶板要相互传递载荷，并保持船体形状；此外，在横摇时，甲板边板是船体梁的最上缘，所受的纵向拉压应力最大。因此，船体强力甲板板厚沿舰宽方向取两舷边板最厚，向中央减薄是合理的。强力甲板边板是船体结构中与平板龙骨、舷侧顶板同等重要的列板，其厚度为相邻列板厚度的 1.2～1.3 倍，并与舷侧顶板保持相同厚度。

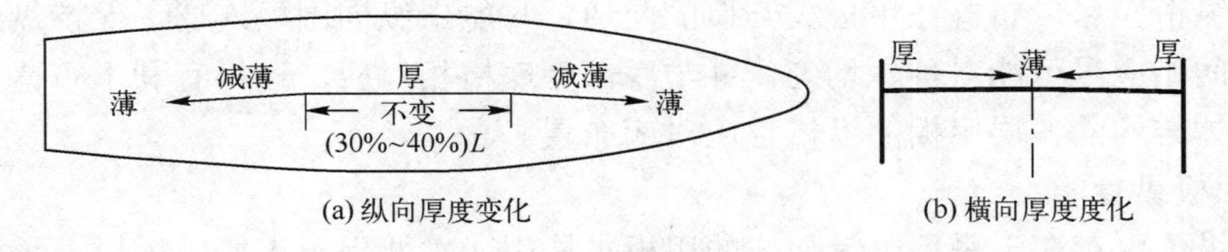

图 6-2-1　上甲板板纵横向的厚度变化

2）板材布置

为了简化建造工艺，适应甲板板厚度的变化，甲板板材通常采用纵向布置，板材边接缝平行于甲板中心线。这样布置时只有甲板边板的外边线需加工切割成曲线形，其余各列板的边接缝都是直线，既省工、省料，又便于焊接，工艺性较好。此外，也可保持甲板边板沿舰长宽度不变，其余甲板的板材仍采用边接缝平行于中心线的布置方式。此时，加工与切割工作量较大。但由于甲板边板非常重要，保证甲板边板宽度一致，对于船体强度和结构抗损性是十分有利的，因此在一些较大型舰船上可以采用。

甲板局部区域，如首尾端部、中部大开口之间区域等，也可根据材料利用率与结构重量等情况选择横向布置方式。另外，下甲板或平台的板厚变化不大时，也可采用横向布置，通常根据省料、省工的原则确定具体形式。

甲板板材端接缝和边接缝的布置与外板相似，主要要求：焊缝不能呈尖锐角相交，边接缝与纵向构件，端接缝与横向构件要有一定距离，并布置在板格的低应力区等。

2. 甲板骨架

1）骨架形式

甲板骨架结构形式也有纵骨架式和横骨架式之分。纵骨架式甲板结构的骨架由甲板纵桁、甲板纵骨和横梁组成。横梁间距与肋骨间距保持一致，并与肋骨、肋板构成横向框架；甲板纵桁与甲板纵骨尽量与底部纵桁和底部纵骨的位置相对应，以便通过横舱壁的竖桁和扶强材构成纵向框架，使船体结构具有更好的坚固性。纵骨架式甲板结构如图 6-2-2 所示。

横骨架式甲板结构的骨架由普通横梁、强横梁及甲板纵桁组成。该结构形式应与横骨架式舷侧结构相对应，横梁要与肋骨、肋板构成框架，如图 6-2-3 所示。横骨架式甲板结构在大中型辅助舰船中采用较多。

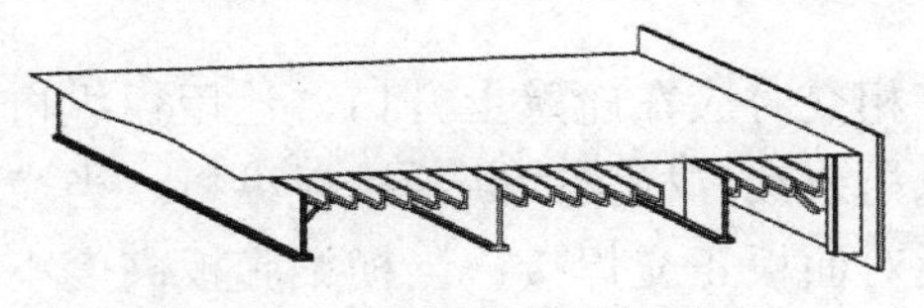

图 6-2-2　纵骨架式甲板结构

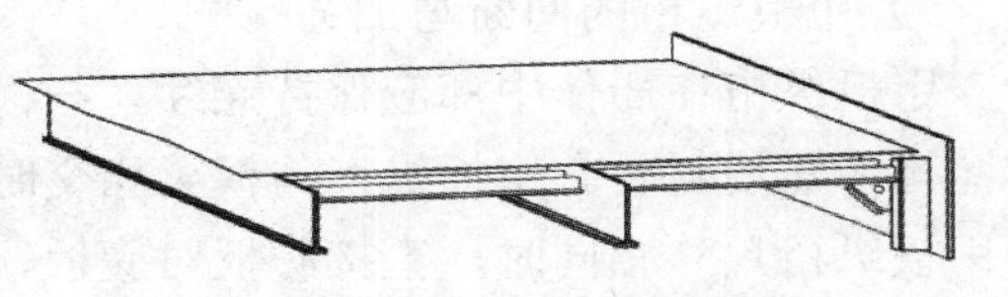

图 6-2-3　横骨架式甲板结构

2）甲板纵桁

甲板纵桁是船体结构中的纵向大构件，其主要作用是参与保证船体总纵强度，保证甲板的稳定性，支持横梁或与横梁互为支持。为此，甲板纵桁应具备较大的剖面尺寸，通常采用焊接式组合T形材。

甲板纵桁应尽量布置在甲板大开口的两边，与舱口纵向围板连通，保持纵向连续。甲板纵桁间距应尽可能对称、均匀，并与底部旁底桁相对应，这样有利于布置支柱。多层甲板船体结构的各层甲板的纵桁也应对应布置。

3）甲板纵骨

甲板纵骨仅存在于采用纵骨架式的甲板结构中，主要用于支持甲板板，承受横向载荷，同时参与总纵弯曲，承受总纵弯曲时的拉、压力，提高甲板板的纵向稳定性。

甲板纵骨为纵向小构件，多采用球扁钢等型钢制作。甲板纵骨一般平行于中线面沿纵向连续布置，与横梁、舱壁相交时，横梁、舱壁开口让纵骨穿过，有水密要求时，应给予封补。

从工艺简便考虑，甲板纵骨应尽量采用统一尺寸和统一间距，并与底部纵骨有所对应。甲板纵骨的尺寸除了满足应力强度要求外，还应确保甲板纵骨在中垂状态不会丧失稳定。

4）横梁

横梁的主要作用如下：

（1）支持纵骨和甲板板，缩短纵骨的跨距，提高甲板纵骨抗总纵弯曲时纵向压缩失稳的能力。这一点对于强力甲板来说是十分重要的。在结构设计中，横梁的尺寸必须足够大，以作为甲板纵骨的“刚性”支座，从而使连续多跨甲板纵骨的失稳临界压力与横梁之间单跨纵骨的失稳临界压力相等。

（2）支持舷侧板架。作为舷侧肋骨的支座，与肋骨、肋板组成横向框架，保证船体的正常形状及横强度。

横梁的尺寸由支持甲板上集中载荷强度计算和纵骨稳定性计算来确定，一般采用焊接T形材制作，为横向大构件。为了减小横梁尺寸，可布置刚度、强度更大的甲板纵桁或支柱结构来支撑横梁，以减小横梁的跨距。因为舰船横舱壁之间的间距一般小于其宽度，所以，用纵桁支持横梁是合理的。

在机炉舱区域的大开口处，横梁被切断，故称半横梁，如图6-2-4所示。半横梁应间断于强力纵桁或舱口围板，并加肘板坚固连接。

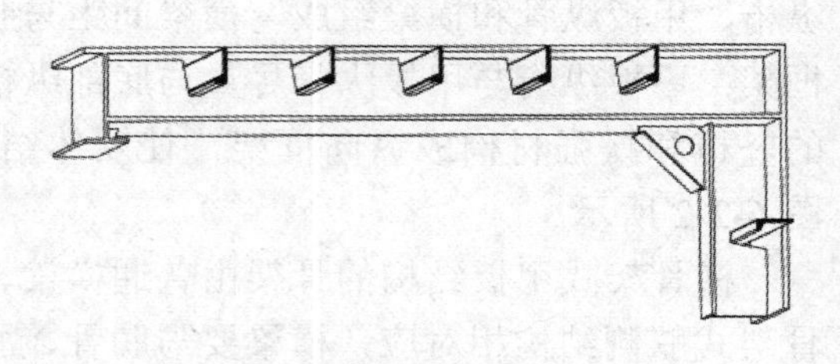

图6-2-4　半横梁结构

5）甲板纵桁的间断与加强

甲板纵桁在船体中部应保持连续，与横舱壁相交时应在舱壁上开口，让甲板纵桁连续穿过，然后封补。甲板纵桁与横梁相交时，纵桁连续，横梁间断于甲板纵桁。当横梁与甲板纵桁尺寸相同时，直接腹板对腹板、面板对面板正交焊接；当横梁腹板高度小于甲板纵桁腹板高度时，横梁应加肘板与甲板纵桁坚固连接，或加大横梁腹板高度，圆弧过渡连接，如图 6-2-5 所示。

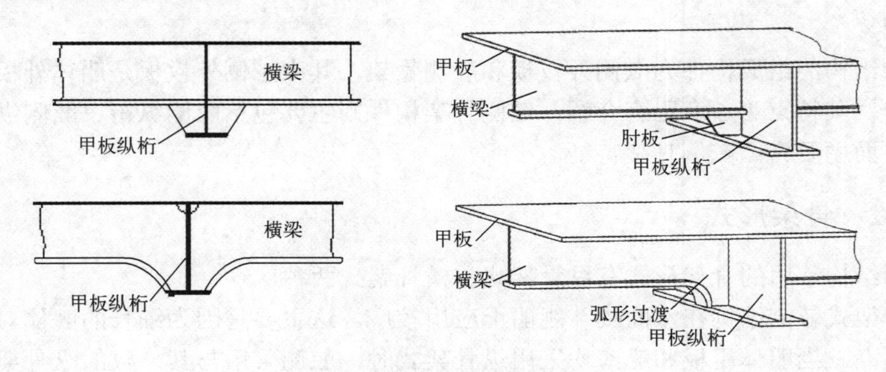

图 6-2-5　甲板纵桁与横梁连接

6.2.4　梁拱与脊弧

甲板的横向拱度称为梁拱。沿船体纵向，甲板中心线向首尾逐渐升高的现象称为脊弧。通常露天甲板或强力甲板均具有横向曲度与纵向曲度，下层甲板可采用平直式。

强力甲板和上层建筑上层露天甲板的横向设有梁拱，能迅速排除甲板上的积水。梁拱高度定为 1/50～1/100 的船体宽度，且拱度沿舰长方向保持不变。梁拱的形式有多种，有圆弧形、折线形或曲线与直线结合形等。从工艺角度考虑，采用折线形梁拱，其放样、加工与装配更为简单。

舰船上甲板设脊弧是为了改善舰船的适航性，减轻波浪飞溅到甲板上的程度，以及改善舱面工作条件等。通常脊弧首部升高比尾部升高大 2～4 倍。对于舰尾有布雷设备或直升机平台的舰船（驱逐舰、护卫舰、布雷舰等），从船体中部向后，上甲板是平的，无脊弧。脊弧的形式也有曲线式和折线式两种，从工艺上讲，折线式较曲线式好，但折线交点处应圆滑过渡，避免应力集中。甲板边线在中线面上的投影线称为弦弧。弦弧与脊弧形式基本一致。

6.3　舷侧结构

6.3.1　功能与受力

舷侧结构是箱型船体的垂向两舷侧壁，它是连接船底与甲板的重要部件。舷侧结构与船底、甲板、舱壁等相互连接、相互支持，构成主船体结构，保持船体的稳定形态。

舷侧结构是确保舰船内部舱室水密性的重要部件，在服役过程中，将直接承受舷外水压力、波浪冲击力、漂浮物和冰块的冲击挤压力以及其他偶发性碰撞力等的作用，这些力都是局部的横向作用力。此外，在船体总纵弯曲时，舷侧结构将承受拉、压力和剪切力，纵向的拉、压正应力沿舷侧高度方向呈线性变化，靠近上甲板和船底舭部的上下缘部正应力最大，而在船体梁中性轴附近处正应力较小，但剪切应力最大，主要由舷侧结构承担。

舷侧结构的组成构件为舷侧外板板和舷侧骨架，其中舷侧外板板是船体外板的重要组成部分，其特点第 5 章已有介绍；舷侧骨架构件则主要包括舷侧纵桁、舷侧纵骨、肋骨等，下面主要介绍舷侧骨架特征。

6.3.2 骨架形式

舷侧结构常用的骨架形式有纵骨架式和横骨架式两种。

纵骨架式舷侧结构在水面战斗舰船上应用较广，这主要是因为细长的舰体对总纵强度要求更高。当船体甲板和船底均采用纵骨架式时，舷侧采用与其一致的纵骨架式，可避免不同骨架形式之间的过渡，建造也更为方便。纵骨架式舷部骨架由舷侧纵桁、舷侧纵骨、肋骨及强肋骨组成，但并不是所有舷侧骨架都有上述构件。图 6-3-1（a）所示为舷侧纵骨和肋骨组成的舷侧骨架，图 6-3-1（b）所示为舷侧纵骨、舷侧纵桁和肋骨组成的舷侧骨架。纵骨架式舷侧结构仅在中间甲板间断时设置；强肋骨是用于支持舷侧纵桁，且仅在舱段过长时，舷侧纵桁跨距过大时采用。

横骨架式舷侧结构一般用于某些小型舰艇和民用船舶，不设舷侧纵骨，普通肋骨布置较密，主要构件为普通肋骨、强肋骨和舷侧纵桁。图 6-3-1（c）、（d）所示为单一普通肋骨组成的舷侧骨架和由普通肋骨、舷侧纵桁组成的舷侧骨架。图 6-3-1（e）、（f）分别为常见纵骨架式和横骨架式舷侧结构立体图示。

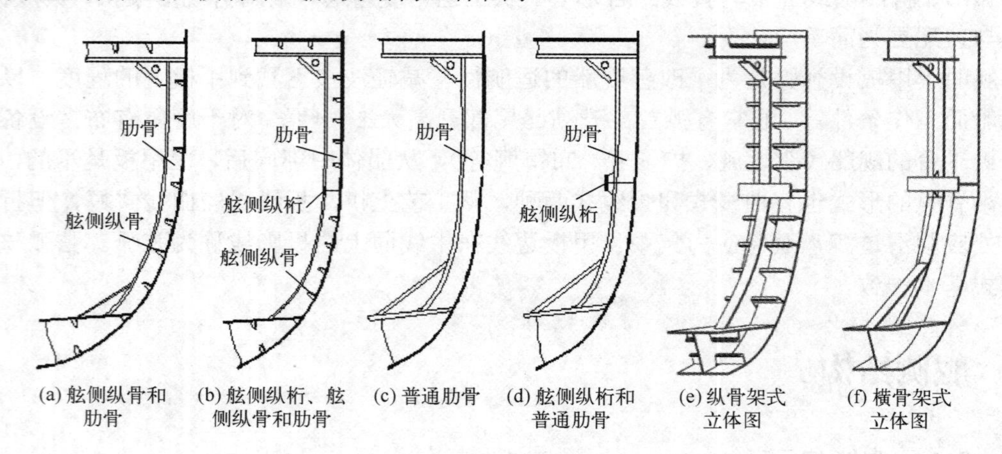

(a) 舷侧纵骨和肋骨　(b) 舷侧纵桁、舷侧纵骨和肋骨　(c) 普通肋骨　(d) 舷侧纵桁和普通肋骨　(e) 纵骨架式立体图　(f) 横骨架式立体图

图 6-3-1　几种典型的舷侧骨架形式

舷侧结构也有同时采用纵、横骨架混合的骨架形式，主要是为了最充分地利用纵骨架和横骨架不同的强度优势，从而在满足强度和刚度的条件下，获得最小的结构重量。一般舷侧上部距中和轴较远，应采用纵骨架式，以保证纵强度与外板的稳定性；舷侧中、下部距中和轴较近，可采用横骨架式结构，有利于抵御外水压力及波浪冲击力。混合骨架式舷侧结构虽然可减轻重量，但其工艺复杂，结构抗损性差，因此目前并不多见。

6.3.3 构件布置规律与要求

舷侧结构的骨架主要包括舷侧纵桁、舷侧纵骨与肋骨。

1. 舷侧纵桁

设置舷侧纵桁的目的主要是：①作为下甲板间断的过渡物件，以减小结构突变；②横骨架式舷侧结构中支持普通肋骨，纵骨架式结构中与肋骨互为支持，减小肋骨跨距，降低肋骨断面尺寸要求；③把各肋骨联系起来，分散局部偶然性集中载荷；④承受剪切应力。

在较大型舰船上，除了上甲板以外，还有下甲板、平台甲板，它们也是支持舷侧的坚强结构，而各甲板之间的高度不大，一般仅为2～2.5m左右，所以，一般情况下在各下甲板之间没有必要设置舷侧纵桁，但在下甲板间断的区段内（如机舱、锅炉舱），必须设置舷侧纵桁，它既可作为甲板间断的过渡性结构，保证船体结构的纵向连续性和抗损性，同时又可减小该区域肋骨跨距，降低对肋骨尺寸要求。此外，小型舰艇一般仅有一层上甲板，其舷侧高度可达3～4m；大中型舰船的首部、下甲板至舰底的舷侧也可高达3～9m。那么，为了增强上述舷侧结构的强度，通常应加设舷侧纵桁，它把各个肋骨联系起来，共同承受偶然性集中载荷，同时，减小肋骨跨距，也可提高肋骨的强度和刚度。舷侧纵桁一般靠近船体梁的中性轴，在抵抗总纵弯矩时作用较小，但在承受总纵弯曲剪切应力方面可起较大作用。因此，根据舷侧纵桁的作用特点，其布置位置主要是下甲板间断处，或肋骨跨距较大部位。

舷侧纵桁一般采用T形型材，为纵向大构件，其断面高度比横骨架结构中的普通肋骨大，与纵骨架结构中的肋骨相同，如图6-3-2所示。舷侧纵桁与横骨架结构中的普通肋骨相交时，舷侧纵桁腹板开口，让普通肋骨连续穿过，并加肘板坚固连接，如图6-3-2（a）所示。舷侧纵桁与纵骨架结构的肋骨和横骨架结构的强肋骨相交，一般舷侧纵桁间断，肋骨或强肋骨连续，如图6-3-2（b）所示。

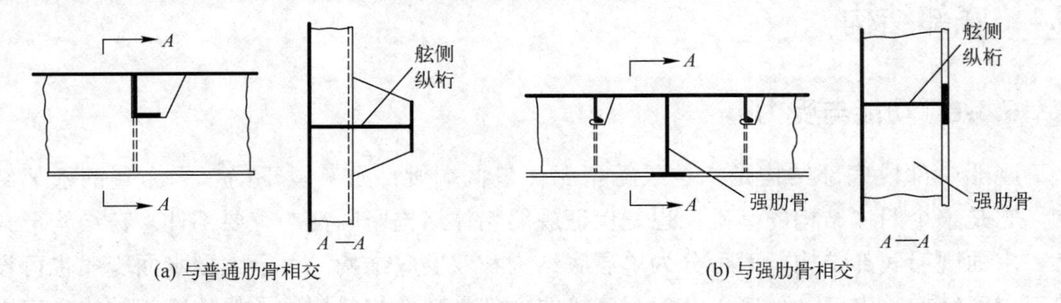

图6-3-2 舷侧纵桁与肋骨相交处结构

舷侧纵桁与横舱壁相交时，一般舷侧纵桁间断于舱壁，并用肘板坚固连接。舷侧纵桁间断于横向强力结构的原因是，舷侧纵桁在总纵弯曲时的拉、压应力较小，纵向间断所造成的应力集中或结构强度降低，不会对结构的坚固性产生破坏。舷侧纵桁与间断下甲板的连接，应考虑加大肘板或加大腹板高度进行过渡，详见6.6节典型部件间的连接结构部分。

2. 舷侧纵骨

舷侧纵骨一般仅存在于采用纵骨架式的舷侧结构中，主要用于支持舷侧外板，共同承受舷外水压力，将其传递给肋骨和横舱壁。舷侧纵骨将提高舷侧外板的稳定性，并参与保证船体总纵强度。

舰船舷侧纵骨与底纵骨一样，大多采用球扁钢型材，沿舷侧纵向水平布置。纵骨腹板与外板垂直，突缘向下，以利于排除积水和清洁保养。舷侧纵骨间距与底纵骨相似，一般为300～400mm,纵骨间距尽量相同，并统一型材规格，以简化工艺。

舷侧纵骨与肋骨相交时，通常为肋骨腹板上开口让纵骨通过，然后沿其接触线焊接。纵骨与横舱壁相交时，可连续穿过舱壁，也可间断于舱壁。相对来说，舷侧纵骨对总纵强度的影响不如上甲板纵骨和底部纵骨，在舱壁处间断并加肘板连接是可以的。

3. 肋骨

纵骨架式舷侧结构的肋骨主要用于支持舷侧纵骨，从而支持外板，承受水压力及其他横向载荷；肋骨与肋板、横梁组成横向框架，共同保持船体形状，保证船体横强度。

肋骨沿舷侧外板垂直于基线方向布置，腹板垂直于外板。肋骨间距的选取应根据舰船大小和部位而定。一般肋骨间距大小对船体重量和工艺性都有较大影响。肋骨间距太小，肋骨、肋板、横梁和肘板的数量都增多，从而大大增加装配、下料与焊接工作量。反之，肋距过大，纵骨尺寸要增大，肋骨尺寸也要相应增大，一般要增加船体的重量。肋骨的间距应根据纵骨的强度与稳定性计算合理确定，一般中部肋距较大，首尾肋距较小。从量取方便考虑，肋距一般应取为50mm的整数倍。

6.4 底部结构

6.4.1 功能与受力

舰船中部段底部结构是指位于箱型船体最低端舭部及其以下的水平布置的板架结构，它是整个船体结构的基础，也是保证舰船船体结构坚固性的重要部件。在结构形式上，水面舰船底部结构一般可分为单层底结构和双层底结构，对于大型水面舰船也可设置三层底结构。内底、外底以及相互连接的内部骨架结构就构成了船体底部结构。双层底之间高度一般为0.7～1.2m左右，但最小高度应不小于0.7m。由于主机装置及推进轴系的高度以及机舱空间等因素限制，一般以便于施工与检修为条件，尽量设低一些，这样对机舱等舱室布置有利。当内底与舭部外板相交处高度太小而难以施工时，应改变内底边部的形状，以增大内底舭部空间。

内底是双层底内侧的一层板架。通常型深超过3m舰船要求设置内底，而小型舰艇内底可只设在机舱区域或不设内底。规范中要求内底设置应尽可能向舰船首尾方向及两舷舷侧延伸，一般应连续通过所有横向舱壁，大中型舰船的内底一般由中部机舱段延伸至前后弹药舱为止。内底宽度一般延伸至两舷舭部，并覆盖舭列板，船体舭部是舷侧结构与底部结构相交的重要节点。

设置内底的主要目的在于提高舰船的不沉性，增加舱容，加强船体结构强度和刚度，具体可表述如下：

（1）外底板一旦破损，内底板可阻止海水进入舰船内部舱室。

（2）设置内底还可以充分利用底部空间储存油和水，从而降低舰船重心，提高舰船稳性。

（3）可提高船体结构坚固性（总强度和局部强度），特别是提高底部板架的强度和刚度，降低外底板架的弯曲应力水平。

因此，底部结构需要考虑的主要承受载荷情况如下：

（1）板架局部弯曲应力及总纵弯曲应力等。如底部纵向骨架是船体的下缘，是构成船体梁的主要构件，在保证船体总纵强度方面起着重要作用；中底桁（中内龙骨）是船体结构的“脊柱”，在保证船体坐墩强度上起主要作用。因此，底部纵向骨架受到较大的总纵弯曲应力作用以及墩木反力等。此外，底部横向骨架即肋板，它是船体横向框架的基础，对于保证船体形状和横强度起着重要作用，其受力主要是横向弯曲应力。

（2）机械设备的重力、惯性力和激振力等。作为船体基础的强力构件，底纵桁（内龙骨）和肋板将直接在船体内部安装各种机械设备，承受这些设备的重力及其运转时的不平衡力，螺旋桨推力及反扭矩等。

（3）除以上主要受力情况之外，内底结构还需承受船体外底板破损时的海水压头作用；油和水舱的液体压力（注油、注水管通至上甲板，所以液体压力为内底至上甲板注水管高的水压头）；以及在遇到水下爆炸或碰撞搁浅时，承受爆炸冲击波等非自然性载荷作用。

6.4.2　结构形式

船体底部结构形式主要是指内底布置形式。内底的布置可根据其横剖面形状和纵剖面形状分为不同种类。从横剖面看，内底形式主要有水平式、直斜（折线）式和曲线式 3 种，如图 6-4-1 所示。水平式内底结构平坦，有利于船体内部设备的布置，但其中间与两舷的内底高差大，而且舭部肋板高度小，强度特性不佳，更主要的是舭部内底空间狭窄，难以施工。直斜式（折线式）可提高舭部肋板及内底板高度，使内底板与舭列板上侧外板相交，提高舰船的抗损与抗沉性能。同时，该结构工艺简单，便于施工，强度较好。曲线式与直斜式性能相当，只是曲线式内底大致平行于外底以曲线向两舷伸展，至舭部再转折成水平或倾斜。因为曲线的曲率较小，铺板不需加工，所以工艺性也较好，而且肋板高度均匀，强度好，目前采用较多。

从纵剖面来看，内底形式有水平式、阶梯式和折线式，如图 6-4-1（b）所示。纵向水平式内底结构的连续性好，一般采用较多。阶梯式内底结构连续性较差，工艺性复杂，结构抗损性也较差，若不是布置上的需要，一般不宜采用。折线式可以基本保持结构的连续性，根据布置需要可以采用，但其内底折角应设在横舱壁处。

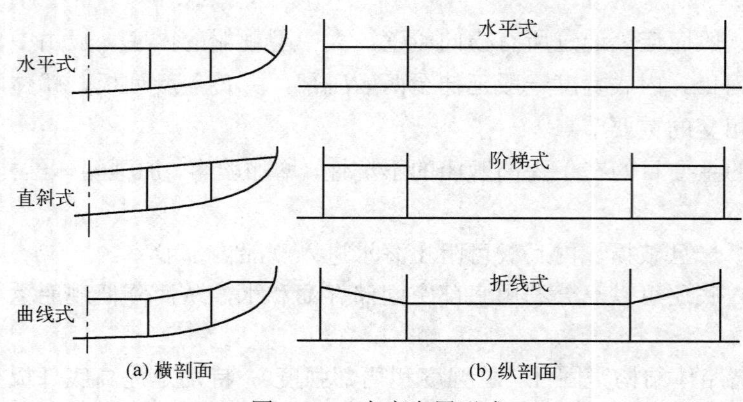

(a) 横剖面 (b) 纵剖面

图 6-4-1 内底布置形式

6.4.3 构件布置规律与要求

1. 内底板

内底板的厚度由强度、工艺性和腐蚀余量确定，其横向厚度变化与下甲板板相似。但除了内底边板因需考虑腐蚀余量要加厚 1～2mm 外，内底中央列板作为中底桁面板，应较其他列板加厚 1～3mm。当内底较长时，其纵向厚度变化与外底板相似，即中部厚，向首尾端部减薄。一般在综合考虑各种因素后，要求内底板最小厚度为：驱、护舰 5mm，小艇 3～4mm，以保证内底强度和腐蚀耐久性要求。

内底板材的布置通常也采用平行于中心线的纵向布置，以尽量利用板材规格尺寸，减少切割加工，省工省料。图 6-4-2 为内底板材布置平面图。

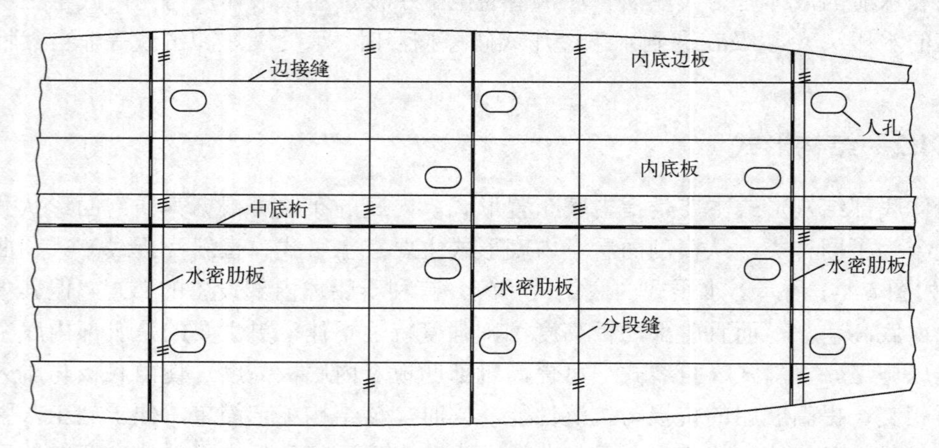

图 6-4-2 内底板材布置平面图

内底板材边接缝与端接缝的布置原则也与外板和甲板船体板的布置原则相同，即应避免焊缝成尖锐角相交，边接缝与纵向骨架、端接缝与肋板应相距一定距离，焊接接缝尽量布置在板格的 1/4 处等，从而保证结构坚固性要求。

为了使内底具有较好的可达性，每个水密舱段中的内底上至少应开设两个人孔，位置一般选在底舱四角，对角布置。为了保证船体强度，中央列板上不允许开人孔。人孔应设为椭圆形，且长轴沿船体纵向。人孔需配人孔盖，以保证其坚固紧密性。

在装载油、水等液舱的内底板上，还应设置液体注入管、空气管与测量管，并应适当选定这些管子的位置，以便于操作管理。

甲板和外板列板的终止主要通过拼板以满足肋骨截面尺寸的减小，然而，对于在横舱壁处终止的内底板，为了避免结构突变，产生较大应力集中，破坏结构整体性，一般不能在同一剖面突然全部终止，而应采取过渡措施，逐渐将内底板过渡为中内龙骨和旁内龙骨的面板，其过渡结构称为舌形面板，如图 6-4-3 所示。内底板终止舱壁的另一侧首先加舌形面板过渡，再变为内龙骨面板。舌形面板的长度不小于内底高度的两倍（横骨架式为 2～3 个肋距）。为了防止舌形面板失稳，在其自由边缘应安置缘板镶边，并可延伸内底纵骨或设加强筋予以加强。

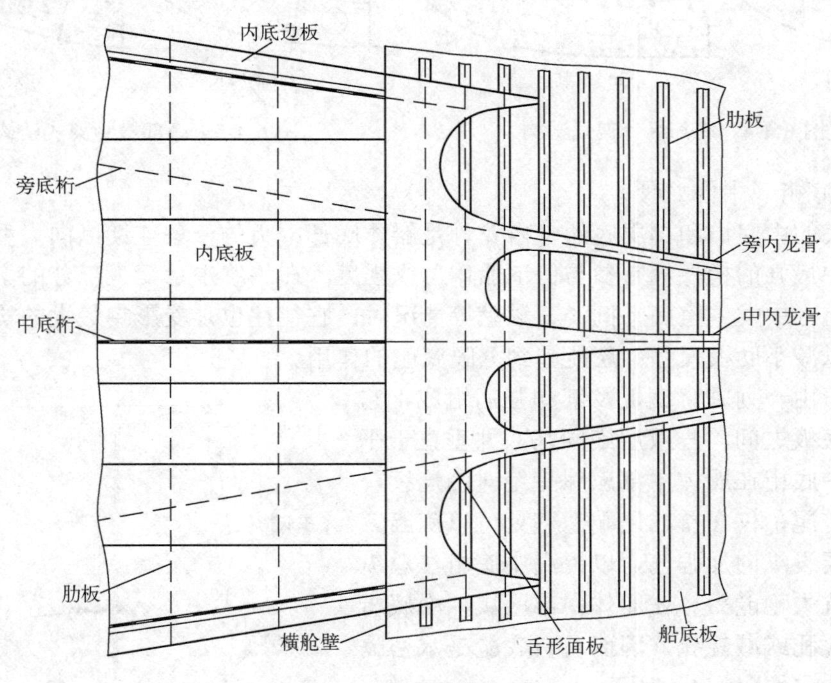

图 6-4-3　内底终止处结构

2. 底部骨架

1）骨架形式

船体底部骨架根据骨架形式分类和单双底的差异，主要存在单底纵骨架式、双底纵骨架式、单底横骨架式和双底横骨架式 4 种结构形式。

单底纵骨架式底部骨架的主要组成构件有中内龙骨、旁内龙骨、底纵骨和肋板；而双底纵骨架式底部骨架的主要组成构件是中底桁、旁底桁、外底纵骨、内底纵骨和肋板。单层底没有内底板和内底纵骨；另外，单层底的纵向大构件的名称为中内龙骨和旁内龙骨，而双层底的纵向大构件的名称为中底桁和旁底桁。图 6-4-4 给出了单底和双底纵骨架式底部结构的剖面结构图。

底部横骨架式结构与纵骨架式相比，纵向只有大构件，单底为中内龙骨、旁内龙骨，双底为中底桁、旁底桁。横向构件仍为肋板，与纵骨架式结构的肋板的不同之处在于：横骨架式中肋板在旁底桁（旁内龙骨）处连续穿过，旁底桁间断，肋板仅间断于中底桁；而纵骨架式中肋板在中底桁（中内龙骨）、旁底桁（旁内龙骨）处都间断，而优先保证纵向大型材的连续性。

另外，由于横骨架式中肋板设置较稠密，因而可采用主肋板、轻型组合肋板交替设置，如图 6-4-5 所示。

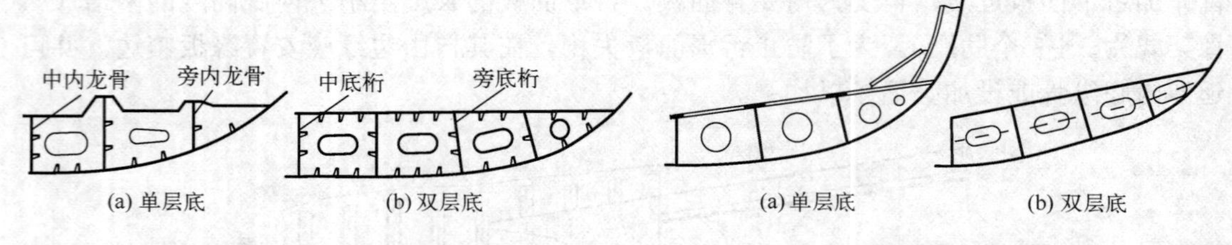

图 6-4-4　底部纵骨架式结构　　　图 6-4-5　底部横骨架式结构

2）中底桁（中内龙骨）

双层底的中底桁和单层底的中内龙骨是船体底部中央的一条连续纵向大型构件，是底部骨架中最强的构件。它参与保证船体总纵强度，在坞修中承受大部分的墩木反力；当舰船在航行中发生擦底、搁浅、触礁等情况时，它往往也是受影响最大的构件；可支持肋板，以减小肋板尺寸；还能起到分隔底舱的作用。

中底桁由一列垂直钢板及其加强筋组成，它处于内外底板之间，与双层底同高，并垂直于平板龙骨。中底桁在船体中部应保持绝对的连续，并延伸至首尾，仅在首、尾端舱壁处可以间断。中底桁上要设纵向加强筋，以提高中底桁在总纵弯曲时的抗失稳能力。在船体中部区域，中底桁上不许开人孔或减轻孔，因而左右底舱是水密隔离的，其结构如图 6-4-6 所示。

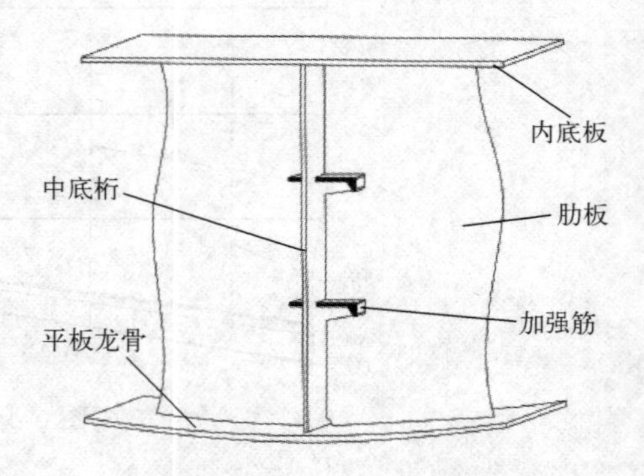

图 6-4-6　中底桁结构

中内龙骨是由面板和腹板组成的 T 形结构，当高度较大时，和中底桁一样，应在中内龙骨腹板上加设加强筋，以增加中内龙骨抵抗总纵弯曲失稳能力。一般中内龙骨在船体中部应保持连续，并在舱壁上开口让中内龙骨穿过，然后进行水密封补，如图 6-4-7（a）所示；也可只让腹板连续穿过舱壁，面板间断于舱壁并坚固焊接，如图 6-4-7（b）所示。

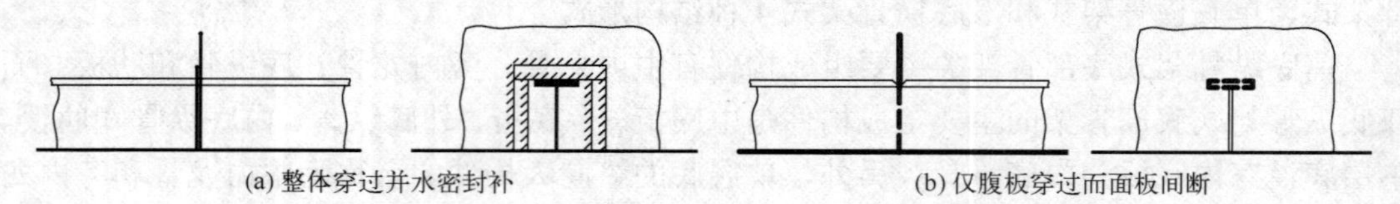

图 6-4-7　中内龙骨或旁内龙骨穿过舱壁

中内龙骨在船体首、尾端部可以间断于水密舱壁。但为了保证中内龙骨具有较好的结构整体性，应使其在舱壁板两边对准，并加大腹板高度或加肘板加强，以保证对接的坚固性，如图 6-4-8 所示。中底桁或中内龙骨与肋板相交时，肋板必须间断于中底桁或中内龙骨。

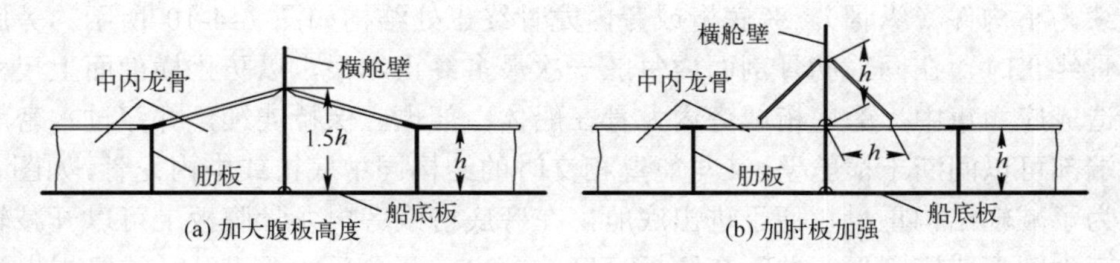

图 6-4-8　中内龙骨或旁内龙骨间断于舱壁

除中内龙骨（中底桁）之外，其他大型骨材在舰船的首尾端部都存在终止的可能。对于大型骨材的终止，一般均要求终止于横向强构件，如主横舱壁处，并逐渐减小其腹板高度，过渡为纵骨，以减小应力集中。在同一肋骨面内，每舷最多只能终止一根大型骨材构件。

3）旁底桁（旁内龙骨）

旁底桁或旁内龙骨是位于中底桁或中内龙骨两侧的纵向连续大构件，其结构形式与中内龙骨或中底桁相似。旁底桁或旁内龙骨是保证船体总纵强度的主要构件，与肋板相互连接并互为支持。

根据舰船吨位的差异，旁底桁或旁内龙骨左右舷可各设 1～3 根，间距要均匀，左右对称。从纵向来看，通常采用平行于中线面的直线式布置，在首尾部底部宽度变窄时，可采用折线式布置，如图 6-4-9（a）所示。折线式布置时，须在坚固的横向刚性构件上（如横舱壁处）转折。从横剖面来看，旁底桁或旁内龙骨有垂直于船底外板和垂直于基线两种布置方式，如图 6-4-9（b）所示。垂直于船底外板布置对于抵抗局部外水压力是有利的，其抗弯惯性矩最大，尽管该布置方式在装配上不够方便。但是，对于舰船来说，因底部线型横向斜升角较大，船底不平坦，因此垂直于或近似垂直于外底板的布置方式是船体旁底桁或旁内龙骨的主要布置方式。垂直于基线的布置方式安装工作方便，但抵抗局部外水压力时不利，一般仅在底部较为平坦的舰船上采用。

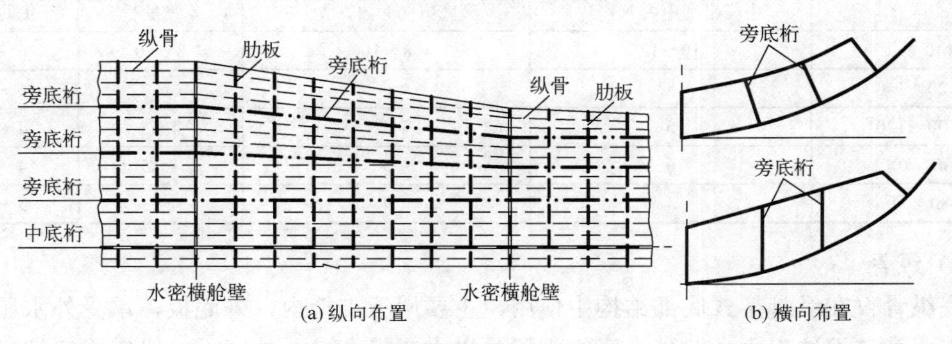

图 6-4-9　旁底桁或旁内龙骨的布置

船体线型的变化较大，船体中部较宽，旁底桁或旁内龙骨数量较多，首尾端部线型变窄，旁底桁或旁内龙骨的间距也越来越窄。当其间距小于 750mm 时，应对称终止两根旁底桁或旁内龙骨。旁底桁或旁内龙骨终止时，基本尺寸（高度与腹板厚度）应逐渐减小，最后应在坚固的横向强构件（横舱壁、肋板）处终断，牢固地与横向构件相连接，并可延续为小构件（纵骨）。旁底桁或旁内龙骨终止处结构如图 6-4-10 所示。旁底桁或旁内龙骨终止时，在同一肋骨剖面内每舷一次最多终止一根，以防止横剖面上尺寸突变太大而造成应力集中。旁底桁或旁内龙骨在船体中部也应保持连续，并穿过水密舱壁；在首尾端部可以间断于横舱壁，其与舱壁相交时的结构同中底桁或中内龙骨，如图 6-4-10 所示。为了减轻结构重量，便于进出底舱，在旁底桁或旁内龙骨腹板上可以开减轻孔，减轻孔应为圆形或椭圆形，并开在腹板高度的中央。开孔后一般沿开孔边缘焊上型钢或板条加强，如图 6-4-11 所示。中底桁（中内龙骨）和旁底桁（旁内龙骨）的腹板最小厚度要求，如表 6-4-1 所列。

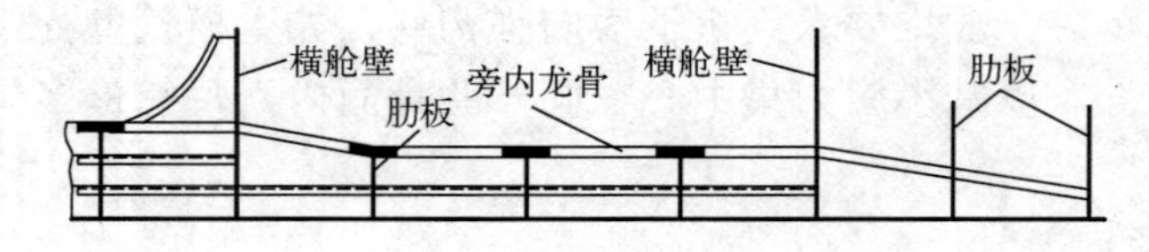

图 6-4-10　旁内龙骨的终止处结构

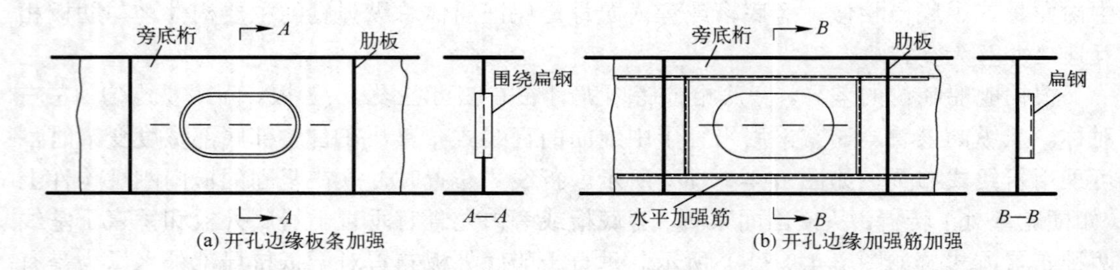

图 6-4-11　旁底桁开孔加强

表 6-4-1　底部纵、横大构件最小腹板厚度

舰长/m	最小允许板厚度/mm			
	中底桁（中内龙骨）	旁底桁（旁内龙骨）	水密肋板	主肋板
140 以上	10～12	8～10	8～10	6～8
120～140	8	6	6～7	5～6
100～120	6	5	4～5	4～5
80～100	6	5	4～5	4～5
80 以下	5	4	4	3～4

4）纵骨

底纵骨仅在纵骨架式底部结构中使用，主要用于支持内、外底板，承受外水压力、舱内重力和波浪冲击力。此外，底纵骨还可以大幅提高内、外底板的纵向稳定性，防止底板产生翘曲失稳，同时作为纵向连续构件，参与船体总纵弯曲，提高船体总纵强度，

纵骨间距通常为 250～400mm，一般采用 5～12 号轧制球扁钢。

纵骨通常平行于中线面布置，腹板垂直于外板或内底板，纵骨间距尽量均匀，内、外底纵骨应保持对应，以便于构件之间相互支持与连接（与水密肋板加强筋互为支持，构成框架）。纵骨布置考虑与板边接缝的位置关系，避免锐角相交。由于船体线型的变化，纵骨的数量在由船中至首尾端延伸过程中将逐渐减少，间距也可能有相应改变，一般船体纵骨的终止应左右舷对称，并且在同一肋骨剖面内，底纵骨的终止数量每舷不得超过 2 根。纵骨终止必须在横舱壁或主肋板处，并在舱壁或肋板的另一侧加装肘板过渡，以防止结构上的应力集中。

纵骨与非水密肋板相交时，应保持纵骨连续，在肋板上开口让纵骨连续穿过。

纵骨与水密肋板和横舱壁相交时，一般保持纵骨连续，在肋板或舱壁上开口让纵骨穿过，然后用补板封补，也可让纵骨间断于水密肋板和横舱壁，其水密性较好，多用于底部油、水舱。同时，为了保证纵骨的连续性，安装时必须对准，并加肘板加强。从强度和结构抗损性观点上讲，纵骨连续通过水密肋板和横舱壁是有利的，但工艺性相对复杂；而纵骨间断于肋板和舱壁，工艺上较方便，但很难保证焊接均匀一致，连续性难以保证。因此，船体中部底纵骨应尽量采用连续布置，首尾端部可以考虑底纵骨间断于舱壁或水密肋板。

纵骨向首尾延伸，随着肋骨圈长的减小，纵骨数量要减少。纵骨应终止在横向刚性构件上，如横梁、肋骨或肋板，但同一肋骨剖面内不能终止多根纵骨。

5）肋板

肋板是位于底部并与中底桁、旁底桁相垂直的横向大构件，是保证船底局部强度和船体横强度的重要构件，主要用于连接肋骨与横梁，共同构成横向框架；与底部纵桁互为支持，构成底部板架；作为底纵骨的刚性支座，支持纵骨及内、外底板。

肋板垂直于中底桁在船底横向布置，其腹板垂直于底板。肋板间距为船体实际肋骨间距，与肋骨、横梁的间距保持一致，使肋骨、肋板与横梁共同组成肋骨框架。纵骨架式船体结构的肋板间距通常为 1.0～1.5m，首尾部可设中间肋板和半肋骨，以进行横向加强。

单底船或双层底船的单底区域，肋板是由腹板与面板组成的 T 型材构成；在双层底船上的肋板是内底板与外底板之间横向布置的板材，其高度与内底同高。双层底船的肋板分为主肋板、水密肋板和组合肋板，如图 6-4-12 所示。

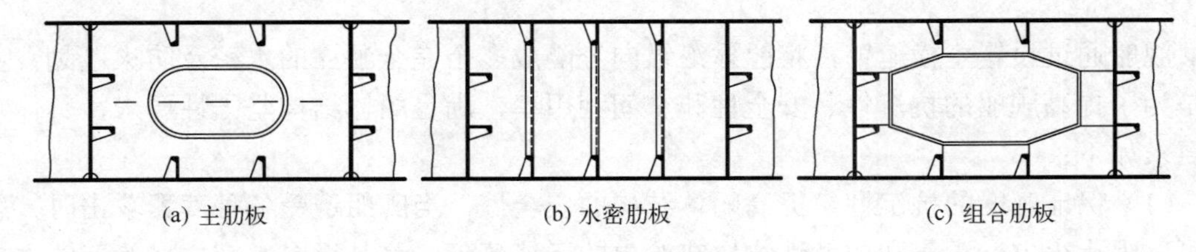

(a) 主肋板　　(b) 水密肋板　　(c) 组合肋板

图 6-4-12　肋板的类型

主肋板是纵骨架式船体结构普遍采用的肋板类型，它主要用于非水密或油密的部位，但其强度较大，与中底桁、旁底桁互为支持。主肋板由整块钢板做成，其板厚与旁底桁厚度相同，其上可以开减轻孔（人孔）、流水孔等，减轻孔或人孔一般应布置在肋板高度的中部，并用扁钢给予加强，如图6-4-12（a）所示。

水密肋板用于需要分隔底舱为水舱、油舱或其他紧密性舱室的部位。水密肋板由整块板做成，板上不开任何孔洞，其板厚与主肋板相同或加厚1～2mm。为了增加水密肋板的强度与刚度，可安置加强筋，加强筋竖向设置，并与纵骨位置对应并坚固连接，从而与内、外底纵骨形成纵向封闭的框架，相互支持，传递外力，如图6-4-12（b）所示。水密肋板和主肋板的最小板厚要求，见表6-4-1。

双层底中由型钢和肘板组成的肋板称为组合肋板。这种肋板不够坚固，但重量轻，在受力较小的区域可与主肋板间隔安置，既保证了强度又减轻了重量。但是，组合肋板组成零件多，加工量较大，故使用不多，通常采用主肋板。图6-4-12（c）为组合肋板结构形式。

由于纵骨架式船体结构中中底桁、旁底桁都是连续的，故肋板一般是间断地安插于底纵桁之间，而横骨架式船体结构中，肋板只在中线面（中底桁、中内龙骨）处间断，往两边连续延伸至舭部，旁底桁或旁内龙骨则间断于肋板，这是纵、横骨架式的主要不同点之一。

6.5 舱壁结构

6.5.1 分类

船体结构中用于分隔内部空间的垂向板架结构统称为舱壁。根据功能和设计要求的不同，舱壁具有不同的种类，按坚固性要求可分为坚固舱壁（又称主舱壁）和轻舱壁；按紧密性要求可分为水密舱壁、非水密舱壁、油密舱壁、气密舱壁、防火舱壁等；按布置形式可分为横舱壁、纵舱壁、半舱壁、活动舱壁等；按结构形式分为平面加筋舱壁、槽型舱壁、压筋舱壁等。

船体结构中可用作抗沉的舱壁称为主舱壁，沿船宽方向布置时，称为主横舱壁；沿船长方向布置时称为主纵舱壁。中小型舰艇因为非对称进水容易对舰艇稳性造成影响，所以一般不会设置纵向水密舱壁（主纵舱壁）。以下本节重点介绍主横舱壁的特点。

6.5.2 主横舱壁功能与受力

舰船通过设置主横舱壁，将船体沿纵向分隔成多个完全独立的水密及防火区划，主要是为了提高舰船的抗沉性、安全性和空间利用率，满足船体结构坚固性要求，具体功能要求如下：

（1）保证舰船的抗沉性，提高船体结构的安全性，当舰船遭受各种武器攻击时，舱壁可以阻止火灾、毒气和放射性物质在舱内的迅速蔓延。这是设置水密主横舱壁的主要目的之一。当船体某一部位因破损而浸水后，水密舱壁将阻止海水向其他未破损舱室的扩展，减小浮力的损失，使舰船在浮力损失不大的条件下仍能漂浮或能继续航行与作战，从而提高舰船的生存能力。

（2）提高船体空间的利用率，按各种用途将舰内空间分隔成不同舱室。

（3）增强船体结构的强度和刚度。主横舱壁结构是具有较大刚度特性的平面结构，在船体结构强度方面的主要贡献是：①保证船体结构的横强度，主横舱壁是保证船体横强度最有效的构件；②作为甲板板架、船底板架和舷侧板架的支座，它一方面承受上述板架传递过来的载荷，同时减小了上述板架中纵向构件的跨距，可大幅提高甲板、船底以及舷侧结构承受横向局部载荷的能力和总纵弯曲时的承压能力，提高了各大部件的纵向稳定性。从这一点来说，主横舱壁对船体结构的总纵强度也是有贡献的；③保证自身在浸水压力或液舱压力作用下的局部强度。

根据主横舱壁在船体强度中的作用可知，其主要受力如下：

（1）船体舷外水压力和破损浸水压力（图 6-5-1），此压力垂直于舱壁平面且呈三角形分布。破损浸水压力的大小由破损压力线的水柱高度确定，当考虑舰船破损后的纵倾时，首尾部舱壁要求承受的破损浸水压力将增大，破损压力线升高。

（2）由甲板、船底和舷侧传递的挤压载荷，该作用力的作用方向与舱壁平面方向一致，将在舱壁平面内产生压应力，造成舱壁结构的稳定性问题，如图 6-5-1（a）所示。

（3）当舰船坞修时，两舷的重力与中间墩木反力作用，就形成横向弯曲力矩和剪力，如图 6-5-2 所示。

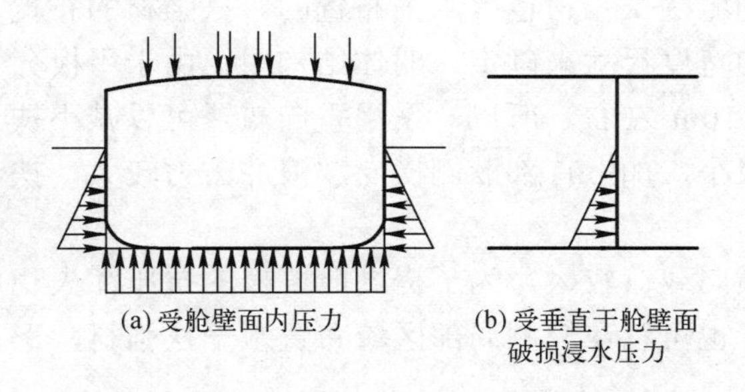

图 6-5-1　作用于舱壁上的压缩力与破损浸水压力

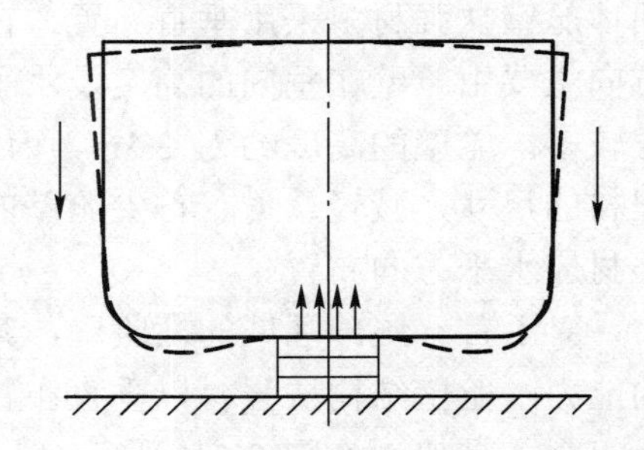

图 6-5-2　作用于横舱壁的横向弯曲力矩

6.5.3　构件布置规律与要求

1. 舱壁板

舱室进水后，舱壁下部受到的水压力较大，锈蚀情况也更为严重，因此，舱壁板厚度变化的主要规律是上部较薄下部较厚。考虑到装配、焊接与腐蚀等因素，舱壁板最下一列板的宽度一般不应小于 900mm。另外，舱壁的两舷边和甲板顶边受到较大的面内（轴向）挤压载荷，为了提高舱壁板的稳定性，该板也应适当加厚。

一般小型舰艇破损进水后的水压力不大，一般只需较薄的钢板（在扶强材的支撑下），且不需变化板厚，即可保证强度。但考虑到焊接变形和腐蚀余量，钢板也不能太薄，一般为 3～4mm。大、中型舰船的主横舱壁板厚变化比较明显，驱逐舰为 4～6mm，巡洋舰为 4～8mm。从适应舱壁所受的破损浸水压力沿垂向的变化以及舱壁板厚度变化规律来说，舱壁板采用水平布置是比较合理的，它有利于减轻舱壁结构重量。水平布置是目前舱壁板布置的主要形式。但为更好地适应强度要求，以及便于分段制造和装配方便，舱壁板也可采用混合布置。例如，坞修时，舱壁承受中央龙骨墩的反力较大（图6-5-2），为了提高舱壁板强度和稳定性，舱壁中央可采用垂向布置一列厚板；另外，为了提高舷侧舱壁板抗侧向压力稳定性及适应分段装配要求，靠舷边的板可采用垂向布置，从而可稍加厚，并划入舷侧分段，如图6-5-3所示。总之，舱壁板布置应根据具体情况，在保证强度、减轻重量、简化工艺的原则下统一考虑，以选择最佳布置方案。

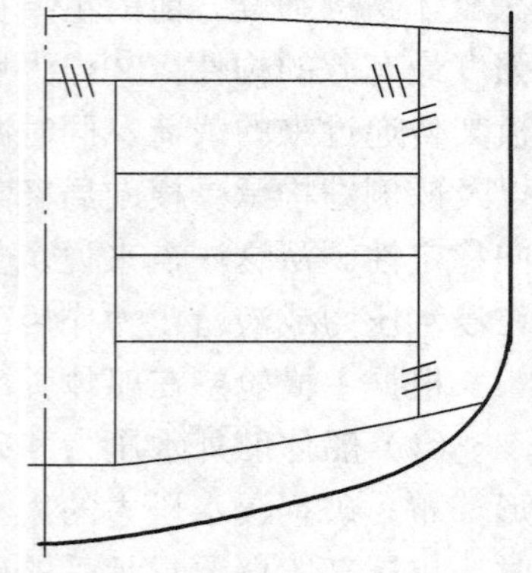

图6-5-3　舱壁板的混合布置

2. 舱壁骨架

舱壁骨架由扶强材、竖桁及水平桁等构件组成，其中扶强材为小构件。舱壁骨架的作用是支持舱壁板，承受破损水压力等，同时舱壁垂向扶强材与甲板、底部纵向构件互为支撑，形成垂向框架，水平扶强材与舷侧纵向构件互为支撑，形成水平框架。这将大大提高船体结构的总强度和局部强度，提高舱壁板抗垂向或侧向压缩失稳的能力。

舱壁骨架形式根据扶强材的布置方向的不同，可分为水平布置和垂直布置两种形式。船体舱壁扶强材多采用垂直布置，在首部的舱壁扶强材也有水平布置的。扶强材的布置方向主要由舱壁在垂向的高度及水平方向的宽度尺寸来确定。船体结构中，由于甲板分层较多，舱壁的高度约为2.5m，而宽度为10m左右，所以，采用垂向布置可以减小扶强材的尺寸，减轻重量。首尖舱壁的宽度很小，加上首部舷侧横向波浪冲击力较大，扶强材应水平方向布置。

对于首、尾部区域的横舱壁，其舷侧横向载荷较大，为了提高舱壁板的抗压缩失稳的能力，舱壁结构扶强材以垂直布置为主，也可以在舷侧局部区域布置水平扶强材，形成组合式骨架，如图6-5-4所示。

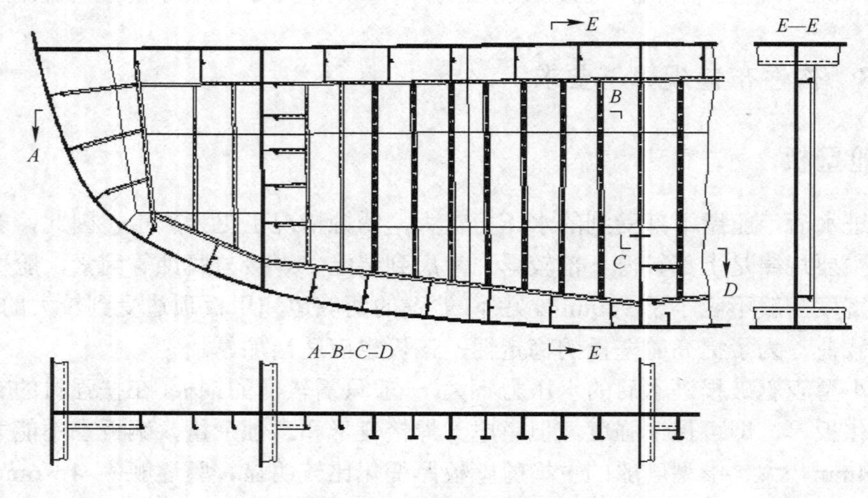

图6-5-4　尾部横舱壁骨架

舱壁竖桁及垂向布置的扶强材，一般应与相应的甲板纵向骨架布置在一个平面内，并应尽可能与底部骨架对准，以形成垂向骨架框架。当无法达到上述要求时，应在舱壁上设置水平桁或水平扶强材作为竖桁或垂向扶强材的支座，与甲板、底部纵向构件过渡连接，如图 6-5-4 所示。扶强材间距一般与纵骨间距相当，为 300～400mm。

不是所有舱壁都要设置竖桁的，只是当舱壁所受的垂向力较大时（如甲板炮下、桅杆下及其他重量较大的装备下），才布置竖桁，以承受较大的垂向集中载荷。竖桁为大构件，用焊接 T 型材制作。竖桁通常与甲板纵桁、底纵桁对应布置，以有效传递载荷，并形成坚固的垂向框架。

水平桁为水平布置的大构件。当扶强材跨距较大时才设水平桁，以支持扶强材；或需要构成强力水平框架才设置水平桁，如首尖舱，水平桁与舷侧纵桁、平台甲板构成水平框架。

6.5.4 轻型舱壁结构

轻型舱壁主要用于分隔舱室，提高船体内部空间的利用率。从结构形式上来看，轻型舱壁主要有平面加筋板架和压筋板两种形式。平面加筋轻型舱壁是由板材和扶强材组成，由于其受力较小，其结构尺寸远小于主横舱壁。一般舱壁板用 1～2mm 的薄钢板。

压筋板舱壁又可分为两种：一种是槽形皱折板舱壁，称为槽形舱壁，如图 6-5-5 所示；另一种是在平板上沿某一方向压出半圆形的波浪式凹槽，该凹槽代替平面舱壁的扶强材，以增加板的刚度，此种舱壁即为压筋舱壁，如图 6-5-6 所示。

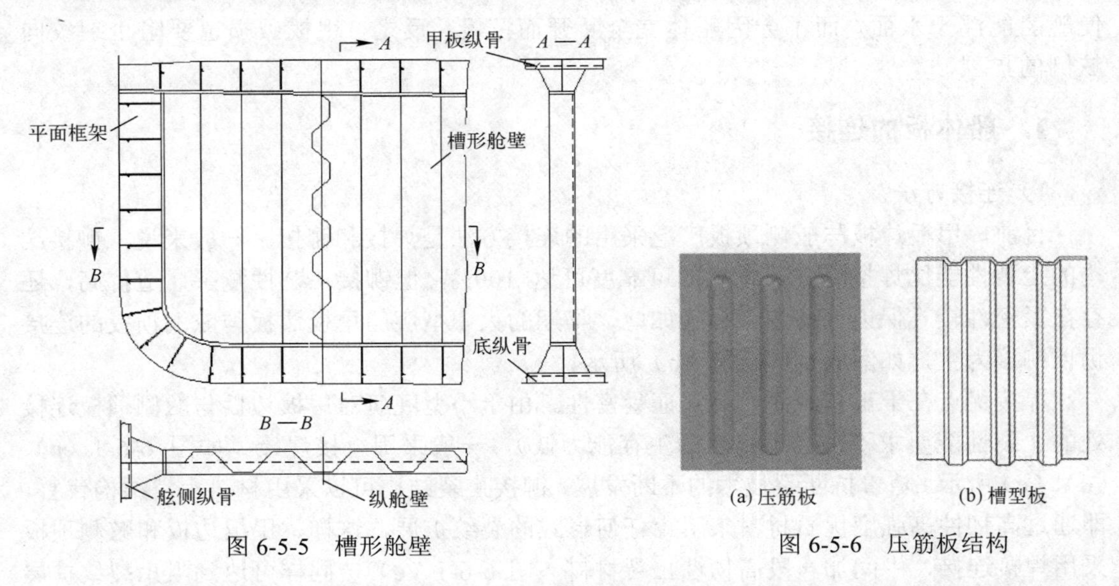

图 6-5-5 槽形舱壁

图 6-5-6 压筋板结构

在等强度条件下，一般槽形舱壁和压筋舱壁的重量较平面加筋轻型舱壁更轻。此外，槽形舱壁和压筋舱壁的焊接工作量少，便于用自动焊，施工方便。为了减轻重量，也可采用铝合金轻舱壁。但铝合金熔点偏低（400～600℃），可用于上层建筑内部，而不宜在主船体内部应用。

6.6 部件间连接结构

部件间连接结构也可称为节点，它类似于人体的关节，在几何特征上它属于不同部件交汇处；在结构力学特征上，它起到了构件间载荷传递的重要作用，同时也是构件相互影响相互支撑的集中体现，因此，节点是保证船体结构部（构）件体系整体性的关键。舰船典型中部各大板架之间，通过连接形成封闭的箱型船体，不同板架间的这种连接不仅包括板材的异面相接，同时也有骨架构件的连接，相关结构特征及连接问题的处理就构成了船体板架相接的典型节点，它是船体结构的重要特征。船体中部典型节点主要可包括：甲板与舷侧结构的连接、舷侧与底部结构的连接（舭部结构）、舱壁扶强材与甲板纵向构件的连接等。

6.6.1 强力甲板与舷侧节点

无论从保证船体结构的坚固性角度，还是从提高船体结构的抗损性角度，甲板与舷侧间的连接强度及其抗裂纹扩展能力都是极为重要的。主要理由如下：①该节点部位处于船体梁的上缘，对于总纵强度而言，将承受极大的总纵弯曲应力，且相交于其他列板，甲板边板的连续性最佳，参与承载程度最高；②它是保证甲板有效参与舷侧结构共同承受舷外水压力载荷作用的关键部位，需要传递横向弯矩，该部位实质上是长期处于总纵弯曲应力和横向弯曲应力共同作用的复杂应力状态；③当船体舷侧受攻击而破损时，必须阻止破损裂纹向船体甲板扩展，以保证船体具有一定的破损强度，使舰船能浮于水面，而不会因船体完全断开而沉没；反之，甲板破损也要阻止裂纹向舷侧的扩展。

1. 船体板的连接

1）连接方法

目前，甲板边板与舷侧顶板广泛采用的连接方法是焊接和铆接。一般来说，铆接结构的止裂性能比焊接好，其止裂的可靠度可达 100%，但铆接工艺性复杂，造价高，还存在紧密性较难保证等问题。尽管如此，早期的大中型舰船甲板边板与舷侧顶板的连接仍以铆接为主，如图 6-6-1（a）、（b）所示。

焊接优点在于工艺简便，易保证紧密性。由于小型舰艇对甲板边板与舷侧顶板连接处的止裂性能要求不高（破损后的生存能力低），一般采用直接焊接，如图 6-6-1（c）、（d）、（e）所示。随着抗断裂技术的不断发展，铆接止裂结构可以采用材料止裂结构代替，即通过高韧性高强度优质材料来阻止任何形式的裂纹扩展，这样，甲板边板和舷侧顶板采用焊接连接，中间加一段高韧性止裂材料（图 6-6-1（c）），同样可达到阻止裂纹扩展的目的。舷顶的止裂材料是否满足止裂要求，必须检验在船体破损条件下，以及在随机波浪疲劳载荷作用下，其裂纹的扩展时间是否满足舰船救援所需的时间要求。我国新型驱逐舰目前均已采用高强度、高韧性钢作为甲板边板和舷顶列板之间的止裂结构，其形式如图 6-6-1（c）或（e）所示。

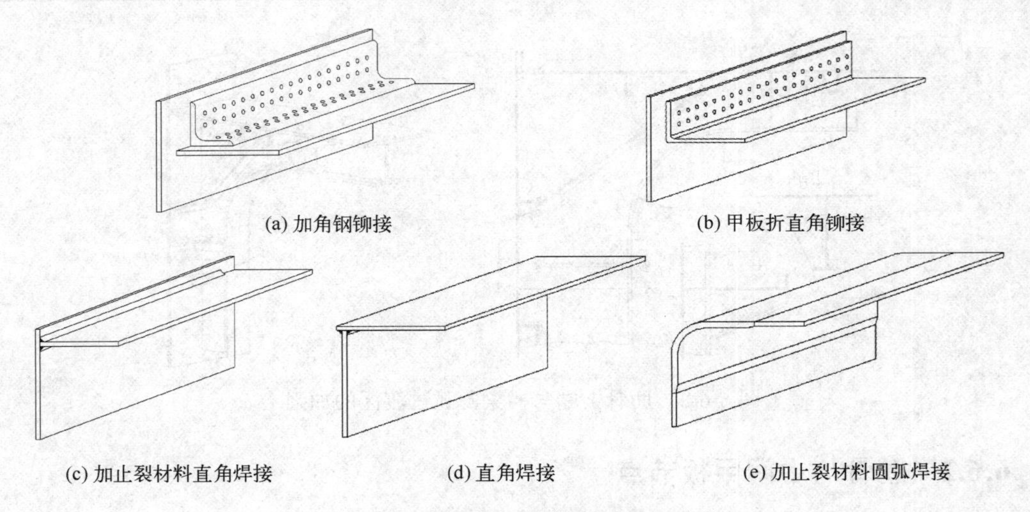

(a) 加角钢铆接　(b) 甲板折直角铆接

(c) 加止裂材料直角焊接　(d) 直角焊接　(e) 加止裂材料圆弧焊接

图 6-6-1　甲板边板与舷侧顶板的连接

2）连接形式

甲板边板与舷侧顶板连接结构形式（形状），主要有直角连接和圆弧过渡连接两种。直角连接结构形式是传统结构形式，它具有工艺简便、甲板使用面积大、人员行走安全性好以及容易保持舷侧清洁（积水沿下水管流下）等优点。但是，从隐身性、核爆炸作用下的安全性以及甲板清洗方便性角度来看，圆弧连接结构形式的利大于弊，优于直角连接结构形式。因此，圆弧过渡连接形式已越来越多地被采纳和建议采纳。

2. 骨架的连接

该节点是肋骨与横梁的相交连接处，必须具有足够的强度和刚度，以保证船体不会产生歪斜变形或结构破坏。

肋骨与横梁的连接可采用肘板连接或圆弧过渡连接。肘板宽度应不小于横梁腹板高度的 1.5 倍，圆弧过渡时，其曲率半径应大于 1.5 倍的横梁腹板高度，如图 6-6-2 所示。圆弧过渡连接的结构整体性一般更好，但接头加工比较费工费料。

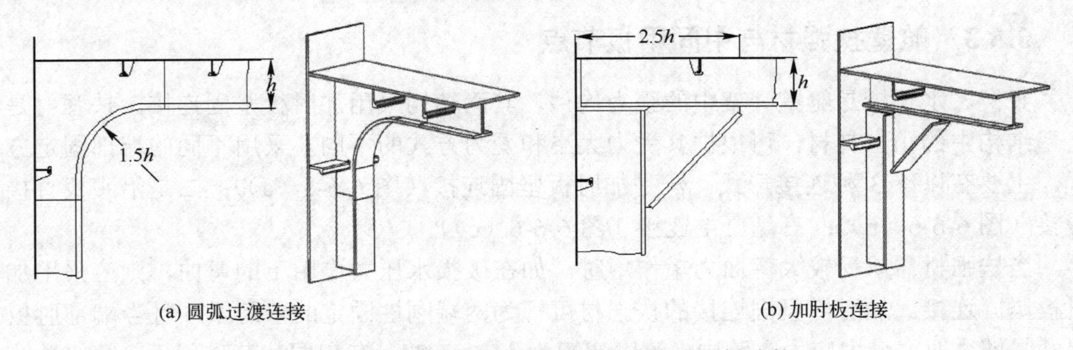

(a) 圆弧过渡连接　(b) 加肘板连接

图 6-6-2　肋骨与横梁圆弧过渡连接或肘板连接

如果圆弧过渡区面积较大，为了提高该区域的结构稳定性，应增设加强筋给予加强，如图 6-6-3 所示。

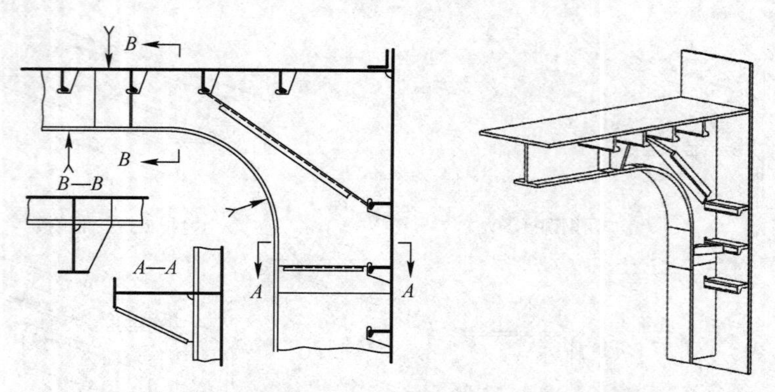

图 6-6-3 肋骨上端与横梁圆弧过渡区的加强

6.6.2 肋骨与中间甲板节点

肋骨与下甲板的连接有两种方式：一是在下甲板上开孔，让肋骨连续穿过，甲板开口按要求用补板封补，且肋骨与下层甲板的横梁用肘板连接，如图 6-6-4 所示。也可加大下甲板横梁腹板高度，进行加强。二是肋骨间断于下甲板。有时为了减轻结构重量，上层甲板间的肋骨尺寸要减小，与下层甲板间肋骨尺寸不同，肋骨多间断于下甲板，并用两块肘板进行加强，如图 6-6-5 所示。也可用加大肋骨腹板的方式进行加强，并坚固连接。

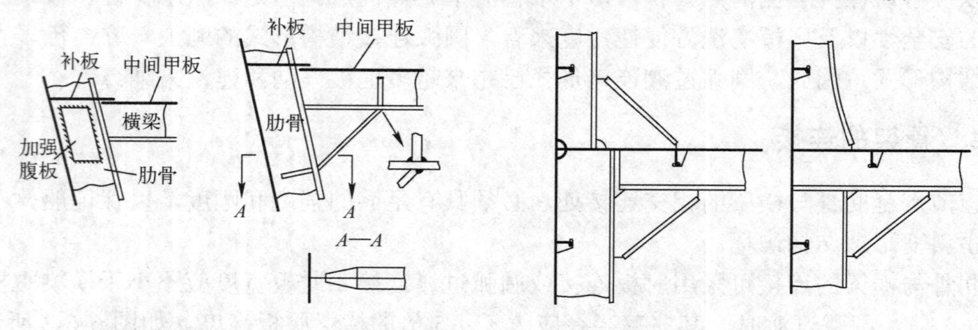

图 6-6-4 肋骨连续穿过下甲板

图 6-6-5 肋骨间断于下甲板

6.6.3 舱壁扶强材与中间甲板节点

竖桁、水平桁是舱壁骨架中的强力构件，其两端均采用加肘板坚固连接。扶强材是舱壁结构中的小型骨材，可根据其受力大小和受力方式的不同，采用不同的端部固定方式，主要有以下 3 种连接形式：一是加肘板坚固连接（图 6-6-6（a））；二是沿腹板直接焊接（图 6-6-6（b））；三是自由连接（图 6-6-6（c））。

当扶强材需承受较大弯曲力矩作用时，如在破损水压力作用下的弯曲，则应采用加肘板坚固连接。加肘板坚固连接的扶强材可视为两端刚性固定的单跨梁，且当端部肘板尺寸足够大时，最大应力在跨中，跨中弯矩为 $M_{\varphi}=ql^2/24$。在相同载荷作用下，简支单跨梁的跨中弯矩为 $M_{\varphi}=ql^2/8$，在相同的扶强材剖面模数条件下，加肘板坚固连接扶强材跨中最大应力为自由连接扶强材跨中最大应力的 1/3。为此，船体结构下层舱室的舱壁扶强材多采用两端加肘板坚固连接，以达到减小扶强材剖面尺寸，减轻重量的目的。

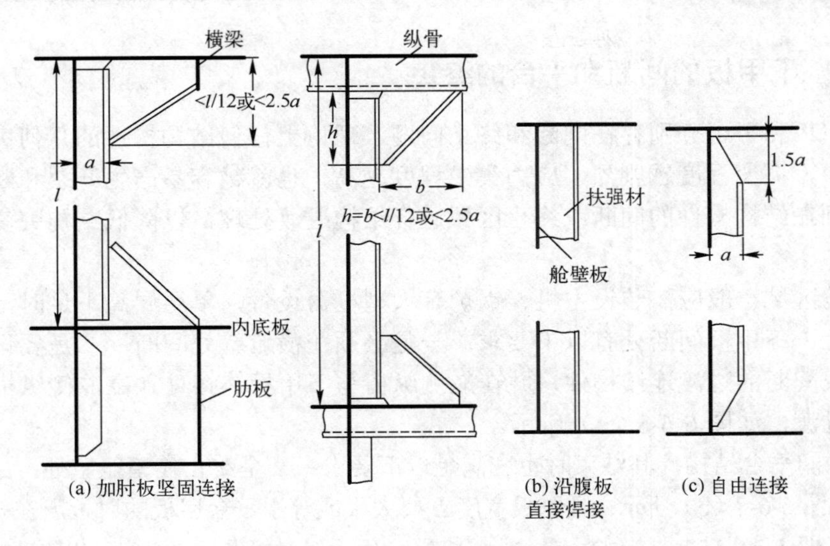

图 6-6-6　舱壁扶强材上下端的固定

船体上层舱室的舱壁扶强材几乎不受破损水压力等横向弯曲载荷的作用，设置扶强材的主要目的是支持舱壁板，提高舱壁板抗垂向压缩失稳的能力。从板的稳定性理论可知，骨架间距是决定板的临界力大小的主要因素，而骨架端部的固定方式与板的临界力大小关系较小。因此，上层舱室舱壁扶强材可以采用完全自由的端部连接结构形式，从而大大简化结构与工艺，减少加工、焊接等工作量。

如果采用全自由连接，扶强材的抗弯强度存在问题，这时，可将扶强材腹板与上、下端部的构件直接焊接，该连接可视为弹性连接，介于刚性固定与简支支撑之间。但直接焊接容易沿端部产生裂纹，结构抗损性不好，如图 6-6-7 所示。

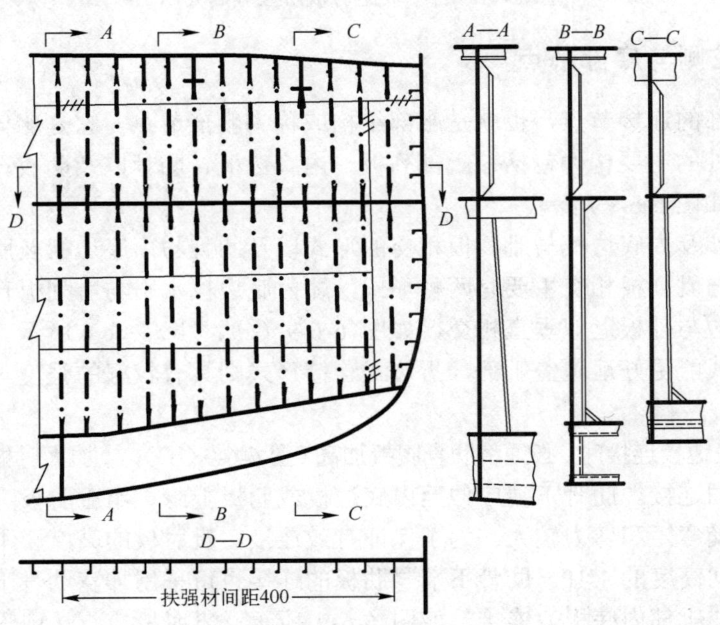

图 6-6-7　驱逐舰舱壁扶强材结构

6.6.4　下甲板的间断和平台的终止

下层甲板和平台分别存在间断和终止问题，理论上任何结构构件的几何突变都会造成应力集中，突变程度越剧烈，应力集中程度越高，也就越容易产生开裂和断裂破坏。因此，必须在结构构件的间断或终止区域进行结构过渡处理，以降低结构突变程度，减小应力集中。

在机舱区域一般应需装设主机、锅炉等大型机器设备，单层层高不足时，下甲板会被切断中止。下甲板间断处有以下要求：一是必须在横舱壁处间断；二是要设舷侧纵桁作为下甲板间断的过渡连续构件，并在舷侧纵桁与下甲板连接处加高舷侧纵桁的腹板或采用肘板过渡，如图 6-6-8（a）所示。

对于中间平台结构，其结束时也应满足以下要求：一是终止在横舱壁处；二是加大肘板过渡，如图 6-6-8（b）所示；且肘板宽度 L 要大于或等于平台甲板的肘板所在舱室高度 D 的 0.15 倍，即 $L \geqslant 0.15D$。当肘板过大，可将平台甲板纵骨延长至肘板上，以增加肘板刚度。

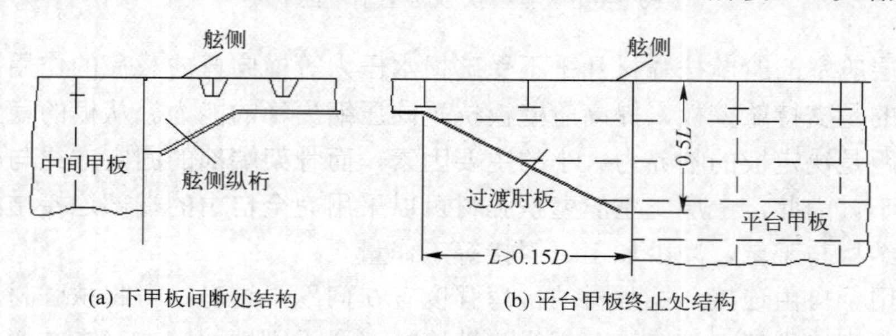

(a) 下甲板间断处结构　　(b) 平台甲板终止处结构

图 6-6-8　下甲板间断与平台甲板终止处结构

（D—平台甲板的肘板所在舱高）

6.6.5　舷侧与底部节点

舷侧与底部的连接节点，也就是舭部结构或称为舭部节点，它是船体结构中的重要节点。该节点处的主要构件包括：舭部列板、内底边板、肋骨以及肋板。舭部节点的连接形式较多，如图 6-6-9 所示。

舭部节点涉及内底边板与舭列板相交的形式以及肋骨与内底边板及肋板相连接的方法。内底边板与舭列板相交主要有两种形式，即内底边板水平与舭列板直接相交，以及内底边板折宽边与外板近似垂直相交，如图 6-6-9（a）、（b）、（c）所示。这两种形式各有利弊。水平式能更好地覆盖舭部，折边式连接形式则具有较好的强度与结构抗损性。两种均可采用。

肋骨与内底边板连接时，必须将肋骨腹板加高（图 6-6-9（b）），或加大肘板（图 6-6-9（a））与内底边板坚固连接。肋骨下端应伸至内底边板或肋板上缘，用舭肘板进行连接。这种连接的节点所受弯矩和剪力较大，为了保证有效连接，舭肘板的高度应不小于内底板至最近一层甲板间高度的 1/10。肋骨下端与肋板的连接也可采用加宽肋骨下端腹板，然后直接与肋板（或舭部内底板）连接，如图 6-6-9 所示。舭肘板应折边或设面板，折边或面板的宽度为厚度的 10 倍，且肘板厚度与肋板厚度相同。肋骨面板分两种情况：内底边板为水平式时，肋骨面板不与内底板连接，而是切角自由，以避免出现“硬点”；内底边板为折边式时，肋骨面板应与内底边板折边坚固连接，并加大肋骨面板的尺寸，光滑过渡，如图 6-6-9（c）所示。

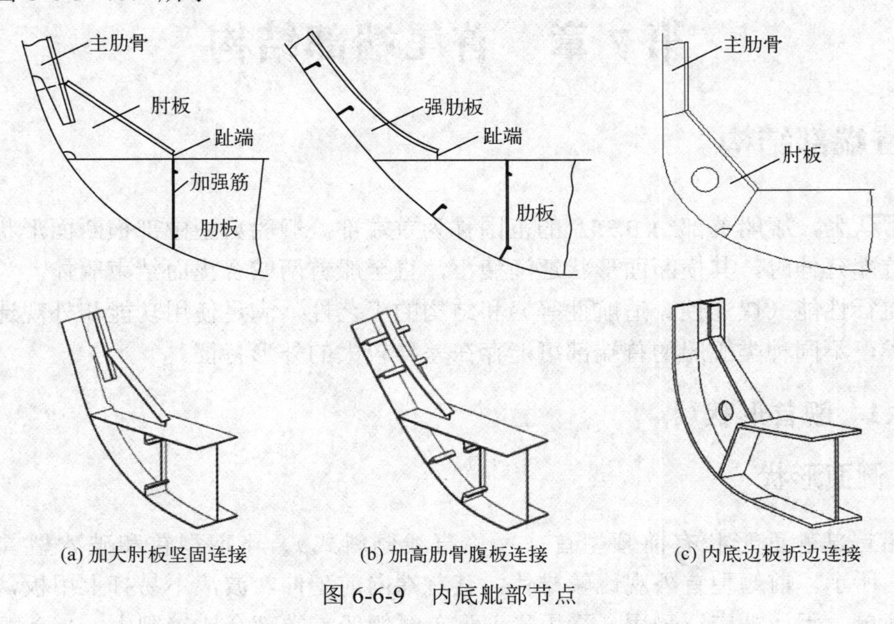

(a) 加大肘板坚固连接　(b) 加高肋骨腹板连接　(c) 内底边板折边连接

图 6-6-9　内底舭部节点

思考题

（1）梁拱和脊弧特征导致舰船结构的纵横向主要构件具有微曲特征要求，试分别讨论其必要性以及对船体结构工艺性和经济性的影响。

（2）在设计冰区（如北极地区）航行水面舰船舷侧结构时，应考虑哪些因素，并建议采取何种结构技术措施？

（3）试从总体布置和工艺性的角度，阐述舰船内底一般仅设置于船体中部的理由。

（4）试从舰船内部空间分类或功能需求以及舰船结构扩展功能性要求角度，谈谈舰船舱壁结构设计技术未来发展应重点关注的问题和方向。

（5）通过对典型部件间连接结构相关内容的学习，试谈谈你对船体部件连接设计重要性的认识和理解。

扫描查看本章三维模型

第 7 章　首尾端部结构

7.1　首端部结构

通常认为，舰船首部约 0.35*L* 的范围称为首端部。舰船典型中部横断面形状比较肥满，向首端延伸时，其横断面形状逐渐瘦小，直至船首两舷合拢而结束船体。为了改善舰船的航行性能（快速性、适航性等）和结构的工艺性，满足使用功能和外观造型等方面的要求，不同种类舰船的首端部可能存在差异较大的外形特征。

7.1.1　舰首形状

1. 侧面形状

舰船首部侧面形状有前倾型首（又称直线倾斜式）、飞剪型首和破冰型首等，如图 7-1-1 所示。前倾型首外观比较雄伟，其首端向前延伸，波浪不易打上甲板，建造工艺比较简单，因而被广泛采用。采用飞剪型首时舰船首端部会比较肥大，战斗舰船采用较少。破冰型首为破冰专用船首，冰区航行的舰船才采用。

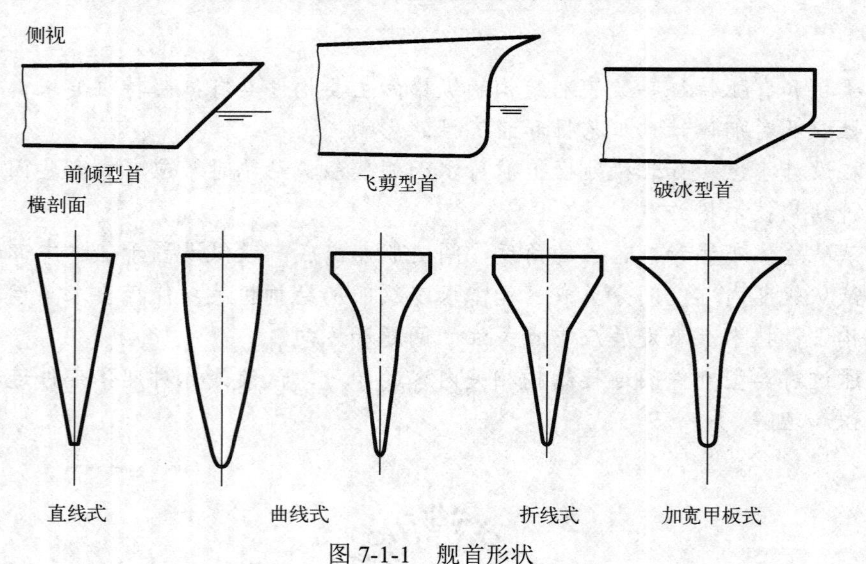

图 7-1-1　舰首形状

2. 横断面形状

舰首横断面形状有直线式、曲线式、折线式和加宽甲板式等（图 7-1-1）。直线式两舷比较平直，施工工艺简单方便，目前采用较多；曲线式和折线式能更好地适应首部线型要求，但工艺相对复杂；加宽甲板式因增大了甲板面积，对总布置及战斗活动有利，且波浪不易打上甲板，改善了溅水性。但由于首部线型外飘，在与波浪撞击时将承受很大的波浪冲击载荷，且结构工艺性差。实际工程中，具体采用何种舰首形状，既与舰船总体需求相关，也在一定程度上取决于设计习惯。

3. 球鼻艏形首端部

图 7-1-2 所示为球鼻艏形首端部，它实际上就是在普通船首上加装一个半椭球体。辅助舰船采用球鼻艏的主要目的是降低船舶的兴波阻力，一般来说，加装球鼻艏可提高航速 0.5kn 左右。然而，战斗舰船采用球鼻艏形首部不仅有利于快速性，同时，从反潜作战需要来看，舰船首部受螺旋桨和主机振动噪声的干扰较小，最适合安装某些特殊仪器装备，如反潜探测声纳基阵。因此，战斗舰船一般会在球鼻艏处设置声纳舱结构和专门的声纳导流罩结构。但也应注意，采用球鼻艏会给施工带来一些困难，同时，球鼻艏结构对起、抛锚，靠码头等都会带来不便。

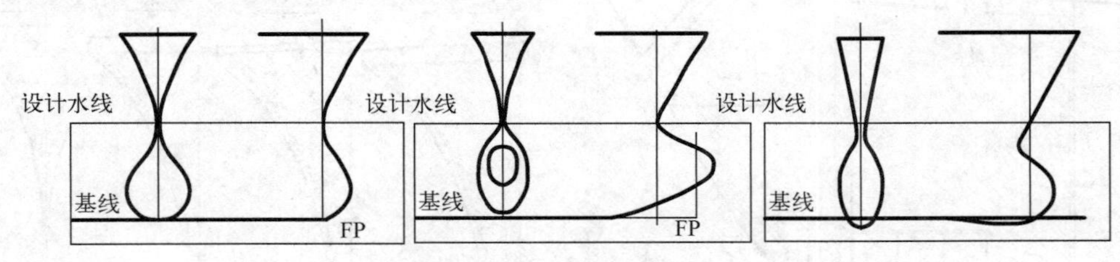

图 7-1-2　球鼻艏形状

7.1.2　主要结构特征

1. 首端部外力

当船体在静水或波浪中航行时，船首与中部一样也承受总纵弯矩的作用，但其值远小于舰船中部。然而，当舰船处于高速破浪航行时，首部却担负着“破浪”的任务；同时由于舰船的纵摇，首部将处于大幅沉浮状态，甚至整个船首埋入水中，此时，舰船首端部将承受较大的水压力作用。更为严重的是，当首部从抬出水面状态快速下落，并与波面发生砰击时，在首端的底部和舷侧斜升部分会受到巨大的波浪砰击力，并进一步形成波浪砰击弯矩。这种波浪砰击力和砰击弯矩对舰船的首端部结构，甚至船体的总纵强度设计都具有重要影响，其大小与海面状况、首部线型以及舰船航速有关，其中又以航速影响最大。在高海况时，舰船航速越高，首部受到的砰击力就越大，砰击次数也越频繁。砰击作用区域通常认为是在距首垂线 $0.25L$ 的范围内。砰击压力的最大值大约作用在距首垂线 $0.15L$ 附近。显然，如果首端部结构的强度不足，在巨大的波浪砰击力作用下，将会出现很大的变形或破坏。不仅如此，首端部受到的波浪冲击力还会引起船体颤动，产生冲击动应力。若它与总纵弯曲应力叠加，有时甚至危及船体总纵强度。

此外，舰首还要承受一些其他偶然性外力，如浮冰或其他水面漂浮物的撞击，与码头碰撞及水下爆炸等所产生的外力。因此，要求首端部结构应具有足够的强度和刚度，以抵抗外力的破坏。此外，首端部形状比较瘦小，这也会增加建造施工的困难，所以要力求改善结构工艺性。

2. 首端部结构形式

现代高速舰船长宽比较大，为了保证总纵强度，船体中部大都采用纵骨架式，首端部则采用横向适当增强的纵骨架式结构。图 7-1-3 所示为某护卫艇的首部结构。该艇首端对称面上设有一锻制与钢板焊接而成的组合式首柱，下段为锻钢件，上段为钢板焊接结构。除此之外，船体首部在骨架和船体板两类构件上均需进行加强。骨架方面，中内龙骨一直伸到首端，与首柱相连，并增大了断面尺寸；横向构件缩小肋骨间距（由中部的 1m 缩小为 0.5m），增加横向框架的数目，增高肋板的断面尺寸；舷部纵桁一直伸到首柱并与首尖舱舱壁水平桁组成水平框架；纵骨也都尽量伸向首端（从图中可看出，一直到 0 号肋骨剖面处仍有纵骨）。首端部的板也适当加厚了。在肋板下部的空间狭窄区域，不便于维护保养，因此用水泥填塞。

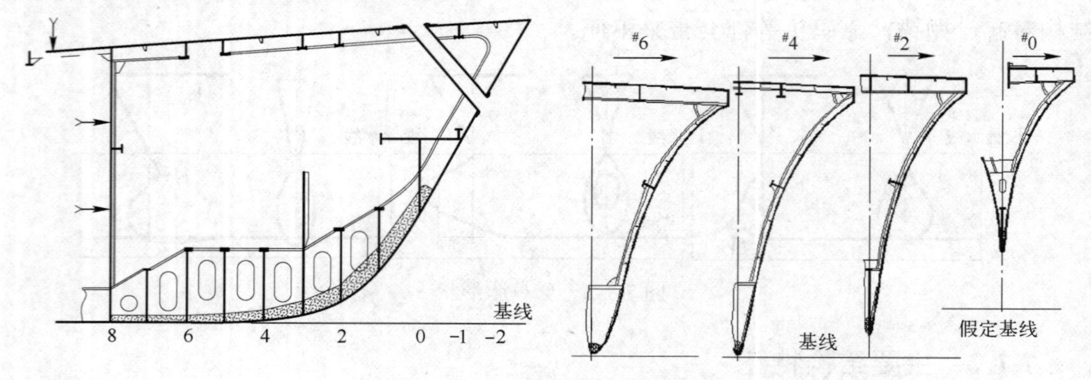

图 7-1-3　某护卫艇首部结构

由于结构和建造工艺原因，有时某些舰船首端部的某些局部区域会采用横骨架式，但就整个首部来说仍属于纵骨架式。图 7-1-4 所示为护卫舰的首部结构（驱逐舰首部结构也类似）。

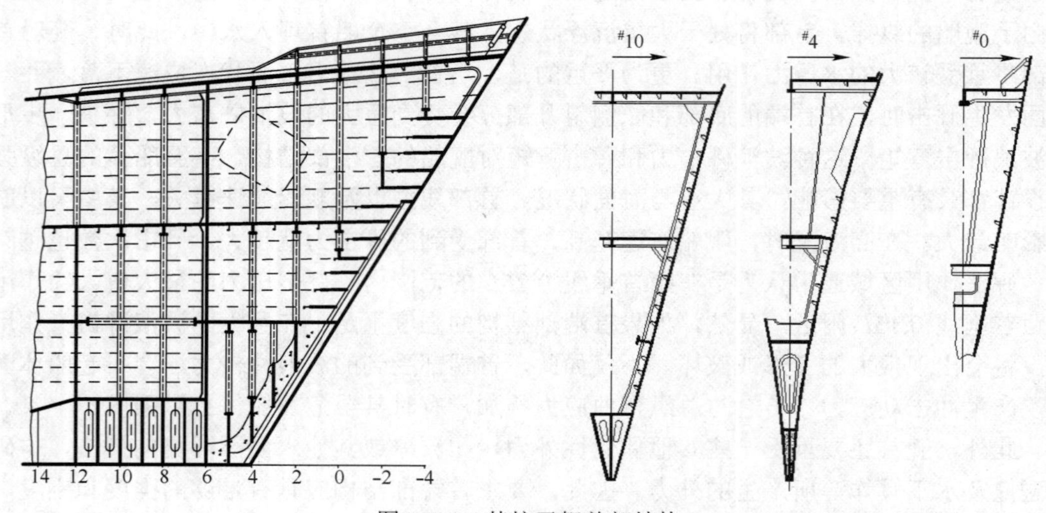

图 7-1-4　某护卫舰首部结构

该舰有 3 层甲板（上甲板、下甲板及平台甲板），上甲板为纵骨架式，下甲板及平台甲板为横骨架式。自 12 号肋骨以前平台甲板以上的两舷为纵骨架式。自 30 号肋骨以前肋骨间距为 1.0m（中部为 1.5～2m），首端下部（平台甲板以下）6 号肋骨以前，肋骨间距变为 0.5m，舷部无纵骨，这部分改成横骨架式。由于该处空间狭窄，施工困难，检查修理不便，因此将此尖端区域的底部用水泥填塞，这样不仅可防止该处结构因积水而锈蚀，且可增强该处结构的强度。

7.1.3　典型专用结构

1. 首柱

首柱是首端结构中典型专用结构件，它起着结束船体，增强首部结构强度与刚度，抵抗偶然性外力的作用。

舰船航行时，首柱受到波浪的冲击和水面漂浮物的撞击；在冰区航行时，受到冰层和浮冰的撞击；触礁搁浅时，首柱下端受到海床反力的作用等。这些力都难以用计算确定，因此首柱的结构尺寸一般根据长期造船实践经验，并参考母型舰船加以确定。

首柱的外形由舰首形状决定，不同舰首形状，其首柱形状也不相同。通常，为了减小首柱中部水线附近区域的外形对航行阻力的影响，该处断面的形状会比较尖瘦，而上端与下端断面形状可逐渐增大，以便与船体其他部分连接。

首柱有铸造、锻造和由钢板或型钢弯曲焊接制成 3 种类型。下面分别予以介绍。

1）钢板焊接首柱

图 7-1-5 所示为一护卫艇的钢板焊接首柱结构。它由弧形外板、横向加强肘板和纵向加强筋组成。弧形外板用较厚的钢板，按首部线型弯曲而成。为增大其强度与刚度，在中线面设有贯通首柱全长纵向加强筋，并沿其高度方向每隔一定距离安置横向加强肘板。若首柱长度和曲率变化较大，为便于制造，弧形外板可分为上下两段或三段，各段之间采用 V 形坡口对接焊。

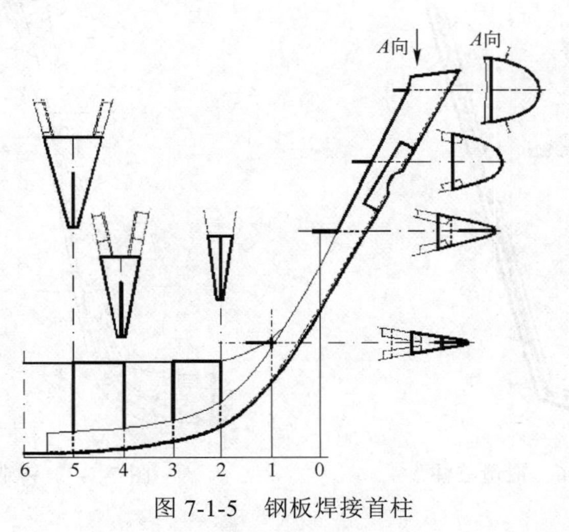

图 7-1-5　钢板焊接首柱

图中给出了首柱与船体其他结构的连接。首柱弧形板上端与甲板铺板的连接见图中 A 向视图。弧形板与舷壳板对焊连接。舷部纵骨伸到首柱时，直接与横向加强肘板连接。首柱下端与船底部的连接为：首柱纵向加强筋下端在 2 号肋板前面终止，中内龙骨在 2 号肋板后面终止，首柱纵向加强筋与中内龙骨在肋板处隔板相对，用填角焊与肋板连接（也可在某号肋骨间距内直接对接连接）。首柱弧形外板在 5 号与 6 号肋板处终止，并与船底板对接。

因为该艇只在首部中央安装一个锚，所以只在首柱弧形外板上开有圆形锚孔，并用双层板增强。

2）锻造首柱

当舰船首部外形不是很复杂时，可用锻钢首柱，或采用锻制与钢板焊接组合而成的联合首柱，即上部用钢板焊接，下部用锻制首柱。图 7-1-6 所示为护卫舰首柱的锻制部分。如图中所示，首柱的断面形状为舌形，船体壳板在凹槽处与首柱连接。由于尺寸较大，加工装配不便，将其分成两段，用焊接连接。首柱的上端与钢板焊接首柱部分连接，下端与平板龙骨连接。由于这种首柱是实心的舌形断面钢柱，比钢板焊接首柱坚固，因此不需设置纵向加强筋。

3）铸造首柱

当舰船首端外形比较复杂时，用钢板焊接首柱或锻造首柱制造比较困难，在此情况下，可采用铸造首柱或上部为钢板首柱、下部为铸造首柱。图 7-1-7 所示为一铸造和钢板焊接的联合首柱。首柱上部用钢板焊接，下部铸造。上下两段首柱在下甲板处焊接对接。

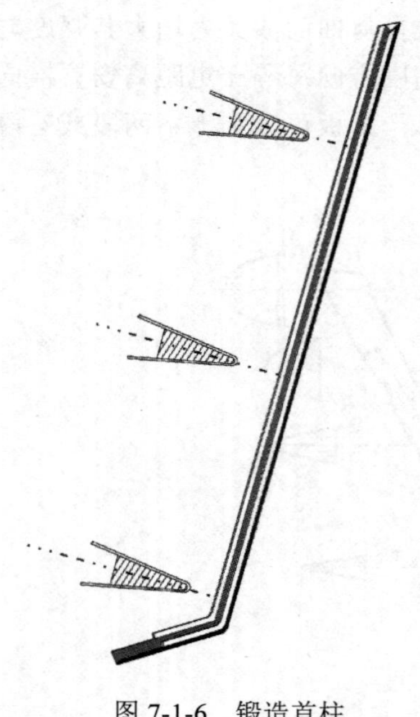

图 7-1-6　锻造首柱

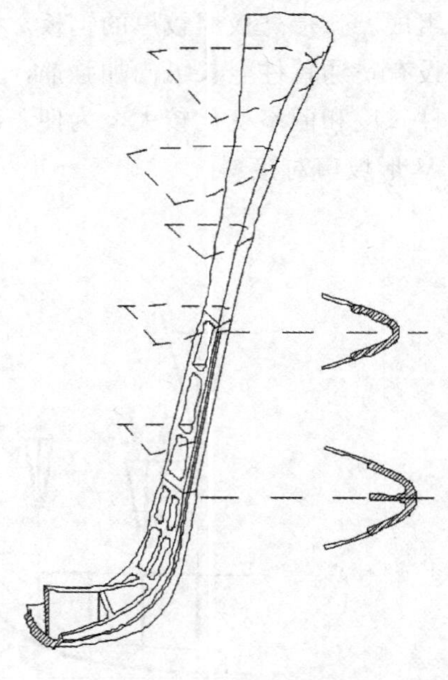

图 7-1-7　铸造首柱

为减轻重量，铸造首柱通常铸成薄壁结构，在其对称面上设置纵向加强筋，且每隔一定距离有横向加强肘板。它与船体其他构件的连接与前述钢板焊接首柱相同。

2. 挡浪板结构

当舰船在恶劣的气候条件下航行时，巨浪将翻上甲板，冲击舱面武器装置和机械设备，影响舰船的舱面工作条件和武器的有效使用。为此，要在甲板首端设置一道或二道挡浪板，以减小甲板前段的海水浸淹面积，改善舱面工作条件。

为了有效挡浪，并迅速排出翻上甲板的海水，挡浪板应向前倾压住水头，沿甲板宽度方向应成人字形向后将水流导走，如图 7-1-8 所示。

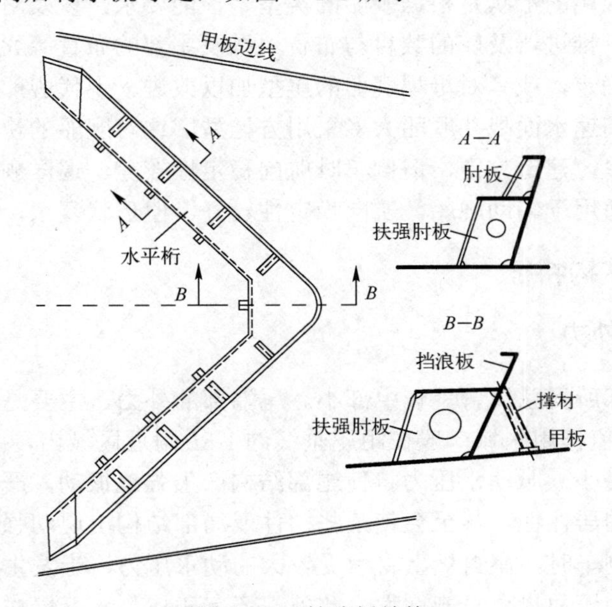

图 7-1-8　挡浪板结构

挡浪板由挡浪面板、水平加强筋（水平桁）、垂直扶强肘板及撑材等组成。挡浪板各与甲板相连的构件，应与甲板坚固连接，并且甲板下应有对应骨架或外加加强构件支撑。挡浪板上缘应用钢管、半圆钢或球扁钢等镶边，避免挡浪板上缘有尖锐凸边。

除以上所介绍的首柱和挡浪板以外，具有球鼻首形首部的水面舰船一般还会设置球鼻艏声纳导流罩专用结构，以布置水声探测的声纳系统，导流罩结构设计和构件的布置与相应部位的船体结构协调一致，外形型线保持光顺。

7.2 尾端部结构

7.2.1 舰尾形状

舰船尾端约 0.25*L* 的范围称为尾端部。考虑到推进器、舵、尾轴及尾轴架等的布置以及水流对推进器效率的影响，船尾存在不同的外形及装置的布置特征，如图 7-2-1 所示。

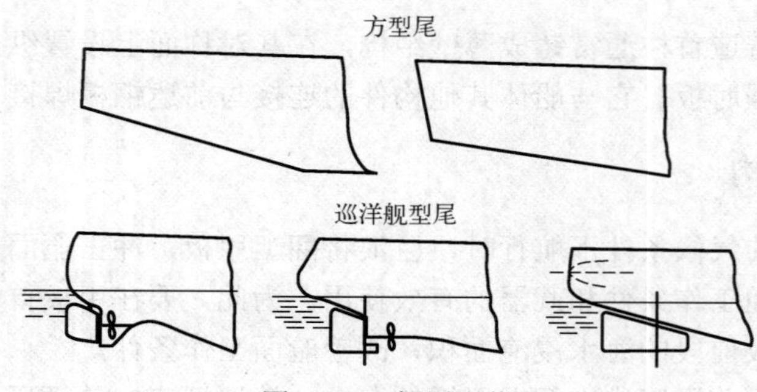

图 7-2-1 舰尾形状

舰船设计时，舰尾的形状是根据舰船的类型、性能要求，以及对各方面（如阻力、航海性、战斗使用、推进器及舵的数目与布置，以及尾部的布置等）全面考虑、分析比较并经过船模试验确定，或者对母型舰船的尾型加以改进。现代舰船广泛采用方尾型和巡洋舰尾型，其中高速水面战斗舰船大多采用方尾型，这对舰船的快速性以及总体布置有利，且形状较简单，建造方便，但倒车时航向稳定性较差。巡洋舰尾型对中、低速度的舰船有利，一般适用于辅助舰船，航向稳定性较好，但形状复杂，建造难度大。

7.2.2 主要结构特征

1. 尾端部的外力

水面舰船尾端部所受总纵弯矩较中部小。尾端部的外力，主要是螺旋桨工作时产生的脉动水压力，其峰值作用区域一般在距尾垂线约 1/8*L* 附近区域内，并在距尾垂线（1/8～1/4）*L* 范围内逐渐减小。脉动水压力将使尾部结构产生强迫振动，严重时会影响设备的正常使用以及舰船的居住性，甚至会使某些构件或局部结构出现动强度不足，而产生裂缝。其次，当舰船倒车时，尾封板上将承受较大的动水压力，当发生尾倾时，由于吃水增大，尾部所受静水压力也会急剧增大。此外，还有碰撞与水下爆炸等偶然性外力的作用。因此，应保证尾部结构有足够的强度与刚度，使其在受动水压力的作用下，不致产生剧烈的振动、变形和破坏。

2. 尾端部结构形式

目前，多数中、小型舰艇尾端部结构多采用横向加强的纵骨架式。在动水压力作用及振动较大的区域，通常的加强方案是缩小肋骨间距以及增加外板厚度。从减轻重量考虑，减小肋骨间距是较好的办法。一般在距尾垂线 1/8*L* 区域，护卫艇、猎潜艇肋骨间距为 500mm；扫雷舰为 500～750mm；护卫舰、驱逐舰为 500～1000mm，大型舰船为 1000～1500mm。在尾部 1/8*L* 范围内，小型舰艇（如护卫艇、猎潜艇、扫雷艇）船外板的厚度通常不小于 5mm，驱逐舰不小于 8mm。在动水压力直接作用的区域，船体构架的连接及构架与外板的连接均需采用双面连续焊。此外，舰尾结构应尽可能消除产生应力集中的根源，即构件不应突然终止或剧烈改变断面尺寸。必须改变构件尺寸或构件终止时，应用肘板逐渐过渡。所有构件最好是互相坚固连接、形成闭合框架。

图 7-2-2 所示为某护卫舰尾部结构，为方尾型舰尾，采用横向加强的纵骨架式，自

中部延伸至尾部的纵向构件（底纵桁、纵骨），除因船尾横断面形状变小而有少数不伸至尾端外，其余纵向构件均延伸至尾端，并用肘板与尾封板扶强材连接。从 192 号肋骨至 200 号肋骨的肋距为 1.0m，200 号肋骨以后及下甲板以下的横向构件间距均缩小成 0.5m。因为推进器的位置在 208 号肋骨附近，且该处正是动水压力冲击区域，推进器工作引起剧烈的振动，所以在纵骨架式的基础上再增加横向构件。此区域的壳板厚度为 8mm。

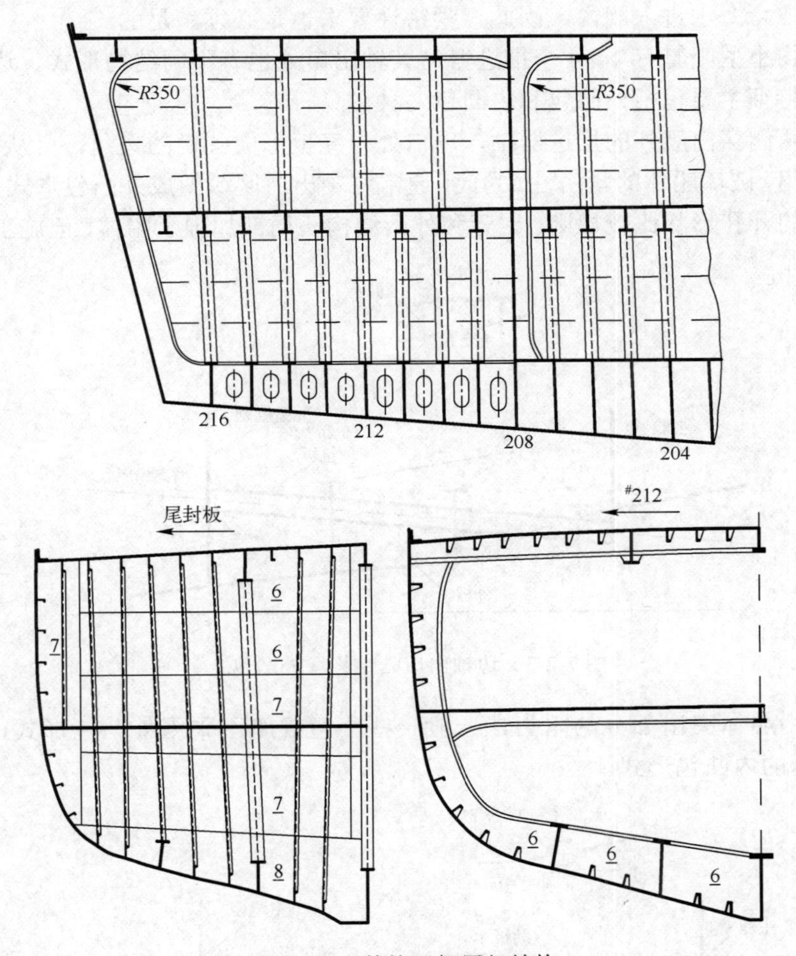

图 7-2-2 某护卫舰尾部结构

因该舰为方尾型，结束尾端是一横舱壁似的平面结构，称为尾封板。它是船壳板的一部分，结构上与横舱壁结构基本相同，仅因尾封板受力较大并需考虑到腐蚀，钢板厚度及骨架的尺寸均较舰船内部横舱壁钢板及骨架的尺寸要大些。同时，底部及甲板部的纵向构件与尾封板垂直扶强材相对应，并用肘板互相连接，形成闭合框架。

7.2.3 典型专用结构

1. 尾轴出口结构

推进器轴系的布置从舰船主机延伸至螺旋桨，贯穿船体的 $L/3 \sim L/2$，不可避免地将穿过舱壁及多档肋板，并由外板上开孔通出船体。当推进器工作时，轴出口处作为轴系的一个支撑点，承受较大的局部作用力和比较严重的振动载荷作用，这将影响到船体结构的局部强度和结构的紧密性。

推进器轴出口的位置是由轴系位置确定的，它关系到整个轴系的正常工作，因此要求出口处的结构有较高的精确性和坚固性，保证不因外力作用和振动而产生变形或破坏，同时，还应防止海水进入舰内，因此，紧密性要求也是必须满足的。

通常中、小型舰艇有 1～4 个推进器，其轴出口处也有不同结构形式。边轴出口时，其典型结构特征主要包括外凸包和内凸包两种。

从船体两侧穿出舰外的推进器轴，出口处与壳板形成尖锐的夹角，且从多个肋板的下缘切口穿出，破坏船体的紧密性。为此，通常将轴出口区域做成外凸包形式（图 7-2-3），使轴出口处的开孔形状比较规则，尾管和外凸结构还局部加强了船体，但施工比较麻烦。

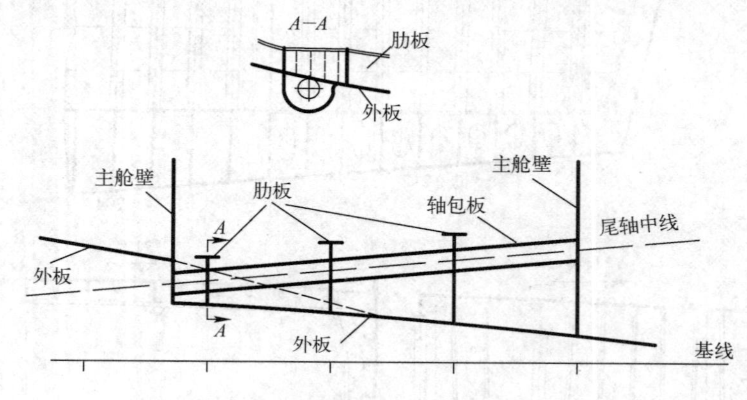

图 7-2-3 边轴出口处结构（外凸包）

为了减小船体突出部分的阻力，一般一些小型舰艇不采用外凸包形式，而采用如图 7-2-4 所示的内凸包形式。

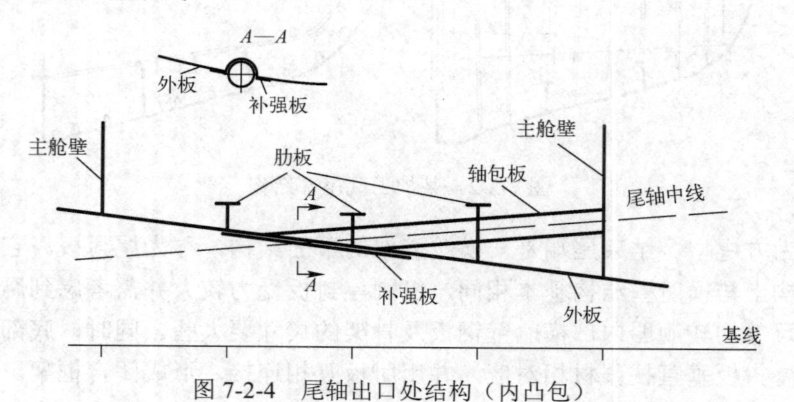

图 7-2-4 尾轴出口处结构（内凸包）

为了保证推进器出口处船体的紧密性，一般都在该处安置专门的导管即尾轴管，推进器轴推进器轴从尾轴管中穿出。

尾轴管的结构如图 7-2-5 所示。尾轴管的前端用焊接垫圈固定在舱壁上，后端用焊接垫圈固定在船体上。尾轴管由两部分组成：尾端是轴承部分，首端是填料密封部分，它们共同装填在尾管内。轴承部分由轴套和金属橡皮板条组成，轴套是一个青铜套，内拼装一条耐磨的金属橡皮板条。金属橡皮板条之间有间隙，海水在间隙内流动，润滑摩擦表面。填料密封部分用来保持船体的水密性。填料采用浸油麻丝和耐油橡皮。通过齿轮螺母传动大齿轮移动压紧套筒来压紧和放松填料。润滑冷却水是由消防水管通过接头向注水环注水，以润滑金属橡皮板条和密封填料。为了防止尾管和船体的腐蚀，在尾管的尾端装有防腐锌板。有的尾管用铁梨木代替金属橡皮板条。小型舰艇尾管结构比大中型舰简单。

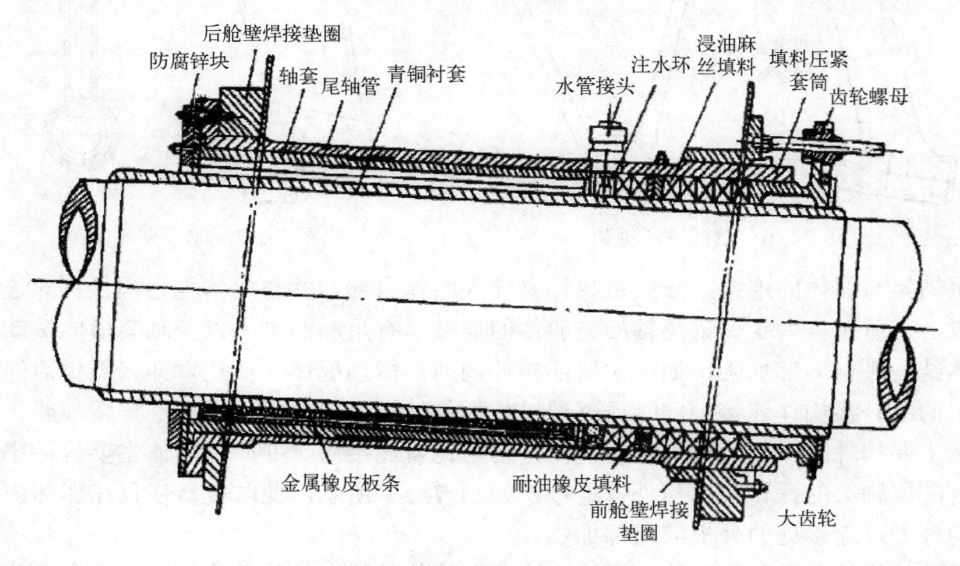

图 7-2-5　尾轴管结构

2. 尾轴架

当舰船有两个以上推进器时，推进器轴自两舷伸出舰外，呈悬臂梁状态，承受着推进器的重量及其工作时所产生的动载荷。因此，需要在船体外设置支座支撑并控制推进器轴的横向运动，以保证其正常工作，此支座称为尾轴架。它的作用是支撑推进器轴，增强舷外轴系的强度和刚度，尽可能控制其横向振动。

通常尾轴架由轴毂和一个或两个托臂构成，推进器轴穿过轴毂并由托臂固定在船体上。尾轴架的受力比较复杂，除承受尾轴和螺旋桨的重量外，还承受螺旋桨工作时的水动力。此外，在螺旋桨与泥土或其他水下障碍物相碰时，尾轴架将受到巨大的冲击力；并且当螺旋桨碰掉一个或数个叶片旋转时，尾轴架会受到很大的偏振力。这些偶然性外力虽然往往事先不容易确定，但由于尾轴架断裂将对船体以及舰船总体性能造成严重破坏，因此，在尾轴架设计中，断 1 或 2 片桨叶时的偏振载荷也是进行尾轴架强度校核计算的重要载荷工况。

尾轴架有 3 种类型：铸造尾轴架、钢板焊接尾轴架，以及铸造与钢板焊接联合结构尾轴架。图 7-2-6 所示为铸造双臂尾轴架结构，又称人字架，是经常采用的一种结构形式。两托臂间彼此成 60°（一般为 60°～90°）。为减小阻力，托臂断面为流线型。

高速小型舰艇一般装有 2～4 个推进器，若装 4 个人字架，则会大大增加舰艇航行阻力，因此这些舰艇常采用单托臂式尾轴架。单托臂尾轴架有铸造、钢板焊接两种，如图 7-2-7 所示。焊接尾轴架应尽量减小焊接变形，因为过大的变形常常增加轴系安装的困难。单臂尾轴架的强度与刚度比双臂式要弱些，实践工程中曾发生过单臂尾轴架折断的事故。

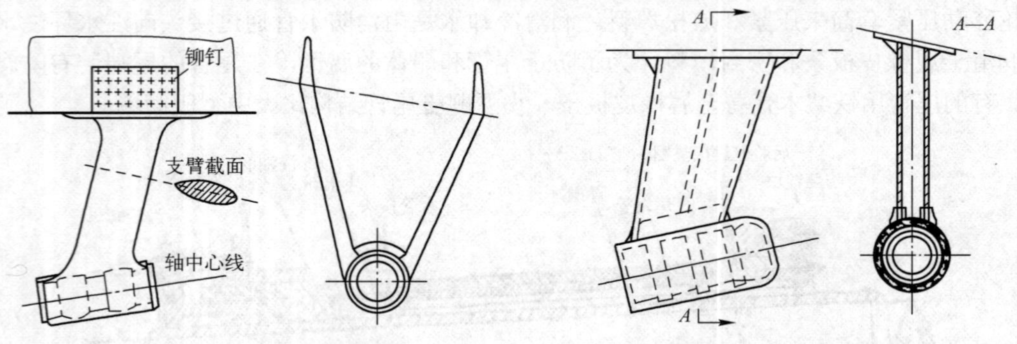

图 7-2-6　双托臂尾轴架　　　　图 7-2-7　单托臂尾轴架

尾轴架与船体的连接，一般是将托臂伸入船体内部，并与船体强力构件可靠连接，如图 7-2-6 所示。为了保证尾轴架与船体的连接具有足够的刚度以控制其横向振动，应对船体结构进行局部加强，如加大局部构件剖面，增加板厚，使托臂伸入船体后能与船体坚固的纵、横构件连接，同时托臂通过外板的切口处应保证紧密。当托臂与船体的连接处无主要构件时，应设置附加构件以作为与托臂连接用，并应与船体主要构件牢固连接。有的尾轴架的托臂直接与外板连接，如图 7-2-7 所示。此时托臂应顶在船体内部的坚固构件上，连接处的外板应局部加强。

托臂与船体通常采用铆接或焊接连接。铆接能保证安装的准确性，并有利于防止裂缝扩展，减缓振动，故采用比较广泛。焊接工艺比较简单，但由于焊接变形的影响，安装准确比较困难，并因振动焊缝区域容易产生裂缝，目前仅在小型舰艇使用。

思考题

（1）在水面舰船服役过程中，其首尾端部结构分别可能承受的主要载荷形式有哪些？其设计载荷应该如何确定？

（2）水面舰船首柱的作用是什么?试举例说明钢板焊接首柱、锻造首柱、铸造首柱以及组合式首柱适用舰船的种类，并简要说明理由。

（3）水面舰船首尾端部存在哪些典型专用结构？试分别阐述其与船体基本结构的连接接口形式与要求？

扫描查看本章三维模型

第 8 章　上层建筑结构

8.1　概述

8.1.1　分类

位于上甲板以上的各种围蔽建筑物，无论其宽度是否延伸到船体的两舷，均统称为上层建筑。上层建筑包括船楼、甲板室、机炉舱棚、直升机机库和指挥塔，以及甲板室和船楼的外伸结构，如船楼舷台、檐棚、围屏等。

船楼是指宽度与船体宽度相同，左右侧壁与船体两舷外板相连，并作为舱室使用的上层建筑结构。根据船楼所处的位置不同，分为首楼、桥楼和尾楼。首楼位于船体首部，桥楼位于船体中部，尾楼位于船体尾部。船楼也可按长度划分，如长桥楼和短桥楼、长首楼和短首楼等。

舰船上设置船楼，除了增加舰船的可利用容积和面积以外，还提高了干舷高度，改善了舰船的适航性，减少甲板上浪。现代舰船的船楼主要采用长桥楼、长首楼、或是高平甲板舰型，它不仅可增大可利用容积，而且可布置内部通道，更好地适应战争的需要。因尾楼妨碍武器及舰载直升机的有效使用，现代战斗舰船一般不设尾楼。

甲板室是指宽度不延伸至两舷，并设在船体中部作为舱室使用的上层建筑。甲板室根据长度不同分长甲板室和短甲板室。如果甲板室长度大于或等于舰长的 15%，或不小于甲板室高度 6 倍，且支持在 3 个刚性支座上（如横舱壁或强肋骨框架），则该甲板室称为长甲板室；反之为短甲板室。甲板室根据总体布置情况，可分为前甲板室和后甲板室。

上层建筑（船楼、甲板室、机库等）根据其参与船体总纵弯曲的有效程度，划分为强力上层建筑和轻型上层建筑。凡长度超过 0.15 倍舰长，且不小于自身高度 6 倍的船楼，以及符合上述条件，且支持在 3 个以上船体刚性横向构件上的连续甲板室，都应设计为强力上层建筑。

对于不符合上述条件、参与船体总纵弯曲程度很低的上层建筑，包括船楼和甲板室，应设计为轻型上层建筑。当轻型上层建筑的长度超过 0.15 倍舰长或本身高度 6 倍时，应采用伸缩接头将长甲板室分割成若干个可以相对移动的短甲板室，从而可将该甲板室设计为轻型上层建筑。然而，长船楼因其侧壁属于船体外板，是不能断开设置伸缩接头的，必须设计为强力上层建筑。

8.1.2　功能与受力

1. 功能

现代水面舰船对战斗能力的要求更高，通常要求有多层次的攻击与防御武器，应具有距离更远的通信、导航、警戒及指挥等电子设备及其相应的雷达天线。为此，一方面对舰船的舱容有更高的要求，另一方面对舱面武器的配置层次、高度及雷达天线的高度都提出了更高的要求。为了满足上述舰船战斗与使用的要求，水面舰船都设置了上层建筑。上层建筑的主要用途如下：

（1）增加舰船有效利用空间（容积）与面积，从而可更多地布置各种舱室。

（2）提高舰桥（指挥部位）的高度，便于操纵与指挥。

（3）有利于武器的布置，使舰炮与导弹分层布置，避免相互影响，增大射界。

（4）有利于设置较高的桅杆和安装相控阵雷达等，增大舰船的通信、导航、警戒和火控能力。

（5）强力上层建筑参与保证船体总纵强度，增加船体结构的坚固性。

（6）船楼可以提高干舷，减少甲板上浪，改善舰船的适航性。

（7）长船楼有利于改善舰船的雷达波隐身性。

2. 承载特征

上层建筑结构主要受力如下：

（1）重力。船楼或甲板室上面都要承受设备和人员重量，这是局部强度计算需考虑的设计载荷。

（2）波浪冲击力。舰船航行时，飞溅水压力作用于上层建筑的前后端壁、侧壁和露天甲板，受力大小因位置不同而异，第一层上层建筑前端壁所受冲击压力最大。

（3）总纵弯曲时的拉、压力。对于长度较大的上层建筑，特别是强力上层建筑，它作为船体梁的最上缘，在船体产生总纵弯曲时，将承受相当大的总纵弯曲应力。为了减小上层建筑所受的总纵弯曲应力，可采用短船楼、短甲板室，或将长甲板室用可伸缩接头将其分成若干个分段，这样使上层建筑不与主船体一起产生弯曲变形，或是由伸缩接头提供变形的位移量。

（4）其他外力，包括上层建筑甲板上武器发射的后坐力，上层建筑上重物在舰船摇荡时产生的惯性力，以及风力等。

由于上层建筑与主船体的连接存在突变，如船楼、甲板室的前后端部，甲板室侧壁与主船体的连接部位，因此当主船体产生总纵弯曲时，船楼和甲板室端部区域将产生严重的应力集中。这是上层建筑结构设计时必须给予考虑的问题。

8.1.3 结构形式

1. 外形

一般上层建筑（船楼和甲板室）的各层甲板应采用与上甲板相同的梁拱与脊弧。上层建筑端壁与侧壁的设置应考虑舰船的外形隐身，尽量避免与上甲板呈直角相交，各层上层建筑之间的端壁、侧壁与露天甲板也要避免呈直角相交，从而避免电磁波的凹角反射。为了使电磁波呈发散反射，各层上层建筑的端壁、侧壁应具有不同的倾斜度。

上层建筑的前后端壁常受波浪冲击，为增大其强度和刚度，可将其设计成圆弧形或折线形。端壁下面应有主船体强力横向构件作支持，并设扶强材与主船体甲板坚固连接。

2. 骨架形式

上层建筑骨架形式的确定，主要根据其是否参与船体总纵弯曲承载，也即是否为强力上层建筑而定；同时还应考虑与主船体骨架的匹配性，以及局部承载要求。

强力上层建筑位于船体梁最上缘，承受极大的总纵弯曲应力作用，因此其骨架形式的设置与选用主要考虑如何保证总纵弯曲时的强度与稳定性。此时，通常上层建筑的甲板和侧壁均采用纵骨架式骨架结构，并与主船体的纵骨架式结构相配合。上层建筑甲板纵骨间距与上甲板纵骨间距一致；上层建筑甲板与侧壁上的横向构件应与主船体肋骨、横梁在同一平面内；上层建筑端壁和内部横隔壁应作为支承上一层结构的强力结构，必须安置垂向扶强材，并与上甲板纵骨间距配合，以有效地传递载荷。上层建筑骨架结构除了要保证满足总纵弯曲时的强度和稳定性要求外，还必须保证有足够的局部强度，其侧壁、横隔壁、端壁还应具有承受上层荷重的稳定性要求。

轻型上层建筑的骨架形式，主要根据满足局部强度的要求来确定，通常采用横骨架式骨架结构。横骨架式骨架结构对于侧壁的承载是极为有利的，可以减小构件尺寸，减轻重量。若主船体为横骨架式结构，则轻型上层建筑的骨架间距与主船体骨架间距配合一致，这样，轻型上层建筑的强度和刚度较容易得到保证。当主船体为纵骨架式骨架结构时，横骨架式轻型上层建筑的骨架间距应根据主船体的肋骨间距整数倍缩小设置，这样与主船体肋骨（横梁）位置对应的上层建筑骨架与主船体骨架相配合，有利于保证其强度和刚度。

8.2　船楼结构

目前，水面战斗舰船的船楼大多采用长首楼或长桥楼，它们都属于强力上层建筑，完全参与船体总纵弯曲，因此，其骨架形式采用与主船体一致的纵骨架式结构，其材料采用与主船体相同的材料。

船楼结构参与船体总纵弯曲承载的机理相对复杂，当船体发生总纵弯曲时船楼端部结构参与程度较低。为了减轻重量，在船楼端部 2 倍高度长度范围内，可适当减小部分船楼甲板、舷侧板及纵向构件构件尺寸，如图 8-2-1 所示。

另外，由于船楼结构参与船体总纵弯曲，使有船楼部分的船体梁剖面模数增大，船体梁上缘由上甲板移至船楼甲板，因此该区域主船体上甲板部分构件尺寸可以减小，如上甲板板、舷侧顶板及上甲板纵向构件等。从船体结构坚固性考虑，主船体上甲板部分构件尺寸的减小应逐渐过渡，并从距船楼端部 2.5 倍船楼高度或 1/3 船体宽度开始，以保证该处船楼结构完全参与总纵弯曲，如图8-2-1所示。

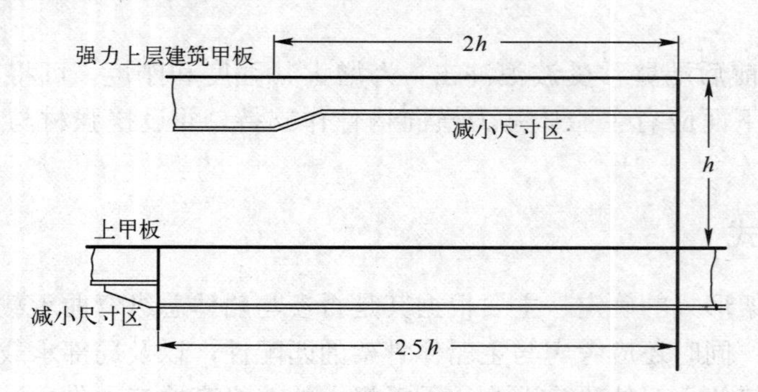

图8-2-1　强力上层建筑端部构件尺寸变化

强力船楼结构的甲板及舷侧的开口要求与主船体上甲板及舷侧外板的开口要求是一致的，并必须按有关规定进行加强。

由于船楼端部区域船体剖面几何参数有剧烈的突变，当船体产生总纵弯曲变形时，在船楼端部区域将产生较大的应力集中。目前，降低该处应力集中的主要措施是：在船楼两舷增加椭圆形或圆弧过渡肘板，使船楼端部舷侧壁延长，逐渐减小剖面，形成与主船体外板的过渡连接（图8-2-2）；并对船楼端部区域结构进行加强，从而降低该处的应力水平，如图8-2-3所示。

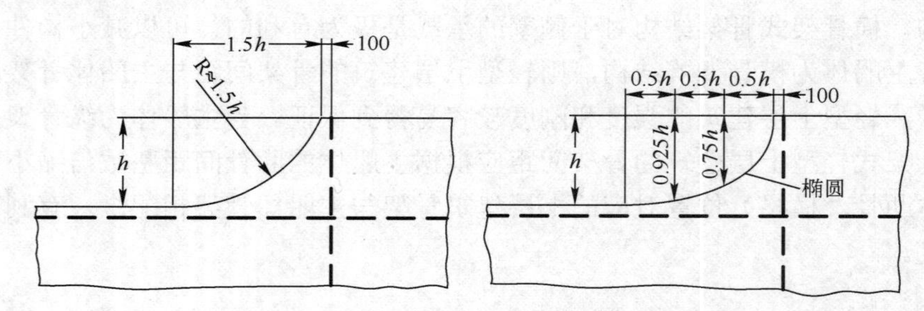

图8-2-2　船楼端部舷侧壁的圆弧或椭圆形过渡

船楼端部舷侧壁采用圆弧肘板过渡时，其圆弧半径不小于1.5倍的船楼高度（h）。采用椭圆形过渡肘板时，其长轴半径应大于$1.5h$。

船楼端部区域主船体的舷顶列板及甲板边板应加厚，其中舷顶列板应加厚40%，甲板边板应加厚20%舷顶列板与甲板边板加厚的长度相同，都不小于2.25倍船楼高，如图8-2-3所示。另外，舷顶列板应适当加宽，并覆盖船楼舷侧板，覆盖高度不小于$0.35h$。当上述板的加厚值大于4mm时，应在长度方向设置过渡板结构。

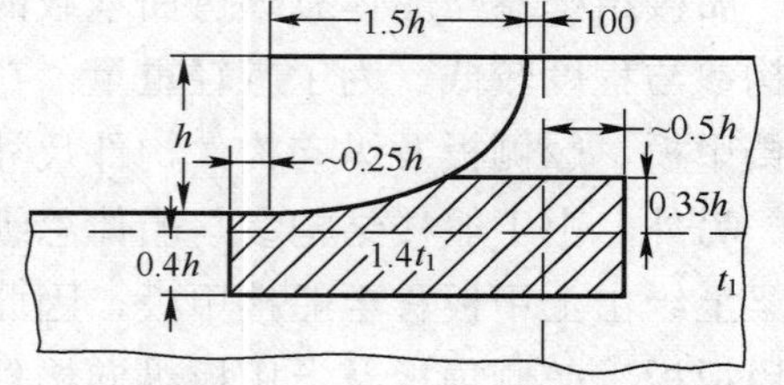

图8-2-3　船楼端部区域外板的加强

长度小于0.2倍舰长的首楼和尾楼，其端部舷顶列板和甲板边板可不加厚，其原因是首尾区域船体总纵弯曲力矩较小。对于短桥楼，其端部仍需进行加强，并要设置过渡肘板，其加强程度要有所减小。

由于船楼端部舷侧过渡肘板较大，为了保证过渡肘板的强度及稳定性，过渡肘板自由边缘应采用型材镶边，并设置加强筋予以加强。

在船体产生总纵弯曲时，上层建筑端部区域将产生较大的垂向作用力，考虑到桥楼末端弯曲垂向剪切应力和水平剪切应力都较大，因此要求船楼端壁与主船体的横舱壁应设置在同一平面内，以有效传递垂向作用力。同时，该处的舷侧板架应作适当加强，通常在桥楼两端部 4 档肋骨间距内的桥楼肋骨也应增大剖面尺寸，以承受水平剪切力。

上层建筑前端壁及后端壁，可能受到较大的波浪冲击力的作用，因而要求端壁扶强材应伸至上甲板，尽量与甲板纵骨位置配合，直接与甲板焊接，并加肘板加强。

如果桥楼上面还有较长的甲板室，则桥楼内部应设置一定数量的横舱壁或强肋骨框架，用于支撑其上面的甲板室。

8.3 甲板室结构

8.3.1 概述

甲板室在舰船上使用较多，上层建筑只要宽度不伸至两舷，无论在上甲板上还是在船楼甲板上，都称为甲板室。根据需要，甲板室的长度、层数及位置可以不同，并由舰船总布置确定。甲板室结构形式上的差异主要取决于其是否属于强力甲板室或轻型甲板室。强力甲板室为纵向连续的、较长的甲板室，它参与总纵弯曲；轻型甲板室其长度较小，或是长甲板室中间设置伸缩接头，将其分为多段较短的甲板室。轻型甲板室不参与总纵弯曲，其结构尺寸由局部强度要求确定，尺寸较小，重量较轻。

甲板室一般为多层，受风面较大，因而每层甲板室之间应牢固连接。下层甲板室的端壁应尽量与主船体横舱壁或横梁重合在一个平面内，其侧壁与端壁的扶强材下端，应设置肘板与上甲板或船楼甲板牢固连接。上一层甲板室与下一层甲板室至少应有 2 个横舱壁或端壁相重合，或者应使上一层甲板室侧壁与下一层甲板室侧壁（或纵舱壁）重合。上下两层甲板室相接的端壁或侧壁应设置对应的扶强材，并牢固连接。图 8-3-1 所示为多层甲板室端壁与主船体横舱壁对应设置，并坚固连接的示意图。当甲板室层数较多时（大于 3 层）。为了保证坚固连接。避免舰船摇摆时产生摆动以及在风力等作用下产生振动与破坏，甲板室至少有两层端壁与主船体（船楼）横舱壁位于同一平面内。甲板室侧壁应与上甲板（或船楼甲板）的纵向构件相对应，并且甲板室侧壁与端壁相交处的主船体横舱壁上应设置较大的扶强材。该扶强材上端应加宽或设置尺寸较大的肘板，以减小甲板室侧壁终止造成的应力集中，如图 8-3-2 所示。同样，当上、下层甲板室侧壁不在同一平面内时，则上层甲板室端部的侧壁平面内应设置扶强材，并加大扶强材上端尺寸，因为该部位是结构上的硬点。

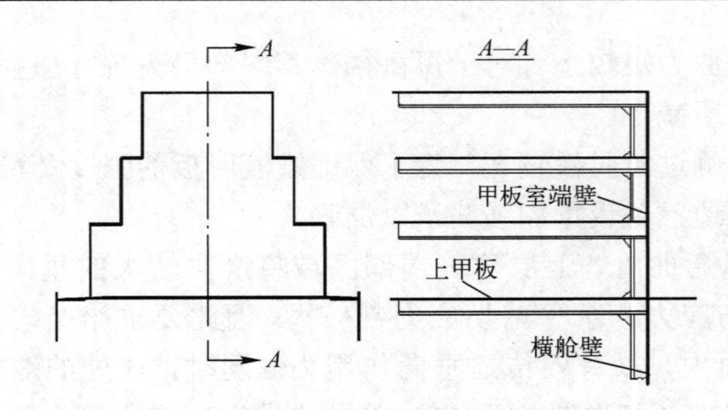

图 8-3-1　多层甲板室的端部连接

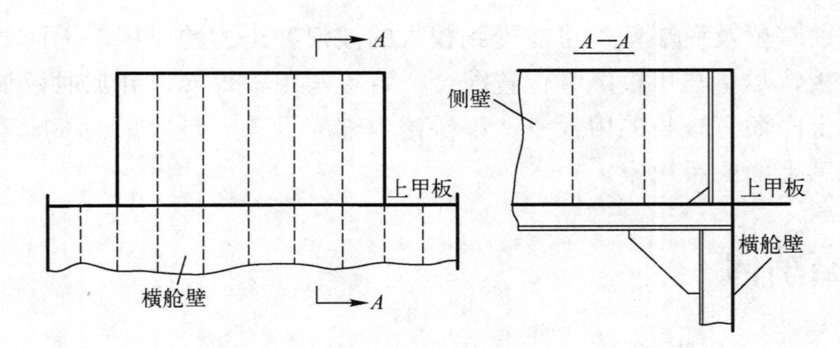

图 8-3-2　甲板室端部侧壁平面内的加强

上层建筑中类似于上述的纵、横舱壁上下呈刀刃相交的“硬点”较多，必须注意消除。另外，上层建筑“甲板室”的端壁、侧壁扶强材终止于甲板板的情况，也是结构上的硬点，应注意增设过渡结构，以有效地传递载荷，消除硬点。

8.3.2　强力甲板室结构

强力甲板室是参与船体总纵弯曲的，因此只有长度较长的甲板室，并且可以和船体一起弯曲的甲板室，才设计成强力甲板室。具体条件为：甲板室长度超过 0.15 倍船体长度，且不小于本身高度的 6 倍，同时该甲板室应支持在不少于 3 个本体横向刚性构件上。这里的横向刚性构件必须是横舱壁或是支柱。满足上述条件的甲板室，一方面因长度较长，在总纵弯曲中能保证有效地承受弯曲应力；另一方面是 3 个刚性支座可以保证其与主船体同向弯曲。

由于强力甲板室要承受很大的总纵弯曲拉压正应力，因此其结构尺寸较大。从板的稳定性角度考虑，甲板室的甲板与侧壁应采用纵骨架式结构，以提高甲板板和侧壁板的稳定性。强力甲板室端壁扶强材仍为垂向设置，以便与上甲板牢固连接。

为了降低长甲板室端部应力集中，在甲板室端部侧壁与端壁相交角隅处，应采用圆角过渡连接，圆角半径为 0.5～1.0m。该处甲板板可适当加厚，在围壁角隅位置的下面应以横舱壁、强横梁或支柱给予加强。

满足上述要求的甲板室端部角隅，由于断面突变以及上甲板较强的约束，使该处仍然存在一定的应力集中而成为结构上的“硬点”。为此，甲板室端部角隅处与上甲板的连接可采用“柔性”连接，以减小上甲板板的受力及弯曲形状突变，同时减小甲板室端部角隅处的约束程度，减小应力集中。该柔性连接是将甲板室端部角隅与上甲板之间用柔性板（扁钢）过渡连接，具体作法是：先将甲板室端部角隅处围壁下端与扁钢焊接，再将扁钢与上甲板铆接。采用该连接时，甲板室端壁与侧壁可用折角或较小半径的圆角过渡，但角隅处与上甲板的铆接长度应保证每边（端壁与侧壁）不小于 0.5 倍的甲板室高度，如图 8-3-3 所示。铆接可采用双排铆钉，以便承受较大的剪切力。

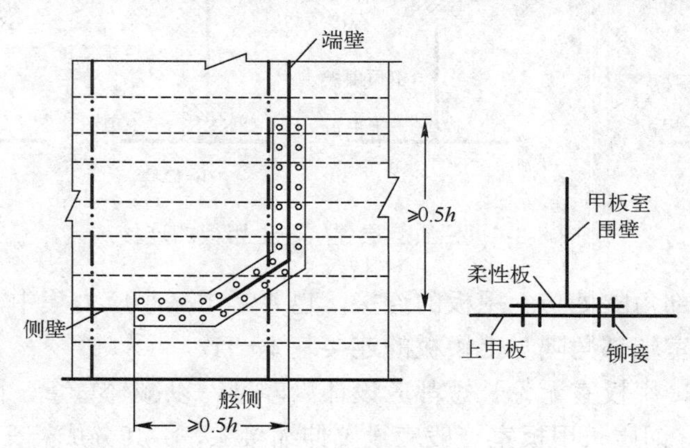

图 8-3-3　甲板室端部角隅处柔性连接

8.3.3　轻型甲板室结构

在船体中部的短甲板室（长度小于舰长的 15%或其本身高度的 6 倍），因其参与总纵弯曲的程度较小，为了减轻重量、降低重心，通常将其设计为轻型结构，仅按局部强度、工艺性和耐腐蚀性等要求确定其结构形式与构件尺寸。

轻型甲板室一般用普通碳钢制造或用铝合金制造。一般钢质轻型甲板室的端壁、侧壁与甲板多采用板筋（板和骨架）结构，其最小板厚为 2.5～3mm，加强筋（扶强材）多垂向布置或横向布置（横骨架式）。甲板室端壁与侧壁下部设置高为 150～200mm 的围槛板，其板材与主船体材料相同，厚度应加厚 1～2mm（主要从腐蚀余量考虑，甲板室下部较易腐蚀）。在制造上，围槛板是划入上甲板分段的，这样可以提高结构的工艺性。

钢质轻型甲板室的内部横隔壁与纵隔壁可允许用压筋板结构，以减少加筋的焊接工作量，同时减轻重量。压筋板结构必须充分考虑其承载的稳定性。

目前，较普遍地采用铝质轻型甲板室，其优点：一是重量轻，可以降低船体重心；二是其弹性模量 E 较小，允许有较大的弹性变形。铝质轻型甲板室与上甲板的连接应采用过渡结构，根据连接方法的不同，过渡结构有所不同。当采用铆接连接时，上甲板上设置 150～200mm 高的围槛板，围槛板下端与上甲板焊接，上端与铝质围壁铆接，如图 8-3-4（a）所示。

铝与钢的焊接还无法在常压下进行，因此铝质上层建筑与钢质船体的焊接必须由钢-铝复合接头来实现。钢-铝复合接头目前主要由爆炸焊接复合而成，此外还有钢-钛-铝合金复合接头，钢-纯铝-铝合金复合接头等。钢-铝合金复合接头结合强度相对较差，工艺性不佳。

铝质上层建筑与上甲板的焊接可分为加围槛对称焊接，不加围槛直接焊接和加围槛外侧平齐焊接3种形式，如图8-3-4（b）所示。

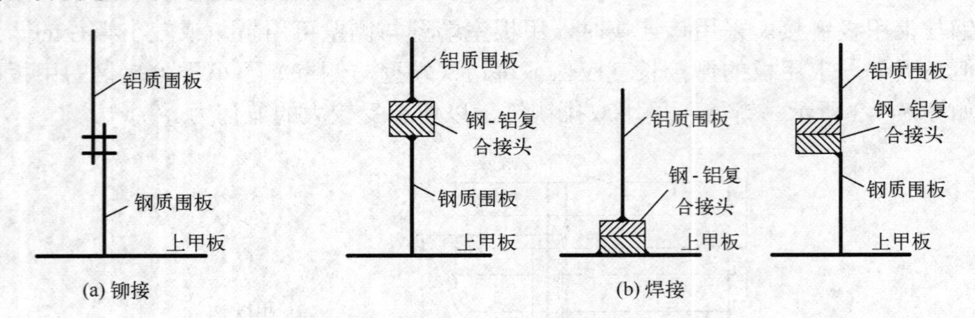

图 8-3-4　铝质上层建筑与上甲板的连接

轻型甲板室端部角隅处与上甲板的连接，也要考虑减小应力集中与约束强度，其结构形式与强力甲板室端部角隅与上甲板的连接基本一致。

在现代舰船中，甲板室无论长短都应设计为轻型，以减轻重量，降低船体重心，提高舰船稳性。为此，钢质长甲板室一般应设置伸缩接头，将其分成若干段长度小于0.15L或6倍甲板室高度的短甲板室，并使每段甲板室仅与两个船体刚性横向构件连接；而铝合金，尤其是复合材料甲板室则是未来发展的重要方向。

8.3.4　伸缩接头

将长甲板室分割为多个短甲板室，主要采用沿甲板室横剖面周长设置伸缩接头实现。伸缩接头具有可在较小外力作用下产生较大容许位移的功能。长甲板室设置伸缩接头后，在船体总纵弯曲时，甲板室的纵向变形将集中在伸缩接头处，而伸缩接头以外的各分段甲板室的纵向拉压变形很小。目前，舰用伸缩接头主要为弹性伸缩接头，设置伸缩接头必须遵守以下基本原则：

（1）长甲板室伸缩接头的间距应小于0.15L或甲板室的3～6倍高度，以保证分段后的短甲板室不参与总纵弯曲。

（2）伸缩接头宜设置在对穿横向通道内，以避免伸缩接头通过甲板室内部的纵舱壁，而且甲板室侧壁有门框，伸缩接头实际上只需在甲板室的顶部甲板板上一处设置即可，从而大大简化了结构形式和制造工艺上的难度。

（3）伸缩接头距强力甲板大开口角隅一般不宜小于甲板室的高度，以避免在主船体开口角隅处重复产生应力集中。

（4）甲板室两侧壁与甲板的伸缩接头应在同一平面内，不能错位，否则可能会引起结构上的破坏，起不到伸缩接头的作用。

（5）伸缩接头以单层设置为宜，当有充分依据，保证伸缩接头的可移动距离满足要求，结构连接无困难时，也可多层设置伸缩接头。

弹性伸缩接头是利用波形板（U形板）结构可以产生较大弹性变形的原理，来实现其分隔长甲板室的功能，使其相邻两段甲板室可以产生相对较大的位移而不会产生较大的应力。波形板弹性伸缩接头的结构如图 8-3-5 所示。其中波形板最大弹性变形的位移值 C（每边 $C/2$，如图 8-3-5 所示），即为相邻甲板室可允许的相对位移值。在波形板材料及板厚一定的情况下，波形板弹性变形位移 C 值将由波形板平直部分高度 h_1 确定（图 8-3-5）。

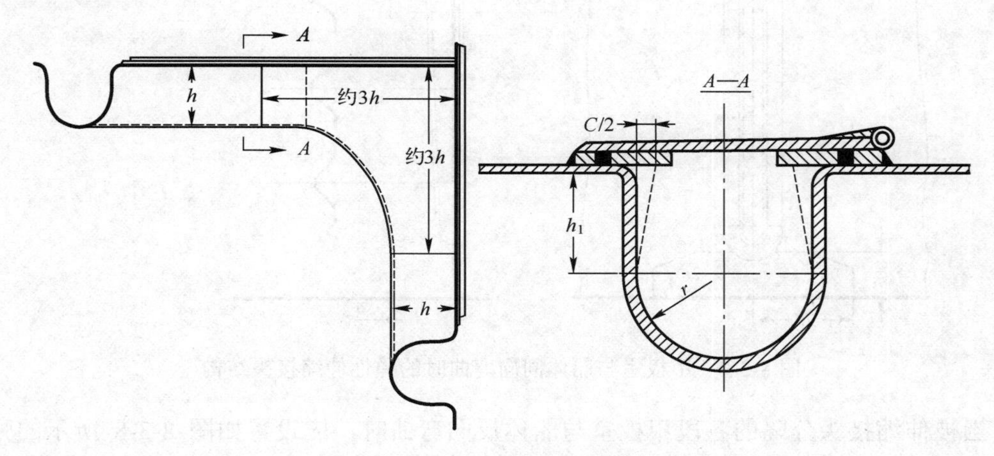

图 8-3-5　波形板弹性伸缩接头

根据甲板室与船体相对变形方式的不同，弹性伸缩接头的结构形式也有所不同。甲板室与船体相对变形有两种形式：当各段甲板室与船体刚性连接（每段甲板室下有 3 个刚性构件支撑）时，甲板室与船体为同向弯曲变形，如图 8-3-6（a）所示。当各段甲板室仅在端部与两个船体刚性横向构件相连时，甲板室与船体为反向弯曲，如图 8-3-6（b）所示。产生上述两种变形的原因是：主船体对上层建筑的强制变形是起偏心作用的，故作用在上层建筑下沿的水平剪力将使上层建筑向主船体弯曲相反的方向弯曲。当上甲板刚度很大，则通过连接作用迫使上层建筑与主船体一致弯曲变形，否则，上层建筑将可能产生反向弯曲变形。

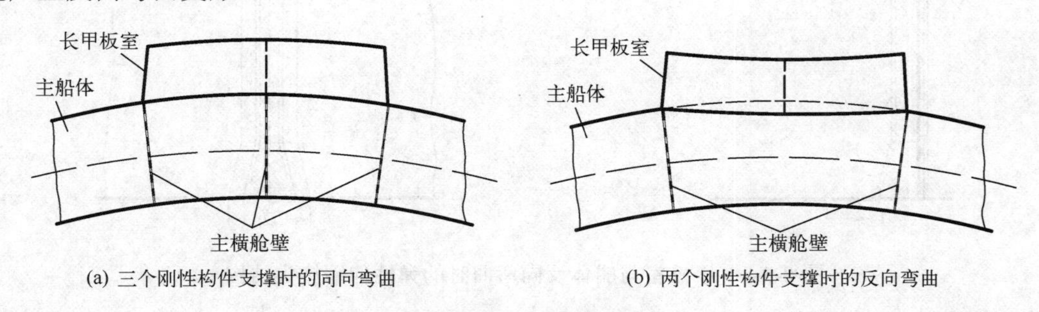

(a) 三个刚性构件支撑时的同向弯曲　　(b) 两个刚性构件支撑时的反向弯曲

图 8-3-6　甲板室与船体的相对变形方式

当被弹性伸缩接头分隔的各段甲板室与船体产生同向弯曲变形时，该弹性伸缩接头应采用如图 8-3-7 所示的变刚度（上面波形板的 h_1 值大，下面波形板的 h_1 值小）伸缩接头。

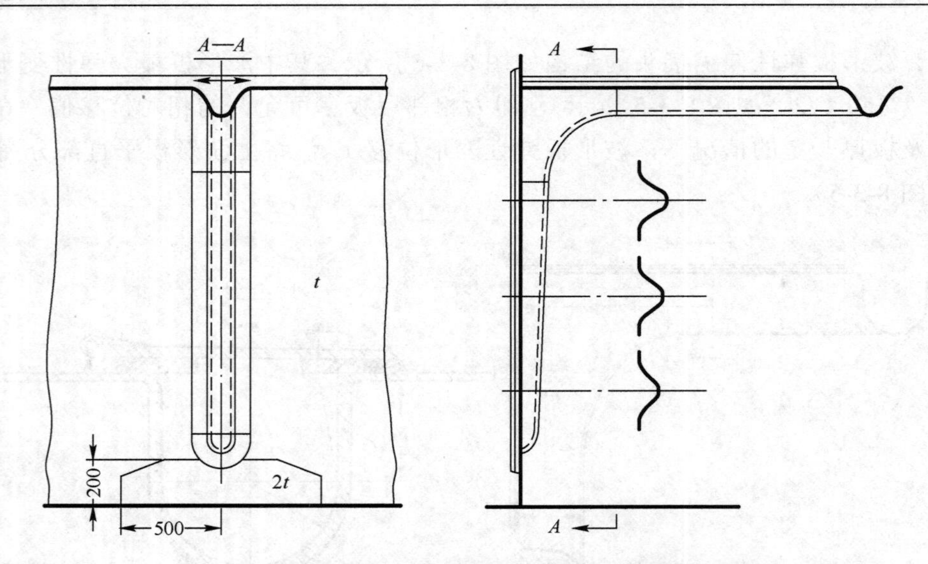

图 8-3-7　甲板室与船体同向弯曲时的弹性伸缩接头结构

当被伸缩接头分隔的各段甲板室与船体反向弯曲时，应设置如图 8-3-8 所示的弹性伸缩接头。其中伸缩接头下端（上甲板处）间距 D_1（甲板室侧壁上）是为放松该处上甲板的约束，减小该处上甲板的应力集中。D_1 值的大小由甲板室和船体变形状态确定，船体规范中给出了有关计算公式。

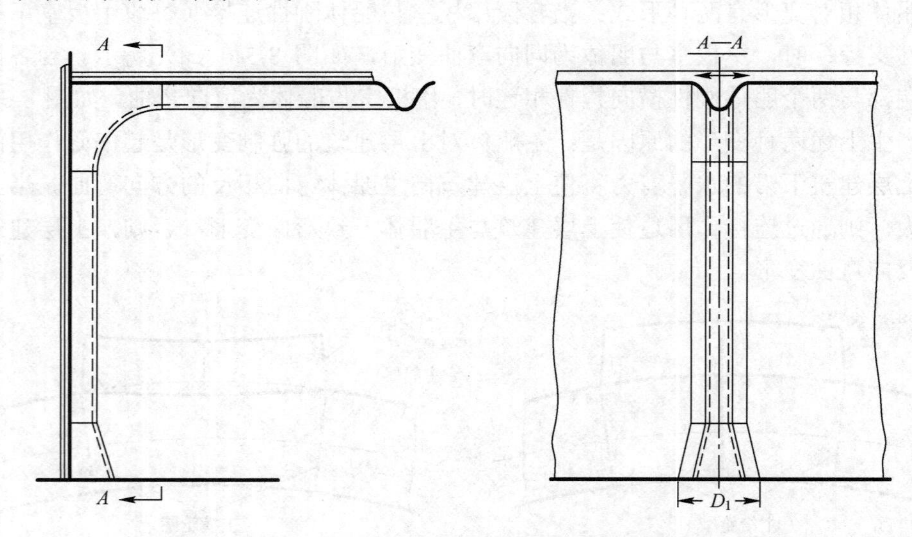

图 8-3-8　甲板室与船体反向弯曲时的弹性伸缩接头结构

思考题

（1）水面舰船的上层建筑存在船楼与甲板室两种典型的结构形式特点，试分析这两类结构形式在何种情形下将参与舰船总纵弯曲承载，此时其结构设计将有何要求？

（2）从雷达波隐身设计角度出发，水面舰船上层建筑结构设计时，应考虑哪些因素？从结构形式选择、结构材料选用以及结构设计角度来看，试谈谈未来舰船上层建筑结构设计的发展方向。

（3）长甲板室在什么情况下需采用伸缩接头连接方案？伸缩接头的布置应考虑哪些因素？

扫描查看本章三维模型

第9章 其他结构

舰船专用结构属于舰船结构范畴，它们是船体基本结构的自然延伸，同时也是完善船体结构设计，满足总体性能和人员安全性要求，以及船体结构与系统接口技术的主要体现。专用结构种类繁多，但从功能要求上讲，主要可分为如下3类：

（1）完善船体结构设计的专用结构。如船体结构的铸件和锻件，支柱，装甲防护结构。

（2）满足舰船总体性能和人员安全性要求的专用结构。如舭龙骨、尾轴架等附体结构，舷墙，护舷材，防浪板等。

（3）满足系统或装置工作接口要求的专用结构。如：开口及加强结构，基座及加强结构，舷外平台及起重支架结构，桁架式桅杆，通海阀围井，烟囱和机炉棚结构等。

航空母舰（简称航母）、两栖攻击舰等大型水面舰船是现代海战的主力舰种，主要以飞机、登陆艇及陆战装备为主要攻击武器，以夺取战区制空、制海或制岸权为目标。由于总体功能要求的变化，此类大型水面舰船必然会在结构特征上有别于常规水面舰船，从而形成具有鲜明特征的特殊结构形式，如岛式上层建筑结构、机库结构、装甲防护结构、坞舱结构等。

9.1 支柱

9.1.1 概述

船体结构中设置支柱的主要作用，是支持甲板纵桁、横梁，并将甲板上的载荷传递至船体底部结构或强力结构。

一般而言，从提高舰船稳性等角度考虑时，船体底部结构由于坚固性要求高，构件尺寸大，船体上层结构的尺寸则应尽量减小，以减轻上部结构重量，这样可提高舰船的稳性。但是，舰船上甲板以上的武器装备和设备，如主炮、桅杆、指挥仪等重量很大，这些设备或装置若只靠上层甲板单独承受，则甲板构件尺寸将大幅提高，这显然是不合适的。为了解决甲板构件尺寸小、局部承载需求高的矛盾，必须设置支柱。

设置支柱虽然可以减小甲板结构尺寸，减轻结构重量，提高舰船稳性，但是，舱室内部设置支柱总会妨碍设备布置、搬运、操作等。因此，在船体结构设计中要求尽可能减少支柱数量，由此，提出支柱布置的一般原则如下：

（1）各层甲板支柱在垂向应尽量保持连续，上下对准，布置在同一垂直线上，以避免因支柱错位而使骨架构件（甲板纵桁或横梁）承受到较大的集中载荷作用，尽量有效地将载荷传至船体底部或强力构件。

（2）除了较大荷重处的甲板下要设置支柱以外，当甲板纵桁和横梁跨度过大时，也可设置支柱，以减小甲板纵桁和横梁的跨距，减小其尺寸。但支柱布置不应过密，并尽量不妨碍舱室空间的利用及设备布置。

（3）支柱尽量设置在舱室隔壁（轻型舱壁）平面内，以免占据舱室空间。

（4）支柱上下端必须支撑在甲板纵桁或甲板横梁上，最好在其交点上。伸至底部的支柱应与底纵桁或肋板对准。

（5）油舱内禁止使用管形支柱，以防在修理（焊接、切割）时，管内残存的油气引起爆炸。

9.1.2 支柱的受力及构成

支柱是受轴向压缩力的压杆，主要是承受轴向压力。因此，在结构设计时，既要考虑抗压强度，也要考虑稳定性。从稳定性考虑，杆的最大承载能力与断面最小惯性半径成正比,因此用空心圆管最为合适。空心圆管的截面最小惯性半径远大于相同截面积的实心圆钢，而且其最小惯性半径在各个方向上是相等的。除了圆管之外，也有其他形状的支柱，如角钢、槽钢、工字钢等，也可将上述型材焊接，组成各向断面惯性矩更为接近的形状，如图 9-1-1 所示。

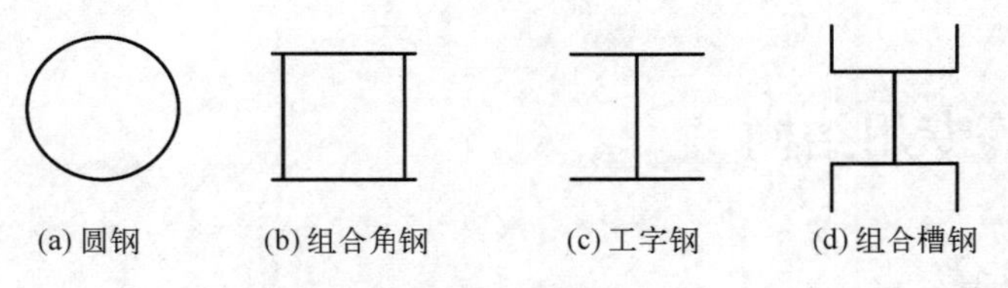

(a) 圆钢　(b) 组合角钢　(c) 工字钢　(d) 组合槽钢

图 9-1-1　支柱断面形状

支柱除了受压缩力以外，有的支柱也可能受到拉伸力和弯曲力矩的作用，如锚机下的支柱在锚力较大时，可能受到拉力作用；液舱中的支柱，在液体装满至上甲板注水管口时，可能受到拉力作用；支柱两边甲板纵桁（横梁）不对称弯曲变形时，支柱受到弯曲力矩的作用等。不同受力状态，支柱上、下端与骨架梁连接的要求是不同的。如果支柱仅受到压缩载荷作用，支柱上、下端连接点可不设肘板，而是在上端安装垫板与甲板纵桁或横梁面板连接，支柱再与垫板直接焊接，如图 9-1-2（a）所示。同样，支柱下端与船体底部肋板或底纵桁相连接时，也应该加一较厚的垫板，以分散集中载荷，同时加强内底板或骨架梁面板。另外，当支柱支撑在一根骨架上时，该骨架面板与腹板之间应设肘板加强，以便将支柱传给骨架面板的集中载荷有效地传递给整个结构，如图 9-1-2（b）的上图。

对于要受弯曲力矩和拉伸力作用的支柱，为了防止在弯曲力或拉伸力作用下支柱端部与垫板连接处产生开裂破坏，必须加肘板将支柱与骨架面板坚固连接，如图 9-1-2（b）所示。

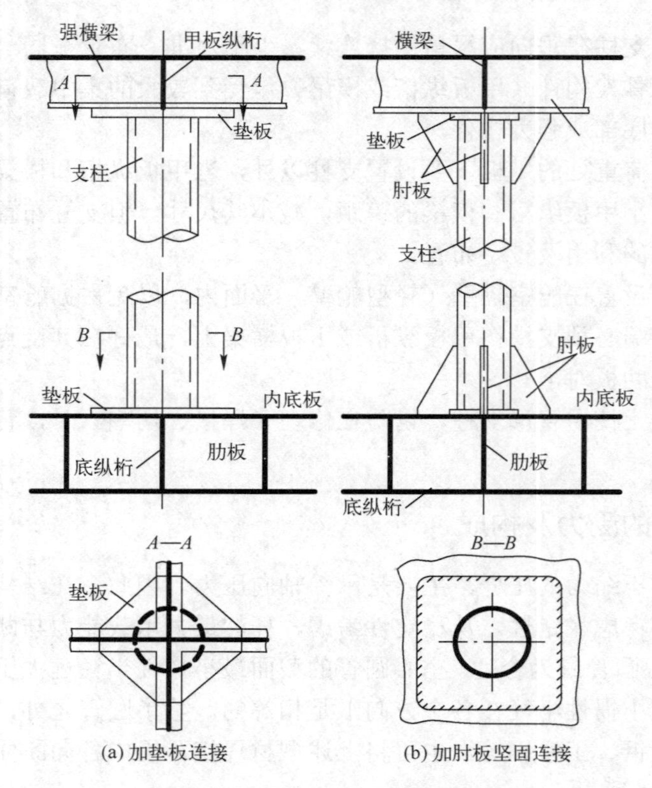

(a) 加垫板连接　(b) 加肘板坚固连接

图 9-1-2　支柱上、下端的固定

9.2　舭龙骨等专用结构

9.2.1　舭龙骨

在船体舭部列板外侧，沿舰长方向并垂直于舭板安装的纵向构件称为舭龙骨。舭龙骨的主要作用是减摇。舰船在波浪中航行时产生横向摇摆，安装舭龙骨可以有效地减小舰船的横摇，它是一种结构简单、应用最广的防摇、减摇装置。现在除了舭龙骨减摇装置以外，中型以上舰船上还采用减摇鳍防摇装置，并与舭龙骨联合使用。减摇鳍的防摇、减摇效果更佳，但设备复杂，占舱容，中小型舰艇较少采用。

为了充分发挥舭龙骨的减摇作用并避免损坏，舭龙骨通常布置在船体中部 30%～50%舰长范围的舭列板上，此处舰宽最大，舭龙骨距横摇中心的距离最远，力臂大，减摇效果好，而波浪冲击力相对较小，不易损坏。为了减小阻力，舭龙骨沿纵向布置位置应尽可能与船体舭部的流线相吻合。为了减小舭龙骨因碰撞等情况下受损的可能性，布置时要求舭龙骨不要超出船体的基线和舷垂线，其宽度一般为舰宽的 3%～5%。

舭龙骨主要受到舰船横摇运动时产生的水动力的作用，以及船体总纵弯曲时的纵向拉压力的作用，因此舭龙骨必须具备足够的强度和稳定性。考虑到舭龙骨破坏的可能性较大，舭龙骨剖面面积不计入船体梁，这样船体梁的强度计算偏于安全。为了避免因为舭龙骨损坏而引起主船体的破坏，舭龙骨与舭列板的连接采用中间过渡的不等强度连接，并保证舭龙骨因碰撞等破坏时，仅在过渡结构处断开，不会导致舭列板的破坏。

目前，舭龙骨的结构形式主要是两种，即单板舭龙骨和双层板空心舭龙骨（又称三角式舭龙骨），如图 9-2-1 所示。一般舭龙骨宽度小于等于 550mm 时宜采用单板舭龙骨，单板舭龙骨的自由边缘应加筋进行加强，多采用ϕ30mm×5～ϕ40mm×6 的钢管，也可采用半圆钢、扁钢等。舭龙骨宽度大于 550mm 时，宜采用双层板空心舭龙骨，其两腹板之间的夹角宜为 20°～25°，两腹板夹角的边缘用ϕ40mm×6～ϕ50mm×6 的钢管加强。两腹板之间应设置支撑肘板，肘板间距为 500～1000mm，肘板不得与外板相连接，而与腹板的连接可采用塞焊，即肘板边缘加扁钢或折弯边，腹板上开孔进行填塞焊接，如图 9-2-1 所示。

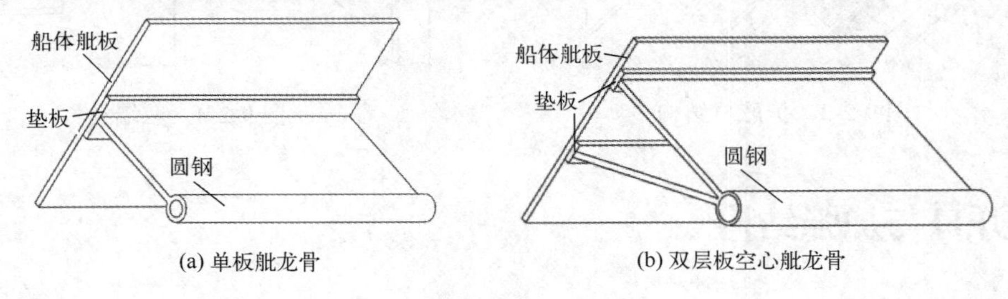

(a) 单板舭龙骨　(b) 双层板空心舭龙骨

图 9-2-1　舭龙骨的两种类型

无论单板舭龙骨或双层板空心舭龙骨，其腹板与船体舭板的连接必须采用扁钢过渡（图 9-2-1）。过渡扁钢的厚度与靠近船体的舭龙骨腹板厚度相等，扁钢宽度应不大于 10 倍厚度。舭龙骨腹板与扁钢之间的焊脚尺寸应小于板条与外板之间的焊脚尺寸。从而保证舭龙骨破坏时，首先在腹板与过渡扁钢之间产生断裂破坏，并保护船体外板的抗损性。舭龙骨的布置还应注意与外板边接缝错开。

舭龙骨纵向端部应在船体刚性构件附近结束，并且端部应在其 3～4 倍宽度的范围内逐渐减小舭龙骨的宽度，以减小结构突变引起应力集中，如图 9-2-2 所示。

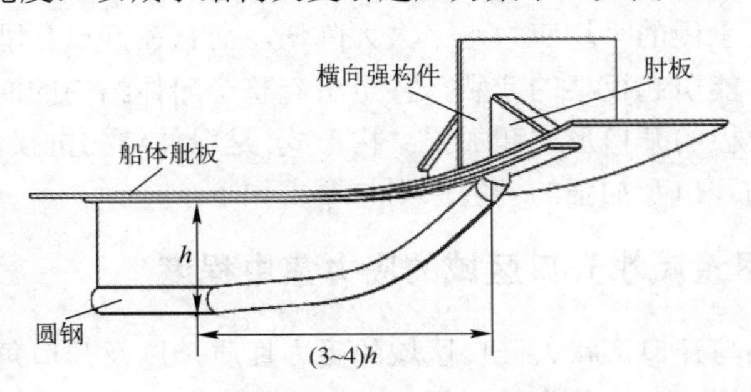

图 9-2-2　舭龙骨终止处结构

9.2.2　护舷材与舷墙

护舷材结构和舷墙结构等也是舰船出于人员和结构安全性考虑而设置的专用结构（图 9-2-3 和图 9-2-4）。舰船在水线以上一定高度设置护舷材，是为了防止舰船靠码头或靠近其他舰船时碰坏舷侧外板等。战斗舰艇不设置护舷材，靠码头时采用临时防撞措施。

战斗舰艇也不设置舷墙结构，因为舷墙结构虽然可减小波浪冲上甲板的可能性，以及保护人员行走的安全，但它影响舱面战斗活动（如火炮射界），又增加重量，因而舰艇上多用栏杆代替舷墙。但目前由于隐身性要求，舷墙在舰船上应用越来越多。

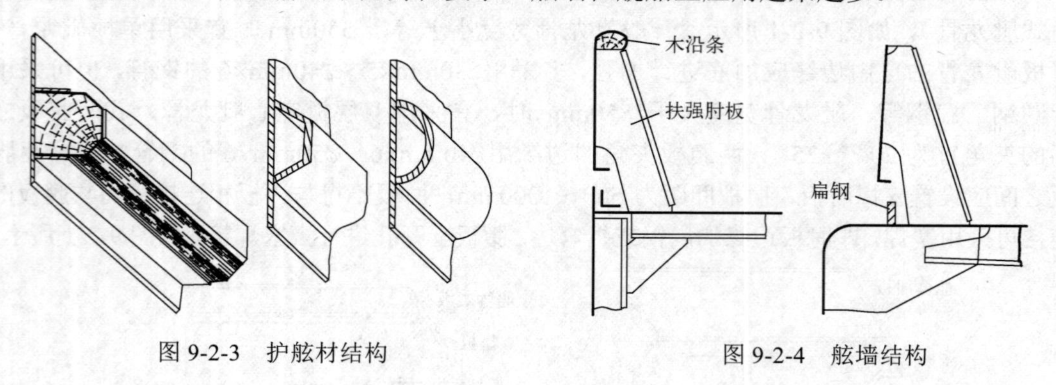

图 9-2-3　护舷材结构

图 9-2-4　舷墙结构

9.3　开口与加强结构

9.3.1　概述

为便于人员进出，装备、机械、弹药的装卸，以及运送物资及安装通风管道等，在外板及甲板板上开有大小不同、形状各异的孔口，如机舱口、舱道口、舷窗、人孔、梯道口、通风管口、海底门等。开口不仅会破坏船体板和骨架构件的整体性，降低其承载能力，有的还会切断骨架构件；而当需进行区域性大开口或大开口群时（如机舱口或垂直发射口），将导致多根骨架构件和大面积的船体板截除，这将在很大程度上破坏船体结构的连续性，并使船体梁的剖面面积减小，从而使船体总纵强度减弱。此外，船体结构连续性的破坏也将不可避免地产生不同程度的应力集中现象，即在一定条件下，开口不仅会使开口区结构能承受的平均应力水平大大降低，而且在开口角隅区极易产生裂纹，局部裂纹逐渐扩展可能引起板架的断裂，甚至引起整个船体结构的断裂而沉没。因此，正确设计外板及甲板板的开口形式和加强结构形式，是船体结构抗损性设计的重要内容。由此，给出船体结构开口及加强的一般原则与要求如下：

1. 开口时应尽量减小开口区域的应力集中程度

应力集中的大小与开口形状、开口区域的受力性质，以及开口角隅半径 R 有关系。一般中间开有圆孔的板，在拉伸力的作用下，其开孔区断面的最大应力在垂直于受力方向剖面上的孔口边缘，最大应力与平均应力的比值为 $\sigma_{\max}/\bar{\sigma}=3$，即圆孔的应力集中系数为 3。应力集中系数表征应力集中程度，该值越大，应力集中越严重，如图 9-3-1 所示，而裂纹及尖角处的应力集中系数趋于无穷大。因此，开口形状对应力集中影响很大，一般开口边缘（垂直于受力方向剖面上）的曲率大小是确定应力集中大小的关键。对于方孔或矩形孔，如果角隅处不用圆弧过渡，其剖面有急剧突变，角隅的曲率无穷大，应力集中系数也趋于无穷大；如果用圆弧光滑过渡，且 $R/b>2$ 时（R 为过渡圆弧曲率半径，b

为垂直于受力方向开口的宽度），应力集中系数很快降至 1.2。通常开圆孔、长轴平行于受力方向的椭圆孔和角隅有较大圆弧（$R/b>0.1$）过渡的方孔和矩形孔，如图 9-3-2 所示。

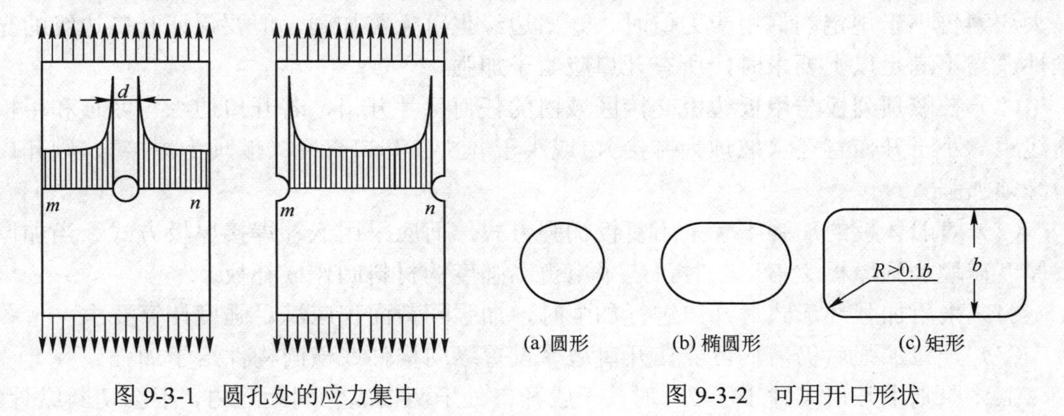

图 9-3-1　圆孔处的应力集中　　　　图 9-3-2　可用开口形状

2．应对开口区域进行加强，以降低开口区域的平均应力和变形

开口处的应力集中必然导致开口区域结构的平均应力水平高于影响区以外的结构应力水平，当平均应力过高时，开口处的平均应力可能超过材料屈服极限而产生局部塑性变形，这也是开口角隅处开裂以及裂纹扩展的直接原因。降低开口处的应力水平和变形量的有效办法是对开口区域进行加强。开口影响区加强的方法有两种：一是在开孔应力集中区域加一块嵌入的厚板；二是开孔周围加一个加强环。

3．应保证开孔处结构的施工工艺质量

开孔处结构工艺质量是结构抗损性的重要内容，开口处的任何缺陷、不光顺、划痕及其他损伤，都可能影响结构的抗损性，使结构的开裂或裂纹扩展。

9.3.2　船体板的开孔及加强

1．开孔原则

（1）尽量减少开孔，在平板龙骨、舷顶列板及甲板边板上一般不允许开孔，水线以下外板应少开孔口，以尽量保持甲板板、外板的连续性、抗损性。

（2）必须开孔时，应开圆孔、椭圆孔和角隅有圆弧光滑过渡的方孔或矩形孔，矩形孔圆角的半径不应小于孔宽的 1/10。若开椭圆孔或矩形孔，为了不过多切断船体梁的纵向连续构件，避免削弱船体纵强度，更好地适应船体总纵弯曲时的拉压应力状态，椭圆孔和矩形孔的长轴应沿船体纵向布置。

（3）开孔应给予加强，并符合开孔的加强原则及加强结构形式要求。

（4）应保证开孔结构的工艺质量。

2．开孔加强原则

对外板与强力甲板板上开孔影响区的加强应符合以下原则：

（1）当圆形开口直径或方形开口宽度不超过 20 倍开口区板厚 t 时，开口边缘一般不要求加强；开口直径或宽度大于 $20t$，经过准确的应力计算，并考虑了应力集中以后，最大应力仍小于规定的许用应力值时，开口边缘也可无需加强，但要保证开口边缘的光顺性。当不满足以上要求时，所有开口应给予加强。

（2）在舷顶列板与甲板边板交接区域内的任何尺寸开口，若开口边缘与舷顶和甲板交线距离小于开口直径（舷顶为铆接），或小于 1.5 倍开口直径（舷顶为焊接），则开口边缘须加强。

（3）对船体板的加强不宜采用复板加强方式，而应采用嵌补焊接厚板方式。当加厚板厚度需增加到原板 2 倍以上时，应采用更高强度的材料制作嵌补板。

（4）采用加强环形式对开口进行加强时，加强环截面积应满足强度计算要求。

（5）开口加强后仍需尽可能在开口边缘设置纵向构件或横向构件给予加强。

上述原则中开口尺寸小于 $20t$ 时，一般开口处于两根纵骨间距之内，不会切断纵骨，对船体结构连续性破坏较小，加上两边有纵骨加强，因而可以不做专门加强。此外，从结构抗损性考虑，若采用复板方式加强，两块板受力不均匀，容易造成一块板受力过大先产生开裂破坏；而当嵌补加强厚板的厚度大于船体板厚度 2 倍时，在加强板与船体板之间又易造成结构上的突变点，即使采用削斜面连接，仍会产生较大的应力集中。

3. 开口加强结构形式

船体外板和甲板开口的加强采取何种结构形式，主要取决于开口区域的应力状态和开口尺寸的大小，由此带来了加强结构的 3 种典型形式。

1）整体加强式

不同的开口尺寸，采用不同的加强结构形式，主要考虑因素是简化结构工艺性和降低结构重量。当开口较小时，加强板尺寸小，重量增加不多，可采用整体式加强结构形式，如图 9-3-3（a）所示。

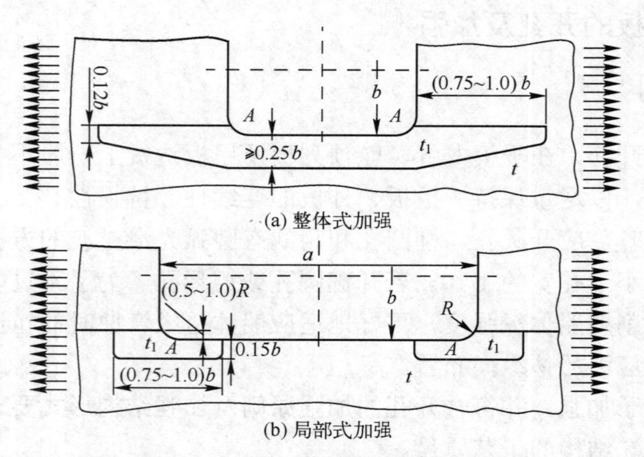

图 9-3-3 应力集中处加强结构示意图

2）局部加强式

当开口尺寸较大（主要指孔长 a）时，采用整体式加强则重量过大，工艺上也无益处，因此，通常只在应力集中较大部位局部加强（图 9-3-3（b）），这样既满足强度和结构抗损性要求，又减轻了重量。

此外，对开口进行结构加强时还应考虑开口处的应力状态。它主要存在拉压应力作用、拉压剪应力联合作用以及纯剪应力作用 3 种状态。不同的应力状态，开口边缘出现最大应力存在的部位是不同的，因而局部加强结构形式的布置应重点加以考虑。

拉压应力状态下，开口边缘最大应力出现在切线方向与应力方向相同的边缘切点处，因此在该应力状态下，只需对平行于应力方向一边的最大应力点进行加强，而垂直于应力方向开口一边不需要加强（图 9-3-3 和图 9-3-4（a）），且加强板覆盖圆孔中心角约为 60° 的区段开口边缘，如图 9-3-3 和图 9-3-4（a）所示。

在拉压应力和剪切应力联合作用下，开口最大应力可能出现的范围较宽，纯剪时最大正应力在 45° 方向，所以拉压与剪切联合作用的最大应力，可能出现在切线方向与拉压应力方向相同的开口边缘切点左右各 45° 范围内。因此，该应力状态及剪切应力状态的加强范围比拉压应力状态的加强范围要大。圆孔的加强范围大于中心角 120° 对应的开口边缘，如图 9-3-4（b）所示。另外，加强板应削斜面与原板对接，其削斜面尺寸应符合不同厚板板对接的要求。

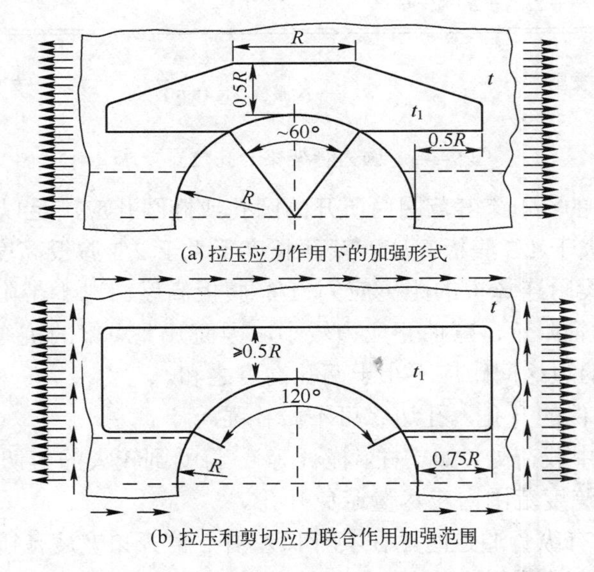

图 9-3-4　不同应力状态下的加强结构形式

9.3.3　强力骨架的开孔与补强

强力骨架是指横梁、肋骨、纵桁、竖桁、水平桁、底纵桁以及肋板等所有的大型骨材。工程中常常将甲板、舷侧以及舱壁上的大型骨材称为强力骨架梁，而将底部的底纵桁和肋板称为底部强力骨架。一般情况下，强力骨架梁应尽量避免开孔，以保证其坚固性，然而，电缆孔、管路孔和通风管道孔等却是无法回避的；而底部强力骨架除了有水密要求以外，大多都要开减轻孔和人孔。

在构件受力区域内的每个开孔都会产生应力集中，因此强力骨架腹板上开的孔，必须合理选择孔口位置，避开构件的高应力区，减小应力集中。如果开孔削弱了强力骨架的强度，必须给予适当的补强。

1. 强力骨架梁上的开孔与补强

1）开孔要求

强力骨架梁上开孔时，应遵循以下原则性要求：

（1）强力骨架梁腹板上的开口形状应选用圆孔或椭圆孔，且椭圆孔的长轴方向应在构件的长度方向。

（2）离支座距离为 1/8 梁的跨度范围内不宜开孔，以避开支座端部的高应力区。必须开孔时，只允许开直径不大于 1/8 腹板高的圆形孔，且孔的中心距梁的附连翼板的距离应为 1/3 腹板高度，如图 9-3-5 所示。

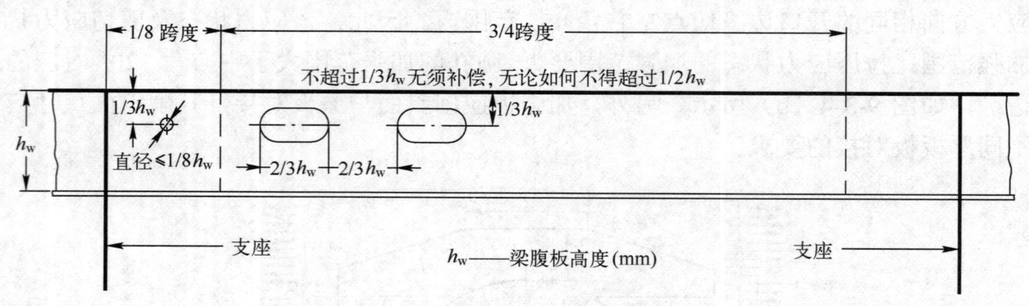

图 9-3-5　强力骨架梁开孔位置要求

（3）梁跨度中间的 3/4 跨度范围内所开的圆孔或椭圆孔应满足以下条件：

① 开孔高度不大于 1/3 腹板高度，开孔长度不大于 2/3 腹板高度。

② 开孔中心距梁附连翼板的距离应为 1/3 腹板高度。对于带附连翼板的骨架梁来说，该处在梁的中性轴附近，弯曲正应力较小，因而开孔对梁的抗弯强度的影响较小。

③ 开孔与开孔的边缘间距应不小于两孔高度之和。

满足上述 3 个条件的开孔，孔边缘可不做补强。

（4）在巨大的集中载荷处（如支柱、桅杆等），将受到较大的剪切应力，因而在支柱、桅杆附近，梁的 1/8 跨度范围内应尽量避免开孔。

（5）当梁腹板上有纵骨通过时，在其开口左右 2 倍开口宽度范围内不允许开孔，如图 9-3-6 所示。球扁钢通过骨架梁腹板的开孔高度应不大于 1/2 腹板高度。

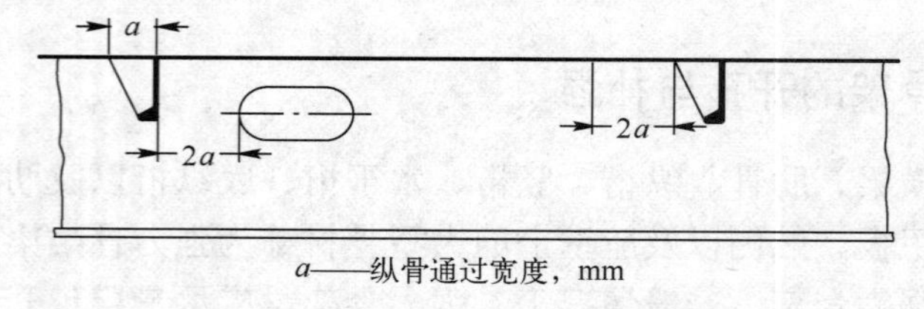

图 9-3-6　开孔与纵骨开口的位置关系

2）开孔补强

凡不符合上述强力骨架梁开孔要求的任何开孔，必须给予补强。开孔补强有两种方式：一是在开孔周围加贴一块复板，如图 9-3-7 所示；二是在开孔周围加一个用扁钢制成的加强环。圆孔也可用圆管加强。

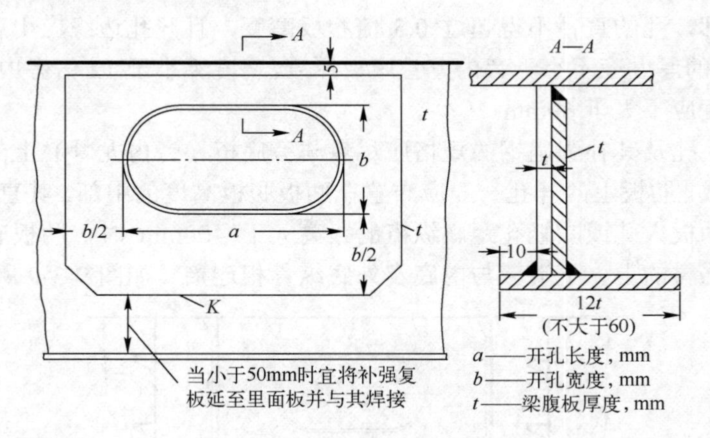

图 9-3-7　强力骨架梁上的开孔补强

开孔周围安装加强环可提高开孔处的局部抗弯强度。当开孔长度超过一定数值，孔的上、下剩余部分可能产生局部“二次弯曲”，此时用加强环加强梁上开孔处的剩余部分，能有效地解决“二次弯曲”。

采用贴复板对开孔周围进行加强，可有效地补偿开孔处腹板抗剪切强度的不足，特别是剪切应力较高区域开孔，应采用加贴复板的方式予以加强。开孔位于高剪应力区且开孔较长时，应同时采用贴板加强和加强环加强。

为了能实现有效的加强，保证强力骨架梁的强度，开孔高度最大不应超过腹板高度的 50%，开孔长度最大不应超过腹板高度，而且必须保证开孔在梁的中和轴附近（孔中心距梁附连翼板为 1/3 腹板高度）。当不能满足上述极限要求时，应采取局部增大腹板高度等特殊补强措施，如图 9-3-8 所示。

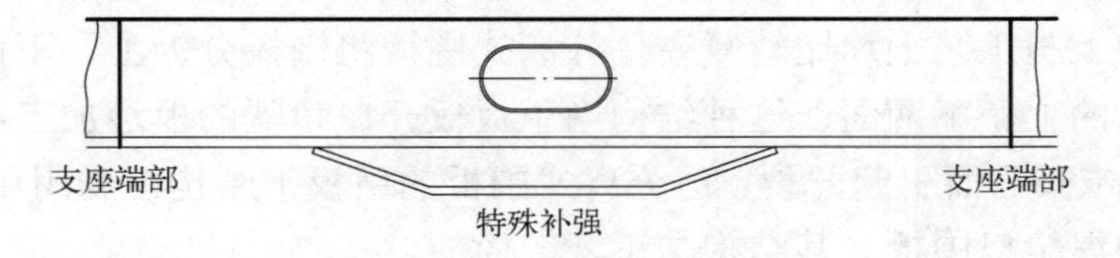

图 9-3-8　超大开孔的特殊补强结构

2. 底部强力骨架的开孔与加强

底部纵桁和肋板通常要开减轻孔、人孔和通过管路的孔。一般底部纵桁和肋板的尺寸较大，其腹板高度远大于强力骨架梁的高度。因此，底部纵桁和肋板的腹板除了强度问题以外，还要考虑腹板的稳定性。由于底部纵桁和肋板的腹板高度较大，在其中和轴附近开人孔或减轻孔，对其抗弯强度削弱较小，而开口边缘用扁钢加强环，除补足抗弯强度，还大大提高了底部纵桁和肋板腹板的稳定性，因而不需外加加强筋来提高腹板的稳定性。

中底桁腹板上一般不开人孔和减轻孔，因通过管路必须开孔时，孔应布置在腹板高度的中部，其直径应不大于 0.25 倍腹板高度，且开孔边缘应相应补强。

旁底桁（旁内龙骨）腹板上可开人孔或减轻孔，其形状应为圆孔或椭圆孔，位置在腹板高度的中部，孔的直径不得超过 0.5 倍腹板高度，且开孔边缘应用扁钢加强环镶边加强。镶边扁钢的厚度应不小于旁内龙骨腹板厚度，宽度不小于 12 倍旁内龙骨腹板厚度，但镶边扁钢宽度应不大于 60mm。

肋板上的人孔及其补强扁钢的规格应尽量与旁底桁（旁内龙骨）上的人孔及其补强扁钢的规格一致。肋板上的开孔一般应布置在肋板腹板高度的中部，其直径不得超过 0.5 倍腹板高度。肋板人孔或减轻孔距底纵桁的距离大于 400mm 时，肋板应加设竖向扶强材加强。该扶强材的上、下端应与内底及外底纵骨相连接，如图 9-3-9 所示。

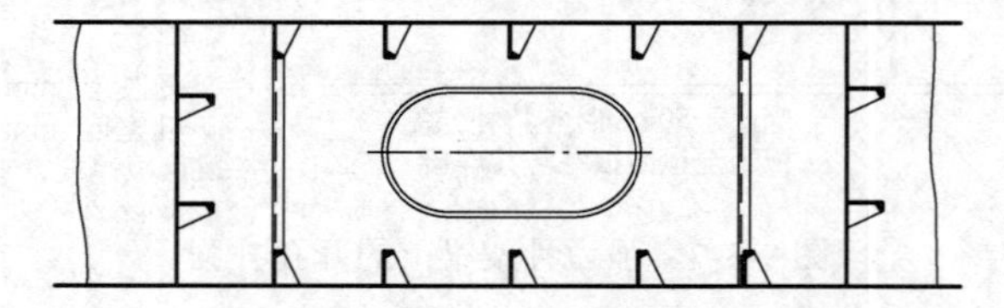

图 9-3-9　肋板开孔与补强

当肋板上开设具有下列条件的圆孔时，可不进行补强：①开孔处在肋板高度中部，且孔径不大于 20%肋板高度；②开孔虽不在肋板高度中部，但孔径不大于 10%肋板高度。

9.3.4　甲板舱口结构

由于舱口结构设计不合理而导致船体发生裂纹或断裂的事故实例屡见不鲜。甲板舱口开口相对较大，其角隅的结构设计必须给予足够的重视。根据理论和实验研究结果可知，甲板舱口角隅处除了注意板的开口与加强原则以外，还必须进行构件加强设计，主要有：

（1）舱口围板加强。舱口围板的结构形式分为整体式围板和分离式围板两种，如图 9-3-10 所示。整体式围板的结构抗损性好，基本上消除了舱口角隅产生裂纹与开裂的可能，但在结构上与工艺上均比较复杂。分离式围板将围板分为上、下两部分，分别焊于甲板开口边缘的上、下两面，这种结构当甲板板开口角隅的板边加工不够光顺时，则容易出现结构“缺口”而引起开裂。但分离式围板的甲板下结构可利用甲板纵、横骨架，只需在甲板上加焊舱口围板，其结构与工艺较简便。

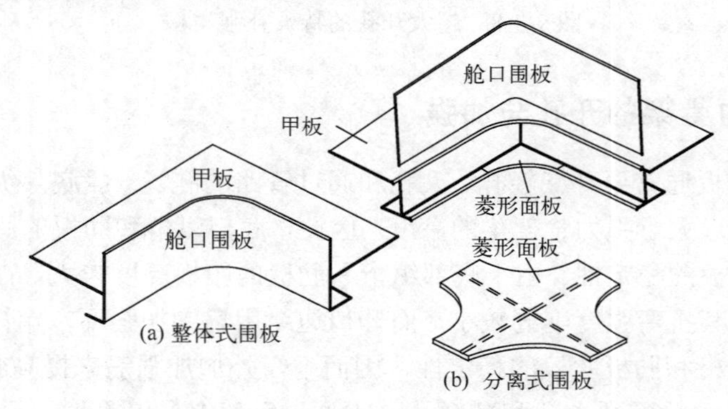

图 9-3-10　舱口围板结构

上述两种结构在舰船上均有采用。

（2）尽量利用甲板纵桁与横梁作为舱口的加强结构。利用甲板纵桁和横梁作为舱口加强结构可以简化舱口围板结构，因此在布置甲板纵桁与横梁时，应考虑到舱口的长度与宽度尺寸。甲板纵桁与横梁在舱口角隅处必须有效连接，并采用整体式菱形面板，如图 9-3-11 所示。

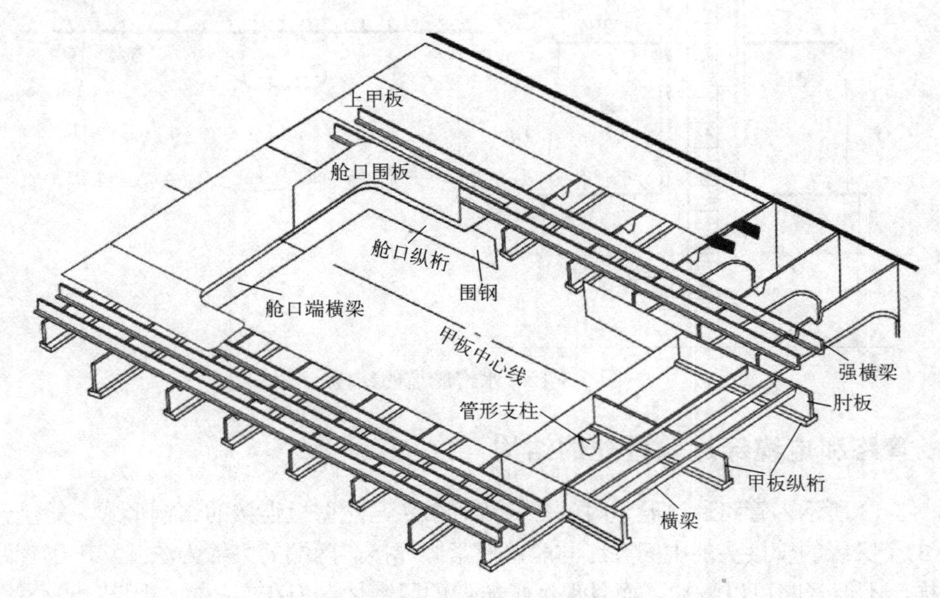

图 9-3-11　舱口甲板纵桁与横梁的布置与连接

9.3.5　保证舱壁紧密性的措施

舱壁的紧密性通过舱壁板之间的紧固焊接（对接焊）得以实现。但为了让电缆、管路和推进器轴等通过舱壁，必须在舱壁上开孔。为此，对开口部位要采取水密措施，如水密填料函等，以保证舱壁的紧密性。另外，由于舱壁上不许开人孔和设水密门，为了出入舱室而采取加设水密舱道等。

1. 水密舱道

设置水密通道可使水线以下舱室直接通到上甲板，如图 9-3-12 所示。方法是：在上甲板通道顶端的出入口装设水密舱口盖，舱口盖往下是用钢板做成的、直通到水线以下舱室的通道围壁，围壁上安置扶强材，增加其强度，避免舱室进水后，舱道围板被压坏而影响到危急情况下的正常使用。舱道围壁上还设有供人上下的扶梯。一般均尽量利用舱室的舱壁来组成舱道的一边或两边（有纵舱壁时），这样可节约材料、减轻重量。为了出入迅速方便，重要舱室应设两个舱道，并布置在舱室两侧、两端或对角。

单甲板的小型舰艇，或下甲板间断处的机舱，是在上甲板上开设舱口，供人员出入。舱口应设置保证紧密的水密舱口盖。

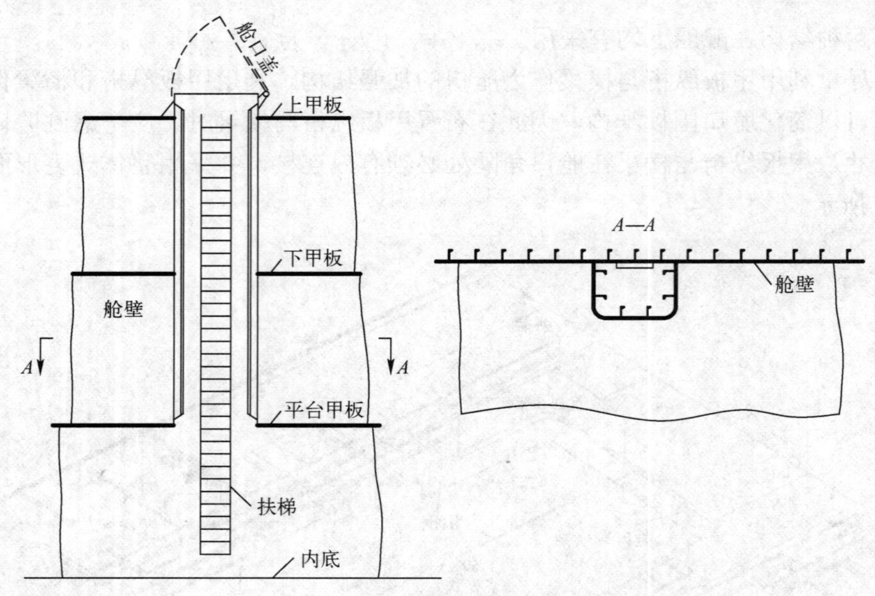

图 9-3-12　水密舱道的结构

2. 管路和电缆穿过舱壁处的结构

图 9-3-13 所示为管路通过舱壁时的三突缘管节头与舱壁板连接的结构形式。舱壁开孔后将具有 3 个突缘的管接头的中间突缘与舱壁板紧固焊接，两端的突缘为法兰，用于管路的连接。这样，不但管路可以畅通，而且保证了舱壁的紧密性。但在实战中，因某一舱室严重破损时，舱室内管路因受冲击破裂，且使相邻舱室管路被破坏（开裂、法兰松动）而漏水的现象发生较多。因此，为了真正提高舰船的抗沉性，管路系统最好从水线以上通过横舱壁。

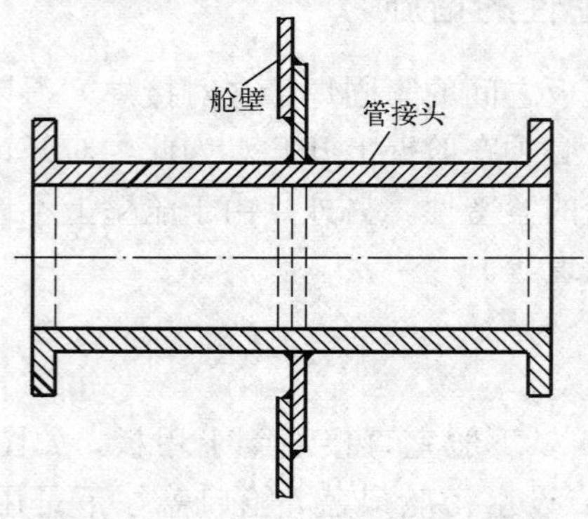

图 9-3-13　管路通过舱壁的结构

图 9-3-14 和图 9-3-15 分别为电缆和尾轴通过舱壁的结构形式。为了减少舱壁上开孔的数量，通常把电缆集中穿过舱壁。舱壁开孔后，先安装一个可充填填料的填料盒，填料盒与舱壁焊接，电缆从填料盒中间通过，然后填料盒内压入沥青、橡胶等填料，并通过压紧盖压紧，从而保证紧密。尾轴通过舱壁时，保证舱壁紧密性的措施是在轴通过处专门安装水密填料函。舱壁开孔后，装上一个水密填料函座与舱壁焊接或螺钉连接，填料函一端为与轴系配合较好的圆筒，另一端有填料槽和压盖，压盖与填料函座用螺栓连

接，当填料函槽内装上填料（油麻丝）后，旋紧螺栓，压盖压紧填料，从而既保持了舱壁的水密性，轴又可以转动。

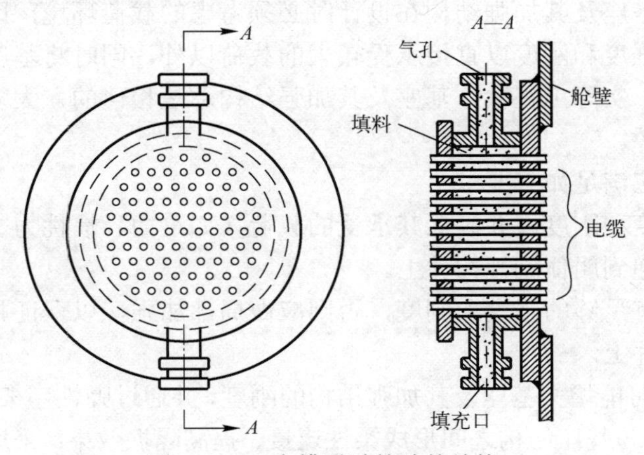

图 9-3-14　电缆通过舱壁的结构

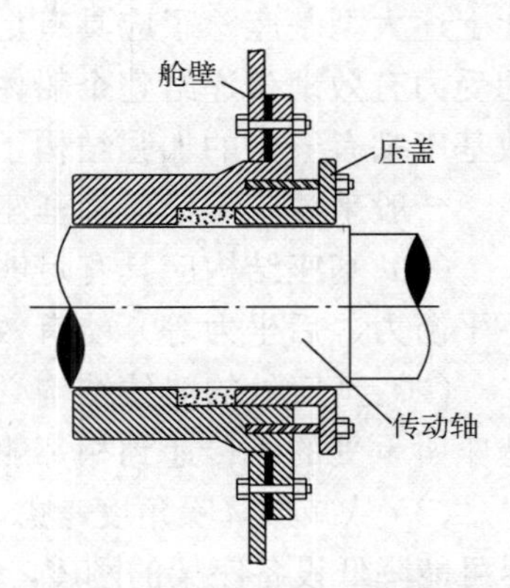

图 9-3-15　尾轴通过舱壁的结构

9.4　基座及其加强结构

9.4.1　概述

1. 基座的作用及分类

船体结构是舰船的基础，是各种武器装备和机械设备的装载平台。为了安装和固定较大尺度的武器装备和机械设备，船体上必须设置专门结构完成装配。从便于安装和固定考虑，一般各种武备及设备自身会带有底座，船体只需设置与设备底座相配合的结构即可。这种与武器装备或设备底座相配合的船体专门结构称为基座，它是舰船基本结构的延伸，也是船体结构与设备的主要接口。

根据装置或设备的工作载荷特点，舰船上的基座主要可分为两大类：武器装备基座和机械设备基座。武器装备下的基座有舰炮基座、导弹发射架基座、鱼雷发射架基座等。还有指挥仪、相控阵雷达等装备，此类设备自身重量较大，而所处的上层建筑结构相对较弱，因而应设置基座及其加强结构。机械设备基座基本涵盖了舰船上的所有机械动力装置，主要包括主机基座、推力轴承基座、主锅炉基座、辅机基座、轴承架等。

武器装备基座一般具有较为相似的结构特征，即基座面板大多为圆环形，并与武器圆环形的底座相接，这主要是由武器装备的回转功能所确定的。而机械设备的底座大多为阵列式布置，机械设备基座面板大多也是左右两排，与机械设备底座相配合。

2. 基座功能与设计要求

基座及其加强结构的设计属于装备或设备上艇的接口技术范畴，关键点在于协调装置与船体的相互关系，它既应确保设备的正常安装、固定与使用，也要保证船体结构的安全性，此外，它也是控制机械振动向船体结构传递的重要节点。大型基座（如大口径舰炮基座、主机基座、辅机基座等）上安装的装备均具有较大的自重；当船体摇摆时会产生较大的惯性力；武器装备，尤其是舰炮发射时产生的后坐力；推进系统基座承受的螺旋桨的巨大推力及扭矩等，都是基座及其加强结构在设计时必须考虑的载荷环境，因此上述大型基座除了应具有足够的强度和刚度以直接承受较大的载荷以外，同时将基座的受力有效地传递给整个船体结构。实际工程中，基座及其加强结构总是相伴的，大多数基座都有一定的加强结构予以支撑。

一般来说，无论何种基座，都应满足如下要求：

（1）基座结构应具有足够的强度和刚度，并确保其承受的载荷（如重力、惯性力、不平衡力、后坐力等）能有效地传递到船体刚性构件上。

（2）基座处的船体结构必须具有足够的强度和刚度，否则应做局部加强，以保证将基座所承受的力传递到相邻船体构件上。

（3）从减振降噪角度考虑，应尽可能增大基座及其加强结构的刚度，并通过弹性座架，尽可能降低设备座架的刚度，使设备与基座结构之间形成柔性连接，提高隔振效果；采用弹性减振器时，要控制减振器的位移，保证在减振器极限位移下不影响设备正常工作。

（4）基座面板宽度应不小于设备底座基脚的宽度，或者减振器（弹性座架）的宽度，并不小于 4 倍固定螺栓直径，基座面板螺栓孔中心至面板自由边的距离应不小于 2 倍螺栓孔直径。螺栓孔中心至腹板的距离，一般应不小于 1.5 倍螺栓直径。

（5）应根据武器装备和机械设备的高度来确定基座腹板高度。对有严格安装精度要求（水平精度、高度及对中精度等）的设备，基座必须精加工或加垫片，以保证设备安装精度的要求。

传统武器装备和机械设备的安装，都是将其底座直接与设置在船体上的基座相连接，可称为刚性连接。然而，新的舰船设计思想对某些武器装备和机械设备的安装提出了新的要求和方式，如低噪声设计要求主机与基座采用减振、隔振连接；船体模块化设计则要求将武器装备基座与加强结构划入模块之中，船体上只考虑如何安装整个模块，如何设置武器系统整个模块的基座与加强结构即可。

9.4.2 舰炮基座及其加强结构

水面舰艇的武器装备主要有舰炮、导弹、鱼雷、深水炸弹、水雷及指挥仪等。不同的武器装备其基座及其加强结构具有不同要求，但其结构形式归结起来，也就是几种形式。由于舰炮发射时的后坐力最大，且射击精度受船体平台支撑刚度的影响程度最高，舰炮基座及其加强结构是各类武器装备中对船体结构接口技术要求体现最为充分的。因此，本书重点介绍舰炮基座及其加强结构的主要特点。

1. 舰炮种类

舰炮分类方法较多，按口径可分为大口径炮（130mm 以上）、中口径炮（57～130mm）以及小口径炮（20～57mm）；按自动化程度可分为半自动炮和全自动炮；按甲板以上炮塔的封闭程度又可分为甲板炮和炮塔炮；按舰炮底座与可回转部分炮体之间的约束程度可分为无间隙炮和有间隙炮。

在以上分类中，对船体基座结构形式影响最大的是甲板炮和炮塔炮的分类方式以及舰炮的自动化程度。甲板炮一般为半自动炮，舰炮的装弹由人工在甲板上完成，舰炮底座与可回转炮体之间一般采用无间隙连接，舰炮底座与基座法兰连接，图 9-4-1 所示为甲板炮典型基座结构。

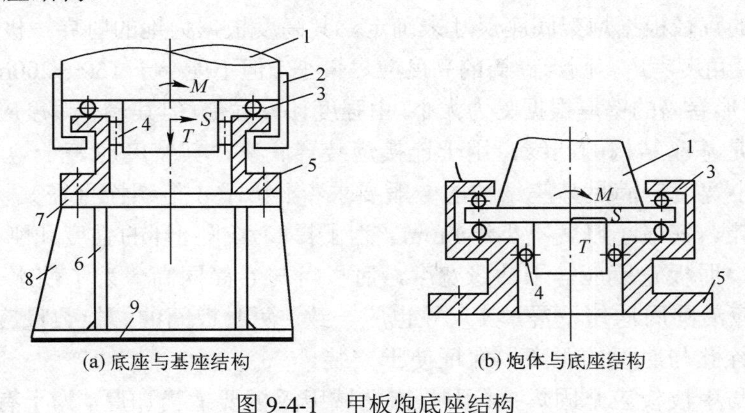

图 9-4-1　甲板炮底座结构

1—炮体；2—挡板；3—滚珠；4—向心轴承；5—舰炮底座；6—基座腹板；7—基座面板；8—基座肘板；9—甲板板。

炮塔炮一般为全封闭式自动炮，人员操作及动力机械传输弹药都在甲板以下的战斗间和转运间内完成，图 9-4-2 所示为炮塔炮的典型布置形式，图中虚线部分为炮身结构，为便于炮身部分（主要是指战斗间与转运间）的自由转动，炮身与底座间存在间隙。由于现代战争更加强调武器系统的可靠性，以及人员和装备的安全性，加上现代舰炮的自动化程度越来越高，因此目前舰炮主要采用炮塔炮，即无论舰炮口径大小，均采用全封闭式炮塔防护装置。目前，炮塔多采用曲面（半球形）或倾斜多棱面外形，这样在起到装甲防护作用的同时，又能起到雷达波隐身的作用。

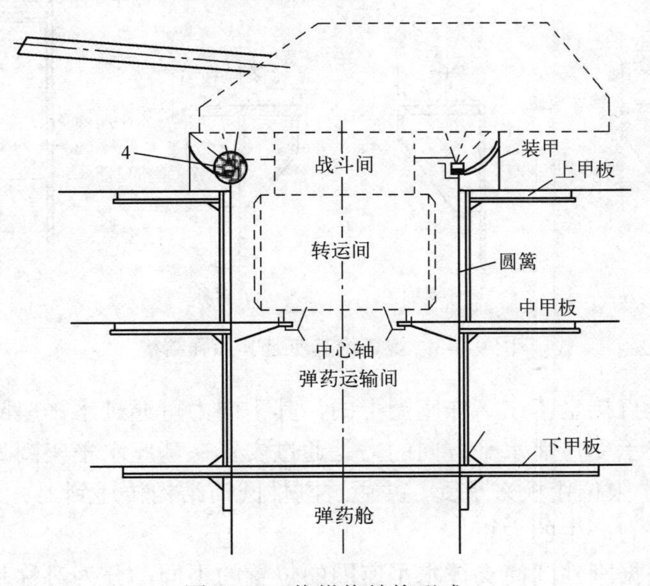

图 9-4-2　炮塔炮结构形式

2. 舰炮基座结构

1）甲板炮基座结构

甲板炮基座由带肘板的圆形卷筒和卷筒上的基座面板（水平凸缘）组成，如图 9-4-1 所示。圆形卷筒的直径根据炮架底座尺寸来确定，其高度根据火炮的射界、极限俯仰角等条件确定。从强度角度考虑，圆形卷筒的高度应尽量小，但不能小于 150～200mm，以便于安装固定螺栓。圆形卷筒的壁厚根据受力大小，由强度计算确定，但其最小厚度应不小于 4mm。

水平圆环是基座结构的凸缘，用于连接炮装置底座，其宽度应等于炮装置底座凸缘宽度，但其最小宽度应满足基座结构的一般要求（不小于 4 倍螺栓直径）。水平圆环厚度由强度计算确定，其最小厚度不小于 6mm。为了提高水平圆环的强度和刚度，凸缘周围应用肘板加强，肘板宽度应等于凸缘宽度，肘板可与卷筒同高。为了使水平圆环刚度均匀，肘板间距应沿圆周均匀设置，其尺寸也应一致。两肘板间的螺栓数量应不多于两个。同时要考虑螺栓孔与肘板的距离，保证便于安装。

圆形卷筒与甲板板应坚固焊接，因此该区域甲板板要适当加厚。为了有效传递载荷，炮装置的布置应尽量利用船体自身强力构件来支持炮装置基座结构，并在圆形卷筒与甲板下强力构件相交处加肘板，避免产生硬点。

2）炮塔炮基座结构

炮塔炮的底座与基座面板一般采用螺钉连接或焊接，底座是结构简单的滚珠座圈，如图 9-4-3 中的滚珠座圈上设有滚珠轴承轨道，整个炮装置旋转部分就支撑在滚珠座圈上。滚珠座圈下面有基座及加强结构支撑。炮塔炮基座结构由与滚珠座圈相配合的水平座圈和起加强作用的垂直座圈及加强肘板组成。基座下加强结构是刚性圆筒结构。刚性圆筒直接伸到甲板以上，支撑基座的水平座圈。

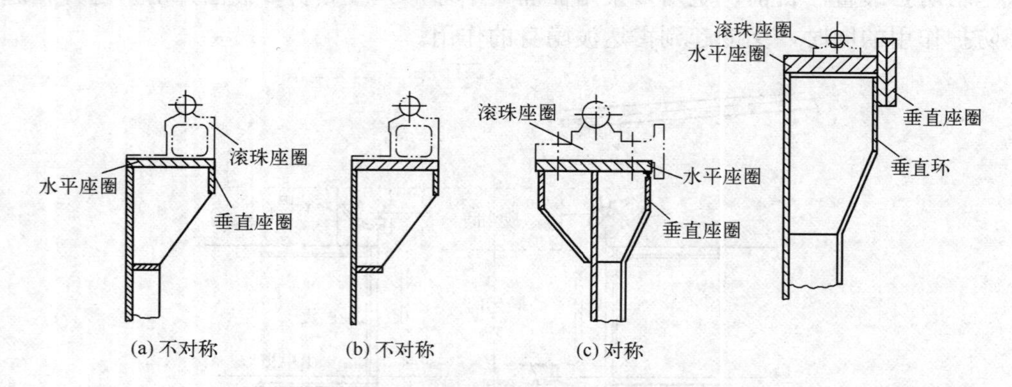

图 9-4-3　炮塔炮基座及其加强结构

由于炮塔炮是直接坐落在滚珠座圈上的，其垂向力可通过水平座圈和加强肘板传递给刚性圆筒结构来承受，而水平方向的力是通过安置在基座水平座圈处及旋转部分下端（下层甲板处）水平限位钳板来承受，并通过刚性圆筒结构传递到上、下甲板结构上，同时也承受了由水平力产生的力矩。

炮塔炮基座根据刚性圆筒支撑水平座圈的位置的不同，分为对称基座和不对称基座两种，如图 9-4-3 所示。基座水平座圈与甲板炮基座的水平圆环在结构要求上是一致的，其宽度与滚珠座圈宽度一致，肘板分布均匀。水平座圈厚度及螺栓尺寸应满足强度要求。基座垂直座圈与肘板一起用于加强水平座圈。

3. 舰炮基座下加强结构

1）甲板炮基座下加强结构

甲板炮基座下船体加强结构的作用是将舰炮作用于基座的重力和发射时的后坐力等，有效地传递到船体结构各个部分。作用于基座的重力和后坐力可分解为垂向作用力和水平作用力，其中以垂向作用力为主。将直接承受垂向作用力的基座加强结构称为主要承载构件。舰炮基座下的加强结构主要有 3 种结构形式：直接利用纵横舱壁作为基座的加强结构；主要承载构件垂直安装的垂直加强结构；主要承载构件水平安装的水平加强结构。

加强结构由纵舱壁与横舱壁组成时，如图 9-4-4 所示，将舰炮布置在纵横舱壁相交处，这样基座下船体加强结构可以直接利用舱壁结构，从而大大简化了基座下的加强结构，减轻结构重量。为了保证该区域舱壁具有足够的强度和刚度，该区域的舱壁板应适当加厚。甲板上基座圆形卷筒下应设置对应的扶强材，并设弧形肘板进行过渡，以减小圆形卷筒与舱壁“刀刃”相交处的应力集中。

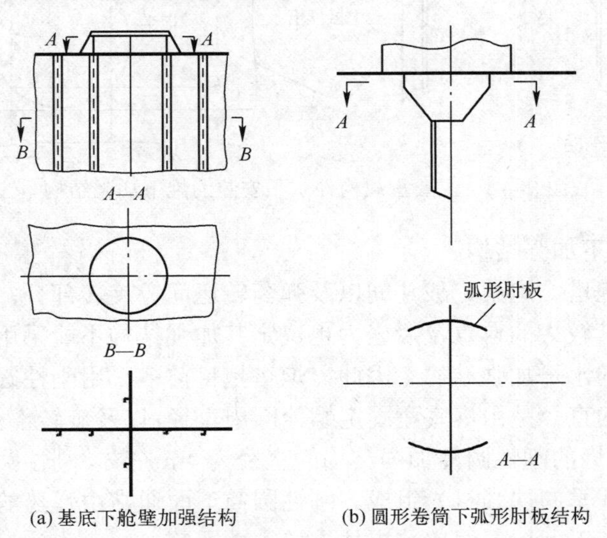

(a) 基底下舱壁加强结构　　(b) 圆形卷筒下弧形肘板结构

图 9-4-4　基座下舱壁加强结构及圆形卷筒与舱壁相交处结构

主要承载构件垂直安装的加强结构，如图 9-4-5 所示。这种基座下加强结构采用较多，基座垂向力由专门设置的垂向构件（如圆筒、支柱等）或加强后的横舱壁承受，这是主要承载构件。而水平力由甲板承受，水平力产生的力矩由上下两层甲板的反力偶平衡。因此，垂直加强结构是将作用力传递到一个垂向刚性构件上和两个水平刚性构件上。

主要承载构件水平安装的加强结构，如图 9-4-6 所示。当下层舱室内不便于设置支柱或圆筒等垂向支撑构件时，舰炮应布置在水平构件（如横梁和纵桁）交叉部位，将作用力通过大型水平构件传递至垂直的刚性构件上（如舱壁）。

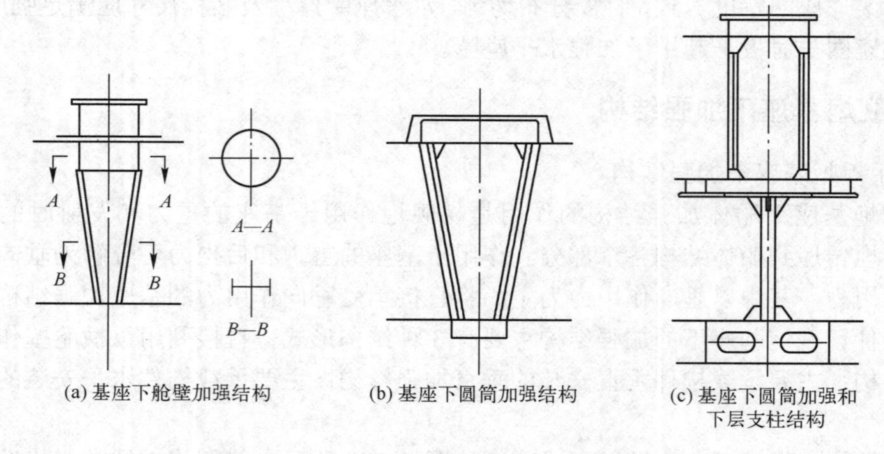

图 9-4-5　主要承载构件垂直安装的炮下加强结构

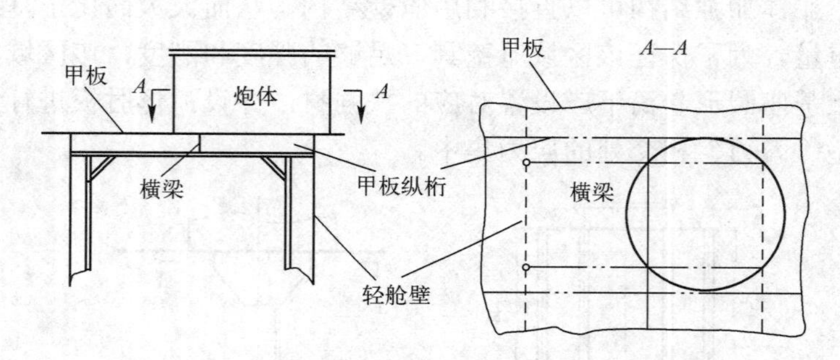

图 9-4-6　主要承载构件水平安装的炮下加强结构

2）炮塔炮基座下加强结构

炮塔炮由于有炮塔、炮架、战斗间以及弹药转运间等旋转部分，因此，炮塔炮不能设置在舱壁处；而其较大的自重及后坐力也决定其加强结构不能采用强横梁或甲板纵桁作为主要承载构件的水平加强结构。因此，炮塔炮目前多采用刚性圆筒加强结构形式。

刚性圆筒结构的直径是由炮底座固定螺栓圆周直径，以及旋转部分布置等因素确定，如 150mm 双联装舰炮的刚性圆筒加强结构的直径为 4m 左右。刚性圆筒自身的结构是由板和辐射状加强筋（垂向扶强材）组成。刚性圆筒下面通常由弹药舱的舱壁作为支座。对于小型炮塔炮可在下甲板下面安装支柱支持刚性圆筒。

9.4.3　机械设备下的基座及其加强结构

舰船上的机械设备种类较多，各种机械设备的结构类型、工作原理、技术性能等各不相同，基座及加强结构的形式各异。尽管如此，机械设备下的基座及其加强结构都是用于安装和固定设备，并保证其正常运转与工作及技术性能的正常发挥。所以，不同机械设备下基座及其加强结构的功能相似，结构形式也有类似之处。本节着重介绍内燃机、汽轮机、燃气轮机主机基座结构，以及锅炉、推力轴承等基座结构。

1. 内燃机基座结构

内燃机基座是将内燃机安装并固定于船体上，并将内燃机工作时作用在基座上的力，传递到船体结构的较大范围上。内燃机基座结构为双排结构，如图 9-4-7 所示。它由基座面板、基座腹板、横隔板和肘板组成。基座面板与内燃机底座（机架底脚）配合，并向外凸起，以便于同机脚凸缘进行螺栓连接，如图 9-4-8 所示。基座面板与基座腹板共同组成基座桁，或称基座纵桁。基座横隔板将两排基座桁牢固地连接在一起，以增加基座桁的刚度与稳定性。基座面板与腹板之间应等距加设肘板，肘板与腹板一起共同支撑基座面板。

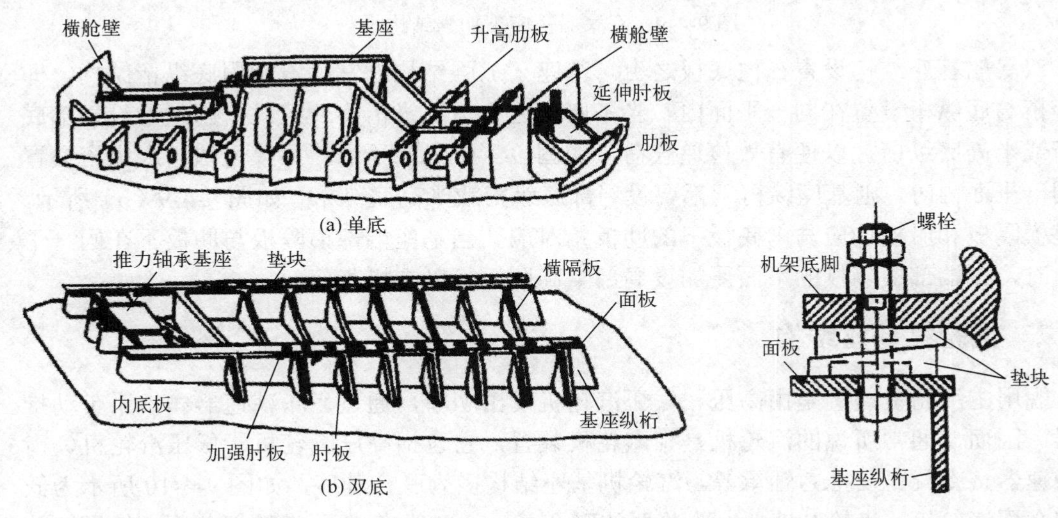

图 9-4-7　内燃机基座结构

图 9-4-8　基座面板与机脚凸缘的连接

基座面板上开有螺栓孔，借助于固定螺栓（地脚螺栓）与机脚凸缘连接。基座面板的宽度通常与机脚凸缘同宽，并大于固定螺栓直径的 4 倍。固定螺栓的间距通常也应大于 4 倍螺栓直径。螺栓中心至基座面板自由边的距离应不小于 2 倍螺栓直径。基座面板和腹板的厚度与内燃机的功率大小有关，对于 367.5～8820kW 的内燃机，基座面板为 12～24mm 厚，基座腹板为 4～16mm 厚，具体尺寸可按规范要求或参考母型确定。

基座腹板的高度根据轴系布置要求确定，腹板高度较高（大于 40 倍板厚）时，可设垂向加强筋，以增加腹板的刚度。基座纵桁之间的横隔板数量至少不应少于 3 个。肘板间距一般与固定螺栓间距对应，并要求每个螺栓与肘板的距离相等。

由于内燃机属于运转不平衡的机械，工作时必然存在较大的振动，因此基座各构件之间的连接必须采用双面连续焊接，以防止因焊缝缺陷而产生疲劳开裂。基座与船体结构的连接同样要求采用双面连续焊，以保证连接的坚固性。

内燃机基座一般设置于船体底部，根据船体单双底的不同，基座下加强结构形式也不尽相同。对于单底船来说，基座纵桁一般是由旁内龙骨或局部增设的旁内龙骨升高形成的，如图 9-4-9 所示。如果基座下是局部旁内龙骨，则该构件至少伸至机舱前后舱壁处，并与舱壁坚固连接，舱壁以外还应设置两个肋距的过渡结构。单底船内燃机基座的横隔板和肘板应与肋板相对应设置，并利用肋板作为横隔板和肘板下的加强结构。

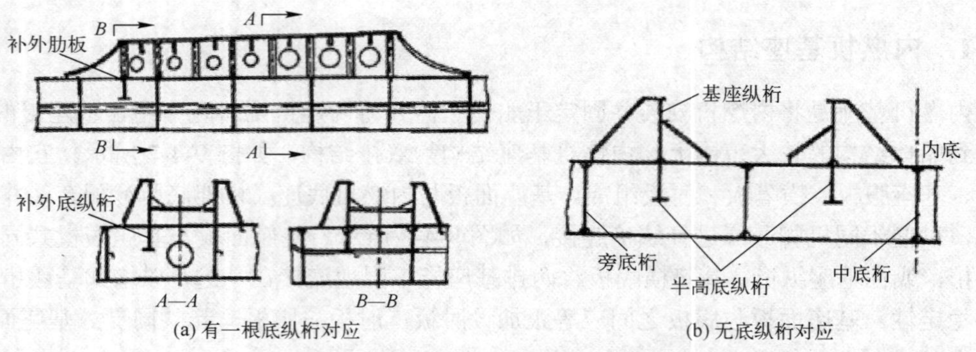

图 9-4-9 双底船基座下加强结构

双底船基座结构设置在内底板之上，基座下加强结构通常尽量利用底纵桁结构，即基座桁与底纵桁设置在同一平面内。当基座桁之一与底纵桁不一致时，则须增设局部底纵桁或半高底纵桁，以便有效传递载荷，如图 9-4-9（a）所示。如果无法与底纵桁设置在同一平面内时，则基座纵桁下都要设局部底纵桁或半高底纵桁，如图 9-4-9（b）所示。基座横隔板和肘板均应与内底板下的肋板相对应，当基座端部横隔板与肋板不在同一平面内时，在端部横隔板的下面要加设局部半高肋板，以支撑基座。

2. 汽轮机基座结构

舰用主汽轮机装置是由高压、低压汽轮机发出功率，通过齿轮减速器和轴系带动推进器。因而，通常所说的汽轮机是指汽轮机装置，它包括高压汽轮机、低压汽轮机、齿轮减速器、冷凝器及推力轴承等。汽轮机基座结构多为联合基座，如图 9-4-10 所示为低压和高压汽轮机、齿轮减速器、冷凝器的联合基座。一般高/低压汽轮机并列，低压汽轮机与减速齿轮箱、推力轴承在同一轴线上，冷凝器则多位于低压汽轮机之下。高/低压汽轮机的底座（机脚）为前后设置，这与内燃机完全不同。

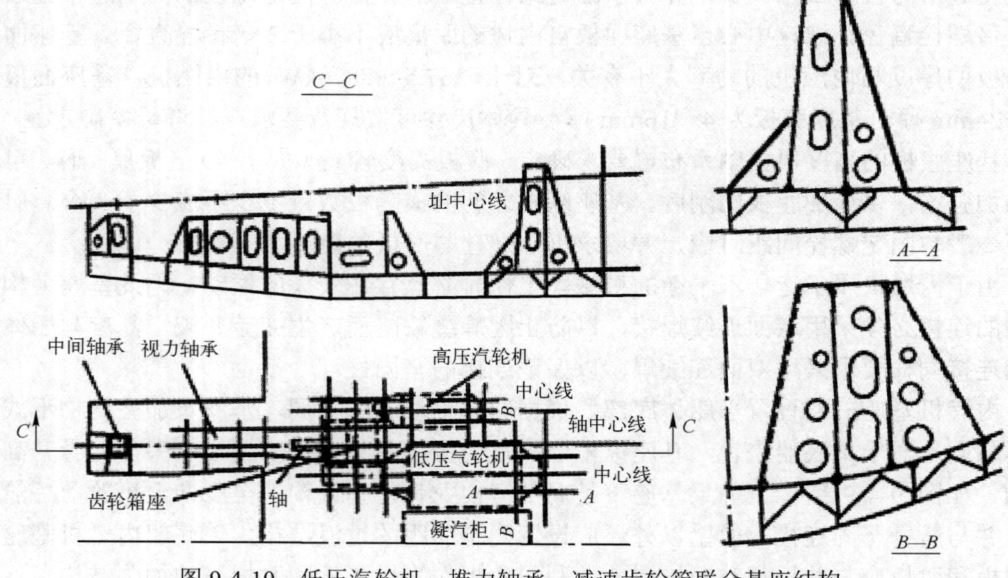

图 9-4-10 低压汽轮机、推力轴承、减速齿轮箱联合基座结构

图 9-4-11 所示为高压汽轮机基座结构，它由前后支座平台构成。支座平台式基座结构是由面板和纵、横加强板组成。基座面板用于固定机脚，纵、横加强板用于支持基座面板，同时将面板的受力传递到船体结构上。支座式基座下的船体加强结构也是要尽量利用船体原有结构，即基座纵向加强板和横向加强板与船体的底部纵桁和肋板应在同一平面内。若与船底纵桁或肋板不一致时，应增设局部的纵桁或肋板。支座平台式基座结构在舰船机械设备的安装中运用较多，如推力轴承基座、推进器轴系轴承基座、辅机（电机等）基座等，大多都采用支座平台式基座结构，其结构形式及基座下加强结构要求，与汽轮机的支座平台式基座结构是一样的，只是根据受力大小不同，其结构尺寸可相应减小。对于一些小型辅机，可以利用船体小构件骨架作为基座的支撑结构。

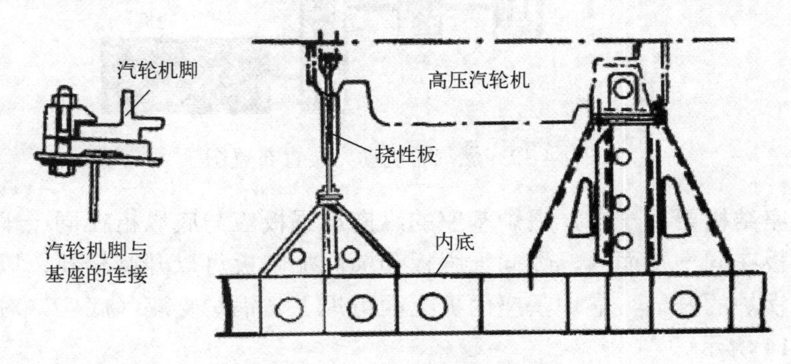

图 9-4-11　高压汽轮机基座结构

汽轮机受热膨胀，冷却后收缩，故基座结构必须防止由此产生的过大应力。为此，汽轮机基座应采用可移动连接，或可移动结构，保证汽轮机在轴向可以随温度变化而自由膨胀或收缩。图 9-4-11 所示的高压汽轮机的右边基座为支座平台，其面板与机脚的连接采用可移动的压紧板连接结构，该结构只限制机脚上下和左右移动，不限制机脚的前后滑动。图中左边基座为挠性板结构，挠性板可产生较大的弹性变形，允许汽轮机因热膨胀而轴向移动。压紧板结构和挠性板结构并不同时在前后支座上采用，而是在汽轮机的前后支座中，固定一个，另一个采用压紧板或挠性板，允许其产生轴向移动。

为了减轻结构重量，基座纵、横加强板及较大的肘板上都应开设减轻孔，但孔的直径一般不得超过腹板高度的 40%。

3．燃气轮机基座结构

燃气轮机与内燃机一样，它是一台整机，其底座为纵向双排设置。图 9-4-12 为燃气轮机为主要动力的动力装置布置图。燃气轮机基座结构与内燃机基座结构较为相似，具体结构将视燃气轮机底座的不同而不同。燃气轮机底座通常采用过渡托架结构，燃气轮机先与托架连接，然后托架再与基座结构连接。

4．锅炉基座结构

锅炉基座的形状和结构随锅炉的类型不同而不同。这里主要介绍一般的水管锅炉的基座结构。水管锅炉的水筒下一般设有便于安装和固定用的支座（底座），该支座沿锅炉水筒纵向布置。锅炉基座结构通常做成与锅炉支座相对应的纵向平台结构，它由基座面板，纵向加强板、横向加强板等组成，如图 9-4-13 所示。

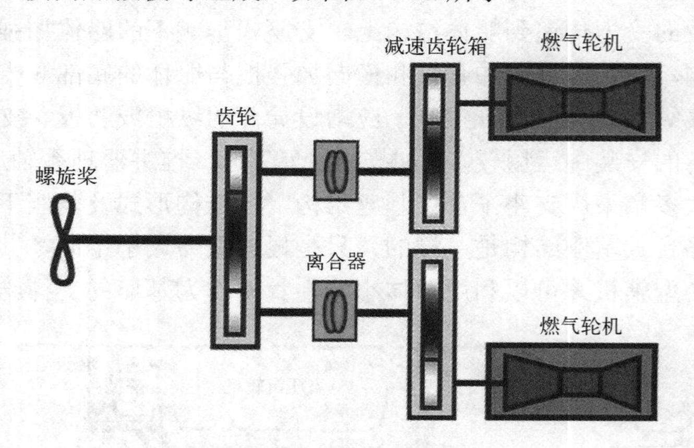

图 9-4-12　燃气轮机动力装置布置图

与其他基座结构要求一样，锅炉基座的纵向加强板应与底纵桁在同一平面内，横向加强板应与肋板在同一平面内。纵向加强板和横向加强板可以开减轻孔，以减轻结构重量。为了便于锅炉的安装，锅炉基座面板上面可焊上与锅炉支座（底座）对应的支架结构，如图 9-4-14 所示。

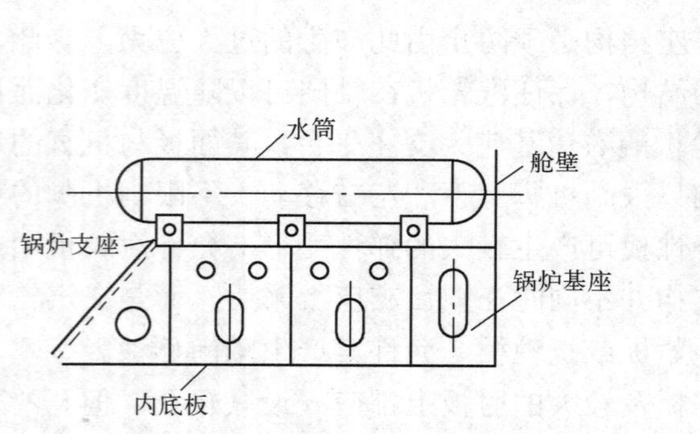

图 9-4-13　水管锅炉基座

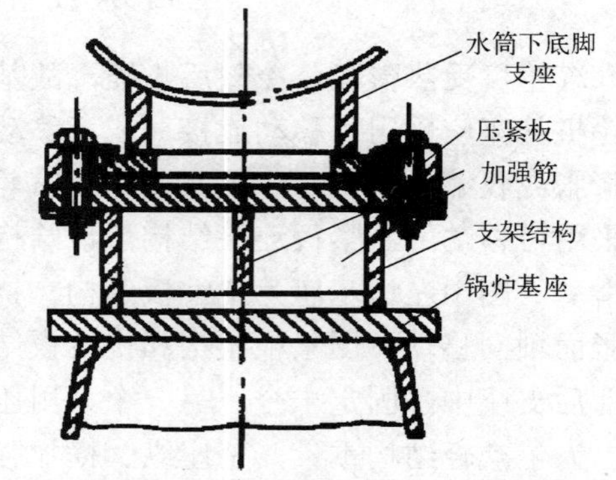

图 9-4-14　基座上面的支架结构及其水筒底座的连接

对于结构较为复杂的锅炉结构，可以采用过渡托架结构，如图 9-4-15 所示。此时，锅炉与过渡托架在车间进行压紧板螺栓装配固定，然后整个吊运到基座结构上，这种过渡托架作为基座的一部分，在吊运中对于保证锅炉的整体强度和刚度是很有用的，同时也简化了锅炉在舰船上与基座结构装配的难度。过渡托架与基座的连接，可以直接焊接，也可采用螺栓连接。

锅炉工作状态要产生热胀冷缩，因此，锅炉支座与基座的连接必须考虑允许锅炉与基座存在必要的相对伸缩位移，一般的方法是锅炉支座只有一个与基座结构完全固定连接，而其他支座与基座采用压紧板连接，并保证在锅炉膨胀和收缩方向可以自由滑动。

最后还须指出，高大的锅炉仅靠基座固定往往是不够的，为了固定锅炉，防止舰船摇摆时锅炉倾倒而破坏与基座的连接，通常用钢质拉杆在锅炉侧上部将锅炉与舱壁或舷侧固定起来。

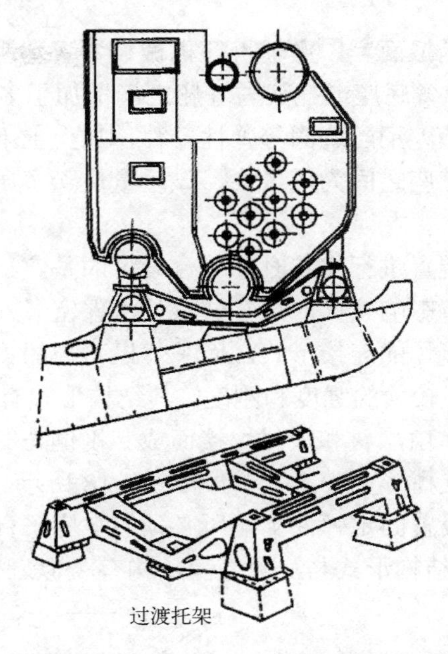

图 9-4-15 锅炉采用过渡托架与基座连接

5．机械设备与基座之间的隔振连接

舰船的隐蔽性以及改善舰员的工作与生活环境，都要求降低舰船的噪声，而对舰船隐蔽性影响较大的辐射噪声，主要产生于机械振动噪声、螺旋桨噪声和水动力噪声。另外，机械设备的振动噪声是影响舰员工作与生活的舱室噪声的主要来源。为此，现代舰船在抑制机械设备振动噪声方面花费了巨大的人力和物力，其研究的主要成果之一，就是在机械设备与船体（基座）的连接上采用减振器，而不再是机械设备与基座完全刚性连接，并将之称为隔振设计，由此而生产的舰船称为“安静型”舰船。

目前，机械设备隔振方式可分为两类，即单层隔振和双层隔振。单层隔振和双层隔振的系统结构如图 9-4-16 所示。双层隔振技术是在单层隔振的基础上发展起来的，双层隔振具有隔振效果好，隔振频带宽的优点，同时具有较好的设备抗冲击性能。在双层隔振的基础上，人们又发展了浮筏技术和浮筏装置，从系统原理来说，浮筏技术就是双层隔振。不同的是，目前双层隔振专指单台机械设备与基座的连接方式，而把双层隔振的中间质量块做得很大，在整个舱段内形成一个筏体，把各种机械设备都弹性地安装在该浮筏体上，并把筏体弹性地安装在舰船舱室内，这就是浮筏装置技术。

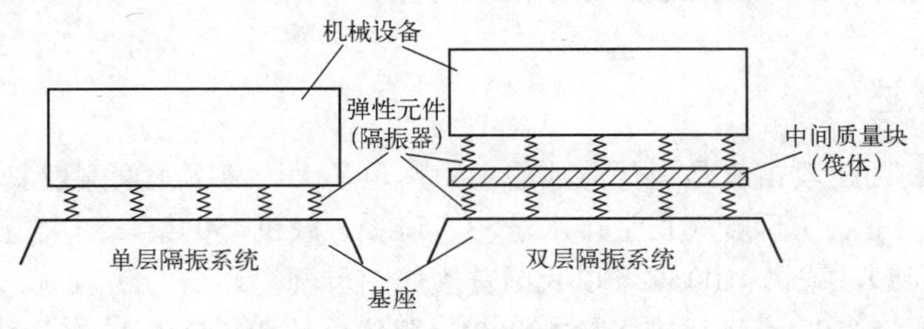

图 9-4-16 机械设备与基座间的隔振连接

对于单层隔振和双层隔振而言，主辅机等机械设备下基座结构的形式和要求基本不变。单层隔振只是在机械设备底座或托架与基座之间增加了多个弹性支座（元件），该弹性支座可以由弹簧、橡胶垫、钢丝绕圈等弹性元件，加上上下连接面板组成。双层隔振采用双层弹性支座，弹性支座之间为质量块，该质量块除了质量要求以外，还必须具有足够的强度和刚度。

当机械设备采用浮筏装置进行安装时，单台设备的基座结构就不需要了，因此，浮筏装置对于基座结构的变革影响较大。浮筏装置技术保留了双层隔振中筏体（中间质量块）以上单台机械设备与筏体的连接形式，而筏体以下与船体的连接方式与双层隔振完全不同。一般筏体结构具有较大的强度和刚度，其结构形式有平板箱式筏体和 V 形筏体等，如图 9-4-17 所示，筏体由型材和板材焊接而成。筏体与船体的弹性连接可以采用船底支撑和舷侧（或舱壁）支撑等多种形式，如图 9-4-18 所示。无论采用何种连接方式，筏体与船体的连接处都要设置固定弹性支座所必须的支座平台结构，该支座平台就是浮筏装置的“基座结构”，其结构形式与一般基座结构有类似之处。

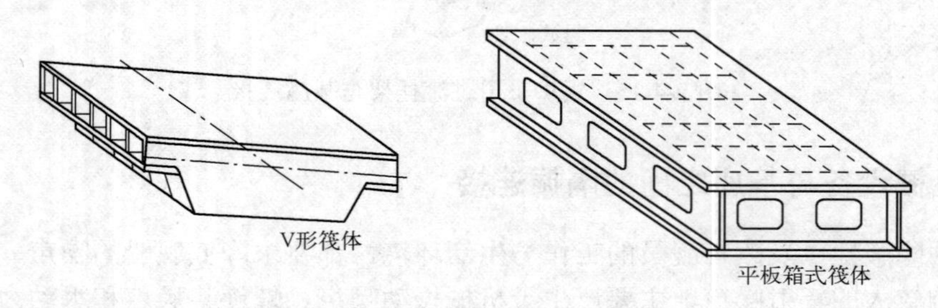

图 9-4-17 筏体结构形式

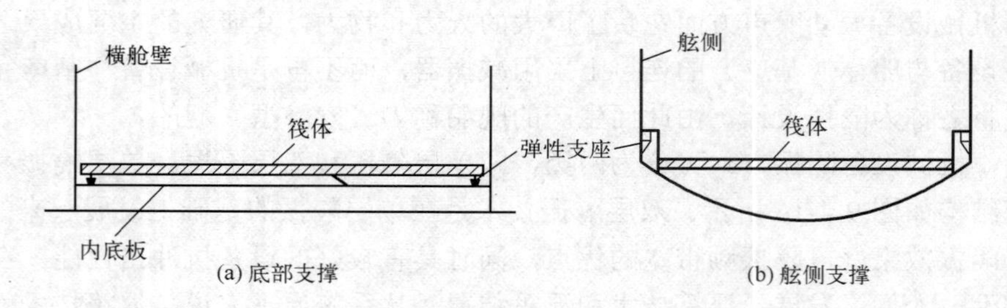

图 9-4-18 浮筏平台与船体的连接方式

9.5 航母等大型水面舰船结构及特点

9.5.1 概述

航空母舰和两栖攻击舰是现代海战的主力，也是大国海军水面舰船具有标志性意义的舰种。一般中型航空母舰（正常排水量>3 万吨），载机<50 架，而大型航空母舰（正常排水量>6 万吨），载机<100 架。以我国首艘航空母舰“辽宁”舰为例，据搜狗百科报道：正常排水量 54500t，满载排水量 60900t，舰体总长 304.5m，吃水垂线间长 270m，

吃水 10.5m，吃水线宽 38m，飞行甲板宽度 75m。图 9-5-1 所示为航空母舰外形图。

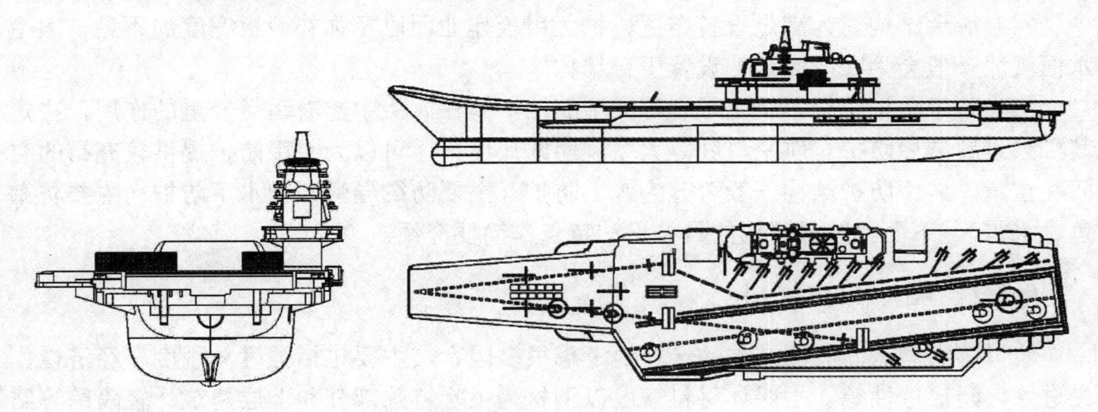

图 9-5-1 航空母舰外形图

两栖攻击舰（又称两栖突击舰或强袭登陆舰）是直升机航空母舰和船坞登陆舰的组合体，可装载登陆艇、直升机或短距起降固定翼飞机，主要用于在敌方沿海地区进行两栖作战时，在战线后方提供空中和水面支援的水面战斗舰船，属于尺寸与排水量仅次于航空母舰的舰种。以我国 075 型两栖攻击舰为例，据万维百科报道：满载排水量约 40000t，舰体总长 237m，吃水 8.1m，最大宽度 36m。

航空母舰等大型水面舰船的结构设计，对于实现其特殊的作战功能要求，具有极其重要的作用和意义。舰体结构重量约占其标准排水量的 42%～45%，考虑装甲防护结构重量后，结构重量可达标准排水量的 48%～52%。而且，随着排水量的增大，结构重量占比普遍有上升趋势。第二次世界大战时期的航空母舰结构与装甲总重量，甚至高达标准排水量的 55%～76%。由于舰体结构尺度大，大型水面战斗舰船的舰体结构所用的材料一般要求强度等级较高，尤其是船体梁上下缘的船中区域、舷顶列板以及其他高应力局部区域材料应该采用超高强度合金钢（如 921A 钢）。从经济性角度出发时，可根据结构部位及承载要求的不同，分别采用高强度合金钢（如 907 钢）或民用船体结构钢（如 E36 或 D36）。

航空母舰等大型水面舰船的典型结构特征主要表现如下：

（1）飞行甲板。它是舰船的上甲板，主要用于提供宽敞的甲板操作平面，航空母舰一般采用斜角飞行甲板，而两栖攻击舰则以通长平直甲板为主。

（2）岛型上层建筑结构。航空母舰等大型水面舰船的上层建筑一般设置在舰船的右侧局部区域，属于非对称上层建筑结构。非对称性将造成舰体易产生扭转变形，即使是舰体纵向弯曲变形常常也会引起舰体的扭转，因此，不对称上层建筑的设置，通常要通过结构的不对称加以平衡，如飞行甲板向左侧加宽值大于向右侧加宽值，有时机库也可能设置为非对称；而在构件选型方面，纵向构件应采用对称型材，而尽可能避免采用非对称的球扁钢。

（3）机库与坞舱结构。机库与坞舱一般设置于舰船主船体的中后部，纵向和横向跨度大，为便于设备操作，跨中不能设置支柱，整体框架的刚度设计要求较高；此外，为便于飞机或登陆装备的出入，机库与坞舱结构均存在大开口要求，应力集中问题较为突出。

（4）舷台结构。为满足设备布置、扩大甲板作业面以及弥补甲板宽度的不足，大型水面舰船一般会为在舷侧外伸设置平台结构。

（5）装甲防护结构。航空母舰等大型舰船，其在海战中起着举足轻重的作用，决定其必须设置装甲防护。航空母舰等大型舰船的尺度大，可以为装甲防护提供较充裕的空间和重量。装甲防护结构一般可分为水上防护（主要防御导弹）和水下防护（主要防御鱼、水雷）。下面就航母结构的具体设计特点作简要介绍。

9.5.2 船体结构材料

航母等大型水面舰船结构的选材要考虑很多因素，主要包括强度与刚度、经济性、先进性、耐腐蚀性等。主船体材料一般以钢材为主，特殊部分和上层建筑、轻隔壁等结构应广泛采用钛合金、铝合金和纤维增强复合材料。

因航母等大型舰船结构尺度大，结构重量占比高，因此，主船体结构的选材设计应综合考虑坚固性、防护性、安全性、重量性以及工艺性和经济性等多种因素，形成科学合理的多种钢材的组合应用。一般除要求船体梁上下缘尽可能采用超高强钢，中间可采用较低强度等级材料以外，还应遵循以下原则：

（1）舰体外板及上甲板板应采用同种材料，强度等级应为超高强度合金钢（屈服应力为590MPa，如921A钢），这是航母的主要舰体材料。外板采用同一种材料，主要是为了避免不同材料板材焊接而引起电化学腐蚀。

（2）内底以上，地道甲板（飞行甲板下面的甲板）以下大多数区域内的纵、横舱壁一般采用高强度合金钢（屈服应力为390MPa，如907钢）；在靠近中和轴处的内部甲板和舱壁结构则可采用优质的一般强度船体钢（屈服应力为235MPa）。

（3）主要装甲防护隔壁应采用超高强度高韧性优质钢（屈服应力为750MPa）或轻质复合装甲结构，以提高防护能力，减轻重量；此外，主要甲板，如飞行甲板、地道甲板、机库甲板、机舱顶部甲板和内底板应均具有一定的装甲防护功能要求，也应尽量提高强度等级。

上层建筑结构可采用多种不同材料的结构设计方案。岛式上层建筑，一般不参与舰体总纵弯曲，但是上层建筑很高，一般有4～7层，加上桅杆的高度，总高度甚至可达30m以上。为了减小上层建筑结构尺寸，减轻重量，降低舰体结构重心，上层建筑仍倾向于采用铝合金材料或复合材料，这样不仅重量轻，而且耐腐蚀，无磁，这对上层建筑各种防磁仪器及设备来说，是十分有利的。但是由于航母等大型舰船的上层建筑极为高大，其下层所受的自重载荷很大，加上部分参与上甲板的弯曲变形，所以上层建筑结构的一、二层应采用钢结构，高层采用铝结构或复合材料结构较为适宜。但应注意，烟囱及其温度较高的附近区域，应谨慎采用铝合金结构（铝合金的使用温度为＜120℃）或复合材料结构。

航母等大型水面舰船舰体结构局部还可采用其他一些材料，如用作装甲防护的纤维增强材料、陶瓷装甲材料，以及用于球鼻首声纳罩的钛合金材料等。

9.5.3 基本结构形式

航母等大型水面舰船虽然具有较为宽大的飞行甲板，但舰体仍为细长形，长宽比接近 10，因此，舰体变形模式以总纵弯曲为主，总纵强度问题最为突出，骨架结构形式一般以纵骨架式为主。此外，大型水面舰船中间甲板多，采用横骨架结构，必然导致肋骨穿过各层甲板的连接节点多，工艺复杂；而民船大多无中间甲板，或中间甲板少，舷侧采用横骨架式工艺更为简单。而且纵骨架式具有更优的板格稳定性特征。综上所述，大型水面战斗舰船一般首选纵骨架式的骨架结构。

对航母等大型水面舰船而言，壳板厚度往往受最小壳板厚度的限制，不能减薄，这样骨架间距太小将增加结构重量。纵骨间距主要从结构工艺性、重量及壳板稳定性等角度考虑，取 500mm 左右较为合适。肋骨间距主要从保证纵骨稳定性的要求考虑，一般为 2.5～3.5m。但特殊部位也要考虑结构的强度要求，如飞行甲板着降区的横梁应局部加密，以提高骨架的抗弯强度。另外，首尾部各 25%的区域，其横向骨架的间距应减小 25%，以提高抗横向冲击力的能力。距首端 40m 区域和螺旋桨脉动压力区域的横向骨架间距应减小一半。

上述纵骨架式骨架结构主要用于各层甲板结构、底部结构、舷侧结构和纵舱壁结构等板架结构中。对于横舱壁骨架，其扶强材的布置与一般的水面舰艇结构一样，多为垂向布置，但机库上面飞行甲板与地道甲板之间的横隔壁扶强材必须水平布置，这是因为现代航母机库上面的大板架，是由飞行甲板和地道甲板及其之间的纵、横隔壁共同组成的“蜂窝”板架结构来承受飞机着舰等各种载荷的。横隔壁扶强材采用水平布置可提高横隔壁向抗弯能力，增加跨度上的抗弯刚度（图 9-5-2）。

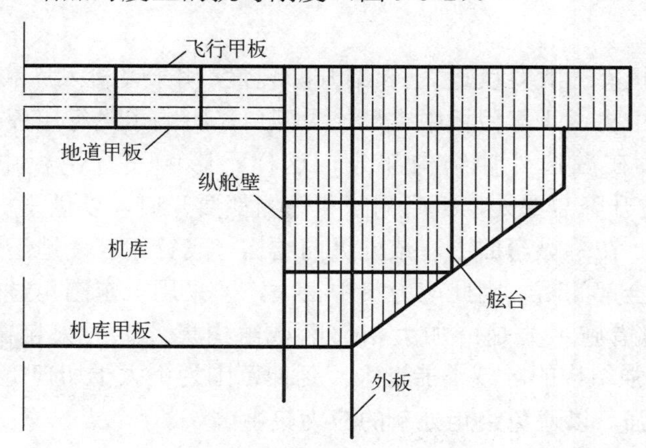

图 9-5-2 航空母舰典型横舱壁图

9.5.4 飞行甲板结构

现代航空母舰等大型水面舰船的飞行甲板既是上甲板，也是强力甲板。它是船体梁的上缘，承受较大的总纵弯曲应力。同时，飞行甲板又是飞机起降的平台，承受很大的飞机着舰冲击力。此外，飞行甲板的外伸舷台结构易受到很大的波浪冲击力与砰击力的作用，因而整个飞行甲板必须具有足够的强度和刚度。

早期航母飞行甲板为单层甲板结构，甲板加宽量小，整个飞行甲板为纵骨架式结构，在机库上方设置特大横梁支持飞行甲板，横梁高度为 2m 以上。然而，即便如此，机库上飞行甲板结构还是很难满足强度要求。现代航母飞行甲板采用双层结构，增设一层地道甲板，如图 9-5-2 所示。飞行甲板、地道甲板共同组成飞机平台，原来的特大横梁则演变为飞行甲板与地道甲板之间的横隔壁。由飞行甲板、地道甲板及纵、横隔壁组成的飞机平台具有抗弯刚度、强度大，抗振性能好等优点，从而使外伸舷台结构可以延伸更远，扩大飞行甲板宽度。地道甲板至飞行甲板的高度一般为 2.5～3m，可作为舱室使用，提高航母内部空间的利用率。飞行甲板和地道甲板之间除了设纵、横隔壁以外（一个横隔壁为 7～8m，一个纵隔壁为 4～5m），其自身设有纵横扶强材，以支持壳板。

飞机甲板分为着舰区、起飞区和停机区，如图 9-5-1 所示。不同区域飞行甲板的板厚不同，一般由总纵强度计算确定的飞行甲板厚度为 20～24mm 厚，而着舰区飞行甲板的厚度为 40～50mm 厚，起飞区甲板厚度为 30～40mm 厚。飞行甲板和直升机平台一样，必须有防滑涂层。

9.5.5 机库结构

航母的机库很大，其长度约占舰长的 60%，即有 160～180m 长。早期航母机库分为闭式机库和开式机库。机库宽度不伸至两舷，机库限制在两道纵舱壁（机库侧壁）之间，从而形成封闭式机库，称为闭式机库。当飞行甲板不作为强力甲板，机库甲板以上由大型横向框架支持飞行甲板，机库可占用整个舰体宽度，且两舷侧可以敞开，该机库称为开式机库。现代航母全部采用闭式机库，其舰体结构强度好，有利于水线以上的舷侧装甲防护。

中型以上航母机库一般要设置 2～3 架升降装置，用于飞机入库和出库。早期航母升降平台设置在机库中央，飞行甲板中央形成大开口，影响了飞行甲板结构的连续性。现代航母升降平台设在舷边外伸结构部分，这样不影响飞行甲板中部结构的连续性（图 9-5-1）。但舷边升降装置处，机库侧壁和舷侧都要开口，以供飞机上、下升降平台，此外只有横向隔壁。在总纵弯曲中，该处纵向结构（飞行甲板、地道甲板、外伸底板、机库侧壁和舷侧）全都间断，因此应力集中很大，即采用一定圆角过渡措施是极为重要的。目前，采取的措施主要是：加大相邻区域结构尺寸，并采用高屈服应力的材料（σ_s>590MPa）。加强结构的区域不能过大，延伸范围为不大于切口宽度的 25%～30%，并逐渐过渡结束加强，以避免终止处新的应力集中。

9.5.6 舷台结构

舷台结构，也称为舰船舷外平台。中小型舰船主要用于设备布置或装置保护要求（如水翼），以解决甲板宽度不足而设置的舷外平台及支架结构，属于舰船专用结构，有固定式和可拆式两种类型。对于航母等大型水面舰船而言，舷台结构是扩大飞行甲板作业面，布置武器装置、辅助飞机起降设施以及舱室的重要结构部件；此外，舷台结构还可起到抵御舷侧掠海飞行导弹攻击的作用，增强水线以上的装甲防护能力，有利于提高内部重要舱室的生命力。典型舷台结构如图 9-5-3 所示。

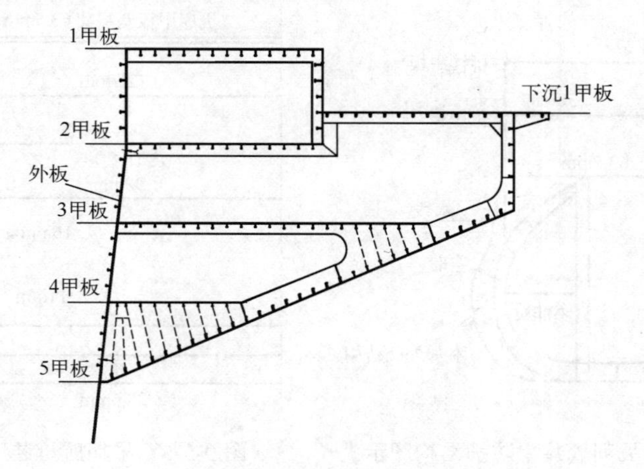

图 9-5-3　典型舷台结构

航空母舰等大型水面舰船舷台结构的受力主要包括以下方面：

（1）舷台结构与主船体坚固连接，因此应考虑其总纵强度的参与度和承载特性。

（2）在局部承载方面，舷台结构将主要承受船体横摇时产生的惯性力，设备重力、惯性力及工作载荷，以及波浪的冲击力。

舷台结构的材料和骨架形式均应与主船体相同。

9.5.7　装甲防护结构

装甲防护结构是提高水面舰船生命力和安全性的重要保障措施，也是水面战斗舰船，尤其是航母等大型水面舰船结构设计的重要特色之一。舰船装甲防护结构技术的发展，与舰船总体设计思想以及反舰武器的攻击特点等密切相关，并非孤立存在的，在不同的历史阶段，装甲防护结构的形式会存在一定差异，但其设计原则和规律变化不大。

舰船装甲防护结构属于专用结构，以提高舰船结构在武器攻击下的抗损性为目的，大型舰船设置装甲防护结构应使舰船实现抗损性第一层面的要求：应能够承受武器攻击，并不会导致船体结构产生严重破损。根据防御目标的不同，大型水面舰船的装甲防护结构可主要分为三大部分：一是甲板防护，主要针对垂直打击的反舰导弹和炸弹；二是水线以上的舷侧防护，主要针对掠海飞行反舰导弹；三是水线以下的舷侧和底部防护，主要针对鱼雷和水雷等攻击武器。

第二次世界大战以前，大型战列舰水线以上的舷侧防护结构主要采用舷侧外挂“装甲防护带”形式，主要防御大口径火炮平射的穿甲弹，其厚度为 254～508mm（10～20 英寸）；为抵御鱼雷攻击，水下防雷舱结构已见雏形。第二次世界大战期间，航空炸弹以及鱼雷对舰船的威胁越来越大，甲板防护逐渐得到广泛重视，水下防雷舱结构臻于完善，甚至有的舰船还会在舷外额外增加一道水下外凸舱室，以提高水下防护能力。应该说，第二次世界大战期间水面舰船钢质装甲防护结构的发展已达到了巅峰时期，如图 9-5-4 和图 9-5-5 所示。

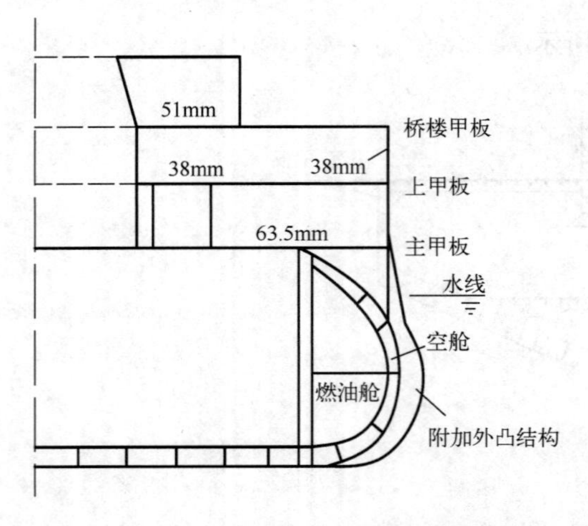

图 9-5-4　早期战列舰装甲防护结构图示

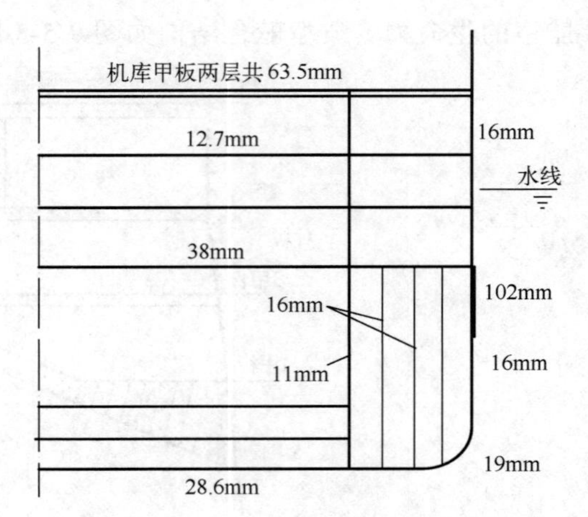

图 9-5-5　早期航母装甲防护结构图示

第二次世界大战以后，随着导弹武器的出现，超视距导弹对抗成为现代海战的主要模式。相对于大口径火炮炮弹而言，常规反舰导弹的打击精确度和战斗部爆炸威力更高，但飞行速度（大多为亚声速）相对较低，穿甲能力下降，因此，现代大型水面舰船的装甲防护设计思想出现了较大的改变。主要体现为以下方面：

（1）甲板防护减弱，主要依托飞行甲板和地道甲板所构成的结构体系完成。

（2）水线以上的舷侧防护结构大幅减弱，早期的舷侧装甲防护带取消，舷侧的舷台结构以及外侧舱室纳入装甲防护结构体系，内部重要舱室（如编队指挥中心、机库、弹药库、弹药转运间等）的装甲防护结构设计越来越得到重视；

（3）以鱼/水雷接触和非接触爆炸防御为目的的水下防雷舱结构设计是大型水面舰船装甲防护结构设计的重点，水线以下的弹药舱、坞舱、动力舱等是主要防护对象。

图 9-5-6 所示为美国 20 世纪 60 年代建造的“弗莱斯特”级航母装甲防护结构图，其甲板和水线以上的舷侧结构存在较为明显的减弱，而水下防雷舱结构则较早期结构有所加强。

图 9-5-7 较好地体现了现代舰船水下防雷舱结构的设计思想：

（1）在舰体外板内侧设置一个空舱，供水中爆炸后产生的气浪膨胀，以减弱其冲击压力，该舱称为膨胀舱。

（2）膨胀舱内侧设置液舱，用于吸收鱼/水雷等爆炸，外板损伤后产生的高速破片，防止其对内层防护纵隔壁的穿透。该舱称为吸收舱。

（3）液舱内侧可设置第二空舱，舱内可设置特殊的吸能结构，进一步吸收爆炸冲击波和气泡脉动能量，降低作用于内层防护纵隔壁的冲击压力。该舱称为吸能舱。

（4）防护纵隔壁应尽量设置在距外板较远的纵深处，以充分发挥防护纵隔壁的防护效果。

（5）在空间许可的情况下，防护纵隔壁内侧还可设置第三空舱和防水纵壁，第三空舱可为防护纵壁产生较大的塑性变形提供空间，防水纵壁用于确保内部重要舱室不发生浸水。

防雷舱各舱间距及板厚的设置取决于防护目标等级和舷侧空间限制，一般要求防护纵壁的设置纵深为4～5m，板厚35～50mm，材料建议为高强度、高韧性特种装甲钢。

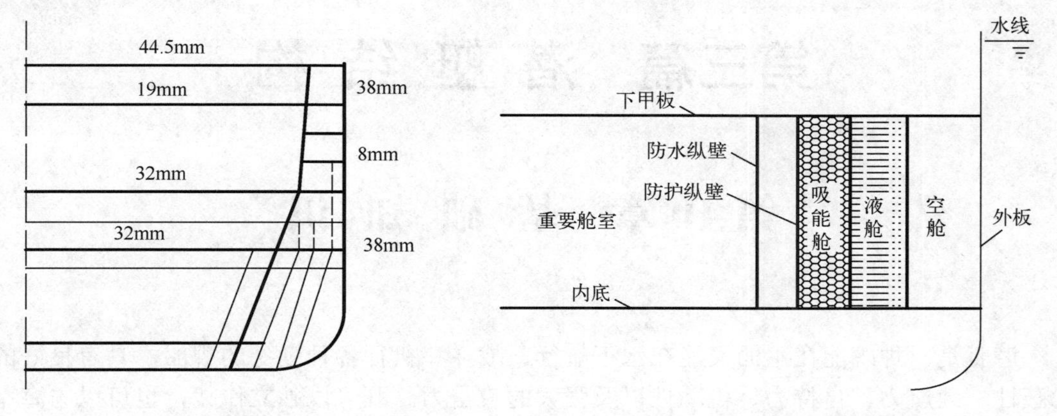

图9-5-6　“弗莱斯特”级航空母舰典型装甲防护结构图示

图9-5-7　典型防雷舱结构图示

思考题

（1）舰船专用结构主要有哪几种类型，并请分别各举1～2例加以说明。

（2）在支柱的布置原则中要求“各层甲板支柱在垂向应尽量保持连续，上下对准，布置在同一垂直线上”。若在实际工程中，由于下层舱室因设备布置原因，不能设置支柱，此时应该如何处理？

（3）因设备管路或线路安装需在强力骨架梁上开口，且开口尺寸超过1/2骨架梁腹板高度时，应如何处理？

（4）当设备管路或线路穿舱需在主横舱壁上开口时，应采取哪些处理措施或结构方案？

（5）基座是舰船船体专用结构，一般可分为哪几类？在机械设备基座设计时应重点考虑哪些方面的因素？从声隐身角度出发，为了控制设备振动通过基座向船体的传递，设备与基座之间通常会应如何处理？

扫描查看本章三维模型

第三篇 潜艇结构

第10章 基础知识

潜艇是一种既能在水面又能在水下航行、战斗和执行各种勤务的舰船，具有良好的隐蔽性、续航力、自持力、机动性以及强大的攻击力。既可以独立作战，也可以与海军其他兵力协同作战。

1776年，美国独立战争期间，毕业于耶鲁大学的布什内尔（David Bushnell，1742—1824）设计建造了世界上第一艘潜艇雏形“海龟”号（Turtle），如图10-1-1所示。该艇外形酷似海龟，艇内空间可容纳1名艇员操纵方向舵和螺旋桨。艇体为木质外壳，可下潜6m水深。艇的上部装有两根通气管，上浮时打开，下潜时关闭，从而保证舱内有充足的空气。艇内装有压载水舱，通过脚踏阀门向水舱内注水，增加重量下潜；通过手操艇内压力水泵，排除水舱内的水以减轻重量，使艇上浮。艇上装有两个手摇曲柄螺旋桨。图中右侧螺旋桨控制艇的水平方向速度，最快可达到3kn左右；图中顶部螺旋桨，可以操纵艇的升降。图中左侧方块形物体为该艇的武器——能用定时引信引爆的炸药包。“海龟”号的出现揭开了潜艇实战的序幕，从此人类的海战场从水面扩展到了水下。“海龟”号以其与现代潜艇相同的设计原理赢得了世界上“第一艘军用潜艇”的美名。

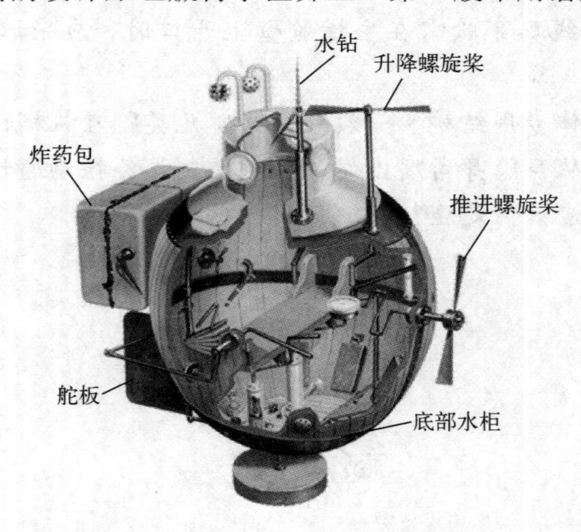

图10-1-1 “海龟”号示意图

潜艇在两次世界大战中取得了辉煌的战果，因此，世界各国海军都比较重视潜艇的发展，战略核潜艇更是国之重器。潜艇可在大洋深处独立或与海军其他兵力协同作战。

攻击型潜艇或飞航导弹潜艇的主要作战任务是消灭敌运输舰船和大、中型战斗舰船以及遂行反潜。其辅助作战任务是实施战役侦察、布设水雷、远程巡逻以及运送小批人员物资等。弹道导弹核潜艇的作战任务是执行战略任务，运载和发射弹道导弹核武器，袭击敌方军事基地、政治中心、工业基地和交通枢纽等目标。

潜艇与水面舰船相比，两者结构上相差较大。潜艇结构具有如下特点：

（1）潜艇结构横截面以圆形为主。潜艇的水下航行要求，是潜艇与水面舰船在结构上存在差异的主要原因。潜艇需在深水环境中航行，此时所承受的静水压力将远高于水面舰船。为了承受更高的静水压力，必须采用承载能力更强的结构形式，如圆柱形、球形等。

（2）功能性水舱的布置。水下与水上航行状态的转换，涉及潜艇重力与浮力的平衡与补偿问题，此时通过设置主压载水舱加以实现；潜艇因发射武器、进入海水阶跃层或某些消耗品的使用而引起浮态变化时，会使得潜艇失去平衡而处于危险状态，此时需通过调整水舱或补重水舱进行浮力调整。

（3）隐身性有更高的要求。潜艇的主要优势在于隐蔽性，其对潜艇的生存和作战性能具有最直接的影响，尤其是声隐身与结构相关性较大。如潜艇外部铺设的消声瓦结构、流水孔的启闭机构、内部的减振基座、动力舱内的整体浮筏等结构，均是为了有效降低振动、减少噪音而设置的。

（4）特有的指挥室结构。因为布置设备、预留出入口等要求，一般会在潜艇前中部布置指挥室结构，包括耐压指挥室结构以及非耐压的围壳结构。该结构的形状对水下航行阻力影响较大。

（5）动力装置的区别。由于水下航行，氧气无法有效获取。为了提高水下航行时间，动力装置的选用更倾向于不依赖空气的方式，因此现代潜艇将以AIP（air independent propulsion）和核动力为主。这与水面舰船动力推进形式具有本质区别。

本章将围绕潜艇功能和结构的特点，介绍潜艇潜浮原理、构造原理、部（构）件组成、潜艇舱室布置及功能特点等基础知识。

10.1　潜艇潜浮原理及各种液舱

作为一种静水力支撑型船，潜艇遵循阿基米德原理，在水中航行时，处于一种中性平衡的浮力状态，即漂浮于水中时重力等于浮力且两者在同一铅垂线上。其浮态主要有正浮状态、横倾状态、纵倾状态以及任意状态（同时有横倾和纵倾的状态）。潜艇横倾状态、纵倾状态以及任意状态对潜艇而言都是非常危险的。除非某些操作需要，如下潜上浮时的纵倾状态，否则一旦出现浮态变化，需立即采用调整水舱，以恢复其正浮状态。

潜艇在水面或水下保持稳定漂浮状态时，称为潜艇处于平衡状态。潜艇在水面平衡状态与水下平衡状态转换的过程，称为潜艇的潜浮。潜艇潜浮的实施，主要依靠液舱注水、排水等动作实现。本节将重点介绍潜艇潜浮原理及液舱。

10.1.1 潜艇潜浮原理

1. 潜艇的各种状态与潜水深度

潜艇在执行任务过程中，由于技战术的要求，需能处于不同的工作状态，如图 10-1-2 所示。

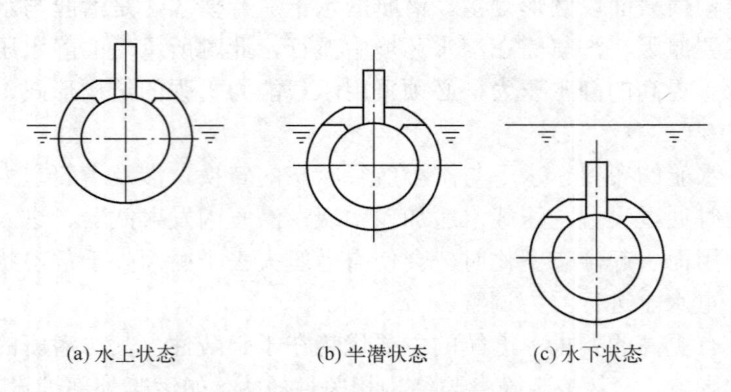

图 10-1-2 潜艇的典型状态

（1）水面状态。潜艇上所有主压载水舱均未注水情况下，漂浮于或航行于水上的状态称为水上状态。由于现代反潜兵力的发展，这种状态很容易被敌人发现，一般只用在无敌情顾虑情况下的航渡以及平时训练等。

（2）半潜状态。潜艇上除了中间组主压载水舱以外，其他主压载水舱都被灌注时称为半潜状态。此时，设闸室围壳和甲板仍露出水面，潜艇只具有很小的干舷，这是潜浮过程中的一个过渡阶段。

（3）通气管状态。所有主压载水舱几乎都注满了水但还不至于使潜艇下潜，潜艇升起通气管进行柴油机工作。此时既能使用柴油机作为发电的动力，又能最大限度地保证潜艇水面隐身性的需要。

（4）水下状态。潜艇上所有主压载水舱都被灌注且艇体全部处于水下的情况称为水下状态。此时，潜艇完全处于水下，具有水下全排水量。水下航行状态是现代潜艇执行战斗、航渡及其他各项任务时的主要航行状态。

（5）超载燃油状态。为了使潜艇能远离基地执行任务，部分主压载水舱可用来装载燃油。这些水舱装满燃油后潜艇所处的状态可以称之为超载燃油状态。

潜艇的不同工作状态对应的下潜深度不同，这里的下潜深度是指潜艇耐压壳体形心与水面的距离，如图 10-1-3 所示。

（1）潜望深度。潜望深度是指潜艇在水下航行时，能使用潜望镜进行工作的深度。潜望深度的大小视潜艇种类及海况而定，一般为 8～15m。

（2）工作深度。潜艇在正常航行过程中，所能达到的最大深度称为工作深度。在此深度上，潜艇能进行较多次数的、长期的停留和航行。此深度通常为极限深度的 0.8～0.9 倍。

（3）极限深度。极限深度是指潜艇下潜的最大深度。在此深度上潜艇只能进行短时的、有限次的（在整个服役期内一般不超过 300～500 次）停留。

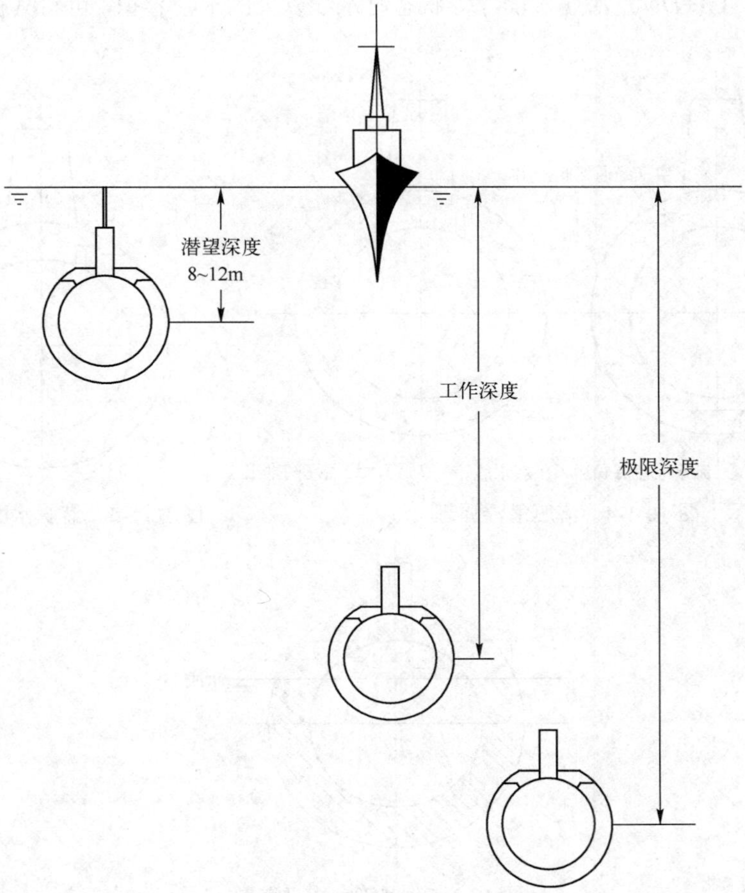

图 10-1-3　潜艇的各种潜水深度

（4）计算深度。设计计算耐压艇体强度时的理论深度称为计算深度。计算深度一般为极限深度的 1.4～1.6 倍。

2. 潜艇的潜浮过程

潜艇下潜时，主压载水舱通海阀与通气阀同时打开，海水由通海阀注入，舱内空气由通气阀排出，潜艇重量增大，实现下潜；潜艇上浮时，主压载水舱通海阀与通气阀开启，高压气体经通气阀吹进舱内，舱内海水经通海阀排出，潜艇重量降低，实现上浮，如图 10-1-4 所示。无论在水下还是水上，当潜艇处于漂浮状态（平衡状态）时，必须满足重力等于浮力且二者在同一铅垂线上，如图 10-1-5 所示。

当潜艇漂浮于水面时，由平衡条件可知，潜艇重量等于船体水线以下排开水的重量，如图 10-1-6 所示。

$$G=\gamma(C+B)$$

式中：G 为潜艇的重量；γ 为海水重量密度；（C+B）为潜艇水面漂浮状态时水线以下的

水密容积。

由上可知，（$A+D$）是潜艇水面漂浮状态时水线以上的水密容积，可将其视为储备浮力。

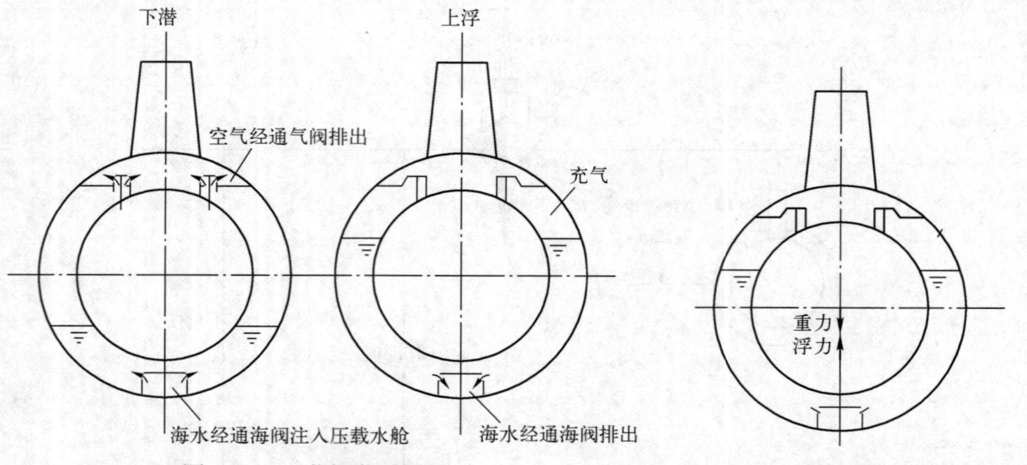

图 10-1-4　潜艇潜浮原理　　图 10-1-5　潜艇水面状态平衡图

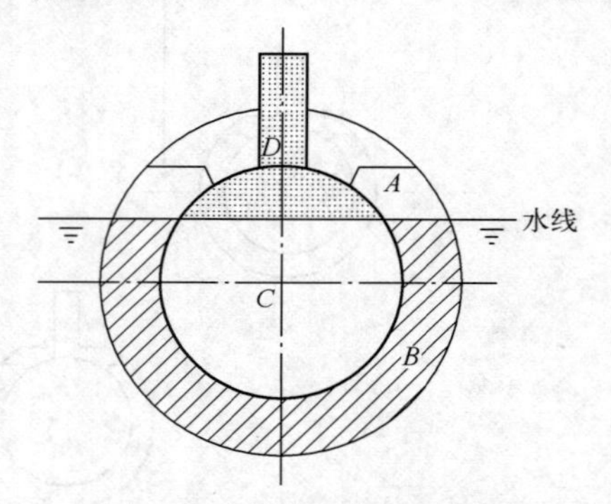

图 10-1-6　潜艇容积平衡图

在潜浮过程中，潜艇重量保持不变。在下潜过程中，随着主压载水舱进水，水线上升。当潜艇完全潜入水中时，将处于平衡状态，潜艇重力与浮力相等，即

$$G=\gamma(C+D)$$

式中：$C+D$ 为潜艇水下状态时的固有水密容积。

根据以上两式可知，$B=D$，则潜艇的储备浮力大小为$\gamma(A+B)$，将主要来自主压舱水舱。

10.1.2　潜艇的各种液舱

潜艇液舱主要分为两类：

（1）压载液舱。包括所有用来提供潜艇水面或水下状态时所需浮力和保持平衡的液舱。

（2）艇用备品液舱。包括所有用来装载各种消耗品的液舱。

1. 压载液舱

根据液舱是否需要承受深水压力，可分为耐压液舱和非耐压液舱；根据液舱是否可

在水面状态时保证水密性，可分为水密液舱。潜艇各压载液舱的类型如表 10-1-1 所列。

表 10-1-1　压载液舱类型

压载液舱名称	耐压要求	密性要求
主压载水舱	非耐压	是
浮力调整水舱	耐压	是
纵倾平衡水舱	非耐压	是
鱼水雷、导弹补重水舱	非耐压	是
环形间隙水舱	非耐压	是

1）主压载水舱

主压载水舱的功用就是为了实现潜艇下潜或上浮。当主压载水舱灌注海水时，潜艇下潜；反之，则潜艇上浮。对于双壳体潜艇，主压载水舱一般都布置在耐压船体与非耐压船体之间的舷间，如图 10-1-7 所示。水下状态时，主压载水舱始终保持与舷外水相通，因此主压载水舱是非耐压的。对于单壳体潜艇，主压载水舱一般布置在潜艇首尾两端，如图 10-1-8 所示。

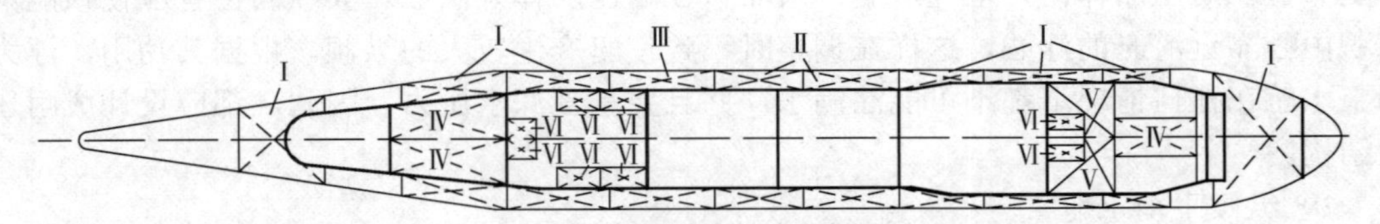

图 10-1-7　液舱布置在耐压船体和非耐压船体之间

Ⅰ—主压载水舱，Ⅱ—浮力调整水舱；Ⅲ—舷外燃油压载水舱；Ⅳ—首、尾端纵倾平衡水舱；

Ⅴ—鱼水雷补重水舱；Ⅵ—其他舱室，如淡水舱、滑油舱、污水舱等。

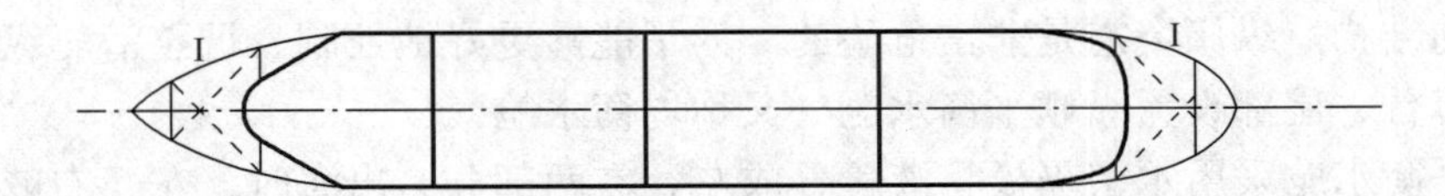

图 10-1-8　单壳体主压载水舱示意图

主压载水舱顶部设通气阀，底部设通海阀。当需要潜艇下潜时，通气阀、通海阀同时开启，海水进入液舱，主压载水舱注满水时，潜艇完全进入水中。当潜艇上浮时，先将通海阀打开，关闭通气阀，通过高压空气将压载水舱内的水吹除，潜艇浮力大于重力，潜艇上浮。

为了操作上的方便，主压载水舱沿艇纵向分组设置，位于船中附近的称为中间组主压载水舱（或中组主压载水舱）。中间组压载水舱的容积应满足：当这些水舱排空后，保证指挥室和上层建筑能露出水面，并具有很小的干舷。在风浪里应能打开指挥室的舱口盖以保证艇员能呼吸到新鲜空气，并能用柴油机作水面航行，以及人员到甲板上进行各种必要的操作活动。

中间组主压载水舱容积中心纵向位置应与半潜状态水线以下的排水容积（包括耐压指挥室和一部分构架的容积等）中心的纵向位置相同。这样，当潜艇由半潜状态转入水下状态航行，或由水下航行状态转为半潜状态时，不致产生过大的倾差。但在实际布置中，一般希望该舱的容积中心比艇的浮心稍前一些，这样当潜艇上浮时，首先排完该舱的水后使潜艇有一定尾倾，更有利于艇的上浮。

布置在首、尾两端耐压船体以外的主压载水舱称为首、尾主压载水舱。这些水舱在各类潜艇上都是非耐压的。但首尾两端由于经常受到波浪或推进器工作时水动压力的作用，其结构承载能力要求也稍高于其他位置的压载水舱。

2）浮力调整水舱

当潜艇进入海水阶跃层，或海水温度、盐度改变等，引起潜艇浮力变化。又或艇内消耗品（如淡水、燃油、武器弹药等）的使用引起潜艇重量的变化，均会造成潜艇重力与浮力的不对等。若不及时调整，会使得潜艇失去平衡。因此，潜艇上设置了专门的液舱——浮力调整水舱。

浮力调整水舱通过灌水或排水用来保持潜艇的重力等于浮力，使潜艇始终处于中性浮力（“零浮力”）状态。浮力调整水舱容积的大小是根据潜艇在服役过程中浮力与重力可能变化的最大情况来确定，一般为水面排水量的 3% ～ 4%（有时因为海水重度变化较大，为了减小调整液舱容积，也有用部分压铁进行调整）。浮力调整水舱的布置，单壳潜艇布置在耐压船体内，双壳潜艇一般布置在耐压船体外两舷。其纵向位置应使该舱的容积中心靠近潜艇的浮心，这样在调整时不致使艇产生较大的纵倾。根据其功用，浮力调整水舱在任何情况下都不可能注满水，并且要承受深水压力，因此，都应设计成耐压的结构。

3）纵倾平衡水舱

潜艇在水下航行时，尽管依靠浮力调整水舱能够经常保持潜艇处于中性浮力状态。有时由于备品消耗、武备移位等原因引起重力与浮力不在同一铅垂线上，进而导致潜艇发生纵倾；有时由于操纵上的需要，如下潜上浮等，需调整潜艇为纵倾姿态。对于潜艇这种细长的结构，纵倾姿态是非常危险的。为了能够更好地控制、调整潜艇纵倾姿态，专门在潜艇首、尾部设置纵倾平衡水舱（又称均衡水舱）。

纵倾平衡水舱采用水密隔板将液舱分成左、右两部分。出海时，左、右舷两个对角液舱中有水，另两个对角液舱中是空的，同舷首、尾纵倾平衡水舱之间用水管相连，通过调水操纵器控制压缩空气，实现同舷调水，避免在调水过程中产生横倾。

纵倾平衡水舱大都布置在耐压船体内部，由于不与舷外水相通，不承受深水压力作用，故为非耐压结构。

4）速潜水舱

储备浮力较大的潜艇，为了加快潜艇的下潜速度，常在潜艇重心稍前的舷间设置速潜水舱。速潜水舱的容积根据速潜时间的要求确定。当其注满时，应使潜艇产生一定的首纵倾，以利于速潜。由于现代潜艇水面航行时间大幅减少，速潜的作战价值下降，并且速潜也可以通过合理的操舵手段来实现，因此，现代潜艇一般不再单独设置速潜水舱。

5）鱼水雷专用水舱

（1）鱼水雷、导弹补重水舱。潜艇在执行任务过程中，发射鱼雷、导弹后会引起重量的降低，进而导致潜艇上浮。为了保证潜艇的平衡状态，会设置鱼水雷、导弹补重水舱。补重水舱尽可能与被替换物的重心重合或接近。由于布置上的原因，补重以后总会产生少量的力矩差，这些要靠纵倾平衡水舱来保持平衡。

（2）环形间隙水舱。发射管内的鱼雷与发射管之间存在一定间隙，该间隙称为环形间隙。在水下发射鱼雷时，为了打开发射管前盖，必须先将环形间隙充满海水，并使之与舷外海水相通以平衡压力。为了保证潜艇平衡，充入环形间隙的海水不应来自艇外。为此，艇上设有环形间隙水舱，以储存鱼雷与发射管之间的环形间隙所需要的水。环形间隙水舱布置在耐压船体内部鱼雷发射管附近，属于非耐压结构。

2. 艇用备品液舱

潜艇日常使用的各种燃油、淡水等液体的储存，均在相应的艇用备品液舱之中。这些艇用备品液舱大多是非耐压结构，各备品液舱功用如表 10-1-2 所列。

表 10-1-2　艇用备品液舱功用

<table>
<tr><th>备品液舱名称</th><th colspan="2">功用</th></tr>
<tr><td>燃油舱</td><td colspan="2">储备艇用燃油</td></tr>
<tr><td rowspan="2">滑油舱</td><td>清滑油舱</td><td>储存清洁（未使用）滑油</td></tr>
<tr><td>循环滑油舱</td><td>储存循环使用的滑油</td></tr>
<tr><td>柴油机冷却淡水舱</td><td colspan="2">储存淡水，用于补充在柴油机冷却过程中损失的淡水</td></tr>
<tr><td>蓄电池冷却蒸馏水舱</td><td colspan="2">储存不导电的蒸馏水，用于冷却蓄电池</td></tr>
<tr><td>污油舱</td><td colspan="2">储存机械设备泄漏的污油</td></tr>
<tr><td>淡水舱</td><td colspan="2">储存艇员饮用的淡水</td></tr>
<tr><td>洗涤淡水舱</td><td colspan="2">储存洗涤用的淡水</td></tr>
<tr><td>污水舱</td><td colspan="2">储存在厨房、洗脸盆和厕所地板上流下来的污水</td></tr>
</table>

对于常规动力潜艇，一般会在耐压船体内外分设几个燃油舱。对于耐压船体外部的燃油舱，保持与海水的连通，燃油消耗后剩余的空间直接由海水代换；对于耐压船体内部的燃油舱，燃油消耗后由调整水舱进行补重。燃油与水密度差引起的重量变换，由调整水舱和纵倾平衡水舱来保持平衡。

有的潜艇为了增大续航力，常常具有超载燃油的能力。这些超载燃油并不专门设置燃油舱，而是由某几个主压载水舱来储存，因此，这些舱又称为燃油压载液舱。当潜艇遇到水下爆炸或其他偶然载荷时，要求燃油舱的破坏应不先于其他主压载水舱，因此，它们的承载能力略高于其他主压载水舱。

10.2　潜艇结构组成

10.2.1　潜艇结构的组成

尽管潜艇类型较多，但由于其空间构型、功能和承载要求的共同特征，其结构部件组成基本相同。划分原则不同，潜艇结构的划分类别也不尽相同。为了便于学习，本书把它分为基本结构与专门结构两大部分，如图 10-2-1 所示。

图 10-2-1　潜艇结构示意图

基本结构是指构成潜艇船体不可缺少的部件。这些结构是构成潜艇船体的基础，艇上的一切装置、设备都安装在基本结构上。它直接或间接地影响潜艇的战术、技术性能。因此，基本结构是研究潜艇结构的主要对象。基本结构一般包括下列几部分：

（1）耐压结构。包括耐压船体、耐压指挥室、耐压液舱、首尾端耐压舱壁等承受深水压力的结构。

（2）非耐压结构。可分为水密结构和非水密结构两类，前者主要指潜艇的舷间压载水舱结构，后者按其位置不同又分为上层建筑、指挥室围壳及首尾端结构等。

（3）内部结构。包括耐压船体内部的舱壁、平台、内部液舱的围壁等结构。

专门结构是潜艇上为某些专门用途而设置的局部性结构，它是潜艇基本结构的自然延伸，起到了潜艇结构与各系统、装置设备之间的连接作用。

专门结构在潜艇上分布很广，按其特点归纳起来可分为两类：①非耐压船体上的凹穴或突出品结构，如鱼雷发射管前的防波板，水声仪器导流罩、锚穴、稳定翼等结构；②各种基座结构，如主机基座、电机基座等。

10.2.2　潜艇结构的评价与要求

第一篇中所建立的舰船评价体系同样适用于潜艇结构。潜艇结构评价与要求体系主要包括基本功能性要求、扩展功能性要求、保障性和维修性、工艺性和经济性。

1. 基本功能性要求

对于潜艇结构基本功能性要求的理解，首先是结构适用性要求，也可理解为结构合理性。潜艇船体结构具有耐压、水密和非耐压等多种类型以及相应的结构形式，这是与其所担负的使命和功能相适应的。如潜艇在水下工作时，要承受巨大的深水静压力，这就要求设置耐压船体结构。在耐压船体外的水舱，在水下不承受深水静压时，就不具有耐压要求。又如，耐压船体的内部舱壁，主要是为了分隔舱室，布置各种设备并保证水面的不沉性或组成水下救生舱室，因此，会要求舱壁结构既具有足够的强度又具有良好的紧密性。结构设计要求的适用性要求是与其功能和使命密切相关的。除此以外，潜艇结构基本功能性要求还包括可靠性、坚固性、紧密性以及防护性。

应该注意，由于潜艇工作环境的特殊性，其结构的坚固性具体要求与水面舰船是存在一定差异的，主要体现为：船体各部分结构所存在的各种外力形式、作用特点以及强度（含稳定性）要求，这是潜艇结构赖以长期工作并发挥其作用的基础，也可以说是最基本的功能性要求。

2. 扩展功能性要求

潜艇结构扩展功能性要求主要包括：安全性、隐身性、重量性和居住舒适性。

在安全性方面，潜艇结构存在水面和水下两种状态下的不沉性要求。由于工作环境的特殊性，一般满足水下不沉性要求的部（构件）均可兼容水面不沉性要求，如耐压船体结构，但也有部（构）件仅需满足水面不沉性要求，如主压载水舱、内部舱壁和液舱；除碰撞、触礁以及搁浅等偶发性载荷以外，潜艇结构抗损性要求主要体现为耐压船体结构对水下爆炸载荷的承受能力，《舰船通用规范》中要求，在水下爆炸时，应使潜艇耐压壳体不产生塑性变形，可根据潜艇耐压壳体距爆心的最近距离确定为潜艇的安全半径。

在隐身性方面，水下声隐身要求是潜艇最为重要的功能特性要求。近年来，我国潜艇声隐身技术取得了长足的发展。潜艇结构不仅是艇内设备振动传递的主要声学通道及造成外场声辐射的声辐射体，同时也是产生流激噪声的重要源头和声目标强度特征的主要贡献者。因此，开展潜艇结构声学特性设计现已成为潜艇结构设计的重要组成部分和新兴领域。

在潜艇结构重量性方面，一个优良的结构设计，一项重要的指标，就是在满足强度和刚度的条件下结构重量最轻、尺寸最小，这就要求选择合理的结构形式及构造方法。这一点对于未来潜艇的大潜深发展尤为重要。

3. 保障性与维修性

保障性和维修性也是潜艇结构性能优劣的重要评价指标。

在保障性方面，《舰船通用规范》中一般要求使用部门应在论证阶段提出保障性要求，包括保障性定性、定量要求（合同参数和合同指标）、基本的分析工作项目要求，承制方应在方案阶段依据 GJB1371 的规定在型号研制过程中开展保障性分析工作，并纳入产品设计的过程中。在舰船方案阶段，应将保障性与性能及其他质量特性综合权衡，并与进度及费用约束条件相适应，在舰船设计阶段，应进行保障性、性能及其他质量特性的同步设计。

在维修性方面，一般要求使用部门应在论证阶段提出维修性大纲要求，承制方应在初步方案阶段依据使用部门提出的维修性大纲要求、GJB368A 及有关标准制定并实施维修性大纲。在舰船初步方案阶段，应将维修性与性能及其他质量特性综合权衡。在舰船设计阶段，应进行维修性、性能及其他通用质量特性的同步设计。舰船的维修性工作应以发现和纠正设计的缺陷为重点，并应采用行之有效的维修性设计、分析和试验技术。

此外，在结构设计时应充分考虑平时维修保养、损害管制、设备装拆方便等因素。例如双壳体潜艇的舷间空间宽度应不小于 800mm，在主机舱、电机舱、蓄电池舱顶部耐压船体应设有可拆板，以便修理时吊放主机、电机、电池之用。

4. 工艺性与经济性

潜艇结构形式及外形的选择，应充分考虑船体的流体动力性能和总体布置的要求，所采用的结构形式和形状，在很大程度上与船体的流体动力性能（如快速性、操纵性等）

和总体布置有关。有时，为了减少阻力、改善操纵性以及满足布置上的要求，不得不牺牲某些重量和尺寸，甚至增加一些制造工艺的困难。例如，做成各种复杂形状的首、尾形，主要是为了减少阻力及改善操纵性。又如耐压指挥室从强度或工艺的观点来看，做成圆柱形的最为有利，但是为了不增加指挥室围壳的宽度（这里主要是考虑水下航行的阻力），而又能布置必要的设备（如潜望镜等），很多潜艇上采用椭圆形的指挥室。

在工艺性方面，潜艇结构建造应符合现代造船工艺的要求，同时也要考虑现有的工业生产水平和技术条件（人员的技术水平，生产设备的能力）。现代潜艇建造普遍采用“分段”或“总段”建造工艺，这种建造方法就是首先将船体结构建造成一个个的分段，然后合拢成整体。这样能有效地保证质量，而且能够提高劳动生产率，缩短船台周期，达到高速优质生产的目的。为了适应分段（总段）建造的特点，每一分段的结构应该具有相对独立性，并能维持分段结构自身的强度和刚度。此外，每一分段或总段的重量还要和船厂的起重、运输能力相适应。现代潜艇建造的另一特点是广泛的采用自动切割、自动焊接或半自动焊接，这就要求结构构件尺寸及排列上尽量做到整齐统一。

在经济性方面，潜艇结构应力求经济节约。对于军用舰船，在保证一定的战术、技术指标下，力求经济节约同样是非常重要的。这样可将节省下来的材料、经费用于制造更多更新的舰船。当然，结构上的经济性与前面所述的各项要求有着密切联系。例如：当结构既满足强度条件又使重量最轻，自然就能节约材料；当结构最大限度地满足自动化、半自动化生产的要求，就能提高劳动生产率、缩短周期，也就节省了建造经费。

综上所述，潜艇结构的优劣是由多方面因素构成的。不难看出，这些因素之间既有联系又有矛盾。因此，当评价某一结构设计状态时，应该有全面的体系观点，应根据具体情况和要求，分析决定结构的主要因素，从而达到正确了解结构和合理开展结构设计的目的。

10.3 潜艇舱室布置及功能

10.3.1 概述

目前，潜艇耐压船体舱室划分主要有两种设计理念，即小分舱大储备浮力和大分舱小储备浮力。小分舱大储备浮力代表着以静力抗沉或者以救人救艇为主的设计思想；大分舱小储备浮力代表着以动力抗沉为主的或者弃艇救人的设计观点。实际上，潜艇的安全与救生直接受到耐压舱壁布置的影响，但也并不是任何情况下都要设置耐压舱壁。设置分舱耐压舱壁需计及舱室长度的增大和重量的增加，此外对总布置而言也是不利的。至于舱壁承压能力大小应根据潜艇的活动海区以及救生方式和能力而定。

舱室容积与有效甲板面积是衡量潜艇内部空间的总体性指标。大多数潜艇设计时采取“限制容积”的方式，通过优化舱室内部布置，以使单位容积有更多的有效甲板面积，从而可使潜艇容积造得小。耐压艇体内部设置的甲板层数取决于耐压艇体直径，甲板设置的原则是每层甲板之间的层高需略大于艇员的平均身高，如图 10-3-1 所示。

舱室分层是否恰当可以用甲板使用率来衡量，不同分层所获得的甲板使用率是不同的。潜艇布置的优劣主要取决于能否有效利用圆形特性。潜艇耐压艇体内部舱室的布置，不仅要求满足容积的需要，而且还要考虑空间的几何形状以及纵向或垂向装备布置的位置。

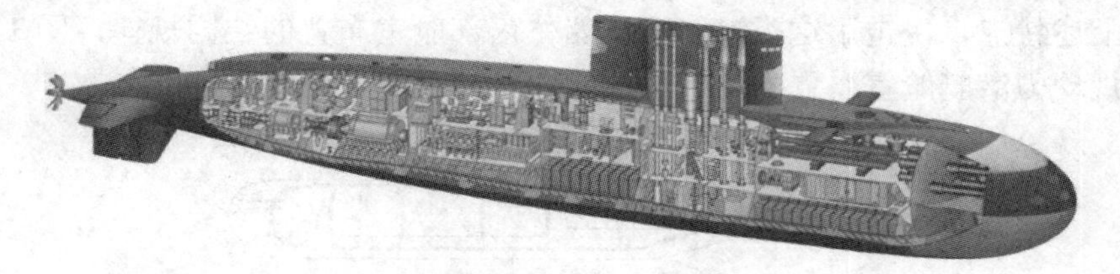

图 10-3-1 “基洛”级潜艇内部结构剖视图

10.3.2 潜艇内部舱室布置

潜艇耐压船体内部通常用水密舱壁分成若干个舱室，以布置各种设备，保证水面状态的不沉性和组成若干个救生脱险舱，提高潜艇的生命力。

水面不沉性，是指潜艇在水面状态破损后仍能保持不沉不翻的能力。对于潜艇，一般要求耐压船体内一个舱段及相邻的一个主压载水舱（对于小型潜艇）或两个主压载水舱（对于中、大型潜艇）被灌水时，仍能保持“正浮力”和“正稳性”。对于常规双壳体潜艇一般是能满足的，至于其内部舱室的分隔主要是根据武备、动力装置及其他设备的布置要求来确定。对于大型核潜艇或单壳体常规潜艇，由于主要考虑水下活动，设计时储备浮力很小，而有的舱室又很大，如中部导弹舱等，这一要求是很难满足的。它的舱室划分主要也是考虑各种装（设）备的布置。

如美国“洛杉矶”级 1 型核潜艇，采用大分舱设计，共有 3 个隔舱，分别是鱼雷/中央指挥舱、反应堆舱和主机舱。此外，艇上还设有 2 个逃生舱口，可与深潜救生艇对接。一旦发生沉没事故，可保证艇员在救生艇的帮助下脱险逃生。由于设计之初准备装备 S6G 型核反应堆，以达到 32kn 的水下最高航速，艇内空间显得十分有限，而在加装了 12 个垂直发射管后，又占据了一些压载水舱的位置，以至于“洛杉矶”1 型艇的储备浮力只有 13%，抗沉性较差。

“阿库拉”2 型核潜艇是俄罗斯传统的双壳体，采用小分舱设计。从艇首至艇尾共设有 7 个耐压舱室：武器舱、指挥舱、前辅机舱、反应堆、后辅机舱、主电机舱和尾舱。其储备浮力高达 33%，抗沉性很好，并严格按照不沉性标准设计，加强了全艇的抗沉性。通常一个舱进水照样能执行战斗任务，2～3 个舱进水，潜艇还能在海上漂浮数小时，以供艇员逃生。

可见，耐压船体内部的布置，主要取决于武备、动力装置的类型及其传动方式以及潜艇的线型等因素。对于武备、动力装置及传动方式相同的潜艇，其内部布置基本相同。一些典型潜艇的舱室布置如下：

在潜艇耐压船体内部，通常采用舱壁将整个空间划分为若干个区，形成潜艇的舱室，如图 10-3-2（a）所示。对于传动方式、武器类型基本相同的常规潜艇而言，虽然各艇排水量不尽相同、内部设备多少不一，但舱室的布置情况基本相同，主要有首尾鱼雷舱、（前、后）蓄电池舱（住舱）、指挥舱、柴油机舱、推进舱等。

为了保证鱼雷武器的使用，布置了首、尾鱼雷舱；为了便于集中操纵指挥，在艇的中部设置了指挥舱（又称中央舱）；考虑到潜艇水面和水下航行分别使用柴油机和电动机，为此潜艇上分别设置了主（柴油）机舱与电机舱。艇上主电机的能源由蓄电池供给，因此艇上带有很多蓄电池。考虑到生命力的要求，通常将蓄电池布置在两个不相邻的舱室内。正是上述特点，决定了这类潜艇耐压船体内部舱室布置的共同规律，图 10-3-2（a）表示了常规动力潜艇舱室布置的一般情况。

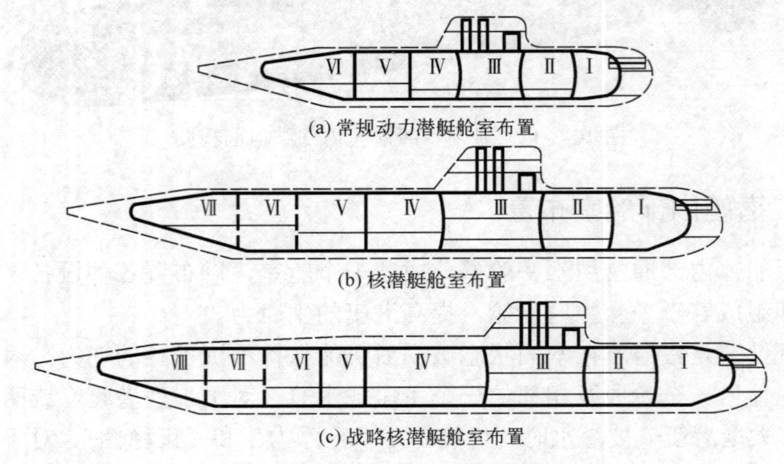

(a) 常规动力潜艇舱室布置

(b) 核潜艇舱室布置

(c) 战略核潜艇舱室布置

图 10-3-2　潜艇舱室的划分

为了对潜艇耐压船体内部各个舱室布置情况有进一步了解，下面以潜艇典型的舱室布置为例，分别叙述各个舱室的功用、设备及其布置情况。

1. 首部鱼雷舱

鱼雷是常规潜艇的主要武器，一般从首部实施鱼雷攻击的机会最多，因此大部分鱼雷发射管都布置在首部，且与艇的纵舯剖面和水线面平行，以便潜艇向目标发射鱼雷时，艇首朝向目标所在的方向。鱼雷发射管水平布置、左右对称，对于小型潜艇有 2～4 具，中型潜艇 4～6 具，大型潜艇 6～8 具。它们的布置形式与艇首的形状及艇首水声设备的布置有关。对比较尖瘦的艇首一般采用直列式布置，这种方式占用垂向高度大，对声纳基阵布置不利；对比较圆钝的艇首采用环形或并列布置，这种方式占用垂向高度小，对声纳基阵布置有利，图 10-3-3 表示几种布置形式。

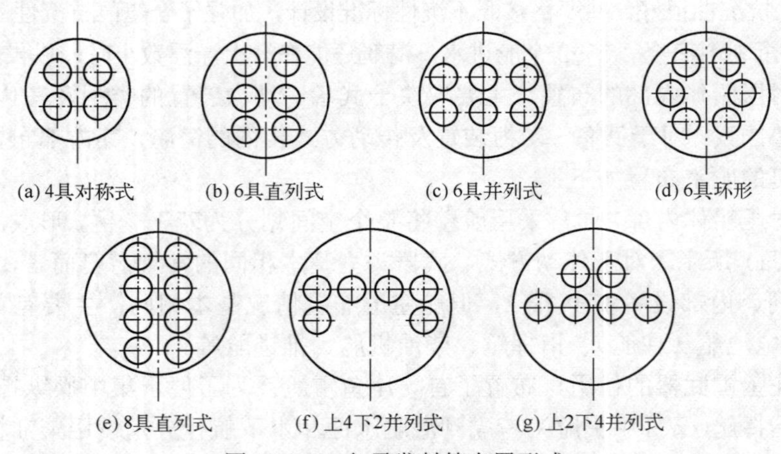

(a) 4具对称式　(b) 6具直列式　(c) 6具并列式　(d) 6具环形

(e) 8具直列式　(f) 上4下2并列式　(g) 上2下4并列式

图 10-3-3　鱼雷发射管布置形式

为了创造多次实施鱼雷攻击的机会，在首舱内一般都储有备用鱼雷，备用鱼雷的数目由艇的战术技术任务书确定。备用鱼雷的布置，主要考虑如何装填方便，一般备用鱼雷的存放位置应保证其轴线与鱼雷发射管的轴线在同一直线上，如图 10-3-4 所示。

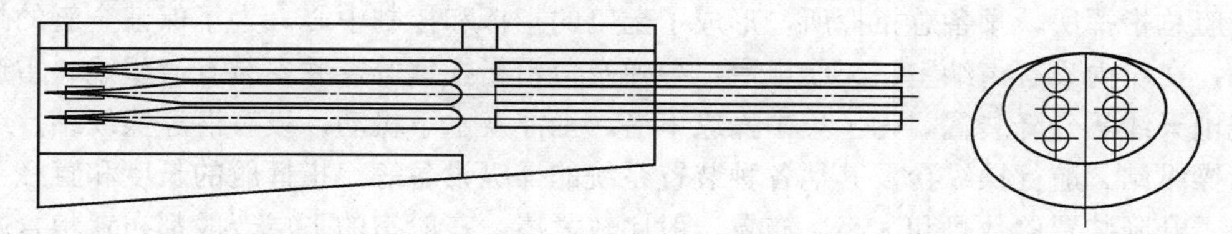

图 10-3-4　备用鱼雷的布置

首舱通常也可作为艇员住舱，因此在舱内设有吊铺，衣物储藏柜以及其他为生活服务的设备。首舱可以用鱼雷发射管作为救生脱险的装置，故又作为救生舱，所以舱内设有供艇员水下脱险用的单人呼吸器，应急食品、淡水储存箱和空气再生系统等设备。此外，在首舱一般还布置有首水平舵与锚装置的传动设备与应急操舵设备。

2. 蓄电池舱（或居住舱）

为了保证蓄电池的生命力，即当一个舱室破坏后，不失去全部电能，应将它布置在不相邻的两个舱室内。为降低艇的重心、改善艇的稳性，蓄电池一般都放在底层。由于艇在航行中横摇大于纵摇，为了防止横摇时电解液溢出，蓄电池一般沿纵向布置（即蓄电池的长边沿艇的纵向）。蓄电池在舱内布置可呈单层布置，也可以呈双层布置，但蓄电池的长度方向要沿潜艇纵向布置，如图 10-3-5 所示。为了便于人员日常检查，在舱内设有通道或专门移动的小车。排列要有规律，底部留有减振垫间隙，纵、横向每隔 3～4 块电池要留有木楔空隙，各电池间都要留有裕度间隙。此外还设有蒸馏水储藏箱，充放电时电解液搅拌系统，冷却系统及装卸电池时的移动滑轮等。

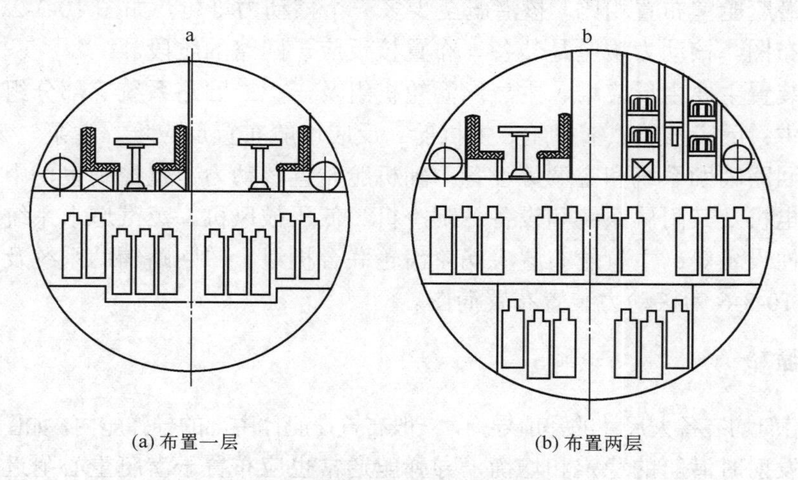

(a) 布置一层　　(b) 布置两层

图 10-3-5　蓄电池在舱内的布置

蓄电池上面的舱室一般都作为艇员的居住舱以供艇员的休息、学习、用餐及娱乐之用，因此这个舱有时也叫居住舱。

3. 指挥舱

指挥舱是全艇的首脑部位，以艇长为核心，布置着作战指控中心、航海保障中心以及潜艇总指挥所、预备总指挥所，形成了全艇的指挥和控制中心。为了保证全艇的战斗指挥，在舱内设有声纳室、无线电室、导弹及鱼雷指挥室等，并安装有潜望镜、雷达、无线电天线等升降装置。为了集中操纵下潜、上浮及水下机动，设有潜浮操纵站，纵倾平衡操纵站、航行操纵台及其他各种装置系统的操纵设备等。指挥舱的长度和直径主要取决于升降装置的数目和大小，布置一般比较紧凑。在舱室的下层一般都布置粮食舱、淡水舱以及其他辅机设备。在指挥舱的上部设有耐压指挥室，耐压指挥室有的作为水下航行时的指挥部位，也有的仅作为出入耐压船体的通道及救生闸室之用。

4. 柴油机舱

该舱一般布置柴油发电机组及其辅助系统设备。该舱除布置有柴油机外，一般还布置废气涡轮机增压器、日用油箱、各种滤器、冷却器、全船通风机及油、水管等。通常分双层布置，如德国的 212A 常规潜艇，动力舱分两层布置，上层前部安装有柴油发电机组及其配套的辅助设备，后部安装推进电动机及其相应的附属设备；下层布置有燃油舱、淡水舱、纵倾平衡水舱等多种液舱。

现代潜艇采用较多的 AIP 装置，通常也布置在该舱。如荷兰研发的“海鳝”级潜艇，动力舱分为 2 层，上层布置主机、AIP 系统及主电机等装置，下层为配套各种液舱。

此外，在主机舱、电机舱还布置有操纵主机、电机的设备。有的潜艇，为了改善艇员的工作条件，专门设置一个操控室。

5. 核动力舱

与常规潜艇舱室布置相比，核潜艇至少多一个核动力堆舱，如图 10-3-2（b）即为核潜艇舱室分布图。核动力堆舱是装备、布置核反应一回路的舱段。

核动力装置主要由反应堆、主蒸汽涡轮机组及一、二回路系统等部分组成。一般布置在 3 个舱中：反应堆舱、辅机舱、主机舱。反应堆舱布置反应堆、主泵、蒸汽发生器、加压器、一回路辅助系统和空调等设备；辅机舱布置核动力装置控制室，中、下层布置蒸汽涡轮发电机及其附属系统和设备、制冷机、低压鼓风机、蒸汽造水系统和设备、一回路非放射性设备等；主机舱布置主涡轮齿轮联合机组、二回路辅助系统及其附属系统和设备。图 10-3-6 为核动力装置布置简图。

6. 导弹舱

战略核潜艇均装备大尺寸的弹道导弹，一般布置在艇体中部的导弹舱内，如图 10-3-2（c）。考虑到导弹发射时潜艇的稳定和均衡，导弹舱通常也应布置于潜艇重心附近的中部。一般情况下，导弹舱是潜艇上最大的舱室，该舱中占据大部分空间的是竖立在艇中线面两侧的弹道导弹发射筒。导弹发射筒有 12 个、16 个或 24 个，采用双排布置。在导弹舱内还布置导弹发射系统及为导弹发射服务的各种辅助设备、系统。

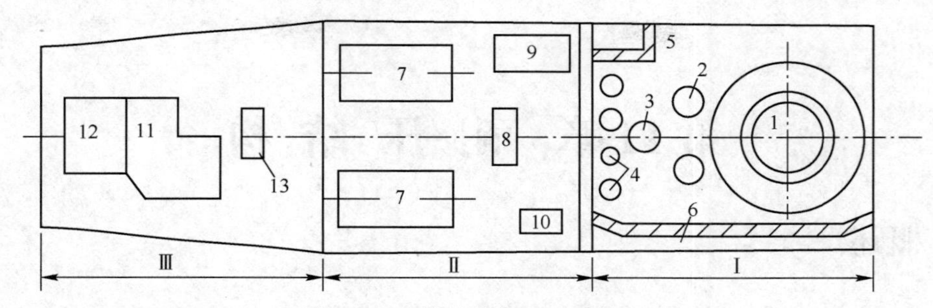

图 10-3-6　核动力装置布置简图

Ⅰ—反应堆舱；Ⅱ—辅机舱；Ⅲ—主机舱。
1—反应堆；2—蒸汽发生器；3—加压器；4—主泵；5—核监测室；6—屏蔽走廊；7—汽轮发电组；
8—发电控制屏；9—制冷机；10—低压鼓风机；11—主汽轮机；12—减速齿轮箱；13—主机操纵仪表。

导弹舱一般分为三至四层。导弹武器的各系统、设备布置在第一、二层甲板，同时还布置了部分居住舱；下两层通常布置一些艇用备品舱、工作舱及导弹补重水舱。

思考题

（1）在潜艇内部舱室划分方面，目前存在“大分舱”和“小分舱”两种设计理念，试从结构坚固性、安全性以及空间可利用率的角度分析各自的优劣？

（2）在潜艇结构形式方面，目前存在单壳体与双壳体两种设计理念，试从坚固性、安全性以及液舱（主压载水舱和耐压液舱）布置与结构设计要求角度，分析其设计特点。

（3）试根据潜艇结构的设计平台特点，基于舰船结构评价体系知识，谈谈你对潜艇结构评价体系的认识。

第11章 耐压结构

11.1 概述

潜艇以水下工作状态为主，必须有足够坚固的结构以承受深水压力，通常将该类结构称为耐压结构。耐压结构一般包括耐压船体、耐压液舱、耐压设闸室、耐压舱壁等。耐压结构在为潜艇提供固定浮容积的同时，可保证舱室内部人员和各种设备的正常工作；同时可用于储存燃油、生活用水等，为人员、设备的运转提供保障。

11.1.1 耐压结构基本结构形式

现代潜艇主要有两种基本结构形式，即单壳体结构和双壳体结构。

早期单壳体结构的潜艇，其压载水舱全部布置在耐压艇体内部。与双壳体潜艇相比，单壳体结构潜艇的尺寸较小，湿表面积小，因此水下航行阻力也较低。不过由于艇内布置了压载水舱，而且是内置式肋骨结构，因此艇内的有效容积减少了许多。第二次世界大战后，以美、英为首的西方国家都倾向于单壳体结构的潜艇设计，当时有一种设计观点建议将压载水舱布置在艇外。如美国海军的“洛杉矶”级核潜艇便是典型的现代单壳体潜艇，该艇的所有压载水舱分别布置在潜艇耐压艇体外部的首尾两端，并且与耐压艇体构成了完整的流线型外形，但该艇的储备浮力较小。

双壳体结构的潜艇设计最早是由法国的潜艇设计师马克西姆·劳伯夫于1886年提出，在苏联潜艇建造中得到了充分的体现。苏联的设计师更倾向于双壳体结构潜艇，其主要原因是苏联的潜艇通常都在寒冷的海域中航行，双壳体潜艇的两层艇体可以起到保护作用，非耐压壳体所具备的储备浮力也是一个重要的安全因素。另外，两层艇体在遭受反潜鱼雷或深水炸弹攻击时也可起到一定的保护作用。

11.1.2 耐压结构的设计要求

从总体角度出发，潜艇耐压结构设计应满足如下要求：

（1）具有较高的容重比。耐压结构提供的浮力占据了潜艇总浮力的绝大部分，而浮力越大、结构重量越小，意味着有效承载能力越大。因此，严格控制艇体重量，才能提供更多的有效承载裕度，以装载需要的武备。

（2）坚固性与紧密性要求。一方面，耐压结构必须具有足够的强度和稳定性，以保证在深水压力下不会产生强度破坏和大变形。为此，应该合理选择结构形式和构造方法。另一方面，耐压结构必须具有良好的紧密性，以为人员及设备运转提供合适的空间。为此要求耐压结构接缝严密而坚实，各种出口处的紧密性应有专门密封材料来保证。

（3）潜艇耐压结构需具备良好的维修性，以便于后期的维护与保养，如推进电机舱、主机舱等舱室上需布置一定的可拆板，通过拆卸即可方便设备出入舱室。

潜艇耐压结构设计通常以计算方法为其强度的设计依据。不同国家在制定设计计算方法时，所遵循的准则区别较大。如以苏联为代表的潜艇设计强国在制定潜艇耐压结构设计准则时，以肋骨间壳板失稳作为设计基础，认为壳板波形失稳的出现意味着艇员灾难的来临；而美国在制定潜艇结构设计准则时，曾提出以保证壳板达到屈服破坏时无失稳破坏为准则；目前主流的设计准则，则以尽可能实现壳板屈服破坏与失稳破坏同时出现为目标。

11.2　耐压船体结构

11.2.1　概述

潜艇耐压船体是耐压结构中的主体成分，主要包含保证船体强度及船体稳定性的壳板和肋骨。该部分结构重量占潜艇总重量的 1/4～1/2，容重比（结构重力与浮力之间的比值）一般为 0.15～0.25，其提供的固定浮容积占潜艇结构提供固定浮容积总量的 90%，甚至更多。

耐压船体的结构形式由受力、舱室设备布置、建造工艺以及外形等因素所决定。对于不同历史时期、不同类型的潜艇，各个因素所起的作用也不相同。目前，常见的耐压船体主要有环形肋骨加强的圆柱壳（或圆锥壳）结构、球形耐压壳结构等。圆柱形（圆锥形）耐压船体与球形耐压船体相比，优势在于具有良好的空间利用率，而劣势则是承载能力低。

1. 耐压船体形状

1）耐压船体横截面形状

耐压船体横截面形状是多种多样的，曾出现过圆形、椭圆形、矩形以及半圆形等形状。但从抵抗深水压力的角度看，以圆形最为有利。圆形剖面的耐压船体，其受力之所以最好，是因为它在均匀外压力作用下只产生均匀收缩变形，壳板内部只有压缩应力而无弯曲应力；而椭圆形、矩形等其他横剖面形状，在静水压力作用下变形不均匀，除了产生压缩应力外，还有弯曲应力，如图 11-2-1 所示。对比发现，在保证强度的前提下，圆形横截面的结构重量最小。所以圆形横截面的耐压船体从一开始就被广泛采用，并且一直沿至今。

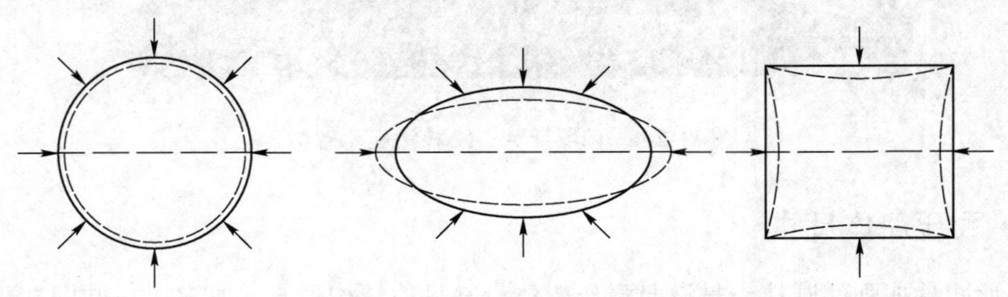

图 11-2-1　不同横截面的耐压艇体在均匀外力下的变形

2）耐压船体纵剖面形状

耐压船体纵剖面形状基本上可分为 3 种，即曲线形、直（折）线形和串联球形。

（1）曲线型。美英等国家的单壳体潜艇，耐压船体就是外形的一部分，为了使潜艇在水下航行时获得最小阻力，就必须把耐压船体做成光顺的曲线形（如水滴形），以形成合适的流场降低航行阻力。这种形状虽然给耐压船体加工带来一些困难，但为了减少阻力也不得不如此。如第二次世界大战中在太平洋大放异彩的“鲟鱼级”潜艇，其尾部机舱便是典型的曲线型，如图 11-2-2 所示。

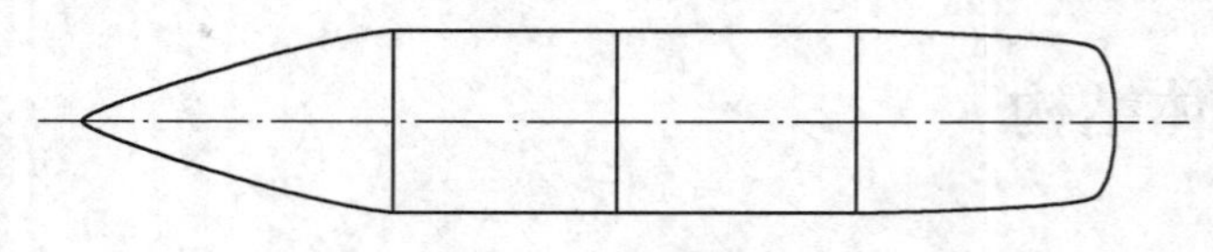

图 11-2-2　曲线型

（2）直（折）线型。我国及俄罗斯以双壳体潜艇为主。耐压船体对承载能力的要求较高，而对水动力性能的要求较低。为布置考虑，常采用“直（折）线形”耐压船体，如图 11-2-3 所示。

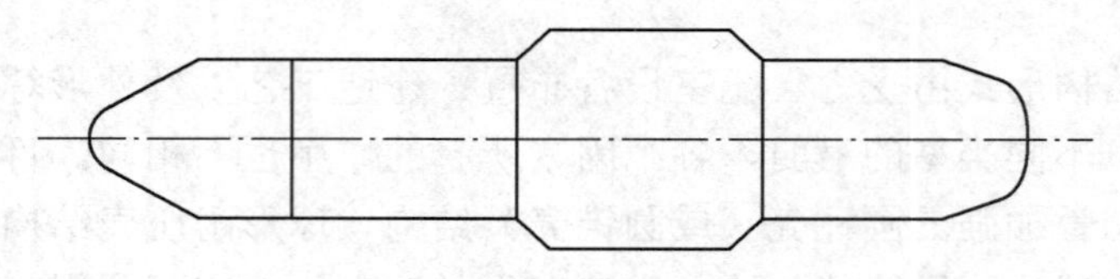

图 11-2-3　直（折）线型

（3）串联球形。俄罗斯 AS-12 型核潜艇为典型代表，如图 11-2-4 所示。充分利用球形耐压壳的高承载能力，同时兼顾水动力性能要求对非耐压壳尺寸的限制，采取多个球形耐压壳串联的形式。这种形式的耐压壳承载能力高，但工艺性较差。

图 11-2-4　俄罗斯 AS-12 核潜艇示意图

2. 耐压船体尺寸

环形肋骨加强的圆柱壳是潜艇耐压船体最常见的结构形式，本书以环肋圆柱壳结构为对象展开介绍。环肋圆柱壳耐压船体的主尺度，主要指它的直径和长度。

耐压船体直径的大小，与潜艇的排水量、潜艇线型和主要设备的尺寸等相关，最终由分层布置条件决定。例如，为了保证人员的生活、工作条件，要求舱室净高度（不包括构架）不小于 1.8m，考虑潜艇圆形结构的特点，上层高度根据需要设定最低标准。因此，同一类型潜艇有时排水量虽然差别较大，但如果分层数目相同，其直径差别却不大。目前，常规动力潜艇耐压船体通常采用二层甲板（三层空间布置），如日本的“春潮”级潜艇。对于核潜艇，由于排水量大，又都采用水滴外形，常常采用三层或四层布置，如美国“俄亥俄”级战略核潜艇，在指挥舱部位设三层甲板。

核潜艇耐压船体的最大直径，很大程度上取决于反应堆舱的直径要求。因为反应堆舱的直径与反应堆压力容器的高度和一回路主要设备（如主泵、蒸发器等）的布置直接相关。从总体设计角度看，反应堆舱直径应尽量小；而从动力装置的角度看，希望有较高的空间，以利用位差和高度差达到较高的自然循环的能力。例如美国专门用于研究反应堆自然循环的“一角鲸”号试验艇，其堆舱直径达到了 11.3m，较先前建造的潜艇直径大很多（表 11-2-1）。而且，通过试验艇相关试验结果表明，自然循环能力的提高对解决反应堆噪声问题很有帮助。在采用一体化反应堆动力装置的潜艇上，堆舱直径的矛盾越发突出。另外，随着设计下潜深度的增加，耐压船体的直径还要受到材料和工艺的限制，对于反应堆舱尺寸的总体限制要求就愈发明显。

表 11-2-1　美国核潜艇公开资料（主要尺度）

类别	“俄亥俄”级核潜艇	“洛杉矶”级核潜艇	“海狼”级核潜艇	弗吉尼亚级核潜艇
型号	SSBN743	SSN 773	SSN23	SSN774
总长/m	170.7	110.3	139	114.9
宽/m	12.1	10.0	12.9	10.4

耐压船体长度，与排水量、耐压船体直径有关，但最终由潜艇舱室纵向布置条件决定。例如，以柴油机-蓄电池为动力的直接传动潜艇，尽管有时排水量差别较大，但由于布置方式基本相同，其耐压船体长度差别不太大。而对于不同布置方式的潜艇，其长度差别就较大，如水滴形的潜艇，为了减少阻力要求艇的长宽比为 7 左右，因此，往往加大耐压船体直径，缩短耐压船体的长度。

11.2.2　耐压船体壳板

1. 耐压船体壳板的厚度

在均匀外压力作用下，耐压船体壳板是承受深水压力、抵抗轴对称屈服破坏的主要构件。环肋圆柱壳受到横向载荷和轴向载荷的共同作用，处于复杂受力状态，如图 11-2-5 所示。为了保证耐压船体壳板结构的安全性，应合理确定耐压壳板的厚度。

从强度的角度看，薄膜应力是耐压船体壳板的主要应力成分，壳板在相邻肋骨跨度中点的周向中面应力 σ_2^0 为典型应力，表达式为

$$\sigma_2^0 = K_2^0 \frac{PR}{t}$$

对于一般潜艇，要求潜艇壳板的中面应力小于许用应力[σ]，因此潜艇耐压船体壳板厚度可表示为

$$t \geqslant K_2^0 \frac{PR}{[\sigma]}$$

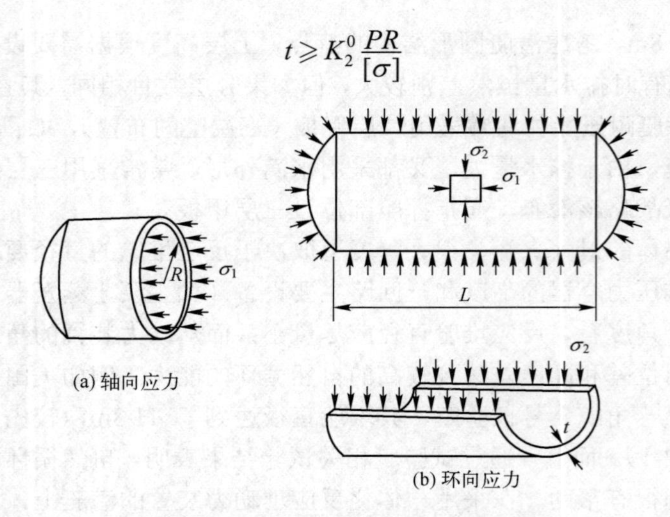

图 11-2-5　圆柱形耐压壳受力示意图

由上式可以看出，从强度观点看，耐压船体壳板厚度主要取决于潜艇的下潜深度（决定计算载荷 P）、耐压船体半径 R 以及壳板材料的屈服极限 σ_s（决定许用应力$[\sigma]$）。显然，潜艇的下潜深度越大、耐压船体的半径越大、壳板材料的屈服强度 σ_s 越小，则壳板厚度越厚，反之则越薄。

耐压船体壳板稳定性对壳板厚度也有要求。壳板失稳的概念正如压杆失稳一样，当外压力超过某一临界值时，壳板失去了原来平衡状态，产生凹凸的波浪形表面。此时，壳板承载能力出现明显下降。壳板理论临界失稳压力公式为

$$P_E = \begin{cases} E\left(\dfrac{t}{R}\right)^2 \dfrac{0.6}{u-0.37} & (u \geqslant 1) \\ 1.21E\left(\dfrac{t}{R}\right)^2 & (u < 1) \end{cases}$$

式中：$u = 0.6425l/\sqrt{Rt}$，l 为肋骨间距。

由上式可以看出，壳板的理论临界失稳压力与壳板厚度的 2.5 次方近似成正比，壳板厚度减少一点而 P_E 却减少很多。因此，耐压船体壳板的厚度，除了考虑强度条件以外，还应考虑稳定性条件。对于实际潜艇，由强度条件所确定的厚度与由稳定条件所确定的厚度，基本上是一致的，因为总可以通过优化结构尺寸与采用合适的材料，使强度与稳定性之间得到协调。

2. 耐压船体壳板的构造

1）壳板厚度的分布

由前可知，耐压壳板厚度 t 与圆周方向坐标无关，因此其沿圆周方向的变化不大；沿长度方向的厚度分布主要是根据强度计算结果确定。如果所采用的材料一定、外部作用载荷一定，壳板厚度主要与耐压船体尺寸（如耐压船体直径、肋骨间距等）有关。由于潜艇直径一般中间大，两端小，在保证同等强度条件下，壳板厚度将随直径变化，两端相对地要薄一些。但在某些部位，如开孔区域，为了弥补开孔对强度的削弱，有时采

用局部加厚（如在鱼雷装载舱口采用厚板加强）。

2）壳板板材的布置

根据钢板的长边相对于耐压船体的轴线方向，壳板的布置方式有两种形式，即纵向布置与横向布置，如图 11-2-6 所示。

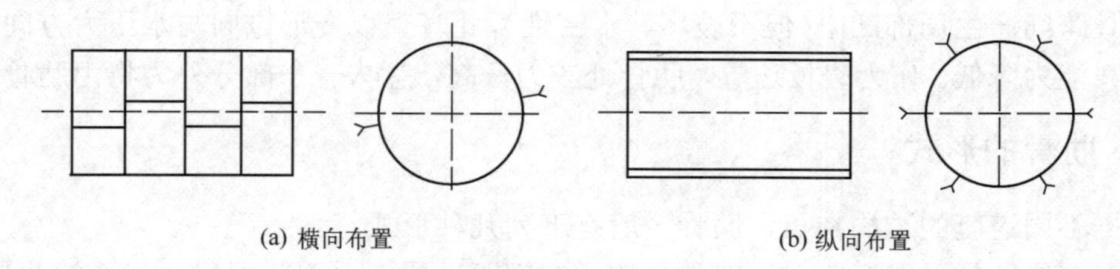

(a) 横向布置　　(b) 纵向布置

图 11-2-6　耐压壳板的布置

纵向布置时，钢板长边平行于耐压船体的轴线方向，整个耐压船体周向由若干块钢板连接而成，这种布置形式在过去的潜艇上曾被广泛地采用。但是纵向布置不利于分段建造，且纵向焊缝容易引起耐压船体壳板周向不圆度，进而影响耐压船体壳板稳定性，因此现代潜艇一般不采用纵向布置。但在局部位置为了适应厚度变化的需要，也可采用纵向布置，例如指挥舱、导弹舱顶部开有大量的孔口，为了弥补强度的不足，局部嵌入厚板；耐压液舱由于周向曲率半径不同，需采用不同厚度的壳板，因而也采用纵向布置。

壳板横向布置时，钢板的长边垂直于艇体的轴线。耐压船体的周向通常用 2～3 块钢板分别弯成圆弧形拼接而成。这种布置形式可以减少周向的接缝数目，而且便于焊接和分段建造，因此被广泛地采用。

3）壳板板材的连接

壳板板材之间的连接，目前几乎都采用对接焊接。耐压船体对接接头与壳板本身强度相当。当壳圈由两张钢板组成时，纵缝可布置在水平中心线处；若上部有加厚板，壳圈由 3 张钢板组成时，可布置一条纵缝在下部垂直中心线略偏一些的地方。在圆周方向，为了避免同一截面上焊缝强度的削弱，有的潜艇把相邻壳圈的钢板接缝相互错开（一般相差 200～300mm）；在轴线方向，壳圈端缝与肋骨的距离不小于 150mm，宜在 200mm 以上，耐压船体壳板壳圈之间的接缝一般都布置在两档肋骨的 1/4 跨距处。

11.2.3　耐压船体肋骨

1．肋骨的作用

肋骨的主要作用在于保持壳板原有形状，提高耐压船体稳定性。在深水压力作用下，结构可能因强度不足而破坏，也可能因刚度不足而丧失稳定性。从强度的观点来看，耐压船体壳板只与材料的屈服极限、耐压船体的半径及下潜深度有关，与肋骨的间距及肋骨型材的尺寸关系较小。而从稳定性的观点来看，耐压舱段的弹性稳定性与肋骨抗弯刚度正相关、与肋骨间距负相关；壳板弹性稳定性与肋骨间距负相关。因此，通过调整肋骨布置可以有效提高耐压结构的稳定性。

潜艇在服役过程中，耐压船体局部区域会出现不同程度的腐蚀，若修理不及时，可能引起局部区域的结构屈服破坏或局部失稳破坏。此时如果肋骨仍具有足够的强度和刚度，那么耐压船体不会立即破坏。一旦出现上述情况，可以立即采取应急上浮措施，避免严重后果。

肋骨在保证耐压船体抵抗水下爆炸或其他偶然性载荷（如碰撞、触礁等）方面也具有重大作用。如当深水炸弹、水雷及空投炸弹水下爆炸时，水动力的作用可能使耐压壳板在肋骨跨间产生局部凹陷(但不破坏其水密性)，此时壳板变形方向与水压力方向相同，壳板承载能力降低。作为壳板边界，肋骨处应力升高，意味着一部分外力将由肋骨承担。

2. 肋骨的形式

根据不同潜艇的结构特点，肋骨一般有下列几种形式：

（1）普通肋骨。即潜艇耐压船体上按一定间距设置一系列断面尺寸相近的肋骨，这种形式是潜艇最普遍采用的形式，如图 11-2-7（a）所示。

（2）中间支骨（图 11-2-7（b））。肋骨间距越小则壳板的稳定性越高，但由于工艺（考虑装配、焊接等因素）原因，肋骨间距又不能太小（一般要求≥500mm）。为了提高壳板稳定性，就要增加壳板厚度，势必增加了结构的重量。从结构设计的观点看，不能做到强度与稳定性相匹配，不是一个合理的设计。因此，为了解决强度与稳定性之间的矛盾，比较直接的思路是在两根普通肋骨之间再安装一根断面尺寸比较小的“中间支骨”，如果中间支骨有足够刚度，则相当于肋骨间距缩小一半，从而可以大大提高壳板的稳定性。

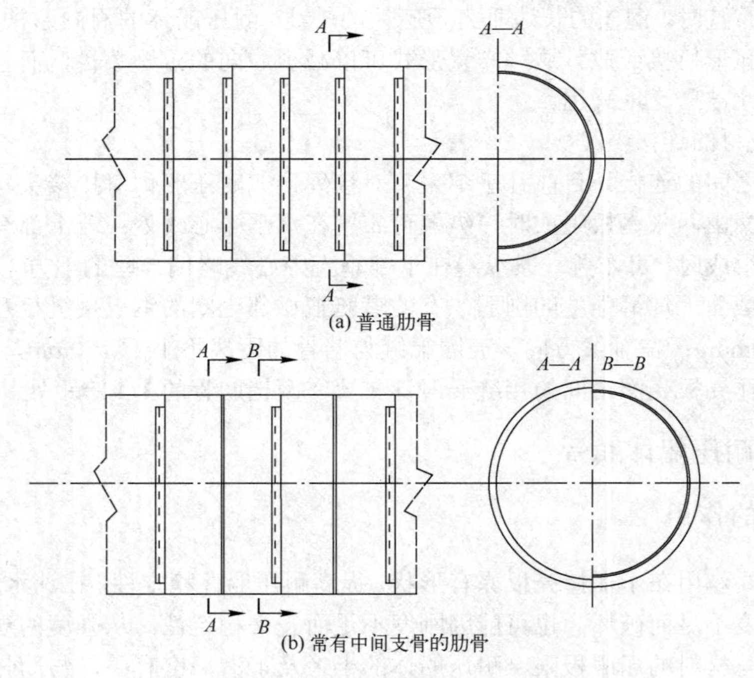

图 11-2-7　肋骨的形式

采用中间支骨形式的肋骨，从船舶结构力学的观点看是有利的，它在一定程度上解决了耐压船体采用高强度钢以后耐压壳板强度和稳定性之间的矛盾，但在实际使用中却并不理想。因为肋骨采用大小相间的布置方式，增加了制造工艺的困难。此外，由于设置了中间支骨，肋骨间距很小（一般为 250～300mm），布置一些设备如船舷阀等，不得不经常切断肋骨或支骨，这样为了弥补被切断肋骨或支骨的强度又不得不增设加强筋，这给施工带来很多麻烦。因此中间支骨虽然有优点但使用并不广泛，只在某些小型潜艇上，由于强度和稳定矛盾比较突出才采用。

（3）框架肋骨（特大肋骨）。随着环肋圆柱壳舱段长度的增加，舱壁对舱段内壳板的支撑作用减弱，环肋圆柱壳的舱段稳定性逐渐变差。对于舱段长度 L 与耐压壳半径 R 之比超过 5 的长舱段，舱段失稳临界压力是制约舱段结构设计的一个重点问题。工程上常通过设置框架肋骨来解决这一问题。

舱段失稳，即代表着肋骨失稳，此时肋骨与壳板一起在相邻舱壁内产生总体失稳变形，如图 11-2-8 所示。总体失稳的理论临界压力，主要取决于肋骨抗弯刚度以及壳板的抗压刚度，同时与相邻舱壁之间的舱段长度有关。理论计算表明，耐压船体的舱段长度越大，总体失稳的临界压力就越低。当舱段长度相当长时，如 $L/R>5$ 时，可称之为长舱段，此时肋骨稳定性可能成为主要问题。为了提高舱段稳定性，同时不增加大部分肋骨的尺寸，常常在舱段中间设置一根特别加强的肋骨，这根肋骨称为“框架肋骨”或“特大肋骨”，如图 11-2-9 所示。它可以起到舱壁的作用，相当于将整个隔舱分为两部分，从而实现降低舱段长度、增大舱段临界失稳压力的目的。设置特大肋骨可以使普通肋骨尺寸减小，舱室容积利用率得到了提高。

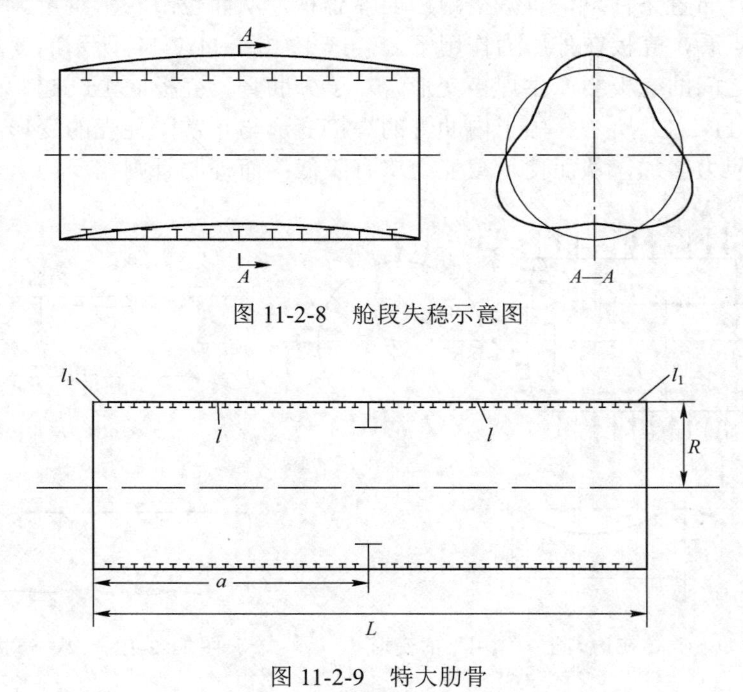

图 11-2-8　舱段失稳示意图

图 11-2-9　特大肋骨

3. 肋骨的布置

潜艇耐压船体肋骨的布置一般分为两种，即内肋骨与外肋骨，如图 11-2-10 所示。采用内、外肋骨各有优缺点。

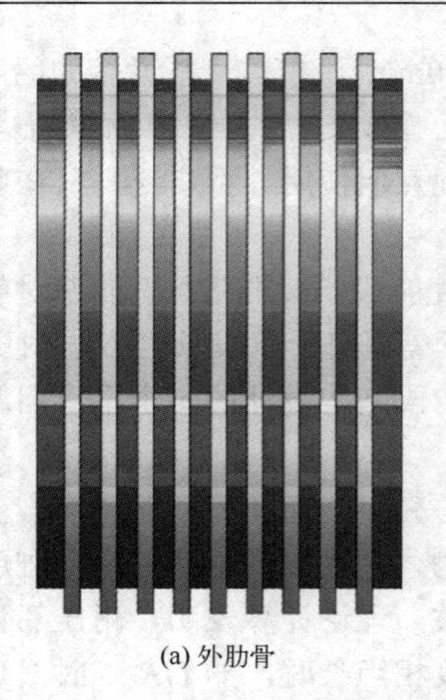
(a) 外肋骨

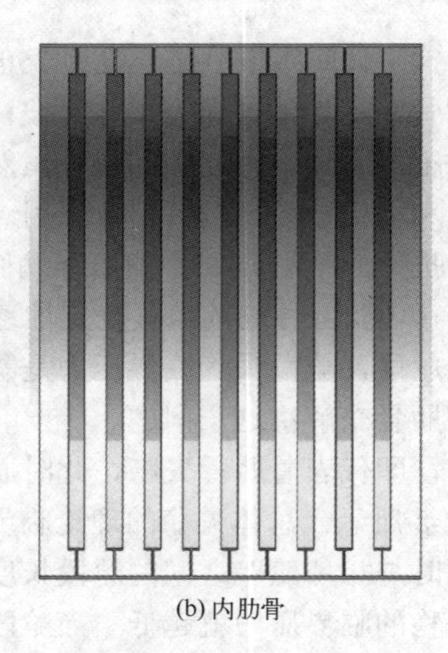
(b) 内肋骨

图 11-2-10　肋骨布置形式

从容积利用和重量的观点来看，外肋骨的主要优点是使耐压船体内部有效容积增大。分析表明，对于一般潜艇，采用外肋骨比内肋骨容积利用率可提高 12%～15%。耐压船体重量，在下潜深度、材料一定时，只与容积有关（单位容积重不变），所以提高了容积利用率，在同样布置条件下，可减少耐压船体容积，从而也节省了重量。

从强度观点看，壳板在外压力作用下，会产生如图 11-2-11 所示的变形。焊接肋骨时，相邻肋骨之间的壳板会产生焊接变形。对于外肋骨，壳板向上凸起，而内肋骨则向下凹陷，如图 11-2-12 所示。由于内肋骨的焊接变形与正常圆柱壳的变形方向一致，因而使结构内部应力增加，从而使承载能力略有降低；而外肋骨则相反。

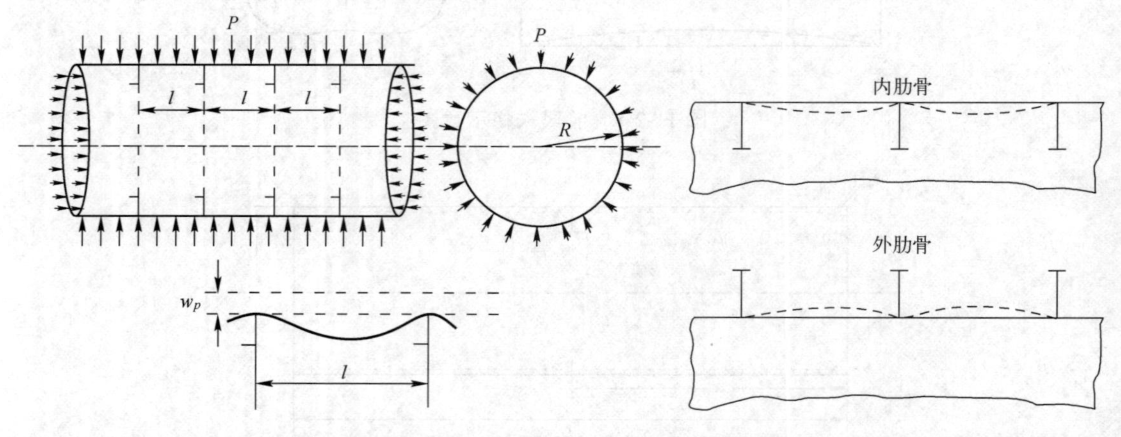

图 11-2-11　壳体在均匀压力作用下的变形　　图 11-2-12　内、外肋骨的焊接变形

耐压船体在深水压力作用下，对于外肋骨的潜艇，肋骨与壳板之间的焊缝承受巨大的拉应力，如果焊接质量不高，则可能产生肋骨与壳板分离，这是非常危险的。另外，焊缝的抗冲击韧性一般比母材要差，当潜艇遇到水下爆炸时，外肋骨的潜艇可能首先从焊缝撕裂，一些模型试验也证实了这一点。而内肋骨在这方面则优于外肋骨。

此外，外肋骨容易腐蚀。在早期潜艇上，肋骨的断面尺寸的设计偏重于从强度的观点来考虑，但根据一些实艇使用经验，外肋骨腹板两侧都会产生腐蚀，其总腐蚀深度常常高出一般壳板，因此对强度也是不利的。而内肋骨除了在底部液舱区域外，很少被腐蚀。

从工艺的观点来看，采用外肋骨使内部舱壁、平台、绝缘等的安装工艺简化，但为了安装各种设备及固定绝缘等又不得不在壳板上焊接大量的固定件，这对壳板强度又是不利的，内肋骨则相反。

从上面这些分析可以看出，内、外肋骨各有优缺点，但主要还是根据布置上的要求来确定。对于同一艘潜艇，根据各个舱室布置的要求，有的舱段采用外肋骨，有的舱段采用内肋骨。但必须指出，单壳体潜艇只能采用内肋骨，因为外肋骨将破坏艇体的线型而使航行阻力增加。

4. 肋骨的构造

1）肋骨间距

肋骨的主要作用是为了提高耐压船体稳定性。其中耐压壳板稳定性与肋骨间距相关性较大，因此，在确定肋骨间距时，主要由壳板稳定条件所决定。壳板的实际失稳压力应满足：

$$P_{\mathrm{cr}} = C_{\mathrm{g}} C_{\mathrm{s}} P_{\mathrm{E}} = C_{\mathrm{g}} C_{\mathrm{s}} \left(\frac{t}{R}\right)^2 \frac{0.6}{u-0.37} \geqslant P_0, \quad u = 0.6425l / \sqrt{Rt}$$

式中：C_{g} 为壳体几何非线性修正系数；C_{s} 为材料物理非线性修正系数；P_0 为耐压船体的计算压力；R 为耐压船体半径；t 为耐压船体壳板厚度；l 为肋骨间距。

在具体确定肋骨间距时，还必须充分考虑到施工工艺的方便。工艺上允许肋骨的最小间距一般为 500mm，因为肋骨间距过小不仅造成施工上困难，而且常常为了安装设备又不得不切断肋骨，这对强度是不利的。从施工角度来看，一般希望全船的肋骨间距保持一致，最好是一个简单的整数，这样在建造装配时不容易发生错误。现在潜艇上肋骨间距大致如下：

（1）小型潜艇的肋骨间距≥500mm（如设中间支骨，间距≥250mm）。

（2）中型潜艇的肋骨间距 500～700mm。

（3）大型潜艇的肋骨间距 600～1000mm。

2）肋骨型材的剖面形状

肋骨形状及其大小主要由肋骨的强度和稳定性条件来决定，同时还要考虑工艺性的优劣。潜艇耐压船体肋骨剖面一般为 T 形肋骨或球扁钢。

3）肋骨的连接

耐压船体肋骨通常由两段半圆形型钢对接而成，某些大型潜艇上也有用三段或四段圆弧形型钢对接而成。在接缝处应为刚性连接，连接处如果没有足够的刚度，就相当于圆弧上出现铰链，铰链的存在大大降低了肋骨的稳定性，因此要特别注意肋骨接缝处的连接强度。

肋骨与壳板的连接一般采用双面自动角焊。肋骨与壳板连接时，应注意肋骨腹板与壳板表面的垂直度，其偏差一般应不大于腹板高度的 3%。如果偏差过大，不仅使截面惯性矩减弱，而且在均匀外压力作用下，可能在肋骨平面内丧失稳定性。

11.2.4 耐压船体锥、柱结合部过渡结构

为了适应各种设备布置的要求，常常加大耐压船体部分舱段（如核潜艇的导弹舱、常规潜艇的主推电机舱）的直径，为了将不同直径的圆柱壳连接起来，结合部必须采用过渡结构。对于相邻的直径不同的大小圆柱壳，采用锥壳连接。锥壳与大、小圆柱壳的结合部形成凸/凹锥、柱结合壳，如图 11-2-13 所示。由于柱壳与锥壳的母线之间有折角，锥、柱结合壳在结合部有很高的应力集中，它是潜艇耐压船体的薄弱部位，限制了潜艇的下潜深度。因此，对锥、柱结合壳（凸/凹）应采取局部加强措施。当前宜采取的加强方式有：①厚板削斜加强，②锥-环-柱结合壳（双曲率加强环），如图 11-2-14 所示。

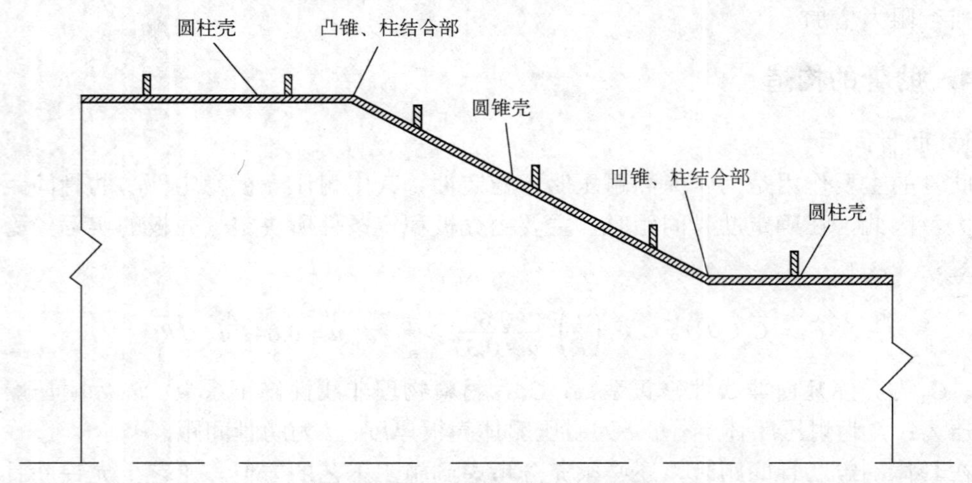

图 11-2-13　锥、柱结合壳示意图

厚板削斜加强方式通过增加局部壳板的厚度以抵抗外载荷，保证局部的强度。该连接形式降低了锥、柱结合部的折角，但局部纵向应力集中现象依然存在。加肋锥-环-柱结合壳结构是在锥、柱结合部嵌入一段双曲率的环壳块，实现了柱壳与锥壳的光顺连接，使该部位的纵向应力大大降低，且该结构对重量的增加远小于厚板削斜的加强方式。

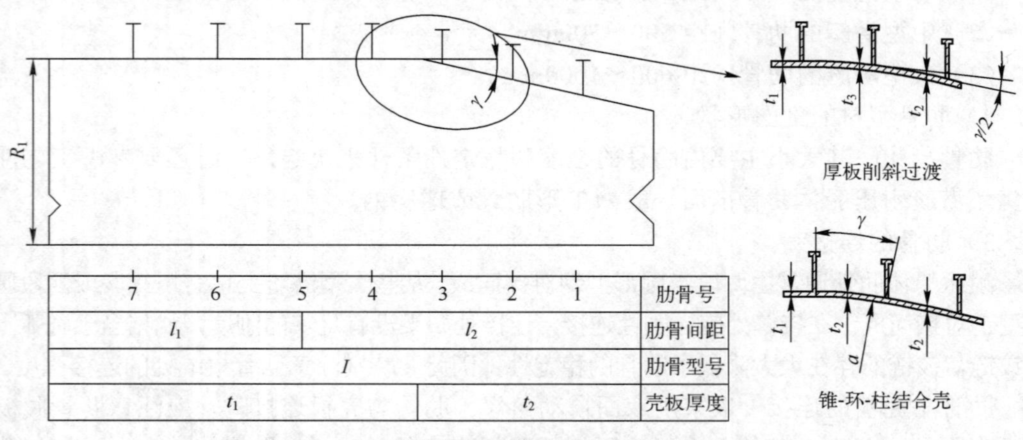

图 11-2-14　潜艇锥、柱结合部的几种加强方式

11.2.5　首尾端部舱壁结构

1. 端部球面舱壁

端部球面舱壁主要用来封闭耐压船体两端，使耐压船体形成一个水密的空间。因此，端部球面舱壁应具有与耐压船体相等的承载能力。现代潜艇上，端部球面舱壁通常以凸面向外，这种布置虽然从承压能力（尤其是稳定性）的观点来说是不利的，但可以提高舱室容积的利用率，特别是生产工艺方面也是非常有利的。如果凸面朝内，球面舱壁与耐压船体连接处形成尖锐角，施工工艺复杂，很难保证焊接强度。过去由于工艺水平的限制，端部球面舱壁都是采用铸造的结构，如图 11-2-15 所示。铸造的球面舱壁不仅重量大，而且常常不能得到满意的质量。现代由于大型水压模压机的出现、爆炸成形技术的发展以及焊接工艺技术的发展，端部球面舱壁都采用整体热模压或瓜瓣冷压成型装焊制造工艺。

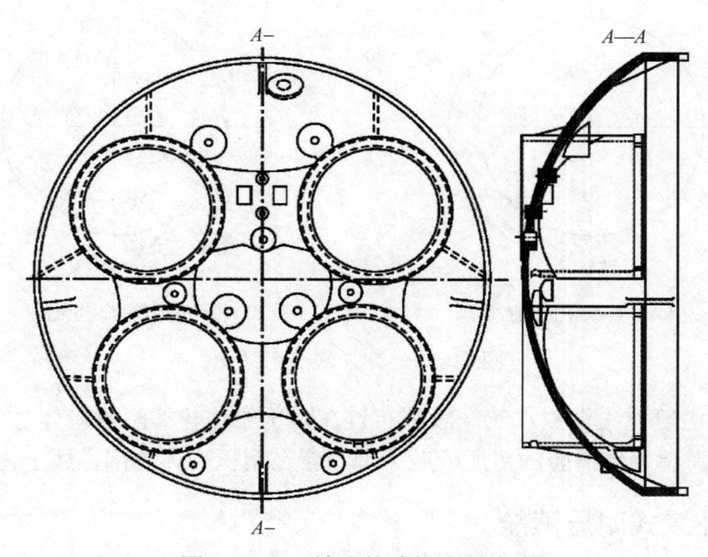

图 11-2-15　铸造的端部球面舱壁

实际潜艇上的端部球面舱壁，通常设有许多附属件，如鱼雷发射管、杯形管节结构等，它们阻碍了端部球面舱壁的变形，也提高了凸面的稳定性。

2. 端部平面舱壁

端部平面舱壁也是耐压的，其承载能力与耐压船体相同。在过去一些中、小型潜艇上大部分采用球面的结构，但在下列情况下采用平面结构是有利的：

如果潜艇的纵倾平衡水舱布置在首部或尾部，且其中的一壁就是端部舱壁，此时，端部舱壁和液舱的另一壁被鱼雷发射管管套坚固地连接在一起。在水压力作用下，两个舱壁共同受力，这样可以简化结构、减轻重量。但这种结构内部保养困难。

如果端部舱壁内部有坚固构件作为支撑，如单壳体潜艇主压载水舱或纵倾平衡水舱等，若水舱的顶盖板与舱壁相连接，此时用平面舱壁亦较为有利。

现代一些大型潜艇上，耐压船体首、尾端直径比较大，大尺寸球面舱壁加工能力上有困难，因此大部分采用平面舱壁结构。这种舱壁结构与内部平面舱壁构造基本相同，只是钢板比较厚，构架尺寸比较大。

11.3 耐压液舱结构

11.3.1 耐压液舱概述

潜艇耐压液舱主要包括潜艇浮力调整水舱，以及其他有特殊功能的液舱。由于这些液舱在潜艇潜航状态时要承受与耐压船体相同的深水压力，故称为耐压液舱。耐压液舱就其布置形式来看，主要有两种形式：一种布置在耐压船体外面，称为外置式耐压液舱；另一种布置在耐压船体里面，称为内置式耐压液舱，如图 11-3-1 所示。

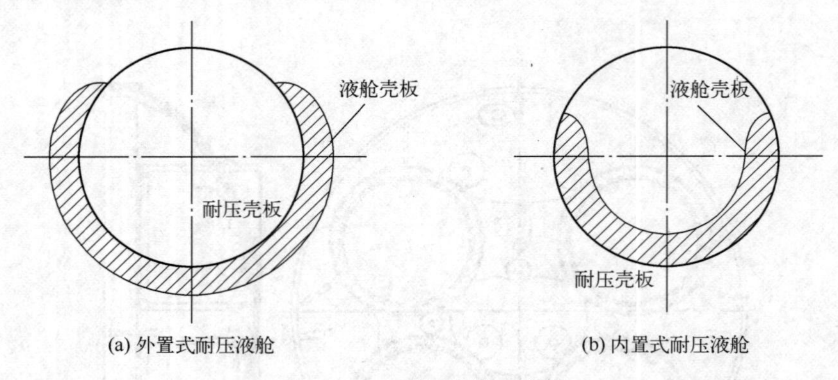

图 11-3-1　耐压液舱示意图

传统双壳体潜艇浮力调整水舱一般都布置在耐压船体与非耐压船体之间的舷间，属于外置式耐压液舱。单壳体潜艇的耐压液舱大都布置在耐压壳体内部，属于内置式耐压液舱。

11.3.2 外置式耐压液舱

舷间耐压液舱由壳板和构架组成。根据构架形式不同可分为托板式、实肋板式和实肋板带纵骨式 3 种。

1. 托板式舷间耐压液舱

托板式舷间耐压液舱由壳板和骨架组成，如图 11-3-2 所示。

1）壳板的布置

耐压液舱横截面常由几段不同曲率半径的圆弧组成。液舱壳板的受力类似于耐压圆柱壳的受力，因此其厚度也可以根据半径的不同有所不同。例如，液舱顶部曲率半径比较小，壳板可以薄些，在中部或底部曲率半径大，壳板就厚些。为了加工制造方便，壳板采用纵向布置。在钢板厚度突变处，需将厚板削成梯形过渡。

2）骨架的组成与布置

托板式的骨架主要由横向构件托板和肋骨组成。肋骨一般用球扁钢或 T 型钢制成，肋骨间距与耐压船体肋骨间距相等，中间用托板与耐压船体相连接。液舱的骨架与耐压船体的骨架连接成一个整体，可以提高液舱肋骨的刚性。

托板的布置要求相邻托板的顶点在同一圆周上，如图 11-3-3 所示。因为托板式骨架属于无斜杆支撑的曲杆刚架，它是由圆环和相交于圆环的刚性杆组成，若 4 个端点在同一圆周上，这些构件仅受轴向力作用，在端点不产生附加弯矩和横倾力作用，有利于结构承载。

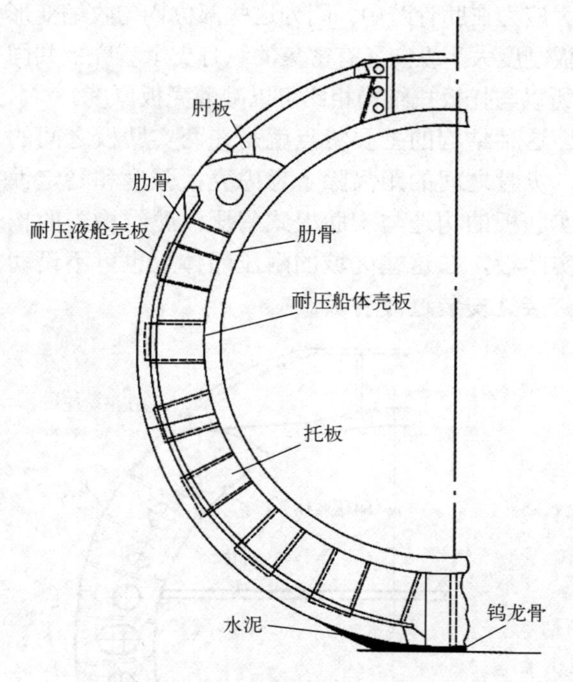

图 11-3-2　托板式耐压液舱

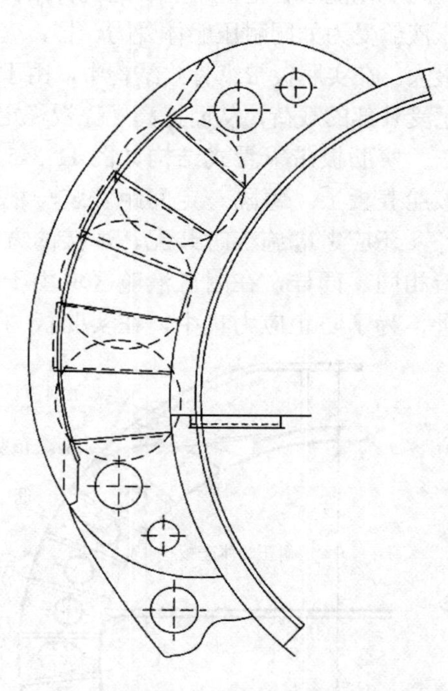
图 11-3-3　相邻托板的布置

为便于施工和修理时的维护保养，托板与托板之间的距离应能通过人员，一般不小于 450mm。舷间耐压液舱的两端用月牙形平面舱壁与非耐压液舱分开。舱壁由钢板和支骨组成，钢板的厚度由强度计算确定，一般为 12～16mm。支骨呈辐射状布置，支骨间距约为 250～300mm，一般用球扁钢制成。

2. 实肋板式耐压液舱结构

实肋板式耐压液舱结构与托板式结构不同之处在于每档肋骨设置一档实肋板，如图 11-3-4 所示。这种结构分段施工的时候比较简单，但在总段装配时，由于内部空间分隔很小，给装配焊接带来一定困难。在一些外肋骨的潜艇上，采用实肋板式结构比较简单，因为此时在耐压液舱区，液舱及耐压船体均可不设肋骨，但在实肋板与肋骨交接处应设置过渡肘板以减少应力集中。

实肋板上一般都开有减轻孔，且在每档肋板上至少有两个以上的人孔以保证人员能从中通过。人孔尺寸为 320mm×450mm，其中一个应布置在肋板的中间位置上。为了防止实肋板丧失稳定，在实肋板上装有径向支骨。

3. 实肋板带纵骨式舷间耐压液舱

在某些大型潜艇上，由于耐压液舱圆弧半径比较大，如果采用托板式结构，壳板厚度需要很大，不仅材料供应困难，而且加工也很困难；如果采用实肋板带纵骨式结构，不仅可以减薄壳板厚度，而且还可以采用屈服强度比较低的材料以降低成本。这种实肋板带纵骨式结构之所以能减轻重量，主要是这种结构形式改变了结构内部应力状态。在托板式结构中，耐压液舱受力如同耐压船体受力一样，壳板最大应力在肋骨跨中，因为这些部位均匀收缩变形最大。在实肋板带纵骨式结构中，由于实肋板刚度大，纵向又有密集的纵骨支承着壳板共同承受外部的载荷，从而提高了壳板稳定性，所以与托板式结构相比可以减薄壳板厚度。

实肋板带纵骨式结构如图 11-3-5 所示。这种结构的主要特点就是在两实肋板之间的液舱壳板上，每隔一定间距安装一根纵骨，纵骨之间的距离除了考虑壳板强度和稳定性外，还应考虑施工时装配、焊接的方便。实肋板的构造与实肋板式耐压液舱结构中的构造相同。同样，在耐压液舱区域由于设置实肋板，在这些区域的耐压船体上也可不设肋骨，为了防止应力集中，在实肋板与肋骨交接处安装过渡肘板。

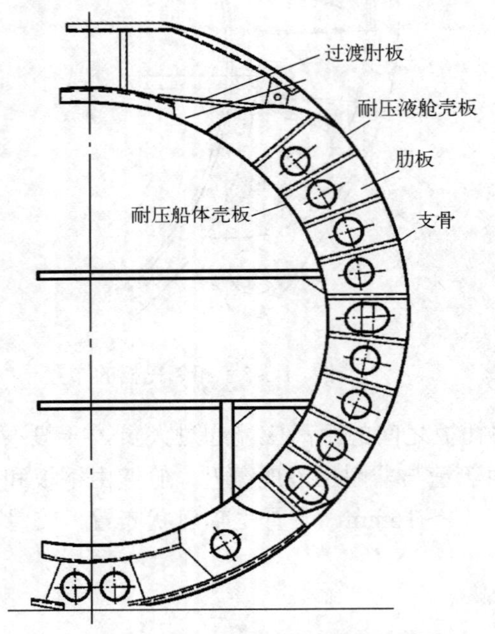

图 11-3-4　实肋板式耐压液舱结构

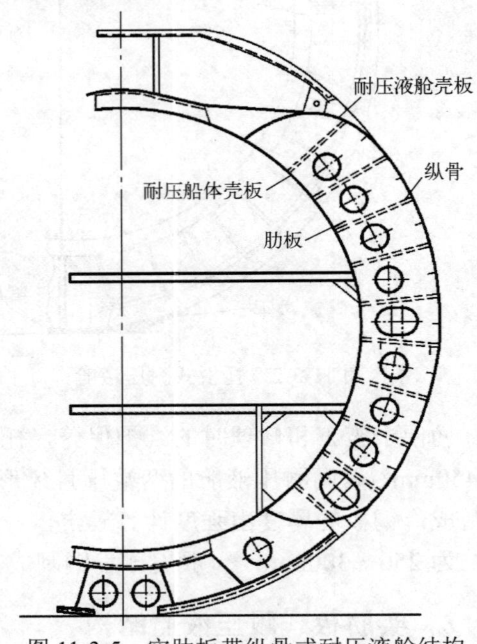

图 11-3-5　实肋板带纵骨式耐压液舱结构

11.3.3　内置式耐压液舱结构

在一些单壳潜艇上，浮力调整水舱等耐压液舱布置在耐压船体内部，称为内置式耐压液舱，如图 11-3-6 所示。从内置式耐压液舱结构形式看，主要有内置环形耐压液舱、内置平板式耐压液舱以及压力罐式（或容器式）耐压液舱结构。压力罐式液舱结构与压力容器特种装备结构类似，即在耐压壳体内放置一压力罐储存液体。

对于内置环形式耐压液舱、内置平板式耐压液舱，液舱工作情况主要有以下两种情形（以某艇内置式调整水舱为例）：

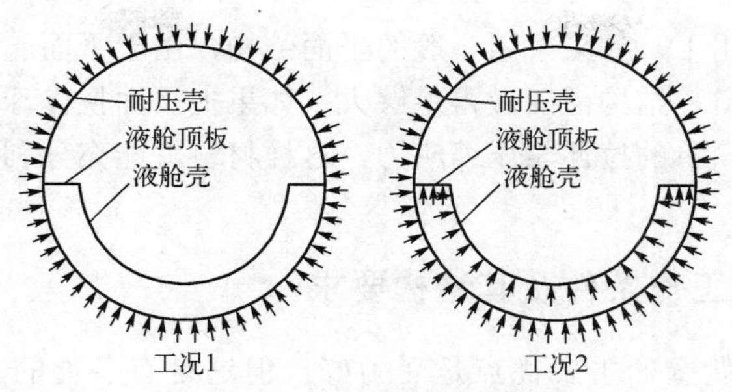

图 11-3-6　耐压液舱受载情况

工况 1：在正常使用时，由于耐压液舱内海水的排出是用舱底泵计量抽出的，进水是计量自流，所以耐压液舱内不受压力。该工况下耐压壳体的受力与普通的耐压船体相同。

工况 2：规范规定在舱底泵出现故障时需要用压缩空气排水，此时耐压液舱承受比舷外水略高的压缩空气压力。

内置环形耐压液舱和内置平板式耐压液舱横剖面结构形式如图 11-3-7 所示。环形耐压液舱壳板与耐压圆柱壳壳板近似平行，如此耐压液舱壳板应力分布与耐压船体壳板近似，圆周方向以薄膜应力为主。平板式耐压液舱壳板为平板，便于加工建造；舱室内部空间利用率较高；但液舱壳板与耐压壳板之间距离变化较大，应力分布不均匀，局部存在较大弯曲应力。

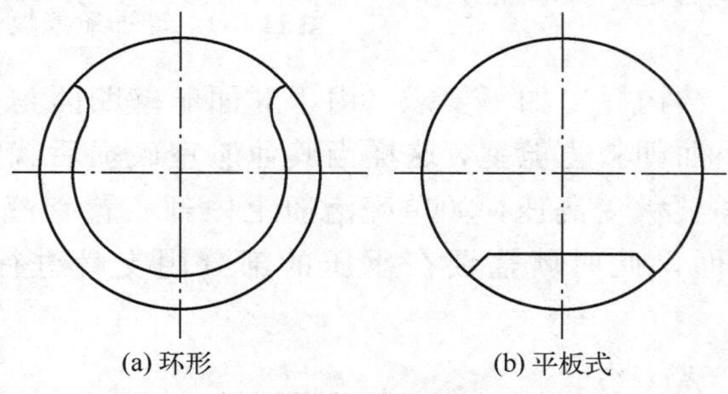

图 11-3-7　两种典型内置式耐压液舱

液舱壳板与耐压船体壳板之间可通过肋板连接。为减轻结构重量，通常在肋板上布置减轻孔。为了便于人员在施工和修理中出入液舱，在液舱端部壳板上开有带活动盖板的人孔，人孔周界尺寸比较小，一般只用焊接垫板加强，在人孔盖与垫板之间放有水密垫圈。内置式耐压液舱壳板与构架的构造，与外置式耐压液舱壳板与构架的构造类似，这里就不再赘述了。

11.4　内部耐压舱壁结构

11.4.1　球面舱壁结构

1. 概述

球面舱壁主要是为了解决承载能力与结构重量之间的矛盾而产生的一种结构形式。当潜艇破损沉入海底后，破损舱与未破损舱之间的舱壁就要承受相当于海深的深水压力，在如此巨大的压力作用下，如果采用一般的平面结构，由于平面舱壁内部主要是弯曲应力，不能充分利用材料，结构需要做得足够大。如果把平面换作球面，那么舱壁内部就不再是弯曲应力而是简单的拉伸与压缩应力，这样材料就能充分利用，因而在一定条件下能减轻结构的重量。

2. 球面舱壁的工作条件及其结构要求

如前所述，球面舱壁的主要优点是受力好，但这是有条件的。首先，这种“受力好”仅仅是对凹面受力来说才是正确的。这是因为凸面受压将使得球面舱壁面临失稳的风险。其次，球面舱壁内部受力均匀，只有在球面上没有刚性支撑的条件下才能表现出来，如果球面上有刚性支撑（如平台、纵舱壁等），那么在球面上就会出现弯曲应力，从而破坏了受力均匀的优点。最后，球面舱壁要能很好地承受外力，在与耐压船体相连接的周界应有足够的刚度。如果刚度不足，不能有效地牵制球面舱壁的变形，那么在球面舱壁的四周就会出现皱褶而丧失稳定，如图 11-4-1 所示。

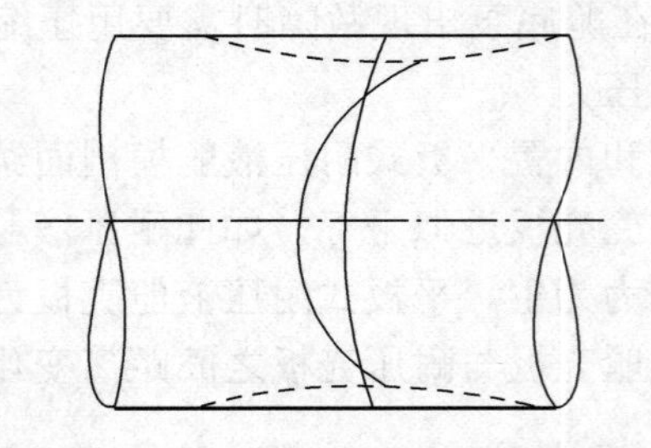
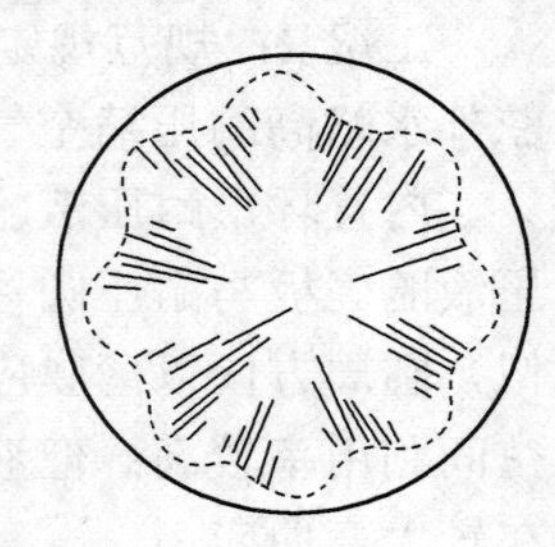

图 11-4-1　球面舱壁板失稳示意图

因此，对球面舱壁结构提出如下要求：由于球面舱壁凹面与凸面承载能力相差悬殊，应使球面舱壁的凸面朝救生舱室，这样当其他舱室破损后就能有效地保证救生舱室的安全。有时凸面需要承受高压，如单壳潜艇上内部布置有液舱时，液舱的一侧端壁就是球面舱壁的凸面，此时就需要在承压的部分用支骨进行加强，如图 11-4-2 所示。

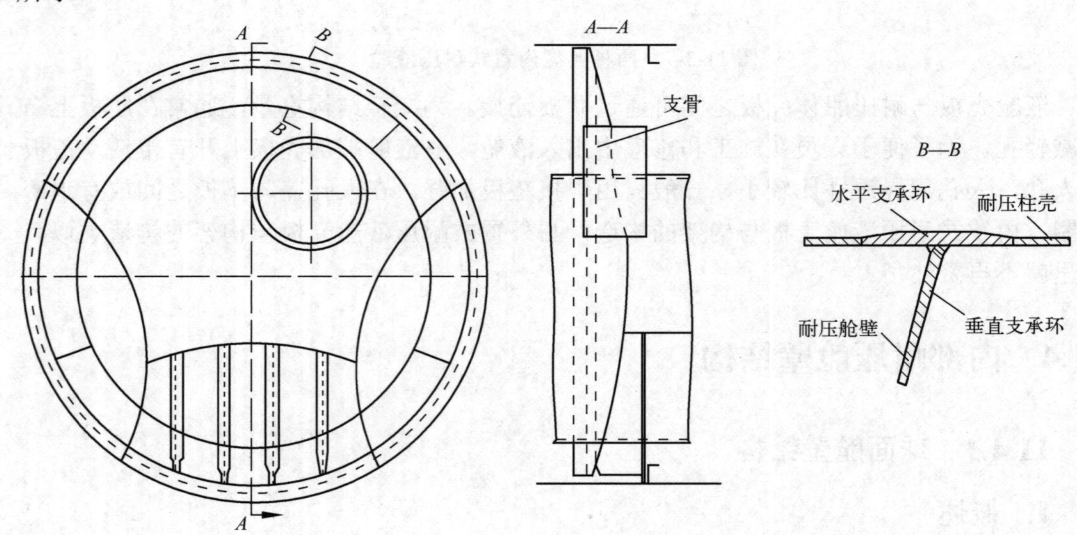

图 11-4-2　凸面用支骨加强的球面舱壁

为了保持球面舱壁受力的均匀性，不希望在球面舱壁上连接有刚性平台、液舱围壁等构件，如果必须连接时，也不应该做成刚性连接，而应该做成柔性连接。如平台铺板可做成滑动式的。如果铺板下面有液舱需要保持水密，那么也不应该将纵向加强筋等构件和舱壁相连接。为了使球面舱壁受力时边缘不丧失稳定，要求球面舱壁与耐压船体连接处设置支承环结构，如图 11-4-2（*B*-*B* 剖面）。

3. 球面舱壁的构造

球面舱壁主要由球面舱壁板及支承环两部分组成，如图 11-4-3 所示。此外在球面舱壁上为了通过人员及各种管系、电缆，专门设有圆形水密门和各种杯形管节等附属构件。

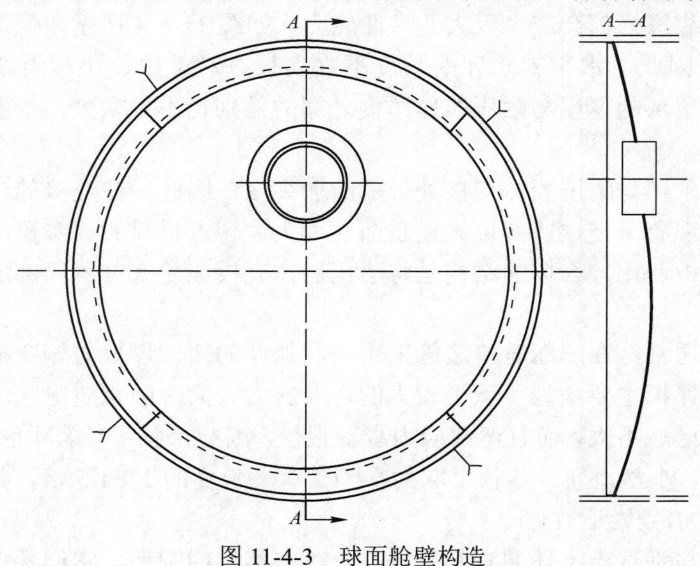

图 11-4-3　球面舱壁构造

1）球面舱壁板的构造

球面舱壁是在特制的球面模子中压制出来的，一般由数块钢板对接而成。球面舱壁板的厚度主要根据凹面受力条件确定，其厚度

$$t=\frac{PR_0}{2[\sigma]}$$

式中：P 为作用在球面上的承载压力；R_0 为球面曲率半径；$[\sigma]$为许用应力，一般$[\sigma]=(0.8\sim0.85)\sigma_s$。

球面舱壁凹面承载时主要是强度问题，凸面承载时则主要是稳定性问题。由于球面舱壁凸面承压能力比凹面差，为了平衡凸面与凹面之间的承载能力，可以通过增加球面舱壁板厚度或选择低性能材料的办法。例如，耐压船体半径为 2500mm，球面舱壁 R_o/R=3.2，要求凹面承载 1.96MPa，如果采用屈服极限 588MPa 的材料，只要厚度 16mm。此时，由于稳定性不足，凸面只能承受 0.254MPa 载荷。若采用屈服极限 392MPa 的材料，则需厚度 24mm。此时，凸面承载能力就能提高到 0. 574MPa。球面的曲率半径，从强度观点来看，希望越小越好，但从舱室容积利用率来看又不宜太小。另外，曲率半径太小也给制造工艺带来困难，因此，潜艇上球面舱壁实际采用的曲率半径一般满足：

$$R_0/R=2.7\sim3.3$$

式中：R_0为球面舱壁曲率半径；R为耐压船体半径。

2）支承环的构造

支承环主要用来增强球面舱壁边缘处的刚度，使其提供足够的“牵制力”来制止球面舱壁板因受力而产生过大的变形。其“牵制”能力的大小与支承环的面积有关。随着支承环面积的增加，边缘区域的应力迅速减小。但并不是说支承环的面积越大越好，过大的支承环面积，将使材料不能得到充分利用。支承环通常由两部分组成，即水平支承环（又称加强箍）和垂直支承环。

水平支承环主要是为了加强耐压船体，因为不论泵水试验或破损情况，球面舱壁受力时，在连接的边缘处都会产生巨大的弯曲应力，如图 11-4-4 所示，但这种弯曲应力沿纵向很快衰减。因此，水平支承环的长度不宜太长。对于中、小型潜艇一般为 120～200mm。水平支承环的厚度与耐压船体厚度之间的差别也不宜太大，一般为耐压船体厚度的 1.5～2.0 倍。

由于水平支承环与耐压船体交接处形成断面突变，因此，在交接的边缘耐压船体壳板产生应力集中现象，使这些部位壳板表面应力大大超过材料的屈服极限。为了减少这些部位的应力集中，比较合理的结构是将耐压船体壳板在舱壁位置局部加厚，并在两端削成梯形过渡。

垂直支承环通常是在球面舱壁边缘采用一圈加厚的板。厚板与舱壁板之间用一变厚度板作为过渡。厚板主要是为了承受较大的弯曲应力，同时防止边缘区域丧失稳定性。由于边缘压应力区域不大，而且弯曲应力衰减很快，因此，垂直支承环也不需做得太长。根据计算，对中、小型潜艇，其长度取为水平支承环长度的 1～1.5 倍，其厚度取为水平支承环的 1～1.2 倍较为适宜。

水平支承环与垂直支承环通常都不是一个“完整”的圆环，它们各自由几段圆弧拼焊而成。为了减少焊接应力通常将水平支承环与垂直支承环接端的焊缝相互错开一定距离。在支承环装配、焊接完成以后，为了精确地安装到耐压船体上，还必须在大型车床上进行车削加工。

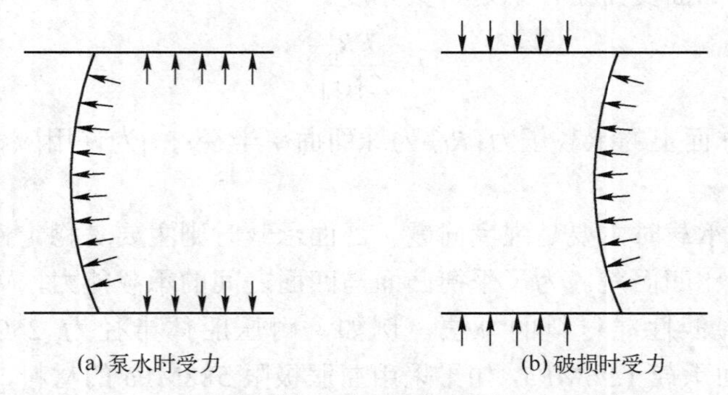

(a) 泵水时受力　　(b) 破损时受力

图 11-4-4　球面舱壁试水和破损时受力示意图

11.4.2　平面舱壁结构

某些大型潜艇耐压船体直径很大，舱室内部分成多层，这些平台都要与舱壁相连接，如果仍用球面舱壁，就破坏了球面舱壁受力均匀的特点。反之，如果能充分利用平台作为平面舱壁的支撑，可以使平面舱壁结构重量减轻。现代潜艇往往要求舱室两边都能承受同样的载荷，如核反应堆舱舱壁，由于平面舱壁两侧承载能力相同，因而选用较多。此外，在大型潜艇上，耐压船体直径很大，若做成球面舱壁，球面曲率半径也很大，而球面板都是模压成型的，这样加工就很困难，因此目前一些潜艇上倾向于采用平面耐压舱壁。

平面耐压舱壁，由舱壁板和构架两部分组成（图 11-4-5），它们的构造如下：

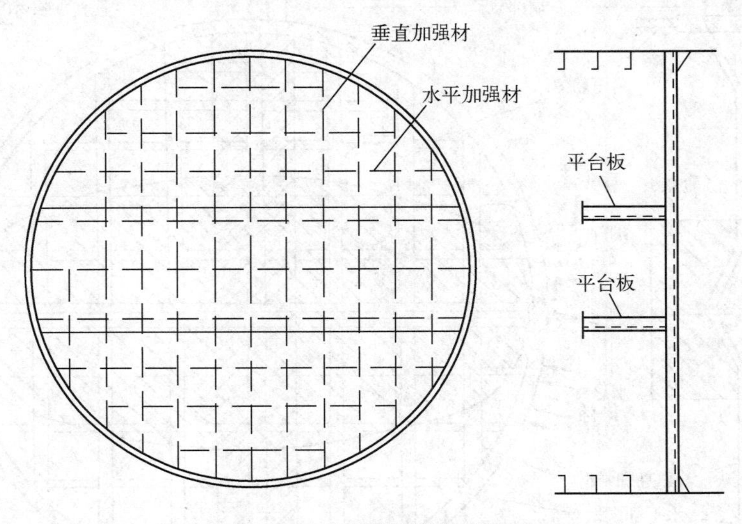

图 11-4-5　平面耐压舱壁结构

1. 舱壁板

舱壁板的作用在于分隔舱室，直接承受破损舱水压力的作用，并借助于加强构件把载荷传递给耐压船体。同时，它又作为耐压船体的刚性支座，提高耐压船体的稳定性。因此，舱壁板必须具有足够的强度和稳定性。规范要求当板受到横向载荷作用时，板中心模应力及板中心沿短边方向的总应力应满足规范许用应力的要求；当舱壁受到耐压船体挤压时，板格水平方向、垂直方向的压应力应小于该方向的临界应力。

舱壁板的厚度主要根据强度计算确定。整个舱壁板由若干块钢板拼接而成，在上部由于常常开设很多孔，因此，钢板适当加厚 1～2mm，在底部一般容易锈蚀，也应适当加厚。钢板之间的接缝至少应离开构架 200mm，以免焊缝过分集中，如图 11-4-5 所示。

舱壁与耐压船体连接的部位，在舱壁承载时，耐压船体产生比较大的弯曲应力，根据一些模型试验结果，常常在构架根部的耐压船体首先破坏。为了降低舱壁处壳板纵向应力，通常在耐压船体上焊有一圈水平支承环（加强箍）。但这种结构会使高应力区转移到断面突变处，因此比较合理的结构是在舱壁区域设置一段变厚度的耐压壳圈，这样做会增加一些施工量，但从强度的观点来看是有利的。

2. 骨架结构

现代潜艇耐压平面舱壁的骨架一般由水平承梁材、垂直加强材和水平加强材组成。

水平承梁材是承受舱壁载荷的主要构件，例如只有一根水平承梁材的结构，在梁上相当于作用有椭圆形分布的载荷，其值相当于作用在整个舱壁上总载荷的一半，如图 11-4-6 所示。为了承受如此巨大的载荷，水平承梁材做得非常大，其腹板高度通常大于二倍肋骨间距，因此为了有效地利用空间，水平承梁材布置位置通常与分层平台相结合。如果多层分布时，则分别设几根水平承梁材。

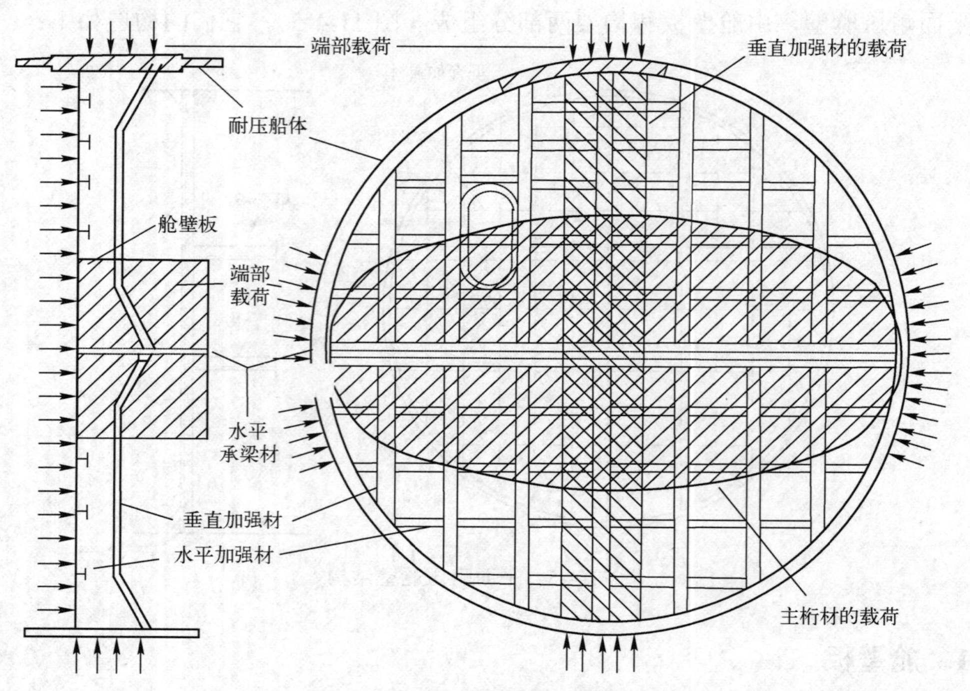

图 11-4-6　作用在舱壁上的载荷

水平承梁材由腹板和翼板组成，腹板的高度由强度计算确定，当腹板高度较高时，为了保证板不丧失稳定，在腹板上需要安置防挠材。水平承梁材的带板由舱壁板组成，为了提高梁的抗弯能力，有时把舱壁板沿水平承梁材区域局部加厚。在翼板部分，一般都用板条组成，为了提高翼板的稳定性，翼板宽度不应太大。由于水平承梁材通常与平台甲板相连接，为了不影响人员的工作及设备的布置，翼板通常不对称布置。

水平承梁材的两端与耐压船体相连接，为了避免在构件端部首先出现塑性铰，并承受巨大的剪力，在两端安置大的三角肘板，肘板的长度一般不应小于 0.1 倍的跨长，为了防止肘板局部失稳，在肘板上也安装了防挠材。

垂直的加强材承受的载荷，相当于作用在加强材间距的水压力总和。由于垂直加强材的跨中由水平承梁材支持，其跨距缩短，减少了梁中的弯矩，一般都采用轧制型材制成。此外，为了进一步减少梁中的弯矩，常在垂直加强材的两端装有肘板。由计算表明，如果肘板的长度为 0.1 倍跨长则可使弯矩减少 2/3。此外，在两端以及水平承梁材处设置肘板，对抵抗剪切应力也有较大的作用。

水平加强材的作用在于将舱壁板分割成小块板格，以提高板的承载能力和稳定性。此外，这些防挠材对垂直加强材起到加强作用，对提高腹板稳定性也有利。水平防挠材一般做成间断的，它嵌接在相邻垂直加强材之间，连接处一般不设肘板。

在耐压平面舱壁上通常也设有圆形水密门，其构造与球面舱壁相类似，不再赘述。但在圆形开口的部位钢板应局部加厚，而且四周应安装支骨加强。为了保证水密门两面受力，两面都设盖子。

11.5　其他结构

11.5.1　耐压船体开孔结构

为了总布置的需要，在潜艇耐压船体上有许多大小不一的开孔。例如发射武器、设备等的装载出入口等。这些开孔往往破坏了结构的完整性，引起局部应力集中现象。为了保证结构强度安全，必须对开孔结构进行局部加强。目前主要采用围壁、围壁垫板或加厚板的方式对开孔区域进行加强，如此可有效降低开孔附近的集中应力水平。比较常见的有围壁加强的正交单圆孔、偏斜单圆孔，垫板加强的正交单圆孔，围壁和嵌入厚板（或腹板）联合加强的正交单圆孔、连续开孔、双排开孔等结构。

正交圆孔是指用于加强的围壁轴线恰好经过耐压圆柱壳的横剖面圆心，如图 11-5-1 所示。围壁加强的正交单圆孔可用于人员的进出，围壁的壳板厚度需满足深海压力下局部强度的要求。有时围壁与耐压船体壳板相交处的局部弯矩较大，引起该处应力水平较高，可采用围壁加厚板组合加强的正交单圆孔结构，如图 11-5-2 所示。开孔的影响范围为开孔的半径区域，嵌入厚板或复板过宽虽可降低孔口处的应力，但无疑会增加船体重量；嵌入厚板或复板过窄，则对降低开孔处的应力效果不明显。因此，通常在开孔圆心的 $2a$（a 为开孔半径，$b=2a$）半径范围内进行嵌入厚板或复板加强。

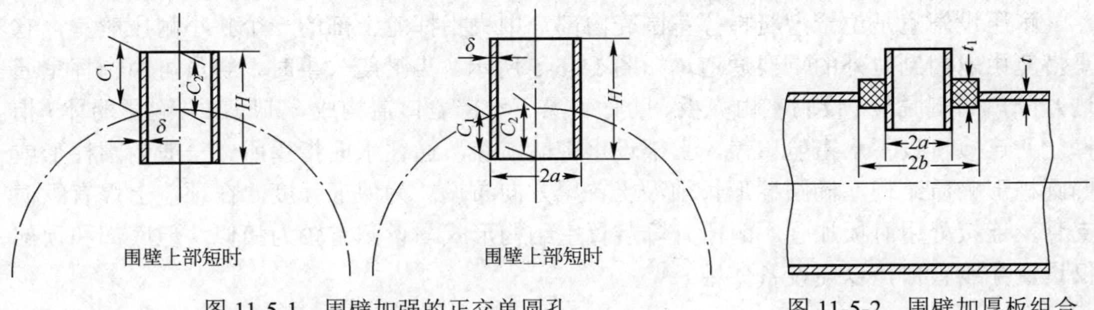

图 11-5-1　围壁加强的正交单圆孔

图 11-5-2　围壁加厚板组合加强的正交单圆孔

斜交孔是指加强围壁的中心线在耐压圆柱壳体的横剖面内，但不过圆柱壳的圆心，如图 11-5-3 所示。斜交孔最大应力点出现在 C、D 点处，但与 A、B 点处应力相差不大，比较接近正交单圆孔处的应力值。因此，对于斜交孔处的加强方法与正交单圆孔处的加强方法类似。

潜艇耐压船体上开孔，采用围壁加强是最常见的也是最有效的方式。为使围壁加强的效果增大，可在适当范围内增加壁厚而减小高度；也可用沿围壁方向变厚度的结构形式，即中间部分厚，而两端部分薄，如图 11-5-4 所示。加强围壁材料屈服极限应尽可能与耐压船体材料屈服极限相同。

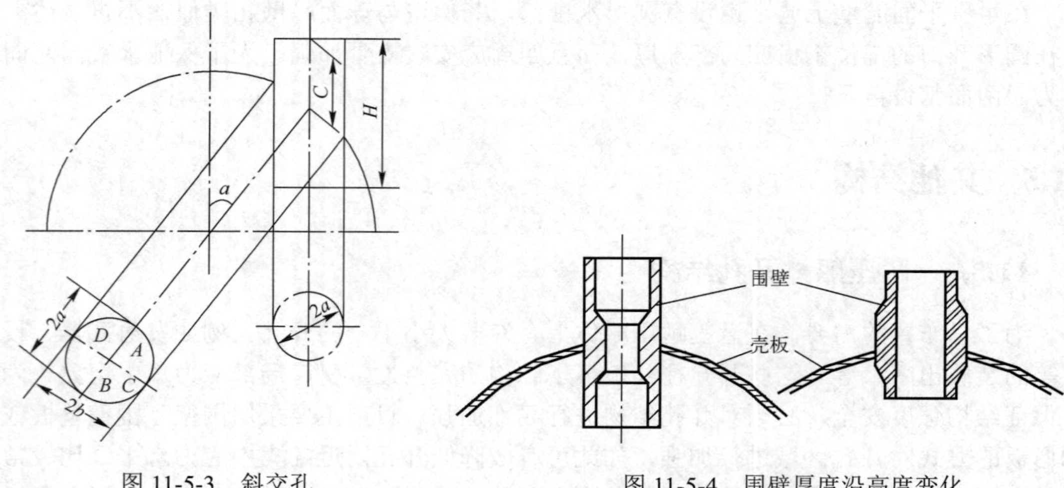

图 11-5-3　斜交孔　　　　图 11-5-4　围壁厚度沿高度变化

当开孔较大而必须切断肋骨时，为提高刚度，需对被切断的肋骨进行加强，如加设肘板、或提高肋骨截面尺寸等，增强后的肋骨惯性矩比原肋骨增加一倍以上；肋骨加强长度大于一倍开孔半径；加强肋骨两端注意处理，如将肘板端部进行削斜过渡，避免局部应力集中。此外，最靠近孔口的完整肋骨的惯性矩在孔口附近应增大一倍以上，成为强肋骨。

对于连续开孔，除可用与单孔相同的加强方法外，还需注意保证相邻孔间至少有一根完整肋骨。

11.5.2　耐压设闸室与升降装置室结构

耐压设闸室是位于潜艇指挥室围壳内部，中央指挥舱上部的一个狭小耐压舱室，它是潜艇由舱内到舱外的重要通道，如图 11-5-5 所示。当潜艇失事时，艇员可由指挥室通过升降口离艇脱险。设闸室由壳板、肋骨和上下水密舱口盖构成，其底部与耐压船体（指挥舱）连接，设下水密舱口盖，上部设水密舱口盖，通往水面指挥所。一般为圆柱形或椭圆柱形钢质结构，椭圆柱形长轴沿艇首尾方向布设。为保证强度，在顶盖上焊有纵横支骨，连接处用肘板加强。耐压升降装置室结构形式与设闸室较为相似，但底部和顶部仅设置穿舱管口，以便设备使用。

1. 功用和要求

现代潜艇长期在安全深度以下航行，耐压设闸室仅作耐压艇体的通道，或在失事时用作艇员水下脱险的设闸室。耐压升降装置室主要用来为雷达天线和无线电天线提供水密空间，以解决升降装置的承压问题，如图 11-5-6 所示。此外，耐压设闸室和升降装置室所提供的浮力如同一个“浮子”可改善潜艇的稳性。

从上述功用可以看出，耐压设闸室和升降装置室都是现代潜艇船体重要的组成部分。不过它们的存在也对潜艇围壳结构尺寸提出了要求，从而增加了水下航行时的阻力。因此，现代潜艇为了提高水下航速，会尽量缩小设闸室和升降装置室的尺寸，特别是宽度。

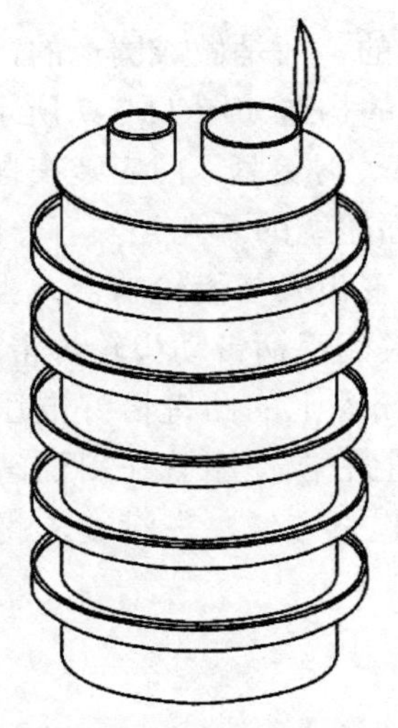

图 11-5-5 带升降装置座架的耐压设闸室

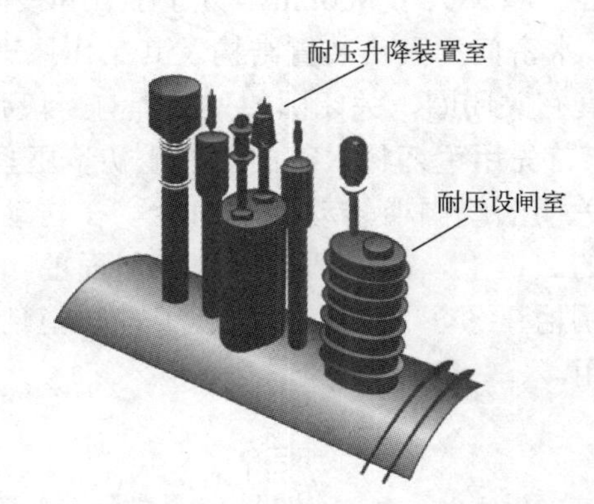

图 11-5-6 耐压设闸室与耐压升降装置室示意图

根据设闸室和升降装置室的功用及工作特点，其结构要求如下：

（1）应具有与耐压船体同等的强度和稳定性。

（2）应具有足够容积，能确保人员通行，容纳和安装与它功用相适应的各种仪器设备。

（3）尽可能缩小其宽度尺寸，以降低对围壳尺寸的要求，减少水下航行的阻力。结构上力求简单便于施工。

2. 耐压设闸室和升降装置室的形状

现代潜艇中最常见的有圆柱形和椭圆形（或卵圆形）两种。圆柱形耐压设闸室能够有效地承受外力，但其容积利用率不高，目前仅作为出入耐压船体的通道和救生闸室的设闸室基本均采用圆柱形设计。为了增大耐压室的内部容积，又不增加其宽度，也可采用椭圆形。为了制造方便，其横剖面实际上并不设计成纯椭圆形，而是由不同半径圆弧组成的“卵圆形”。显然从抵抗外力的观点来看，椭圆形比卵圆形稍为有利，因为由不同半径的圆弧所组成的耐压室，在曲率半径变化处不连续，此处壳板将产生较大的弯曲应力，对强度不利，尽管如此，考虑到制造上的方便，卵圆形结构还是被广泛采用。

椭圆形耐压室的尺寸主要根据布置及人员工作条件来决定，其高度主要考虑人员工作条件，一般为 2100～2500mm，其长度主要根据设备布置多少而定，若布置 1～2 个升降装置，其长度一般为 2200～3600mm，其宽度由椭圆形状椭圆度来决定。其椭圆度（长半轴与短半轴之比）一般为 1.4～1.6，因此宽度一般为 1500～2200mm。

现代潜艇下潜深度增大，为了提高耐压室壳板的稳定性，通常四周都布有肋骨。但肋骨的布置，应尽量减小耐压室的宽度，并尽可能使内部容积得到充分利用。

11.5.3 舱壁上的附属设备结构

1. 圆形水密门

为了使舱室内部人员通行，在球面舱壁上开有水密门，水密门一般安装在凹面。球面舱壁上的水密门和一般的水密门不同，它不是做成矩形的，而是做成圆形的，因为开设矩形孔不仅对强度不利而且难以保证水密。圆形水密门的构造如图 11-5-7 所示。水密门的直径一般不大于 800mm。为了能在承受压力时，使门关得更紧，门应装在球面的凹面一侧。水密门的紧密装置结构及其工作原理如下：在球面舱壁的开孔处安有一圈围槛，围槛上套有关闭圈，关闭圈的外缘焊有一段弧形齿条，弧形齿条与齿轮啮合。当关闭水密门时，首先用手柄将水密门与围槛初步压紧，然后旋转关闭手柄带动齿轮再带动齿条，从而使关闭圈绕围槛转动一个角度。在转动的同时，关闭圈上的凸键恰好嵌压在水密门外缘的凸键上，由于凸键都做成斜面的，因而水密门上的橡皮圈就在斜面滑动的过程中与围槛压紧了。这种紧密装置，紧密性能好，使用起来方便，在潜艇上得到了广泛的应用。

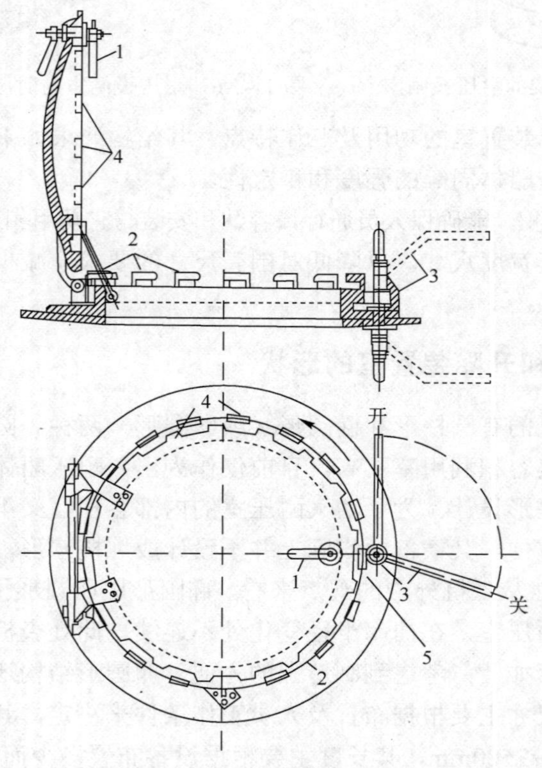

图 11-5-7　圆形水密门构造

1—手柄；2—关闭圈；3—齿轮；4—凸键；5—弧形齿条。

球面舱壁上开设水密门以后，为了弥补强度的不足，通常结构上采取两个措施：一是在开口处安装围槛，此围槛同时也兼作水密门的围槛；二是在开口区域附近局部加厚球面板壁厚度，加厚的范围一般为开孔半径的两倍。

2. 水密填料函和杯形管节结构

潜艇上有很多管系、电缆，为了保证这些设备通过舱壁时保持水密性，在舱壁上设有各种连接件结构，这些结构如图 11-5-8 所示。

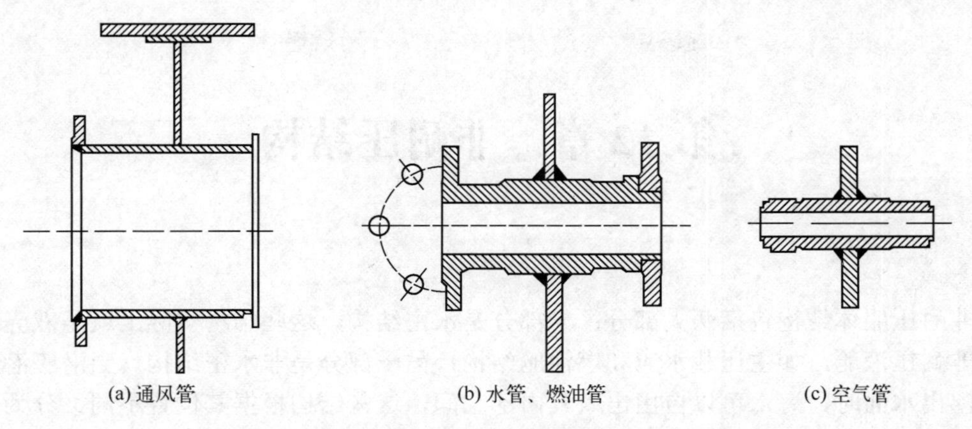

图 11-5-8　各种管件通过舱壁时的连接件

思考题

（1）现需设计一艘潜深（极限深度）1000m 的潜艇，试谈谈你拟采用的耐压结构形式方案及原因。考虑因素应包括且不限于以下方面：坚固性、空间利用率（容重比）、工艺性等。

（2）某环肋圆柱壳形式的舱室直径较大、长度较长，如何设计该舱室的耐压结构？试从壳板厚度尺寸、肋骨类型角度加以阐述。

（3）某艇耐压船体设计时，存在两个半径不同的环肋圆柱壳段的连接问题，若由你来设计，请阐述你的壳段连接过渡方案及理由？

扫描查看本章三维模型

第 12 章　非耐压结构

非耐压船体结构包括两大部分：一部分是水密结构，这些结构实际上就是双壳潜艇舷间非耐压液舱，如主压载水舱和燃油舱结构；另一部分是非水密结构，当潜艇潜入水中或浮出水面时，海水可以自由出入其内部空间，这些结构根据其位置不同又分为上层建筑和指挥室围壳结构，首、尾端部结构，坞龙骨结构等。

潜艇上设置非耐压结构具有多种用途：

（1）构成平滑光顺的外形以减少阻力，提高航速与改善机动性。耐压船体的首、尾以及四周设置一层非耐压船体，获得比较理想的外形，以提高潜艇的水动力性能。因此，所有潜艇（包括单壳体）都设有非耐压船体结构。

（2）构成耐压船体之外的空间，用于布设各种油舱、液舱、武备和装置系统等，以解决耐压船体内部容积与布置之间的矛盾。

（3）增加潜艇的储备浮力，改善潜艇的水面不沉性。

根据非耐压船体的功用及布置位置，其结构有如下特点：

（1）外形变化比较复杂。为了使潜艇具有良好的流线型，结构大部分是双曲率的，这给加工制造及装配焊接带来一定的困难。因此，要求非耐压船体结构无论在建筑形式上，还是连接方法上应充分考虑工艺性的优劣。

（2）非耐压船体尺寸相对较小，容易锈蚀损耗及变形，因此结构需易于拆换。为此，要求耐压船体与非耐压船体之间的空间，一般应不小于 800mm（通常为 800～1200mm）。非耐压船体各个构件之间应允许人员能通过或开设专门的人孔等，并应尽量消除一些难以维修的“死角”。

12.1　首尾端部结构

潜艇的首尾端部是指耐压船体首端部耐压舱壁以前及尾端部耐压舱壁以后的结构。它构成潜艇首、尾部光顺的外形，以减少航行的阻力，同时布置各种设备如鱼雷发射管、水声仪器、轴系、舵的传动装置等。

12.1.1　首端部结构

1．首部形状

潜艇首部的形状有 3 种基本形式，即楔型首、水滴型首和过渡型首，如图 12-1-1 所示。

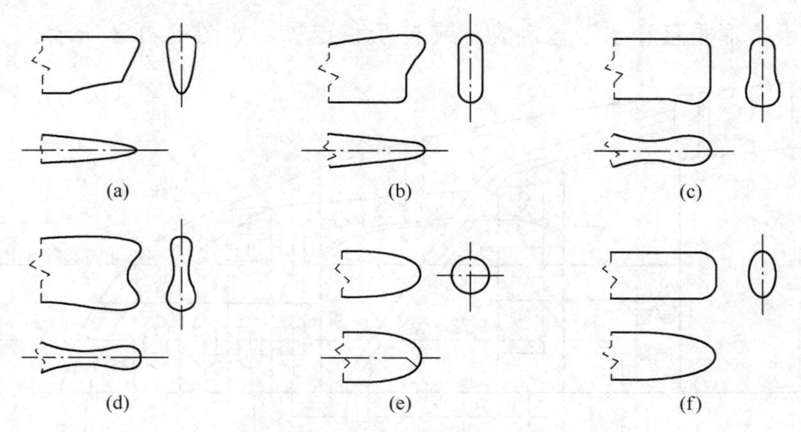

图 12-1-1　潜艇首部的形状

（a），（b），（c），（d）楔型首；（e）水滴型首；（f）过渡型首。

潜艇首型主要与其航行能力有关，同时也受到首部鱼雷发射管以及水声设备布局要求的影响，不同首型特点有所区别。

楔型首适合于以水面航行为主的潜艇，在早期设计的一些潜艇上，主要考虑水面的航行性能。在水面航速较高时，为了减少兴波阻力，首部水线面一般做成比较尖削的形状，采用楔型首。水滴型首是一种对称型艇首，是从提高水下航行性能要求为出发点来设计的，对水面航行不利。对于核动力潜艇，所有活动几乎都在水下（进出港及平时训练例外），大部分潜艇都做成水滴形。过渡型首适用于水下航行为主又兼顾水面航行状态的潜艇，根据艇首布置需要，可以采用这种形式。

2. 首部结构及基本布置

首部结构最前端一般设有首柱。首柱能起到抵抗各种碰撞的作用，为此，首柱常常作得比较坚固。在早期制造的一些潜艇上，首柱常用铸钢或锻钢制成，壳板嵌接在首柱上。现代潜艇首柱通常由钢板焊接而成。由于首部建造时，上、下一般分成几个分段，各个分段结构形式也有所差别，因此首柱不一定是一个整体。

图 12-1-2 所示为水滴形潜艇首部结构。这种首部结构，从耐压船体首端舱壁到首柱（通常由钢板焊接而成）距离比较短。首部上部非水密部分布置鱼雷发射管及防波板，其防波板很短，呈圆形或椭圆形。下部也布置有水声仪器，由于水滴形首部很大，可以布置大功率的声纳换能器，从而提高声纳的作用距离。

12.1.2　尾端部结构

1. 尾部形状

现代潜艇水下航速提高，操纵性问题比较突出，因此除了考虑水下阻力以外，还应着重考虑艇的操纵性。一些实艇使用表明，带有垂直稳定板（与船体连在一起）和水平稳定翼的尾形被认为是最好的形状，因为在高速航行时，如果尾水平舵工作不好，潜艇仍可利用水平稳定翼保持一定深度航行。现代水滴形的潜艇上，通常采用回转体尾形，并且安装有十字形垂直和水平稳定翼，或 X 形稳定翼，如图 12-1-3 所示。

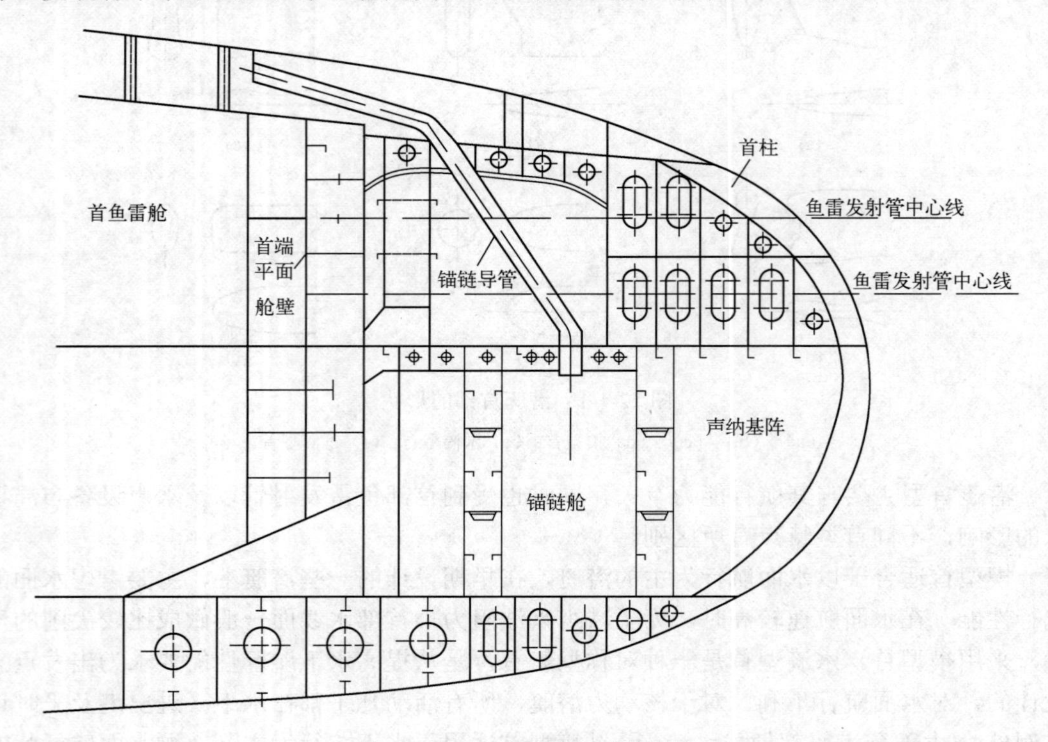

图 12-1-2　水滴形潜艇首部结构

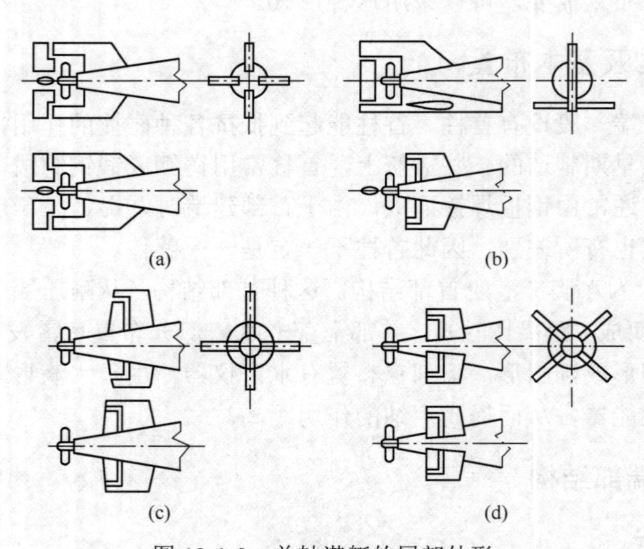

图 12-1-3　单轴潜艇的尾部外形

（a）、（b）闭式十字型尾；（c）敞式十字型尾；（d）X 型尾。

2. 回转体尾形的尾部结构及基本布置

回转体尾形通常用在单轴推进的潜艇上，尾部是一个回转体，其各个横截面都是圆形的。尾部也分水密和非水密两部分。水密部分即为尾部压载水舱，非水密部分通常布置鱼雷防波板（有尾鱼雷发射管时）、水平舵、垂直舵传动机构等，如图 12-1-4 所示。

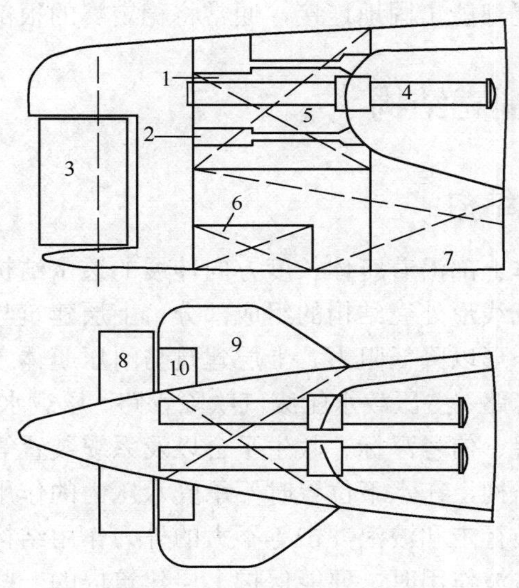

图 12-1-4　潜艇尾端部的布置

1—尾方向舵传动杆导管；2—尾升降舵传动杆导管；3—方向舵；4—尾鱼雷发射管；5—尾压载液舱；6—压铁；7—燃油舱；8—尾水平舵；9—稳定翼；10—推进器导流管。

尾压载水舱由壳板和构架组成，如图 12-1-5 所示。构架在每档肋骨处，都做成圆环结构。为了加固尾部，通常还设有纵向构件，在轴出口处通常安装一个铸钢件作为尾部构件的结束。

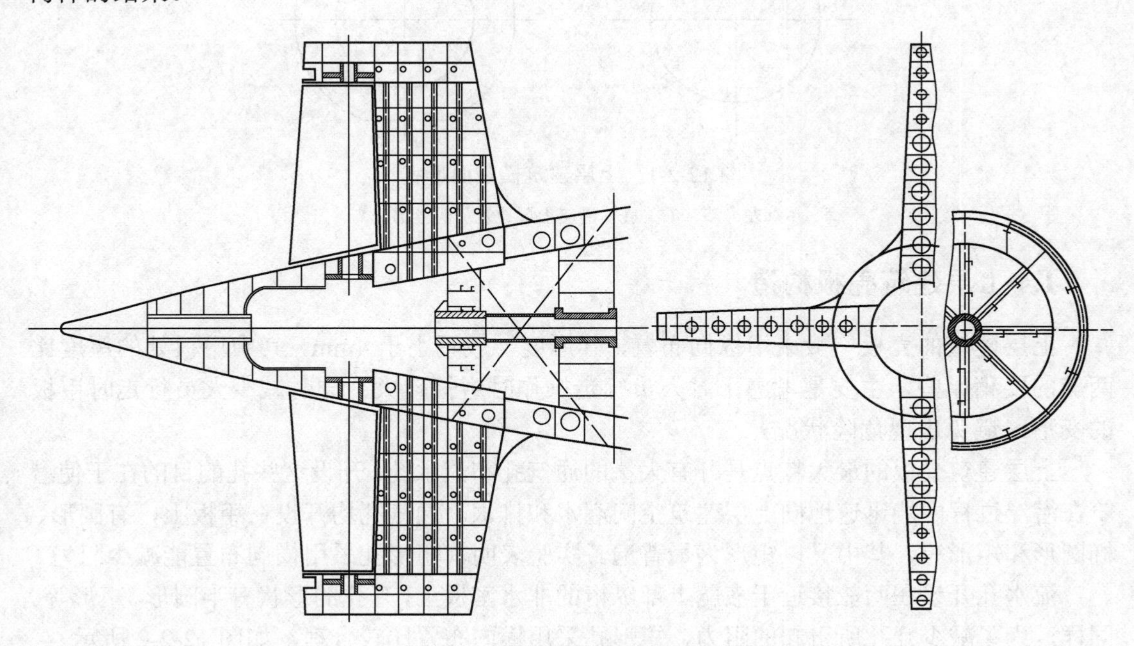

图 12-1-5　回转体尾形的尾端结构

非水密部分的结构与水密部分相差不多，只是由于空间比较狭窄，因此通常采用隔板式结构。这种尾形的潜艇，一般采用十字形稳定翼，其水平舵、垂直舵都安装在稳定翼上。为了使稳定翼与尾部能牢固地连接，通常将稳定翼的根部插入船体尾部内。

12.2 上层建筑及围壳结构

12.2.1 上层建筑结构

潜艇上层建筑是艇体上部沿着艇体长度方向伸展的透水结构，也是舷间液舱结构向上延伸的部分，是潜艇流线形外壳结构的组成部分。上层建筑与其他非耐压壳体一起包覆耐压壳体，形成光顺外形以降低阻力。上层建筑与耐压艇体之间的透水空间，主要布置有柴油机进排气系统管路、主压载水舱废气吹除管路、压载水舱通气顶罩、高压气瓶、各类舱口、首水平舵装置、信号浮标、救生平台以及系缆装置等。

上层建筑是非水密结构，在水下位置时不承受水压力的作用。在水面状态时，过去一些潜艇只考虑承受人员行走和波浪冲击等不大的外力作用结构都做得比较简单。现代一些潜艇，受核爆炸冲击波作用时，要能保护上层建筑内的一些设备如通气阀、高压气系统等不被损坏，需要做得比较坚固。

上层建筑形状，根据船体线型，其横截面做成矩形或梯形，如图 12-2-1 所示，纵截面做成直线形。上层建筑结构由壳板和构架组成。

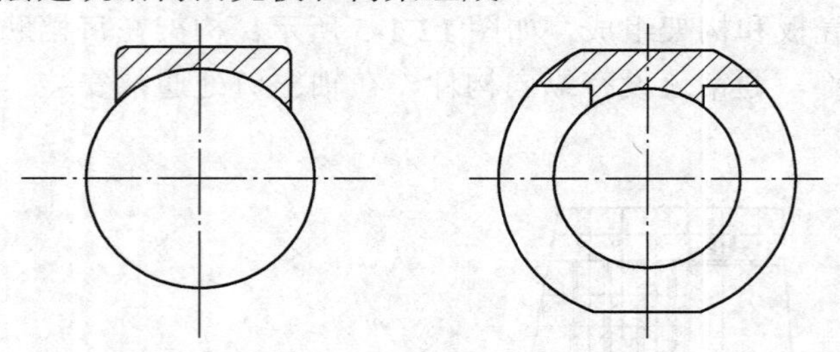

图 12-2-1　上层建筑横截面形状

单（左）双（右）壳体潜艇上层建筑（阴影部分）。

1. 上层建筑壳板构造

上层建筑的壳板一般采用纵向布置，其厚度一般不小于 4mm，其中甲板处的厚度比两舷的要稍厚些，主要是考虑平时人员行走操作时磨损较大；同时减少人员行走时甲板的变形，避免出现危险状况。

上层建筑壳板的最大特点是开有大量的通气孔和流水孔。开设这些孔的目的在于使潜艇在潜浮过程中能迅速地向上层建筑空间灌水和排水。通气孔均开设在甲板上，有圆形、椭圆形和矩形等，其中又以矩形为最普遍。实验表明，矩形孔采用横向布置能减少阻力。

流水孔开设在两舷接近于液舱上部纵桁的非水密板上，开孔的形状有半圆形、矩形等。同样，为了减少开孔所引起的阻力，矩形孔采用横向布置比较合理，如图 12-2-2 所示。

流体力学计算与实验结果均表明，当潜艇水下航行时，艇体上一个流水孔的阻力是同样尺寸平板阻力的 4～5 倍。潜艇流水孔数量过多、过大，将会增加水下航行阻力，直接导致水下航速下降。因此，高速潜艇尽量减少流水孔的数量。

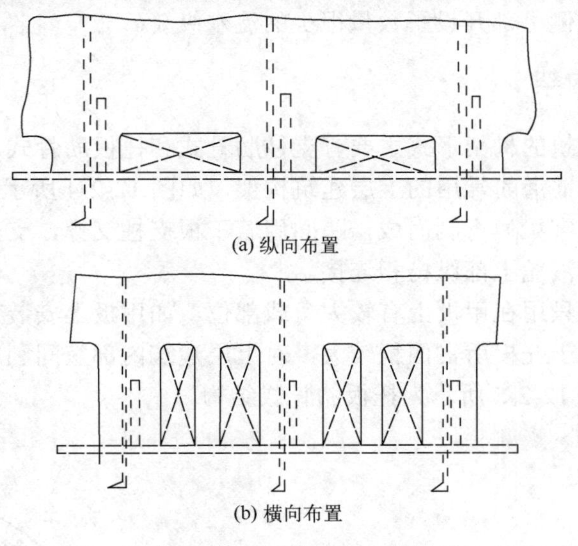

(a) 纵向布置

(b) 横向布置

图 12-2-2　矩形流水孔布置

流水孔也会影响到潜艇的隐身性。潜艇水下航行时，海水通过流水孔不断流进和流出，并且在这一过程中发生水流波动。特别是在水下高航速航行时，这种水流波动将会产生漩涡。当潜艇达到某一航速时，水流波动产生的漩涡可能与潜艇液舱或潜艇内部空间结构发生腔体共振现象。一旦腔体共振现象出现，不仅会增大阻力，增加潜艇推进能耗，还会导致特征线谱噪声，破坏潜艇的隐身性，在恶劣情况下，还会导致结构的疲劳断裂。为了克服这些不利因素，一些国家潜艇的主要流水孔处设置了活动链接方式的封闭挡板；或在流水孔处设固定方式的扁平条格栅结构，格栅中的扁平条方向与水流方向垂直或呈一定的角度。

在某些潜艇上，为了减少阻力及简化工艺，沿艇的纵向开设一条流水槽，大型潜艇还会在流水槽内设置启闭装置，如图 12-2-3 所示。如美国“俄亥俄”级弹道导弹核潜艇，采用的是现代潜艇典型的纵缝式流水孔，即流水纵缝。该艇在上层建筑的左右各有一条

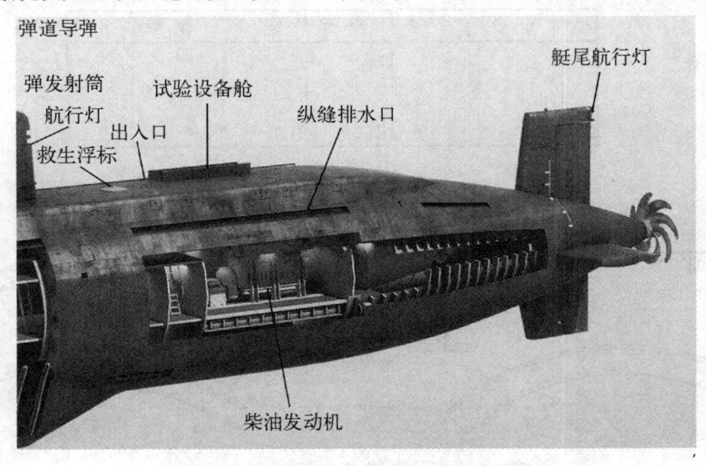

图 12-2-3　某艇尾部流水纵缝示意图

流水纵缝，从指挥室围壳前面的位置开始，沿水平方向一直延伸到导弹舱稍后的尾部耐压艇体转折点处，长度达几十米。“洛杉矶”级攻击型核潜艇则在此基础上进行了改进，仅仅在其首和尾两舷侧上部开设了数量很少的流水纵缝。

2. 上层建筑构架

现代潜艇上层建筑的构架形式主要有支柱肋骨式和托板肋骨式。

支柱肋骨式是目前潜艇常用的上层建筑构架，如图 12-2-4 所示。这种构架，肋骨一般由轧制型材（如工字梁）弯制而成，跨间用若干根支柱支撑，支柱一般用角钢制成。肋骨的两端用肘板与液舱上部纵桁相连接。

托板肋骨式一般只用在甲板上有较大负载部位，如甲板上安装有火炮或其他重物时才采用，这种结构由于托板所占面积较大，对上层建筑内部空间利用不好，因此在其他部位采用比较少。图 12-2-5 所示为托板肋骨式结构。

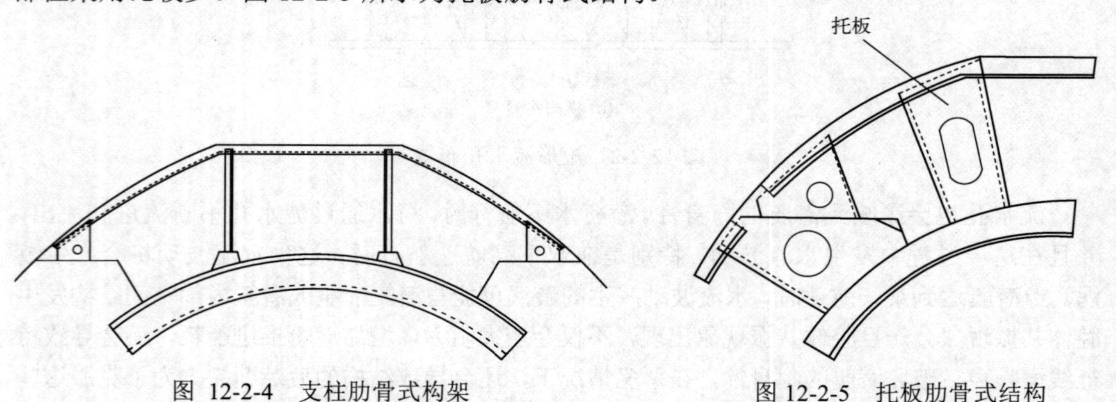

图 12-2-4 支柱肋骨式构架

图 12-2-5 托板肋骨式结构

上层建筑设计时考虑 0.098MPa 波浪载荷作用，一般由壳板、纵桁、强肋骨、普通肋骨、支柱等结构组成。支柱设置在纵桁与强肋骨相交部位。为了减轻结构重量，也可采用由壳板、普通肋骨、纵筋、支柱等组成的结构，在每档肋位设置支柱或不设置支柱，如图 12-2-6 所示。

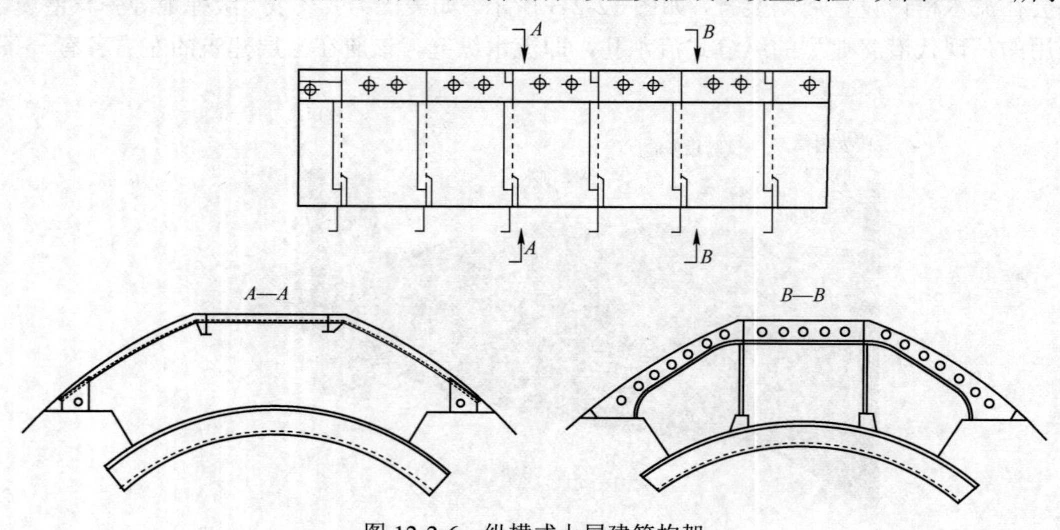

图 12-2-6 纵横式上层建筑构架

12.2.2　围壳结构

围壳是指包围在水面指挥所、耐压设闸室以及升降装置室周围的非水密结构，也称指挥室围壳。它具有下列功用：

（1）构成水面指挥室、耐压设闸室及各种升降装置室表面光顺的外罩以减少潜艇水下航行阻力。

（2）构成潜艇的舰桥，设置水面航行指挥所，并在其中布置罗经、操舵装置以及供水面航行指挥的仪器设备。

（3）布置水面厕所，通风管道和柴油机的进排气口等设备。

有的现代潜艇，为了改善水下低速航行的操纵性，在围壳两侧安装了“围壳舵”，有的潜艇布置飞航式导弹或弹道导弹，为了减少阻力有时把这些设备也用围壳包起来，其围壳做得比较庞大。

1. 围壳外形与布置

指挥室围壳是潜艇艇体上最大的突出体，在水下状态时，由于它的存在会产生很大的阻力，围壳阻力一般要占潜艇水下航行总阻力的 10%～15%，有时可达 30%～40%，而且此阻力的作用点处于主艇体轴线之上较高的位置处，因此它不仅影响艇的快速性，而且影响艇的纵倾平衡操纵，因此选择合理的外形甚为重要。当然，围壳的形状与内部设备的布置有密切关系。在通常情况下，比较理想的外形，其水线面应呈“水滴形”，最佳的长宽比为 6～8；纵剖面的形状首、尾部均微向后斜，近乎平行四边形；横剖面呈矩形，如图 12-2-7 所示。现代很多潜艇都力求做到理想的形状，如美国各级核潜艇及西欧各国常规潜艇。苏联“阿尔法”级核潜艇采用的是飞机座舱式三维翼型指挥室围壳。该型指挥室围壳由于高度低外形优良，因此具有阻力小、声目标强度低、尾迹小的特点，是一种新型指挥室围壳。

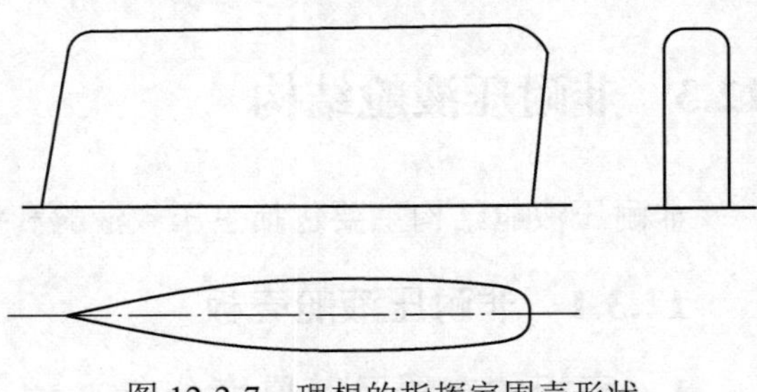

图 12-2-7　理想的指挥室围壳形状

现代常规动力潜艇围壳一般内设两层空间，高度 4～5m，宽度 2～2.5m，围壳的长度视内部设备布置而定，一般 10～13m；核动力潜艇一般内设 3 层以上空间，高度超过 7m，长度尺度甚至可达近 20m。

围壳布置的位置，主要考虑与耐压船体内部布置相适应，通常布置在指挥舱上部，但从阻力的观点来看，最好布置在距艇首 1/3～1/4 的艇长上。这一点对于过去一些潜艇由于布置上的限制，常常比较困难，现代潜艇特别是采用水滴形船形的潜艇就比较容易做到。

2. 围壳结构特征

围壳的构造和上层建筑结构一样，是由壳板和骨架组成的非水密结构，如图 12-2-8 所示。围壳壳板一般由 5～7mm 厚的钢板组成，钢板之间采用对接连接。壳板的下部与甲板相连接。壳板上开有流水孔。

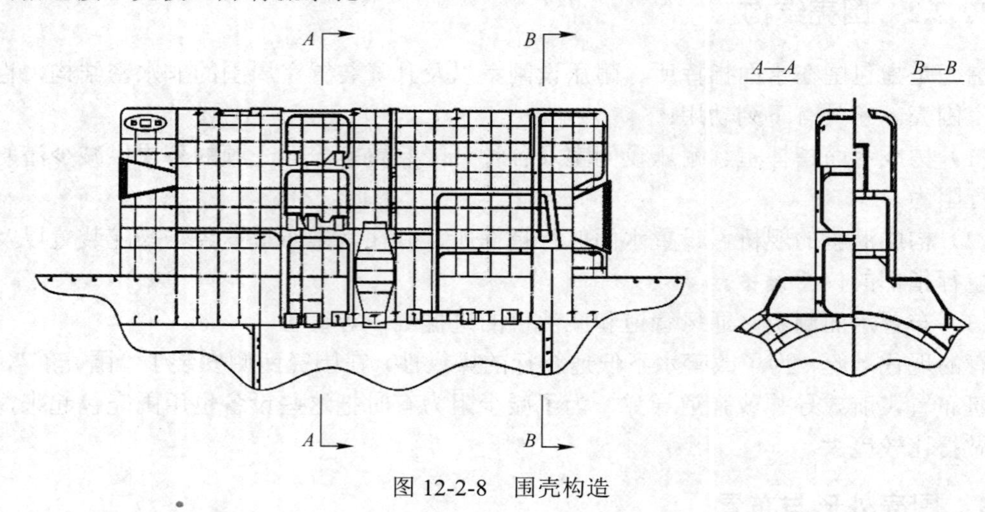

图 12-2-8　围壳构造

围壳一般采用横骨架式。为了减少对罗经工作的影响，在指挥室部位采用低磁钢制成，由于低磁钢在海水中容易产生腐蚀，因此有的潜艇在这些部位局部采用不锈钢围壳或玻璃钢围壳。有的潜艇为了减轻围壳的重量，改善潜艇的稳性，也有采用铝合金制作的，但缺点是耐腐蚀性差。目前，复合材料在潜艇围壳中已经得到了应用，如德国的 212 潜艇。复合材料围壳的优点是重量轻、耐腐蚀、无磁，缺点是工艺难度较大。

12.3　非耐压液舱结构

非耐压液舱结构主要包括主压载液舱和燃油舱，这些非耐压液舱由壳板和构架组成。

12.3.1　非耐压液舱壳板

1. 壳板的布置及其厚度分布

液舱壳板需保证结构的水密性并承受相应的载荷。壳板由几块钢板焊接而成，一般都采用纵向布置，即钢板的长边沿船体的纵向布置。由于工作条件不同，承载要求不同，潜艇非耐压壳板，厚度沿圆周方向是变化的。例如，潜艇在水线附近容易腐蚀，因此要求壳板局部加厚些，有的潜艇还设有防冰列板，则要求厚度更大些。又如，有的潜艇舷间上部布置液舱，下部布置燃油舱，燃油舱的承载要求比液舱要大，因此燃油舱的壳板也要厚些。底部要沉坐海底及进坞坐墩，因此底部壳板更厚些。根据钢板的长、宽尺寸，纵向布置钢板可以适应壳板厚度变化的要求，从而达到合理设计、减轻结构重量的目的。此外，由于潜艇沿圆周方向的曲率比纵向曲率要大，壳板纵向布置，给钢板的弯曲加工带来方便。

现代潜艇一般都采用分段建造，为了便于两个船体分段之间的连接和装配，通常在总段对接处沿横向空出一列壳板，待耐压船体接头焊接完毕后再把这列壳板嵌入进去。这列壳板称作“嵌补板”，为了便于施工嵌补板采用横向布置。

壳板的厚度主要由强度计算确定，同时也考虑一些工作条件，一般为 4～8mm。沿纵向，其厚度视各舱的承载要求不同而变化，如首、尾端及中间液舱壳板相对要厚些，沿周向除了考虑承载能力外，还应考虑工作条件，例如：水线附近一般要比其他各列钢板加厚 1～2mm，加厚宽度一般为 1.2m 左右，其中水线以下占 2/3。在底部平板龙骨处考虑潜艇沉坐海底或进坞坐墩修理时的局部强度，应比其他各列钢板加厚 4～6mm。

2. 壳板之间的连接

各钢板之间采用对接连接。如果相邻钢板的厚度相差超过 4mm，如舷间耐压液舱的壳板与非耐压液舱壳板的连接，则较厚的板在接缝处削成逐渐变化的坡度，以便减少连接处的应力集中现象。有时，相邻的板厚差别太大，还应在中间设置过渡段壳板。例如龙骨底板某些部位需要考虑坐墩、消耗压铁等因素通常较厚，相邻部位无需坐墩时则相对较薄，中间常采用过渡板连接。

12.3.2 非耐压船体骨架

非耐压船体骨架是指非耐压船体板和耐压船体板之间的骨架结构，其作用在于加强壳板的刚性，提高壳板的稳定性，同时把作用在非耐压船体壳板的外力传递给耐压船体。

非耐压船体构架通常由肋骨和纵桁、支撑材（包括支柱、托板和肘板）组成。根据纵向骨架设置的疏密程度可分为横骨架式和纵骨架式。横骨架式在每档肋位设置托板/支柱等支撑结构，纵向骨架较少；纵骨架式在每档肋位设置托板，纵向骨架密集。结构特点与水面舰艇结构类似。

为了将外力传递给耐压船体，在肋骨上设置各种支撑结构，根据支撑形式的不同，构架一般有下列 3 种形式，即普通肋骨式、桁架肋骨式和托板肋骨式。

1. 普通肋骨式结构

这种结构由肋骨、肘板和舷纵桁组成。肋骨通过肘板与耐压船体相连接，中间只设一根舷纵桁，为了防止舷部碰撞时纵桁板失稳，一般在纵桁板上安装防挠支骨，如图 12-3-1 所示。这种结构形式一般只用在排水量比较小的潜艇上。

2. 桁架式肋骨结构

这种结构是目前潜艇最常用的结构形式，它具有强度好而且施工简单的优点。桁架式肋骨结构主要由肋骨、支柱、肘板等构件组成平面桁架，如图 12-3-2 所示。非耐压船体的肋骨应与耐压船体肋骨位置一一对应，这样才能把外力有效地传递到耐压船体上。

肋骨一般由轧制型材制成，其大小根据作用在液舱上的载荷大小，由强度计算确定，一般由 5～12 号球扁钢制成。肋骨与液舱壳板的连接一般要求双面填角焊，这样能防止肋骨与壳板之间的锈蚀。肋骨通过肘板与耐压船体相连接，肘板一般采用 4～6mm 带折边的钢板。为了减轻重量，常在肘板上开有减轻孔。肋骨和耐压船体之间还要布置一些支柱，由于支柱受轴向力作用，为了防止失稳，支柱一般用等边角钢制成。现代潜艇，支柱两端都采用焊接固定，为了更好地传递外力大都采用辐射形布置。支柱的一端直接焊在非耐压船体的肋骨上，而另一端则用小肘板与耐压船体相连接，这种不等强度连接的目的，主要是考虑当潜艇遇到碰撞或偶然性载荷时，宁可让非耐压船体破坏也不要损坏耐压船体。实际一些潜艇的使用经验也证明，这种连接方法的确能达到预期的目的。

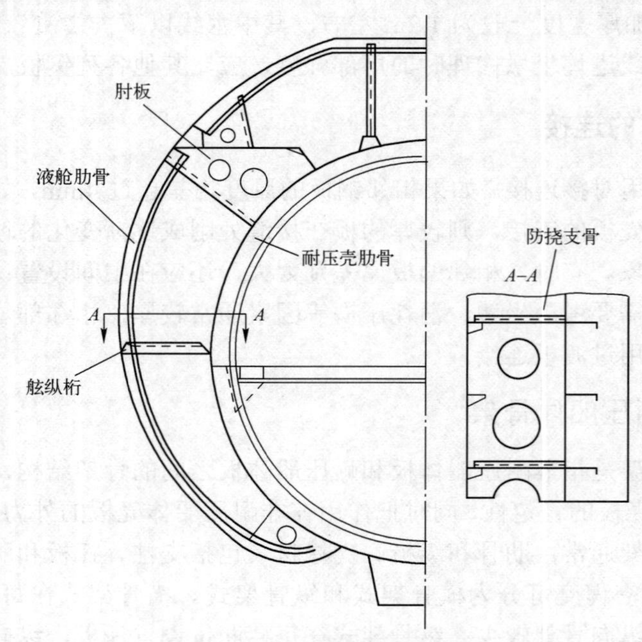

图 12-3-1　普通肋骨式结构

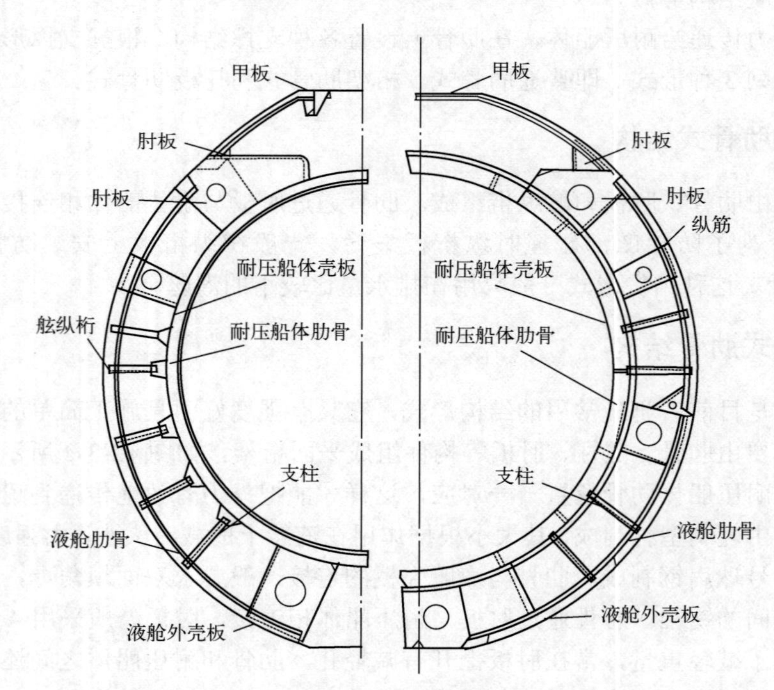

图 12-3-2　桁架式肋骨结构

例如，有的潜艇舷部受到严重碰撞，连接肘板常常断裂或失稳，但耐压船体却无损伤变形。此外，这种连接方法也给装配带来了方便，在安装非耐压分段时，支柱与肘板可以采用搭接，因而不需要将支柱尺寸切割得非常精确。组成桁架时，相邻支柱之间的距离除考虑强度条件外，应考虑人员出入检修方便，因此不能太小，一般为 600～800mm。

舷部由于经常会碰撞，为此在最大半宽处常常设置一根比较大的纵向加强筋，肋骨与它相交时，应在纵向加强筋腹板上开口让肋骨通过。在现代一些潜艇上，为了有效地抵抗核爆炸冲击波的袭击，常常在水线以上部位还增添一些间断的纵筋，这样就将壳板分割成一小块一小块的板格，以提高壳板的刚度。

3. 托板式肋骨结构

托板式肋骨结构，与桁架式结构有很多相同的地方，只是用托板支撑来代替支柱支撑，如图 12-3-3 所示。

这种结构主要的优点是强度好，不过重量较大，占去舷间的面积大，人员出入检修也不太方便，但对某些要求承载能力大的舱，如燃油舱等，就采用托板支撑。此外，在一些局部位置如放置大量压铁的舱底或进坞时接触边墩木位置处，一般也是采用托板支撑的。

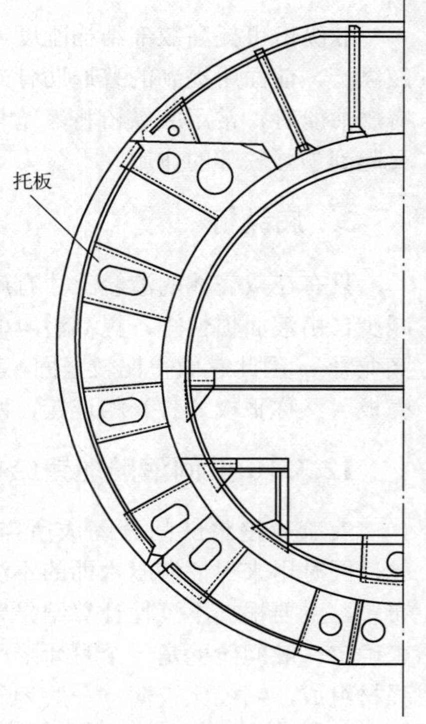

图 12-3-3　托板式肋骨结构

12.3.3　非耐压液舱纵桁结构

潜艇非耐压液舱纵桁有 3 种结构，即上部纵桁、舷纵桁和底纵桁。

1. 上部纵桁

位于液舱顶部的纵桁称为上部纵桁（也有称为上部龙筋），它由钢板制成，并用肘板与耐压船体相连接。液舱通气阀安装在上部纵桁上，以便潜艇下潜时打开通气阀能将液舱内空气全部排出。上部纵桁根据其形状可分为直线形、曲线形和折线形 3 种，如图 12-3-4 所示。

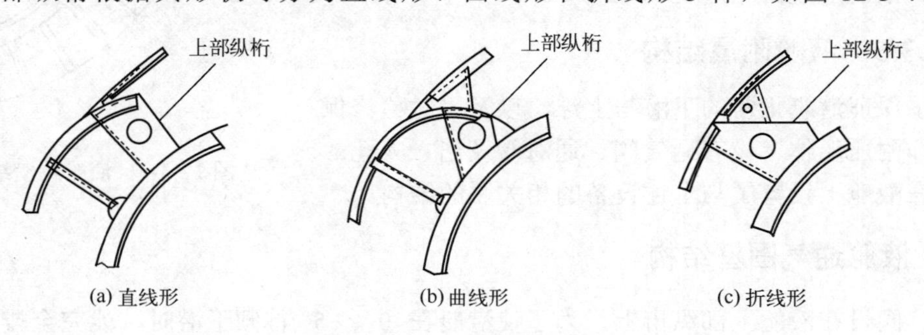

图 12-3-4　上部纵桁的形式

直线形的优点是施工简便，缺点是潜艇下潜时，有时舱内空气排不尽。为了解决这一矛盾，有的潜艇做成斜直线形，但这样液舱容积有所损失。

曲线形的优点是强度好，缺点是施工不太方便。此外，根据过去一些潜艇使用经验，当采用曲线形纵桁时，上层建筑与其连接部位的角度很小，平时很难保养，因此锈蚀非常严重，其平均腐蚀深度可以超过正常壳板腐蚀深度的 2.5～3.5 倍。这种形式多用在耐压液舱上。折线形纵桁是目前潜艇常用的一种形式，它既施工方便又能使舱内空气排尽。

2. 舷纵桁

舷纵桁可提高舷部结构刚度，预防潜艇碰撞时损坏舷侧。但并不是所有潜艇都设有舷纵桁，前面所提到的普通肋骨式常设舷纵桁，其他肋骨形式一般只设纵骨。当舷间设有燃油舱时，常用舷纵桁将液舱与油舱上下分开，这时舷纵桁既起到分隔舱室的作用，又起到加强舷部的作用。

3. 底纵桁

只有在双壳体的潜艇上才有底纵桁，它将液舱分成左右两个互不相通的液舱，借以减少自由液面惯性矩，提高潜艇的稳性。其实底纵桁是双壳体潜艇龙骨的一部分（又称竖龙骨），因此它做得比较坚固，其上端与潜艇耐压船体相连接，下端与非耐压船体底部壳板（又称平板龙骨）相连接，两侧都用肘板加强。

12.3.4 舷间液舱舱壁结构

液舱舱壁将舷间分隔成所需要的各种液舱和燃油舱，同时用来保证潜艇水面的不沉性。舱壁的数目及其布置，主要根据不沉性计算结果以及液舱、燃油舱布置来确定。舷间舱壁是一个月牙形平面结构，由钢板和扶强材组成，钢板比较薄，一般为 4～6mm，但在与透水部分相邻的舱壁，一些修理经验表明，腐蚀比较严重，应当适当加厚。舱壁上的扶强材一般呈辐射状布置，扶强材一般用 6～8 号球扁钢，扶强材之间的间距约 500～800mm，液舱舱壁的构造见图 12-3-5。

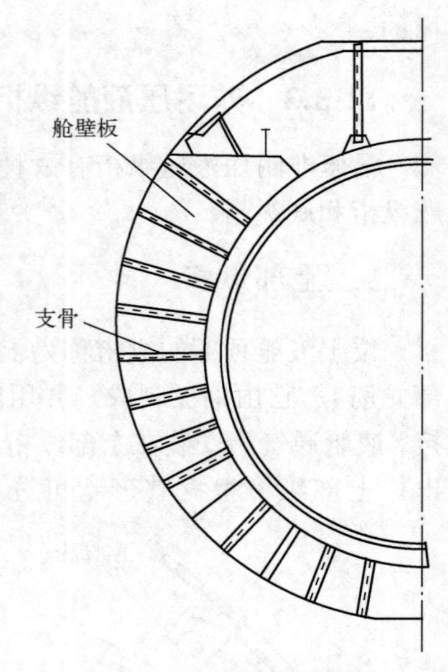

图 12-3-5　液舱舱壁结构

12.3.5 液舱附属结构

为了保证潜艇正常的下潜与上浮，以及平时检修保养，在非耐压船体上设有通气阀、通海阀及出入人孔。所以，在液舱上设置了与上述设备的相关联的结构。

1. 液舱通气围壁结构

通气阀设在液舱上部纵桁上，为了使潜艇在 0°～5° 首倾下潜时，能完全排尽液舱中的空气，排气阀应设在液舱的尾部，并做成局部突出的结构，这种结构称为通气围壁。此外，为了确保液舱的气密性，避免因排气阀损坏而造成潜艇的意外下潜或不能排水浮起，在没有通海阀的液舱中还设有失事挡板，如图 12-3-6 所示。

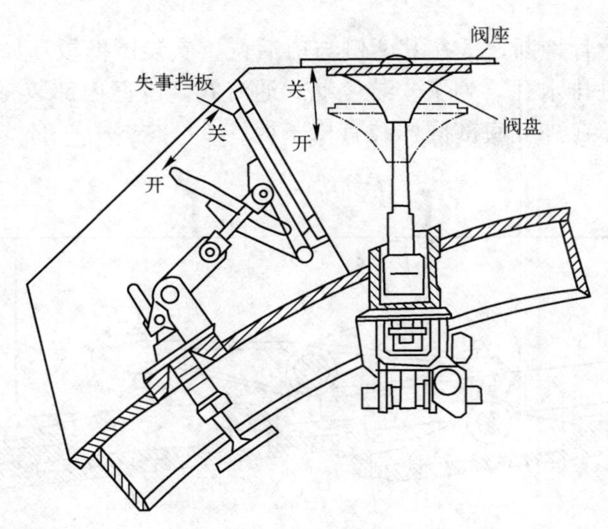

图 12-3-6　失事挡板的布置

通气围壁结构，通常在两档肋骨之间焊接几块钢板，并高出上部纵桁，组成一个水密围壁结构，如图 12-3-7 所示。围壁的顶部焊有阀盘座用于密闭通气阀。由于通气围壁经常处于潮湿状态，围壁容易腐蚀，而修理围壁时又要保证通气阀的密闭性，因此这些部位的钢板应比正常液舱壳板厚 1～2mm。

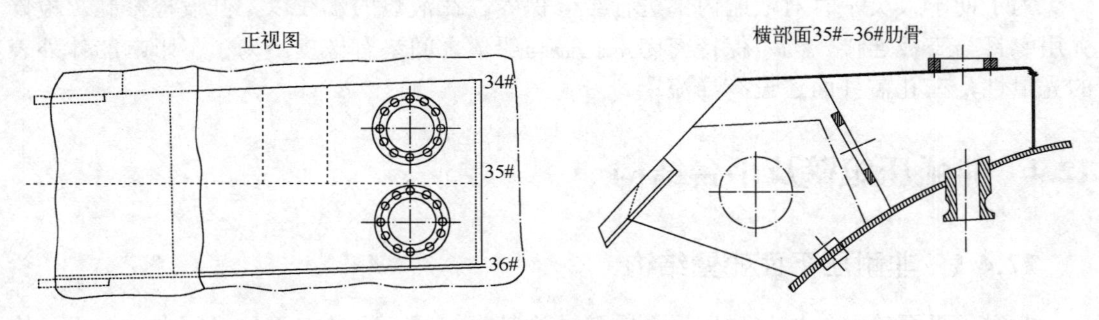

图 12-3-7　通气围壁结构

2. 流水孔与通海围壁结构

为了灌注或排除液舱内的水，在液舱的底部开有流水孔或设置通海阀。有的潜艇上为了加速下潜速度，只在液舱底部开设一些流水孔，潜艇在水面状态舱内充满低压气，液舱处于“气垫状态”，只要打开顶部通气阀（及失事挡板），潜艇就迅速下潜。流水孔的结构比较简单，通常只在液舱底部开设一些矩形孔，在矩形孔上放置“格子板”以防污物流入舱内。

采用流水孔的主要缺点是使液舱内部容积减少，平时人员不能进入液舱内部进行检修。特别当通气阀或失事挡板漏气时，液舱不能提供浮力。因此，现在大多数趋向于安装通海阀。

为了安装通海阀，在液舱底部专门做成一个围壁。在双壳体潜艇上，通海围壁设在液舱底部，由于将龙骨切断，故在其两侧与前后位置安装围壁板，如图 12-3-8 所示。在两侧围壁板上开有进排水孔，为了安装差动式通海阀，围壁内部装有倾斜式平板，在平板上装有通海阀座，在外壳底部同样装有格子板。

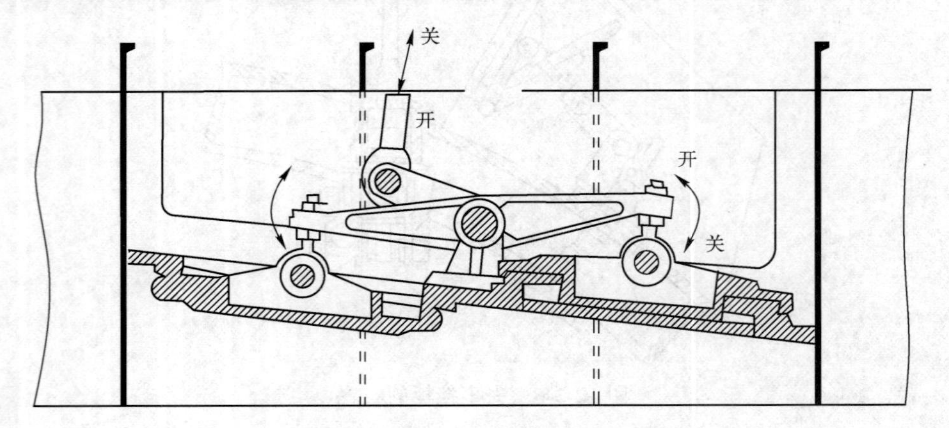

图 12-3-8　双壳体潜艇上通海阀

3. 检修孔（人孔）

为了便于人员平时对液舱内部进行维修保养，在液舱的水线以上开设检修孔。检修孔用螺钉与壳板连接，为了保持密闭，孔盖与船体之间垫有橡皮。为了不影响船体外表的光滑性，在孔盖外面还设有导流罩。

12.4　非耐压舱壁及平台结构

12.4.1　非耐压平面舱壁结构

非耐压平面舱壁结构与耐压平面舱壁结构基本相同，只是由于承载压力比较小，构架尺寸比较小，钢板较薄。

非耐压平面舱壁板的厚度根据强度计算确定。在过去一些潜艇上，因为主要考虑水面不沉性，因此作用在舱壁上的载荷按三角形分布，按这种载荷计算出来的钢板只需要很薄就够了，但是还需要考虑腐蚀因素。现代潜艇要求在一定深度下破损后，利用高压气排除舱内的水后，能自行上浮。这个深度常根据潜艇压缩空气储备量的大小来定，一般要求非耐压平面舱壁能承受 0.392～0.49MPa 的载荷。按这一载荷钢板的厚度一般为 10～12mm。

构架一般仍由水平承梁材、垂直加强筋和水平加强材组成，水平承梁材仍与平台位置相对应，由于载荷相对比较小，因此不专门安装翼板，两端也不专门设三角肘板。

垂直加强材的间距及水平防挠材的间距在满足强度的条件下，主要考虑舱壁板的稳定性。垂直加强材的端部视情况可以采用肘板连接或自由连接。垂直加强材的布置根据需要也可以布置在舱壁板两面上。

平面舱壁上的附属结构同样有水密门、电缆填料函，各种管节等。附属结构的安装除考虑本身一些要求外，还应考虑与加强构件的布设、焊缝位置的协调等，以避免造成位置冲突、焊缝集中等不利影响。

12.4.2　围壁结构

在潜艇耐压船体内部，为了分隔各种工作舱室和居住舱室，常常设置一些围壁，也称为轻舱壁。围壁不要求承受载荷，也不要求做成密闭的；通常由很薄的（4mm 左右）钢板制成。为了增强围壁的刚度，有的在舱壁上焊有加强筋，有的将舱壁模压成波浪形。它们与其他构件连接可以用焊接，也可以用铆接。

12.4.3　潜艇内部平台结构

耐压船体内部非耐压舱柜种类很多，这些舱柜尽管承载能力有所差别，但构造原理基本相同。

对于消耗品的储藏柜，一般在舱内利用轻型舱壁把它分隔成所需要的空间。这些舱壁一般用钢板和构架组成，并利用平台作为舱柜的顶盖。图 12-4-1 所示为布置在中央舱内的非耐压舱柜。

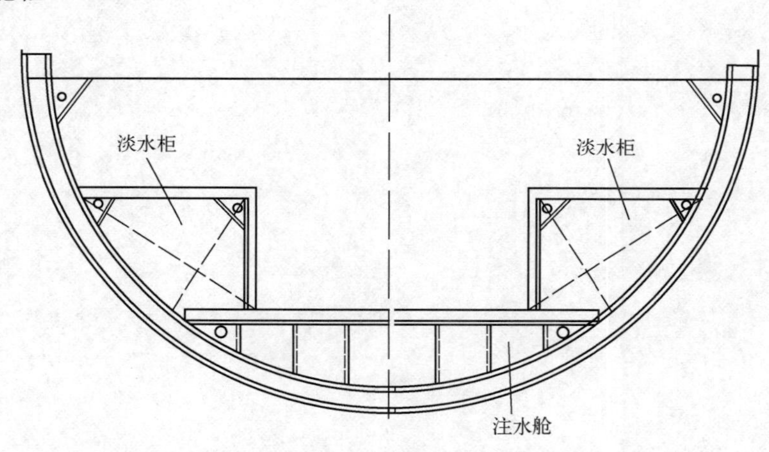

图 12-4-1　布置在中央舱内的非耐压舱柜

图 12-4-2 所示为燃油舱结构，它布置在蓄电池舱底下，由于液舱顶盖板与耐压船体交角很小，焊接质量很难保证，因此把两侧的钢板折边与耐压船体相交。液舱的顶板每一肋骨位置设置一根横梁，两端用肘板与耐压船体连接，中间用支柱支撑。其他液舱结构大致相似，不一一赘述。

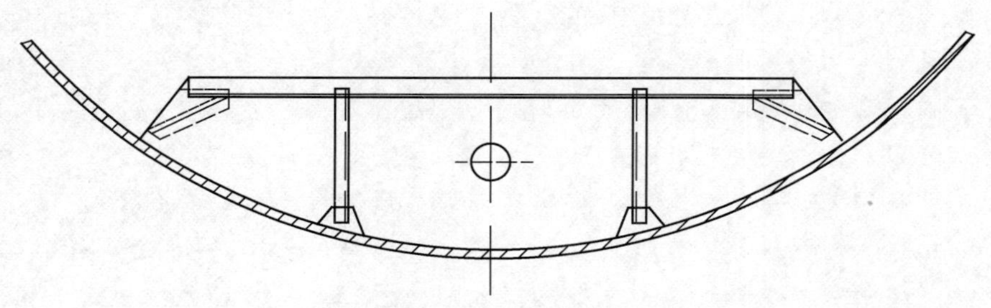

图 12-4-2　蓄电池舱底下的燃油舱结构

思考题

（1）非耐压液舱肘板上开椭圆形孔，则椭圆形孔的长轴沿哪个方向，为什么？

（2）潜艇指挥台围壳一般采用什么样的形状？为什么？

扫描查看本章三维模型

第四篇 舰船复合材料结构

第 13 章 基 础 知 识

随着 20 世纪 40 年代初玻璃钢研制获得成功，以纤维增强树脂基复合材料（fiber reinforced plastic，FRP）为代表的船舶复合材料结构设计技术得到关注和持续发展。复合材料具有比强度高、无磁、高阻尼和耐腐蚀等众多优良的固有特性，此外，其所具有的可设计性，也为舰船结构平台技术的发展开辟了新的领域。

这种可设计性不仅体现为复合材料的各向异性和铺层设计特性；同时，复合材料结构采用模具制作，便于复杂曲面成型制备；更为重要的是，它能够在保证结构强度和刚度条件下，通过合理的功能材料复合、结构形式优化设计以及传感器、作动元器件的融合，实现多种功能特性的兼容和智能监控，这就为未来功能型和智能型船体结构的设计与建造带来了无限发展空间与可能。

迄今，复合材料已与合金钢、铝合金一起成为先进制造技术国家船舶结构工程材料之一。100 多年前钢铁取代木材成为船舶结构建造的主要对象，给船舶结构的设计带来了一次革命性的飞跃。相信在可预见的将来，复合材料同样也会带来船舶结构设计技术的再次变革，并有力推动未来船舶与海洋结构物设计技术的飞速发展。

13.1 船舶材料技术发展

材料是人类社会赖以生存和发展的物质基础，人类社会的进步也常以材料技术的发展作为里程碑。按照材料技术，人类发展史可以分为四大阶段：石器时代（10000 年前—6000 年前）、青铜器时代（6000 年前—2500 年前）、铁器时代（2500 年前）、人工合成时代（19 世纪西方工业革命后）。船舶材料技术的发展历程，目前主要经历了木质船舶和钢铁船舶技术两个时代。

13.1.1 木质船舶技术

新石器时代的独木舟是人类文明发展史上最早出现的船舶。根据“刳木为舟，剡木为楫”的文字描述（《易经》《易系辞下传》）推测，新石器时代制造独木舟的基本必要条件为：①木头；②石斧、石锛等工具；③钻木取火。木头实际上就是原材料，具有天然性质；石斧、石锛就是制造工具；而钻木取火可以认为是工艺条件。工具和工艺代表了当时的生产力水平。

木板拼接而成的木板船出现在青铜时代。它的形成有两个途径：一是在独木舟的基础上，通过四周加上木板成为木板船，独木舟逐渐演变为船底结构。二是在筏的基础上，通过四周及底部加板，演变成了（平底的）木板船。由考古已知最早是公元前2800年，埃及人为造金字塔，采用木板船将巨型石料沿尼罗河运至施工现场，距今已有4600年的历史。我国木板船出现在青铜时代的夏、商时期。

制造木板船的基本条件与独木舟的差别。首先是板材的出现，板材的制备是建造木板船的基础，同时，规、矩、准绳等木工量具也已出现（《史记·夏本经》），这样木板的拼接就成为了可能。

木板船的大型化和批量建造出现在铁器时代。由于青铜质地较软，采用青铜材料进行规整的板材制作和大型木板船的拼接是极为困难的，船体结构强度也难以保证。

大型和批量生产木板船其基本条件为：①板材，批量建造要求板材规格及数量尽可能少，且应具有标准化要求；②建造工具和工艺技术，铁器时代铁制工具和铁制量具的出现，为木板船的批量制造和大型化创造了条件，从而促进了大型木板船的出现。在此后的近3000多年内木板船始终占据船舶建造的主体地位，其巅峰时期的典型代表作就包括了郑和宝船（排水量已达近7000t）和西方一些远洋战舰。

13.1.2 钢质船舶技术

人类进入铁器时代是距今3000多年前，然而直至1859年，法国海军才建成世界上第一艘主力铁甲战舰“光荣号”；1873年建成世界海军史上第一艘纯蒸汽动力战舰“蹂躏”号；1892—1894年世界进入前无畏舰时代，世界上第一艘全钢质战舰，英国的“君权”级战舰出现，排水量达14000t。

人类社会真正开始建造全钢铁质船舶的历史，距今尚不足200年。从船舶新材料技术发展的基本条件角度加以分析，其主要原因有二：一是原材料问题，铁的出现虽然较早，但冶炼技术在工业革命前始终没有大的进步，产量少，易腐蚀，且难以加工，因此一直无法用于造船；二是建造工艺技术问题，对铁的加工工艺长期以来仅局限于浇铸和锻造，由于没有制作铁板以及焊接、铆接、切割等加工工艺，因此不能用铁来造船。两次工业革命的出现推动了生产力的发展，一方面随着冶炼技术水平的大幅提高，钢铁价格大幅下降，为钢质船舶的建造奠定了基础；另一方面生产力水平也得到大幅提高，如钢材加工技术、钢质船舶结构设计技术以及建造技术，这就有力保障了钢质船舶的出现。

促进船舶新材料技术发展的另一个重要的基本条件是发展需求。钢铁舰船技术发展的需求来源于工业革命之后，西方国家对生产资源和劳动力的需求激增：①殖民地争夺，海上霸权盛行，战舰作战能力的要求越来越高；②近代远洋运输的兴起，远洋航运对大型船体的结构强度提出了更高的要求，而钢质船体显示出了比木材更为优异的强度特性。

由此总结舰船结构材料技术发展的基本条件，主要有三：①发展需求；②原材料；③生产力水平。其中发展需求可以理解为触发与牵引条件；原材料是物质基础条件；生产力水平则是保障实施条件。其中生产力水平又可分为原材料制备技术、建造工艺技术以及船舶结构设计技术等。

13.1.3　未来舰船结构材料需求

经过 100 多年的持续发展，钢铁现已成为应用最为广泛，且最为成熟的舰船结构材料。然而，钢铁是否就是最佳选择呢？它能否持续适应不断增长的装备发展需求呢？事实上，钢质船体所存在的以下问题，很难得到根本性的解决。

首先就是结构重量性问题，结构重量对舰船的影响主要体现在两个方面：一是影响舰船的装载效率，目前船体结构重量约占舰船正常排水量的 40%～50%，而采用普通碳钢的民用船舶，其结构重量占比更高，有效装载能力受限，甚至低于木质船舶；二是影响舰船稳性，这对于具有高速机动性能要求的作战舰船尤为重要。

其次，就是防护性与保障性问题。针对钢质船体结构的防腐、防污以及防漏等防护性问题的治理与综合设计一直都是衡量舰船平台保障性的重要指标，并严重影响舰船的可用性与可靠性，至今无法得到很好地解决，并导致了钢质船舶的维护费用在船舶全寿期费用中的占比长期居高不下。

最后，也是最为重要的，那就是发展需求。未来舰船结构对新材料的发展需求将主要来自于未来信息化战争环境的适应性要求和总体设计要求。以舰船扩展功能性要求中的隐身性要求为例，钢质舰船结构的磁场以及电磁波特征明显，只能通过定期消磁和改变外形加以控制；而对于潜艇的声隐身需求，船体结构作为潜艇平台与水域的最外层耦合界面和声传递通道，钢质船体结构的发展潜力已极为有限，新材料新结构形式设计技术则具有更为广阔的空间。

13.2　复合材料

13.2.1　定义与分类

复合材料，就是指由两种或两种以上具有独立物理相的材料，通过物理和化学复合工艺组合或构造形成的细观多相构型或材料。其多相构型特征在于具有连续相（基体）和分散相（增强体），力学特征则表现为具有完备的宏观本构特征，即可通过代表性体积单元描述其宏观力学性能。

《材料大辞典》中所给出的复合材料定义为：由有机高分子、无机非金属或金属等几类不同材料通过复合工艺组合而成的新型材料，它既能保留原组分材料的主要特色，又通过复合效应获得原组分所不具备的性能。可以通过材料设计使各组分的性能互相补充并彼此关联，从而获得新的优越性能，与一般材料的简单混合有本质的区别。

复合材料一般根据增强体和基体的名称来命名，通常有以下 3 种命名方式：

（1）以增强体名称命名，强调增强体，如碳纤维增强复合材料、陶瓷颗粒增强复合材料、晶须增强复合材料等。

（2）以基体名称命名，强调基体，如金属基复合材料、陶瓷基复合材料、树脂基复合材料等。

（3）以增强体和基体共同命名，两者并重，主要用于表示某一具体的复合材料，如玻璃纤维增强环氧树脂基复合材料、陶瓷颗粒 TB_2 增强铝基复合材料等。

复合材料的分类方法有多种，与命名方式类似，通常按照基体、增强体或用途的不同进行分类：

（1）按照基体种类分为：聚合物（树脂）基复合材料、金属基复合材料和无机非金属基复合材料。

（2）按照增强体种类分为：玻璃纤维复合材料、碳纤维复合材料、有机纤维复合材料、金属纤维复合材料、陶瓷纤维复合材料。

（3）按照增强体形态分为：连续纤维增强复合材料、短纤维增强复合材料、颗粒增强复合材料、编织复合材料。

（4）按照用途分为：结构复合材料、功能复合材料。

根据船体材料的选用要求和实践经验，纤维增强树脂基复合材料是目前最适用于船体结构设计与建造，且最具发展潜力的复合材料种类，因此本书下面所指复合材料均为纤维增强树脂基复合材料（或缩写为 FRP）。

13.2.2 材料体系构成

树脂基复合材料的体系构成包括：分散的、高强度和高模量的纤维增强相；连续的、高韧性、低强度和低模量的树脂基体相以及各种添加剂。

1. 纤维增强体

玻璃纤维和碳纤维是目前舰船复合材料结构中最为常见的两种增强材料。除此以外，芳纶纤维和超高分子量聚乙烯纤维目前在舰船上为满足某些特殊要求也已得到部分应用。

玻璃纤维是目前船舶复合材料结构领域应用最为广泛的一种增强材料,以它为增强材料的树脂基复合材料，俗称“玻璃钢”。玻璃纤维以 SiO_2 为主要成分，以及若干种金属和非金属氧化物构成的化合物，密度一般为 2.5～2.6g/cm^3。各种玻璃氧化物的不同组合，形成了不同种类的玻璃纤维，常用的船用玻纤主要有：E-玻纤（无碱玻纤），是目前船舶结构领域应用最广泛的一种玻璃纤维制品，具有良好的电气绝缘性及机械性能，其缺点是易被无机酸腐蚀，不适用于酸性环境，单丝抗拉强度约为 2.1GPa，拉伸模量约为 75.5GPa；C-玻纤（中碱玻纤），其耐酸性优于 E-玻纤，电气性能和机械性能均弱于 E 玻纤，但因其具有价格优势，目前占据我国玻璃纤维产量 60%以上，单丝抗拉强度约为 1.8GPa；S-玻纤（高强玻纤），因其具有高强度，高模量和价格适中的特点，是目前舰船复合材料结构中使用最为普遍的玻纤种类，单丝抗拉强度约为 2.8GPa，弹性模量约为 86GPa，均高于 E-玻纤。

碳纤维是由有机纤维或低分子烃气体原料加热至 1500℃所形成的纤维状碳材料（碳含量高于 90%）。碳纤维具有低密度（1.7～1.8g/cm^3）、高强度、高模量、耐高温、抗化学腐蚀、低电阻、高热导、低热膨胀、耐化学辐射等优良特性。但同时也存在性脆、高温抗氧化性能较差、导电以及价格昂贵等缺点，在舰船复合材料结构物中极少单独使用。碳纤维按力学性能不同分为通用级（GP）和高性能（HP）两大类，其中高性能又分为标准型（如 T-300，抗拉强度为 3.5GPa，抗拉模量为 230GPa，断裂延伸率 1.5%）；高强高伸型（如 T-1000，抗拉强度为 7.06GPa，断裂延伸率 2.4%）；以及高强高模型（如 M-40J，抗拉模量为 377GPa）。

芳纶纤维全称是芳香族聚酰胺纤维，俗称“Kevlar（凯夫拉）”。主要种类包括：Kevlar-29，Kevlar-49（一代产品）和 Kevlar-129，Kevlar-149（二代产品）等，密度为 1.4～1.5g/cm^3。芳纶纤维较碳纤维而言，其价格较低，且断裂韧性和动态阻尼性能优异，而比强度和比模量明显优于 S-玻纤，目前较多应用于水面舰船结构防护工程。

超高分子量聚乙烯纤维密度低（约为 0.97g/cm^3）、比模量和比强度性能优异，且具有高韧性、高耐磨性和优良的自润滑性，但由于使用环境温度的限制（低于 90℃），目前主要应用于船舶用缆、绳、索具等。

2. 树脂基体

树脂基复合材料的基体材料为高分子聚合物。目前常用的船用复合材料树脂主要有 4 类，即不饱和聚酯树脂①、乙烯基树脂、环氧树脂、酚醛树脂。

不饱和聚酯树脂具有良好的海洋环境适应性，且施工工艺性好、价格适中，因此是目前民用船舶复合材料结构最常用的树脂体系，主要有两种类型：①邻苯二甲聚酯，经济性好，广泛应用于中小型船舶；②间苯二甲聚酯，价格较贵，力学性能和耐水性能较好，一般专用于高性能船体结构的建造和游艇胶衣树脂。

环氧树脂的力学和耐水性能均优于聚酯树脂，尤其是异种材料粘接界面性能好，但价格较高，制备工艺性略差，目前主要在局部连接构件区和重要界面部位得到应用。

乙烯基类树脂是环氧树脂的派生，其性能介于聚酯和环氧树脂之间。它保留了自由基团的易固化特性，具有易于制作的优点，同时也能提供较好的力学性能，因此特别是当结构对化学或环境抵抗能力有需求时，它常常是首选材料。目前舰船复合材料结构中较多采用乙烯基类树脂。

酚醛树脂是最古老的合成树脂，具有优异的热性能和耐火性能。与其他热固性树脂基体不同，酚醛树脂高温分解时，所产生的酚醛塑料气体中包含大量的芬芳物质，这些物质的积累将包敷在复合材料表面，并形成保护层。因此，酚醛类树脂具有很低的初始易燃性，当处于火灾之中时，其放热量很小，同时仅产生少量的烟和有毒气体。但是酚醛类树脂在固化过程中交联反应控制难度较大，且存在固化产物——凝结水，这将导致层合板内部出现微空穴的分布，而降低结构力学性能。酚醛树脂虽然存在制备工艺方面的不足，但由于其优异的防火特性，目前仍然在舰船舱内复合材料结构树脂基体的选型中占有重要地位和发展潜力。

3. 添加剂

添加剂曾长期被人们忽视，这也正是我国聚合物基复合材料，尤其是玻璃钢产品长

① 不饱和聚酯是不饱和二元羧酸（或酸酐）或它们与饱和二元羧酸（或酸酐）组成的混合酸与多元醇缩聚而成的，具有酯键和不饱和双键的线型高分子化合物。通常，聚酯化缩聚反应是在 190~220℃进行，直至达到预期的酸值（或黏度）。在聚酯化缩聚反应结束后，趁热加以一定量的乙烯基单体，配成黏稠的液体，即不饱和聚酯树脂。

期处于低水平发展的重要原因之一。添加剂是复合材料产品在生产或加工过程中需要添加的辅助化学剂品的通称。根据其使用功能分类如下：

（1）用于抑制复合材料在制备、加工和应用时由氧、光和热等引起的老化变质，性能降低的稳定添加剂，如抗氧剂、光稳定剂以及热稳定剂等。

（2）用于改善力学性能的添加剂，如以环氧树脂为基体的复合材料在交联固化后，硬度较大、强度较高，但韧性较差，抗冲击性能不理想。为改善其抗冲击特性，需要添加增韧剂。

（3）用于改善加工成型性能的工艺性添加剂，如降低树脂黏度的稀释剂，改善胶液对增强材料的浸润剂，提高聚合物分子间以及聚合物与增强材料间润滑性的润滑剂，以及控制工艺过程的引发剂、促进剂、阻聚或缓聚剂以及固化剂等。

（4）树脂基和橡胶基复合材料多数都是由碳氢化合物构成的有机聚合物，具有可燃性，因此在复合材料加工过程中，通过添加阻燃剂可有效阻止聚合物材料引燃或抑制火焰传播。

（5）为提高界面性能以及防止静电危害，偶联剂、抗静电剂和防雾剂也是常用的添加剂。

（6）为改善复合材料结构件的外观质量，适当使用着色剂和触变剂则是复合材料制备过程的常用手段。

13.2.3 力学特性

从细观角度来看，复合材料本身是一种多相复合构型设计的产物，其力学性能既受组分相种类、含量、增强纤维铺层方向以及制备工艺的影响，同时也与其所承受的载荷作用特征密切相关。以最为常见玻璃钢板为例，常用织物大多具有正交编织特征，因此，单一角度叠层铺放时，玻璃钢板一般表现为正交各向异性；而对于短切纤维毡或各角度随机铺放时，复合材料则可等效视为准各向同性，各方向的力学性能也基本相同。

1. 弹性模量与断裂强度

图 13-2-1 中给出了标准钢、铝合金和复合材料应力——应变试验曲线。

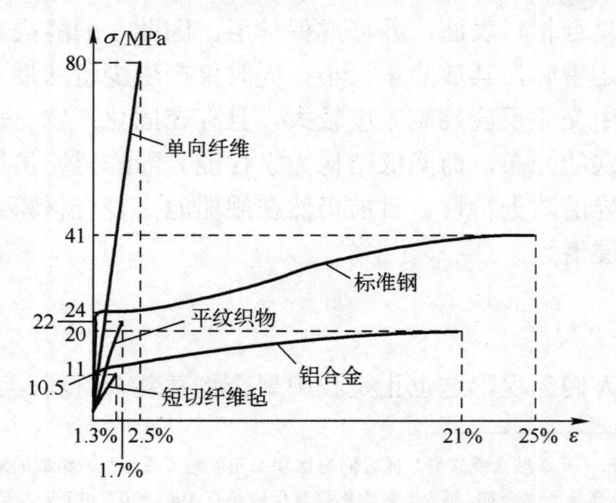

图 13-2-1　标准钢、铝合金和复合材料应力—应变曲线

标准钢弹性模量为 210GPa，铝合金为 70GPa。而 GRP 的弹性模量取决于纤维增强方式及其含量。一般而言，短切纤维毡约 8.5GPa，正交平纹织物型约 16GPa，单向铺层时约 33GPa。因此，GRP 弹性范围内的变形量可达标准钢 6～25 倍。

屈服应力概念主要适用于金属材料，标准钢约 240MPa，可焊铝合金约 110MPa。GRP 不存在屈服应力点，其应力-应变曲线在达到断裂强度前基本保持线性增长。相关对比分析情况如表 13-2-1 所列。

表 13-2-1　不同材料基本力学性能的比较

	标准钢	铝合金	短切纤维毡	GRP 层合板平纹织物	单向纤维增强
弹性模量/GPa	210	70	8.5	16	33
塑性	有	有	无	无	无
屈服应力/MPa	240	110	—	—	—
断裂强度/MPa	410	200	105	220	800
屈服点应变	0.11%	0.16%			
断裂应变	25%	21%	1.3%	1.7%	2.5%

2. 塑性

复合材料与金属材料最重要的差异性表现为，在军用舰船结构应用领域中，金属材料必须考虑塑性特征，而复合材料几乎没有塑性阶段。金属材料在进入屈服状态时，其弹性应变约 0.11%，而断裂延伸率可达 25%，为其弹性变形 230 倍以上。然而，复合材料从承载到断裂，其应力-应变关系基本呈现为线弹性特征。

两种材料塑性特征的差异，对于确定构件尺寸以及保证结构设计安全性极为重要。鉴于此，在设计时金属结构一般根据屈服应力值，选取安全系数 1～3，而复合材料层合板往往根据断裂强度，常选取安全系数为 3～8。

3. 疲劳特性

与静强度破坏不同的是，由于渐进式损伤扩展机理的作用，随着加载次数的增加，材料疲劳常常会导致结构出现较低应力水平状态的破坏。复合材料的疲劳特性与金属材料存在差异。比如，当结构中存在微裂纹时，微裂纹数量将随加载次数增加而增加，断裂强度下降。但是除非处于材料断裂强度点附近，宏观裂纹一般很少可见。相比于金属材料，复合材料的优势在于它是多相材料的复合体，裂纹在树脂基体间进行扩展时需要更多能量。因此，在低应力水平状态下，复合材料结构往往具有更为优异的抗疲劳破坏能力。

4. 结构可设计性

金属材料宏观均质且各向同性，而复合材料则具有多相复合和各向异性特点。由于复合材料结构在不同铺层及铺层方向上存在断裂强度的差异，其结构设计远较金属结构困难。在设计过程中必须考虑复合材料结构可能存在的各种局部失效模式，如纤维断裂、树脂基体损伤、界面分层以及混合型破坏等；在实际工程应用中，纤维断裂并不总是首先出现在复合材料结构的最外层；层间分层现象是较为常见的强度失效模式之一。此外，连接也是复合材料结构设计的难点问题，现代钢质舰船结构通常采用焊接建造，而复合材料目前较为常用的是胶接和机械连接。由此可知，复合材料结构的可设计性较金属结构更为复杂，而且技术要求更高。

13.2.4 复合原理

1. 复合效应

复合材料的形成机理是把不同的材料组合起来，在发挥各组分相材料综合优势的同时，弥补各自的缺陷，以获得工程所需的复合效应。典型复合效应如下：

（1）平均效应。通常情况下，复合材料的某些性能等于各组分相性能乘以该组分的体积分数之和，如纤维增强复合材料的密度，就可通过并联混合定律进行预报。

（2）并有效应。是指复合材料仍保持其组分的原有性能。如高分子材料耐化学腐蚀，则以它为基体组成的复合材料，同样具有耐腐蚀性能。

（3）互补增强效应。指各组分组成复合材料后可以互相补充并弥补各自的弱点。如增强纤维的轴向承压能力极低，而复合材料则具有良好的轴向承压强度，甚至远高于树脂基体，显现出了明显的复合正效应。

大多数情况下，复合材料的性能同时体现了以上复合效应。例如玻璃钢的基本力学性能往往体现为平均效应，而承压或抗疲劳性能则表现出互补增强效应；耐腐蚀性则属于并有效应等。

2. 界面特性

复合材料中基体与增强体之间的交接面称为界面，它对复合材料的性能有着极其重要的作用。了解复合材料的界面特性，有利于正确理解复合材料的性能特点。

（1）界面的结合状态。界面的结合力存在于两相的界面之间，由于它的存在，形成两相之间的界面强度，便产生了复合效应。界面的结合状态按作用机理可分为机械结合、物理结合和化学结合3种类型。其中，机械结合是指相间通过粗糙面（如表面凹凸不平、裂纹、孔隙等）的接触相接，并通过摩擦力实现结合状态：物理结合是指由范德瓦尔斯力和氢键等物理键构成的结合状态；而化学结合则是指通过共价键、离子键和金属键等化学键作用产生的结合状态。

各种状态的结合力大小不同，机械结合力最弱，而化学结合力最强。因此，通过增强材料与基体间适当的化学反应在界面上形成化学键，将更有利于复合材料机械性能的提高。表面处理方法很多，例如橡胶与金属复合时在金属表面镀黄铜，制造玻璃纤维时进行偶联剂处理等。

（2）界面结合强度与复合材料强度的关系。从大量的研究结果可以看出，界面结合强度对复合材料强度影响较大。一般来说，界面结合强度好，可以保持较高的复合材料强度。然而，界面结合强度过大并不能使材料的强度明显提高，因为此时材料的破坏并不一定发生在界面上。特别值得说明的是，界面强度与材料强度之间的关系，还受到诸如弹性模量、热膨胀系数等的影响。因此，若想获得较好的材料强度，应根据特定的条件（应力种类、破坏条件、材料状况等），选择与强度相适应的、最理想的界面结合状态。

3. 增强原理

通常按照增强体的种类和形态可以把结构复合材料分为 3 类，即弥散增强型、粒子增强型和纤维增强型。

复合材料中各组分相所起的作用是不同的，基体主要用于固定和粘接增强体，并将所受的载荷通过界面传递到增强体上，当然自身也承受一定载荷。基体还能起到类似隔膜的作用，将增强体分隔开来。当有的增强体发生损伤或断裂时，裂纹不致从一个增强体传播到另一个增强体。在复合材料的加工和使用中，基体还能保护增强体免受环境的化学作用和物理损伤等。从增强体在结构复合材料中主要用来承担载荷角度看，通常要求增强体具有高强度和高模量。增强体的体积分数，与基体的结合性能对复合材料的性能起着很大的影响。增强体、基体和界面共同作用下可以改变复合材料的韧性、抗疲劳性能、抗蠕变性能、抗冲击性能及其他性能。界面能起到协调基体和增强体变形的作用，通过界面可将基体的应力传递到增强体上。基体和增强体通过界面发生结合，但结合力的大小应适当，既不能过大，也不能过小。结合力过大会使复合材料韧性下降，结合力过小起不到传递应力的作用，容易在界面处开裂。

13.3 制备工艺

复合材料结构的制备工艺是舰船复合材料结构应用工程发展的基础和必要条件。随着复合材料结构应用领域的不断拓展，其制备工艺也日臻完善，且不断推陈出新。目前，树脂基复合材料结构的成型工艺方法已有 20 多种，但基于结构形式、材料性能、产品质量以及经济性等因素的综合考虑，目前适用于舰船复合材料结构的成型工艺方法主要包括：①手糊成型工艺（湿法铺层成型法）；②树脂传递模塑成型（RTM 技术）；③真空辅助成型（VARI 技术）；④缠绕成型等。

13.3.1 手糊成型

手糊成型（hand spread molding）如图 13-3-1 所示，它是在模具支撑下，将纤维织物与树脂基体交互铺层，粘结在一起，然后树脂在室温或较低的温度下固化，形成复合材料构件的成型方法。手糊成型和喷射成型是制造玻璃钢制品最常使用的方法，它不受制件形状和大小的制约，特别适合于品种多、生产批量小的大型玻璃钢制品的生产，在船舶、建筑、汽车等领域得到广泛应用。

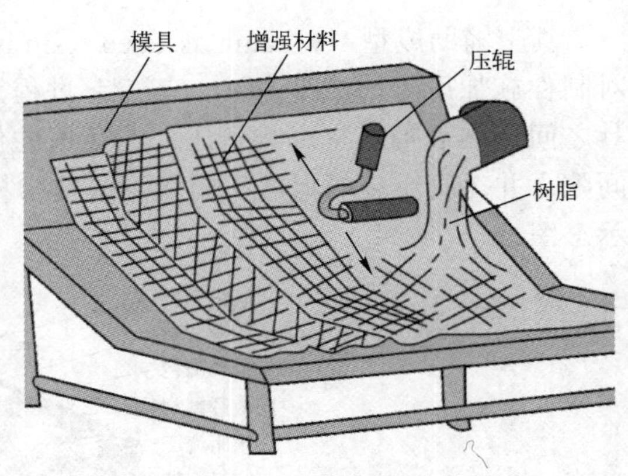

图 13-3-1 手工糊制成型示意图

手糊成型与其他成型方法相比有很多优点，主要包括：操作简单，技术易掌握；设备投资少，生产成本低；产品形状和大小不受限制，特别适合于大型和复杂结构制品的制备。制品可设计性好，且容易改变设计；模具制备简单，成本低等。但手糊成型技术对操作者的技能水平依赖性强，产品质量不容易控制和保证。生产效率比较低，产品的各种性能也比其他成型方法得到的制品低，因而不宜用于对产品质量要求高的情况。

13.3.2 树脂传递模塑成型工艺（RTM 技术）

树脂传递模塑（resin transfer molding，RTM）是在一定压力作用下将树脂注入密闭的模腔，浸润预先放置模腔中的纤维预制件，然后固化成型的一种复合材料制造方法。与其他传统复合材料成型技术相比，RTM 有许多优点：能够制造高质量、高精度、高纤维含量的大型复合材料制件；无需胶衣（gel cost）也能获得光滑的双表面；产品从设计到投产的周期短，生产效率高；易于实现局部增强以及制造局部加厚的构件；带芯材或嵌件的复合材料能一次成型等。对于产量小的制件，可设计一套低成本生产系统；而对于产量大、要求生产效率高的制件，则可采用高自动化的设备和高反应性双组分树脂体系。因此，RTM 技术是一种适宜多品种、高质量复合材料制品生产的技术，近年来得到迅速发展并成为高性能复合材料制造领域的主导成型技术之一。

RTM 成型设备主要由树脂罐、液压泵、真空系统、空压系统、模具、加热系统、控制系统等组成，典型 RTM 工艺过程如图 13-3-2 所示。

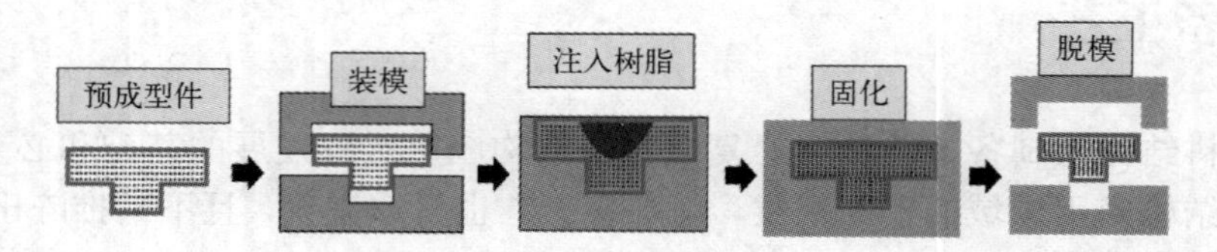

图 13-3-2 RTM 成型方法示意图

13.3.3 真空辅助成型（VARI 技术）

真空辅助成型（vacuum assisted resin infusion）是在固化时利用抽真空产生的负压对制件施加压力的成型方法。其工艺过程为：将铺叠好的制件毛坯密闭在真空袋和模具之间，然后抽真空形成负压。在负压的作用下，树脂基体被吸入填充到制件毛坯的间隙，并在真空袋的保压下固化形成复合材料制件。图 13-3-3 为真空辅助成型的工艺示意图。

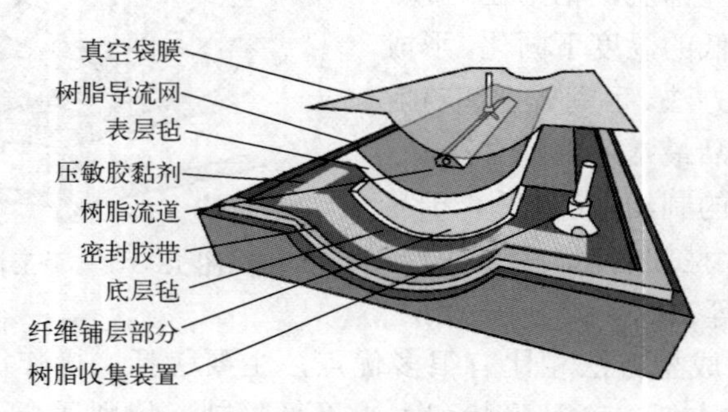

图 13-3-3 纤维铺层构件的真空辅助成型示意图

真空辅助成型工艺对于大型船舶的舱板和结构件的制造是很有用的。相对于 RTM 技术而言，VARI 技术仅需单面模具，且能获得纤维含量高的结构制件，其力学性能好，重量轻，环保且成本低。图 13-3-4 为典型纤维增强复合材料构件真空成型示意图。

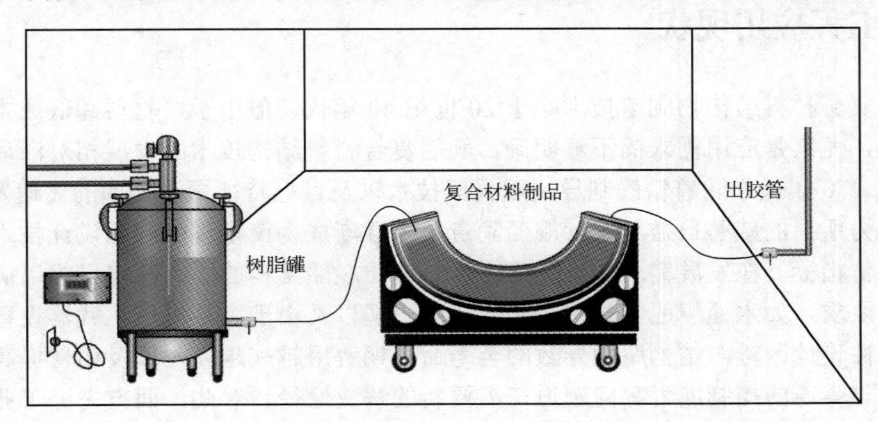

图 13-3-4 VARI 成型示意图

13.3.4 缠绕成型

纤维缠绕成型（wind molding）是在专用的缠绕机上，将浸润树脂的纤维均匀有规律地缠绕在一个转动的芯模上，然后固化除去芯模得到制件的成型方法，图 13-3-5 为典型缠绕机结构示意图。纤维缠绕成型既适用于制备简单的旋转体，如筒、罐、球、锥等；也可以用于制备舵、翼等无凹面的非旋转体部件。

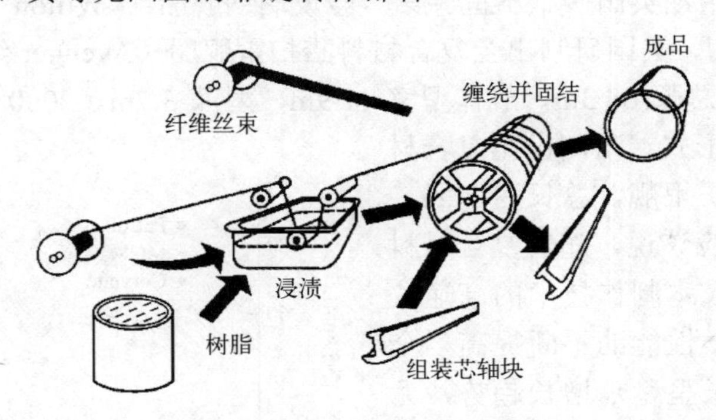

图 13-3-5 缠绕机结构示意图

与其他复合材料成型方法相比，缠绕成型的主要优点是能充分利用纤维的连续性和强度、节省原材料、降低制造成本、制件的重复性好；最大的缺点是适用范围有限，不能用于制造带凹曲表面的制件，另外芯模的去除也比较困难。

对于纤维缠绕成型，由于树脂浸润纤维表面的需要，缠绕速度一般为 60～120m/min，批量生产速率可达每天每台机器数百件。目前大量生产的纤维缠绕制品主要有管道、压力容器，导弹发射管、发动机舱罩、储油罐等。

缠绕成型中常使用的增强材料有玻璃纤维、碳纤维、芳纶纤维等，常用的树脂有聚酯树脂、环氧树脂、乙烯基树脂和双马来酰亚胺树脂等，其关键是能否满足纤维浸润和后期固化的要求。

13.4 工程应用现状

先进复合材料结构物制造技术始于 20 世纪 40 年代，但由于原材料和低成本制备技术的限制，尤其是应用需求尚不够明确，舰船复合材料结构技术的发展相对滞后于航空航天领域。70 年代末随着精确制导反舰武器技术以及目标特征探测技术的飞速发展，舰船生存能力所受的威胁日益严重，舰船隐身技术逐渐成为衡量现代舰船设计技术先进性的重要评价指标。在发展需求的推动下，传统钢质舰船结构的固有缺陷已难以满足舰船总体设计要求，如水面舰船长桥楼结构形式的出现以及由于大量电子、武器设备所带来的总体稳性设计困难，结构腐蚀导致的全寿命周期费用越来越高，以及如何提高对舰体结构振动与噪声的控制能力等问题迫切需要新的解决途径。对此，西方先进工业国家将目光转向纤维增强复合材料（FRP）结构及隐身功能型复合材料结构的应用，并在舰船结构轻量化以及隐身功能设计及应用领域取得了巨大的发展。

13.4.1 水面舰船主船体结构

自 1946 年美国海军建成世界第一艘聚酯基玻璃钢艇（长 8.53m）以来，舰船复合材料主船体结构设计技术得到了持续发展。1954 年美国海军规定总长 16m 以下的船艇全部采用玻璃钢建造。2000 年以前，英国 20m 以下的舰船，其船体结构 80%均已采用玻璃钢结构。70 年代中期英国研制出世界第一艘玻璃钢舰船（“Wilton”号扫雷艇），总长达 46.3m。90 年代初，美国研制出全复合材料猎扫雷舰船（Avenger 级猎扫雷舰），满载排水量达到 1312t，总长 68.3m，舰体型宽 11.9m，型深 3.7m。2000 年，瑞典海军采用碳/玻混杂夹层结构形式，研制出全复合材料“Visby”级轻型护卫舰，总长为 72m，满载排水量 620t。应该说，随着复合材料结构设计技术和低成本制作技术的高速发展以及低价材料力学性能的不断提高，全复合材料舰船的总长呈稳步增长趋势，尤其是 90 年代后国外大尺度全复合材料舰船的发展势头更为迅速。图 13-4-1 给出了 1950—2000 年全复合材料水面舰船最大总长的分布情况。

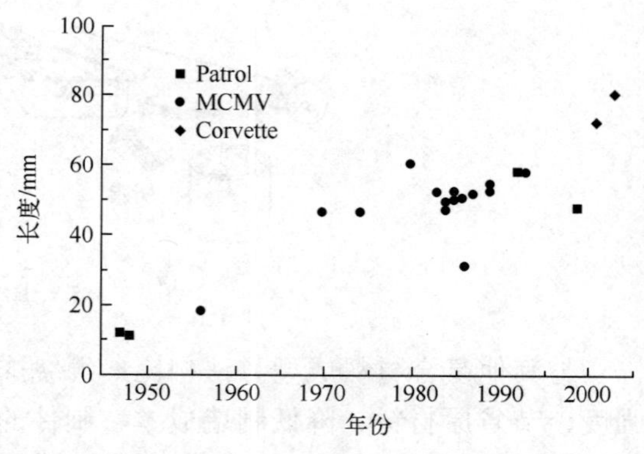

图 13-4-1 1950—2000 年世界全复合材料舰船主船体总长

由于复合材料结构的无磁和耐久特性优良，现已成为建造猎扫雷舰船最理想和最有发展前途的船体材料，这也是目前舰船复合材料结构发展最具代表性的工程领域之一。2011 年，全世界已有 32 个沿海国家，拥有全复合材料猎扫雷舰船共计约 391 艘（船长主要分布在 20～60m 之间），占全球反水雷舰船总数的 60%以上。

13.4.2　潜艇非耐压结构

潜艇复合材料结构的应用历史可追溯到 20 世纪 60 年代。最早的应用实例是 1953 年美国海军将“Guppy”级潜艇上的各种外露设备的铝合金导流罩体替换为玻璃钢结构，获得了更好的耐腐蚀性能，并降低了维修费用。然而，由于复合材料体系及其结构制作技术的发展水平限制，早期潜艇复合材料结构基本以玻璃钢及其加筋板结构为主，其应用目的也以解决非耐压壳体结构的腐蚀问题为主。

自 20 世纪 60 年代以来，潜艇复合材料结构技术的发展特点在德国潜艇结构的设计上得到了充分的体现。图 13-4-2 所示为德国潜艇复合材料应用从 60 年代至今的发展历程，对此进行分析至少可得出以下几个启示：

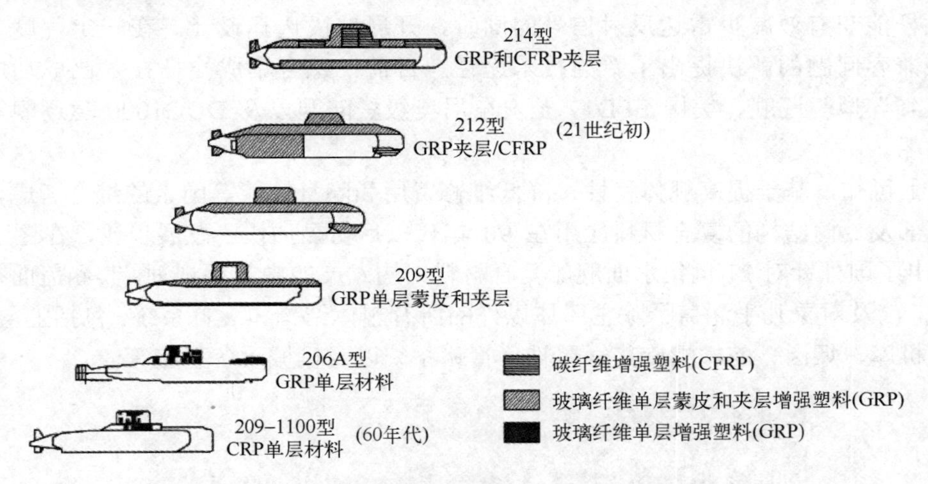

图 13-4-2　德国海军潜艇复合材料结构应用历程

（1）应用范围逐步扩大。60 年代 209-1100 型潜艇仅在围壳和上层建筑局部使用复合材料可拆（折）板和导流罩体；70 年代末 209 型潜艇的围壳大部和上层建筑全面推广应用；20 世纪以后 212 和 214 型潜艇则推广至舵、翼等附体结构和舷侧非耐压壳体结构，在非耐压结构上得到了全面推广。

（2）结构形式不断发展。早期的复合材料结构主要采用单壳加筋结构，209 型潜艇以后为单壳加筋和夹层结构形式混合使用，“海豚”以后全面采用夹层结构方案。

（3）材料体系不断更新，功能型设计特征逐渐显现。主要表现为玻璃纤维复合材料（GRP）向碳纤维复合材料（CRP）材料体系的转变，CRP 结构相对于 GRP 结构而言，重量更轻、刚度特性更优，尤为重要的是其声波阻抗与海水的匹配特性更佳。

13.4.3　其他及专用结构

除以上所述外，复合材料在舰船其他基本结构、专用结构以及装备系统领域的应用成果也是极为丰富的。

90 年代初世界上第一艘具有现代意义的隐身舰船法国海军的“拉菲特”级护卫舰面世，长桥楼结构形式带来了总体稳性的下降。因此，复合材料轻型上层建筑结构、桅杆结构、烟囱结构、机库结构等陆续得到验证与应用。如：“拉斐特”护卫舰首先对机库结构采用 GRP 夹层结构，其巨大的机库只有 85t。此后，美国“阿利·伯克”改进型，也采用了复合材料机库结构。

近年来，随着频率选择表面（frequency selective surface，FSS）技术的发展，复合材料综合集成桅杆的发展也得到广泛关注。21 世纪初出现的复合材料综合集成桅杆（ITM）则代表了水面舰船大型复合材料结构的另一个重要发展方向。目前，国外已有的实验结果表明：由 S2 玻璃纤维和碳纤维混杂复合材料建造的桅杆不仅可减轻桅杆结构重量 30%～50%，且具有很好的抗疲劳性和抗腐蚀特性；同时，更为重要的是复合材料桅杆能在有效减少雷达反射信号的同时，开展波段选择设计，在一定程度上为舰船电磁兼容问题的解决提出了新的技术途径。目前，综合集成桅杆技术已成功应用于英国“45”型驱逐舰、美国 LPD17 圣安东尼奥级登陆舰以及 DDG1000 驱逐舰等多型主战舰船。

由上可知，基于提高舰体稳性、降低维修费用和隐身性能等因素的综合考虑，水面舰船局部及专门结构的复合材料应用在 90 年代以后明显加快了发展步伐，在图 13-4-3 中，给出了国外针对 21 世纪水面舰船复合材料结构发展的中长期规划，其涵盖面是极为广泛的，涉及对象几乎涵盖了除主船体以外的所有舰体结构和装置系统，包括上层建筑、桅杆、机库、烟囱、舵、螺旋桨、尾轴、管路系统以及机械设备基座等。

图 13-4-3　国外水面舰船复合材料应用状态与规划

①炮塔（C）；②甲板室（TD）；③上层建筑（D）；④甲板、舱壁和门（TD）；⑤甲板格子板（D）；
⑥封闭式桅杆（D）；⑦烟囱（D）；⑧管路系统（D）；⑨直升机机库（TD）；
⑩机械设备基座（TD）；⑪舵，螺旋桨&尾轴（D&C）。
（C—概念设计；TD—技术验证；D—已装备应用）

国外 21 世纪潜艇复合材料结构的发展规划（图 13-4-4）极为系统，且涵盖范围极为广泛，潜艇复合材料结构未来的发展同样具有广阔的前景，其应用对象不仅局限于潜艇非耐压壳体结构、附体结构以及装置及附属设备，甚至已逐渐扩展到了主承载结构，如轴系结构、基座结构以及螺旋桨等。

图 13-4-4　国外潜艇复合材料应用状态与规划

①升降装置（C）；②管路系统（TD）；③耐压舱壁、甲板和舱口盖（C）；④非耐压壳体（C）；
⑤机械设备基座（C&TD）；⑥螺旋桨、推进器、尾轴（TD）；
⑦舵和控制面（TD）；⑧压载和储水柜（TD）。
（C－概念设计；TD－技术验证；D－已装备应用）

思考题

（1）试分析采用玻璃钢建造水面舰船结构的可行性及存在问题。可分别针对船体尺度、结构特征类别，如：主船体结构、上层建筑结构、专用结构及舰用设备系统等，加以阐述。

（2）复合材料目前已广泛应用于人们生活中各个领域的结构设计之中，请举例说明工作和生活中存在的复合材料制品，并对其优缺点加以简要说明。

（3）船用复合材料结构的主要制备工艺有哪些？请简述其优缺点与适用性。

（4）纤维增强复合材料作为船体结构材料应满足哪些性能要求？如何测定和评估某种复合材料满足船体用材料的这些要求？

（5）你认为推动舰船复合材料技术未来发展的主要需求将来自于哪些方面？

第 14 章　典型结构特征与技术特点

14.1　构件形式

14.1.1　船体板

船体板和骨件是传统钢制船体结构的基本构件形式，所组成的加筋板架（图 14-1-1），则是船舶结构的典型部件形式，其中船体板的主要功能是保证密性，分隔舱室，并参与承载；而骨件则是提高板架抗弯刚度、强度以及稳定性的重要构件，加筋板架结构是一种轻质高效的承载结构形式。复合材料船体结构设计在承载功能需求和设计要求上与钢质船体结构是相同的，因此，板筋结构的设计原理同样也适用于复合材料船体结构。为了实现板筋结构的性能要求，复合材料船舶结构中典型船体板形式主要有两种，即层合板和夹层板，如图 14-1-2 和图 14-1-3 所示。

图 14-1-1　传统钢质加筋板架结构

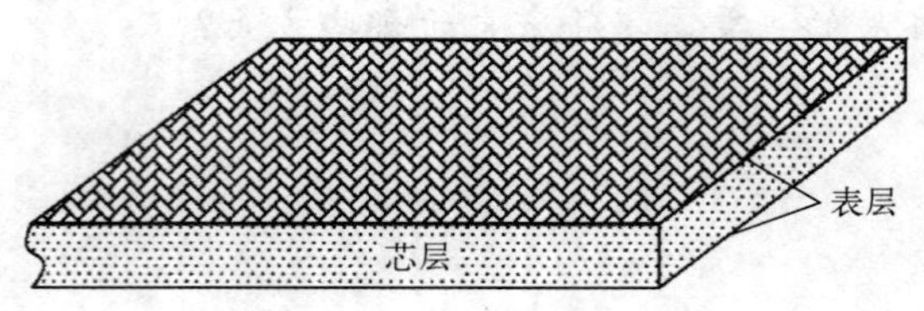

图 14-1-2　层合板（或层压板）

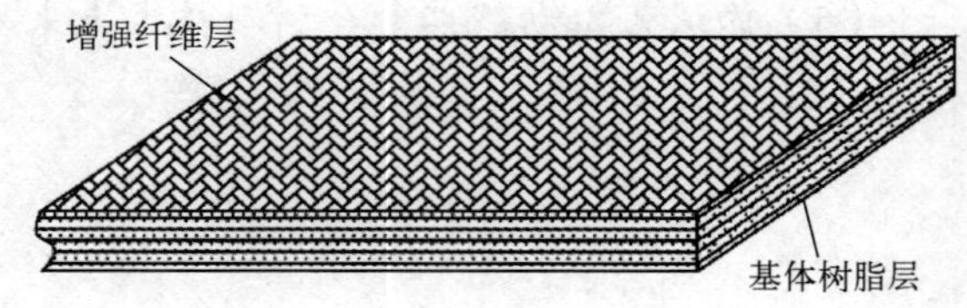

图 14-1-3　夹层板（或三明治板）

层合板是将纤维织物按一定的设计角度叠层铺放后，浸胶固化而形成的板状层合结构，它是纤维增强树脂基复合材料的最基本结构形式。

夹层板，也称为夹芯板或三明治板（Sandwich Plate），它由上下面层和中间芯层组成，面层一般为较薄的高强度和高刚度板材，如复合材料层合板或金属面板；芯层则常采用较厚的轻质且具有一定抗剪能力的芯材。相对于层合板而言，夹层板结构具有质量轻、抗弯刚度大的特点，也是复合材料常见的一种基本结构形式。

芯材是夹层板的重要组成部分，它应具有必需的物理/机械性能及工艺性能，即足够的硬度与弹性模量，以免在集中力作用下产生凹陷；适宜的机加工性能以及比较低廉的价格等。目前复合材料夹层板常用芯材主要有巴萨木、泡沫或蜂窝材料等。其中泡沫材料主要有聚氨酯（PUR）、聚氯乙烯（PVC）、聚醚酰亚胺（PEI）以及聚甲基丙烯酰亚胺（PMI）等几种类型。

聚氨酯（PUR）是早期建造夹层复合材料结构海船（长度 25m 以下）的主要芯材。但由于其力学性能一般，树脂/芯材界面易产生老化，从而导致面板剥离，且机械加工过程中易碎或掉渣，目前已基本被聚氯乙烯（PVC）所取代。

PEI 泡沫由聚醚酰亚胺/聚醚砜发泡而成，具有很高的使用温度和良好的防火性能，不过其价位相对较高。但是这种泡沫可以在兼有结构要求和防火要求的部位使用，其使用温度为-194～+180℃。由于能满足严格的防火阻燃要求，适合在飞机和列车内使用。

在相同密度的条件下，PMI 是目前强度和刚度最高的泡沫材料。其高温下耐蠕变性能使得该泡沫能够适用于高温固化的树脂和预浸料。PMI 泡沫经适当的高温处理以后，能满足 190℃的固化工艺对泡沫尺寸稳定性的要求，适用于环氧或 BMI 树脂共固化的夹层结构构件中。PMI 泡沫采用固体发泡工艺制作，为孔隙基本一致、均匀的 100%闭孔泡沫。

蜂窝式芯材的强度与刚度可设计性好。这是一种垂直网眼状结构，用牛皮纸、棉织物、金属或其他材料制的槽形条构成（图 14-1-4）。网眼的形状可以是各种各样的（方形、六边形、菱形等），网眼尺寸由限制网眼外形的圆周直径所决定。

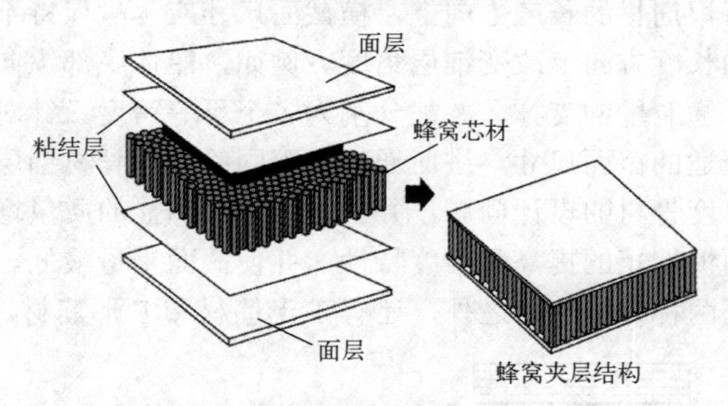

图 14-1-4　典型蜂窝夹芯结构

蜂窝状芯材的强度特性取决于其材料和几何尺寸。从强度和重量的指标来看，由于目前蜂窝状芯材已实现机械化生产，成本大幅下降，且工艺稳定性能够得到保障，因此，蜂窝状芯材已广泛应用于航空航天领域。但由于曲面施工要求较高，质量控制困难，且海洋环境的适用性尚有待验证，因此，目前尚极少应用于舰船主结构设计。蜂窝状芯材适用于平面船体板结构设计，可用于隔壁、平台及下甲板等。

14.1.2　加强筋

由于纤维增强树脂基复合材料的弹性模量偏低，随着船体主尺度的增加，结构部件承载要求提高，单一层合板或者夹层板结构都将无法满足船体结构的设计要求，进一步提高复合材料船体板承载能力的途径，仍然需要遵循加筋板结构的设计原理。因此，复合材料加强筋的设计至关重要。

在小尺度复合材料船艇建造时，采用板条加厚增强就可以在一定程度上起到加强筋的作用（图 14-1-5（a））。这种板条式加强筋耗料多，刚性差，但工艺性好，当大型船舶构架高度受到限制时，也可采用，如劳氏规范就允许在舱室顶盖，机舱舱口盖等采用此类板条加强筋。

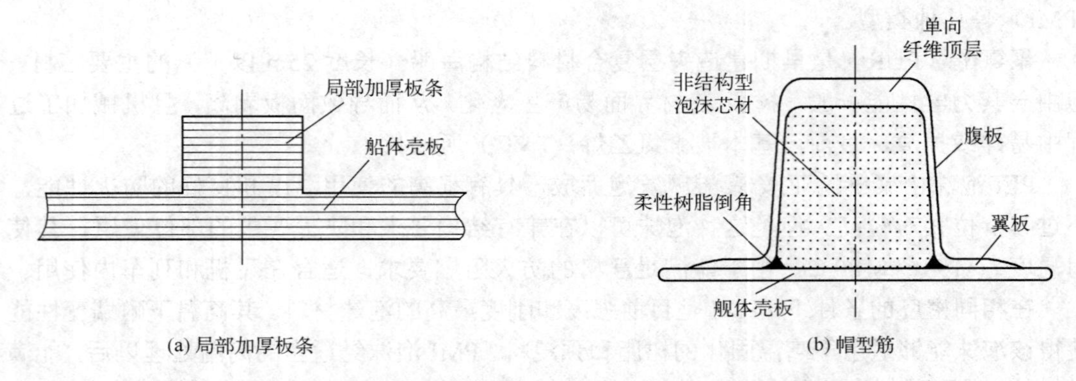

图 14-1-5　单壳加筋结构——典型筋材与壳板连接结构形式

帽型筋是层合板加强筋最常采用的一种筋材形式，帽型筋可设计的设计参量较多，主要包括截面高度、截面宽度、腹板角度、翼板宽度、腹板铺层和上盖板铺层，如图 14-1-5（b）所示。由于帽型筋材的设计参量多、设计自由度大，因此在实际工程中应提出尺寸标准化要求。在沿每根筋材的长度方向上，横截面尺寸应尽量保持不变，当减重要求较高时，可以在筋材的长度方向上改变铺层角度。例如，船体底部纵向骨材，需要穿过多个舱室，得到多个主横舱壁的支撑，并被分割为多个不等跨度。针对该问题，可以首先从标准截面中选择合适的截面尺寸，进而通过对不同舱段内骨材铺层方式进行调整，可以有效地解决不同跨度骨材的设计问题，并且不会带来明显的质量增加。在帽型筋尺寸设计时应关注其界面惯性矩的提高和强度特性，并使截面重量最低。

除以上所介绍的两种常用筋材之外，还有 T 形筋材和 Γ 形筋材，如图 14-1-6 所示。

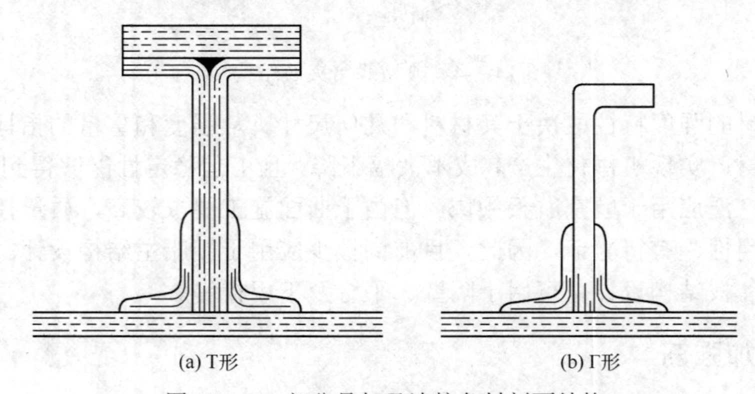

图 14-1-6　部分骨架及连接角材剖面结构

虽然制造 T 形型材的工作量较大，但是材料在剖面上的分布较为合理。构架从两方面（通过连接角材）与外板可靠地连接。T 形型材在重量与强度上均具有明显优势，可用于船舶强力构件（如强肋骨、旁内龙骨、纵桁等）的设计。Γ 形筋材的工艺性好，它可提前预制，然后用角材粘接到壳板上。但是，由于不对称的剖面特征，弯曲时容易发生扭曲失稳，因此 Γ 形型材仅限于次承载板架应用。

采用筋材加强也是大尺度夹层船体壳板进一步提高承载能力的重要措施。夹层板材筋材的设置与层合板材基本类似，也可以对表层进行粘贴板条增强、设置帽型筋材或 T 形筋材等。但相对于层合板而言，夹层板材厚度较大，且表层较薄时抗剪能力差，设置过大的突出加强筋，空间受限，且强度和抗弯刚度效率将下降，此时，可以考虑利用芯材空间设置带轻质芯材（如泡沫复合材料）的单向铺层筋材，如图 14-1-7 所示；或设置波形突出加强筋材，如图 14-1-8 所示，此类筋材结构构成简单，制造也不复杂。

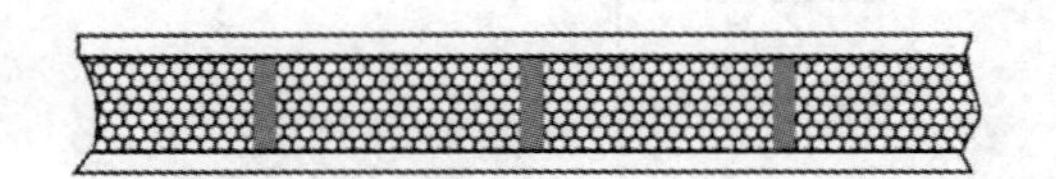

图 14-1-7　具有内加强筋的泡沫复合材料夹层板

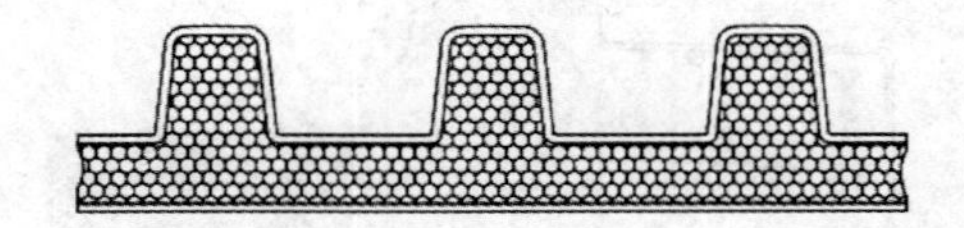

图 14-1-8　具有波形加强筋的复合材料夹层板

14.1.3　骨架型式与布置

与金属船体一样，复合材料船体的骨架形式包括横骨架式、纵骨架式和混合骨架形式。骨架形式的选用与评价主要考虑的因素同样包括骨架重量、船体总强度、局部强度和刚度、工艺性、骨架对舱容的影响、隔舱清理的方便性等。但由于复合材料结构的连接工艺与金属材料差异较大，因此需要尽量控制板架内骨架相交的数量以及与横水密隔壁相交的纵向筋材的数量。

由于复合材料骨架的设计变量和影响因素远多于金属骨架，而且不同骨架形式各有利弊，如纵骨架式和混合骨架式较之横骨架式在一些非常重要的指标上（如总纵强度和纵向刚度好、空间利用率高等）可能更为优越。但在工艺性以及经济性方面，横骨架式更具优势。目前，综合各国规范看来，对于小型船舶，一般建议尽量减少筋材的使用，采用夹层板材时甚至可以无需筋材加强，如英国劳氏规范对于长度不超过 30m 的渔船允许采用任一种骨架式（横骨架式、纵骨架式和混合骨架式）。而对于船长不超过 12m 的小船，建议采用最少骨架结构。俄罗斯联邦内河船舶登记局的规范要求也允许采用各种骨架形式。对于长度超过 15m 的船舶，推荐采用复合骨架形式，即底部和甲板用纵骨架式，舷部用横骨架式。对于 15m 以下的船舶，允许采用无骨架夹层结构或有内置筋材的夹层结构。但是当船长超过 30m，普遍认为纵骨架式是一种更具优势的骨架形式。

骨架的合理性由板架重量最小时骨架必须承受的工作能力所确定，它不仅取决于骨架的型式，而且与骨架间距的选择有关。由于复合材料的弹性模量低于金属材料，一般而言，复合材料船体板架上加强筋的间距应较相同排水量的金属船更小。实际上，国外建造的大多数内河船和海船的肋距在 350～450mm，即相同等级和尺度钢船肋距的 0.7～0.8 倍。通常建议玻璃钢船体肋距取为金属母型船体肋距的 0.75 倍。对于横骨架式，最大肋距为 400～450mm；对于混合骨架式为 500～750mm。俄罗斯联邦内河船舶登记局的暂行要求是：对于横骨架式的所有各级内河船均取相同的 500mm 肋距。

14.2　船体结构形式选用与设计

14.2.1　几种基本结构形式

复合材料船体结构的几种基本结构形式如图 14-2-1 所示。这些结构形式在大型水面舰船结构的使用中均具有其各自的优缺点，如表 14-2-1 所列。同时，表 14-2-2 给出了不同结构形式重量和建造成本的对比分析结果。

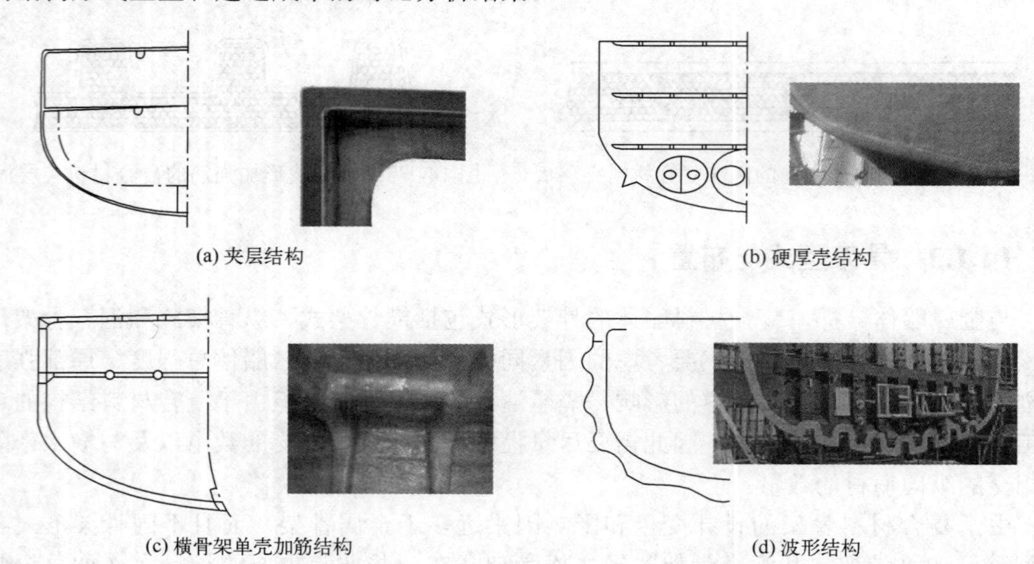

(a) 夹层结构　(b) 硬厚壳结构

(c) 横骨架单壳加筋结构　(d) 波形结构

图 14-2-1　复合材料船体基本结构形式

表 14-2-1　几种典型船体结构形式优缺点对比

结构形式	优　点	缺　点
单壳加筋结构	（1）结构性能和响应特性已被较好掌握； （2）可实现自动化建造； （3）易于设备安装； （4）成本随船体建造数目增加而降低； （5）易于质量控制； （6）服役检测方便	（1）建造成本较高； （2）抗冲击性能需要重点关注
厚硬壳结构	（1）易于自动化成型； （2）低劳动成本； （3）水线以下基本无需二次黏接； （4）良好的抗冲击性能	（1）重量较大； （2）材料成本高； （3）检测手段亟需提高； （4）附件及机械配套安装难度大； （5）质量控制难度大
夹层结构	（1）以较低重量实现高弯曲刚度特性（刚度/重量比高）； （2）可实现无模具制造； （3）二次黏接工艺最少； （4）建造、维护和使用成本低于常规结构； （5）易于设备安装	（1）检测手段亟需提高； （2）结构长期耐久性需要验证； （3）需要对芯材采取必要的防火保护措施
波形结构	（1）重量相对较轻； （2）材料和劳动成本较低； （3）可实现自动化	（1）横向强度较低； （2）内部结构安装较困难； （3）模具笨重且形状复杂

表 14-2-2　不同结构形式重量和成本对比

结构形式	相对重量	相对成本
（1）单壳加筋结构 纵骨架式底部和横骨架式舷侧	1.00	1.00（0.75）*
横骨架式底部和舷侧肋骨间距：		
- 1m	1.23	1.17
- 1.67m	1.53	1.24
- 2.5 m	1.82	1.26
（2）贴面波形结构 高度 0.3m	0.75	0.79
（3）波形结构 高度 0.16m	1.24	1.55
高度 0.48m	0.75	0.94
（4）PVC 泡沫夹层结构	0.73	0.62
（5）GRP 厚硬壳（无筋）	3.04	1.92

注：*采用树脂粘接替代螺栓连接。

由表 14-2-1 可得出以下结论：

（1）三明治夹层结构具有较低的建造成本（一次性或小批量生产时，其成本最低）和较高的结构比刚度（刚度/质量），且在服役过程中，更易于质量保证、检查和维护。夹层结构优点在小型船舶上已得到了很好的体现。随着使用和设计经验的增加，夹层结构未来必将在大型船舶中得到发展和应用。

（2）厚硬壳结构抗冲击性能优异，适用于建造猎扫雷舰船。通过大量资金投入，厚硬壳结构目前已在很大程度上实现机械自动化生产，可有效降低劳动成本，但这种结构形式将导致船体重量过大，不适用于生产周期长且船体结构重量要求高的舰船。同时，厚硬壳结构建造的质量保证和服役期内的损伤检测比较困难。

（3）单壳加筋结构的技术风险最低，其设计、建造检测、维护和维修问题都已得到很好的解决。因此，在各种载荷作用下，当对船体结构的强度和耐久性要求较高，而对重量要求不严格时，单壳加筋结构最适用于排水型船舶的建造。单壳加筋结构船舶的建造成本要高于三明治夹层结构，尤其是一次性的船舶结构形式，但建造成本的差距可随着建造数量（5 艘或 5 艘以上）的增加而逐渐降低。

（4）相对于单壳加筋结构，波形结构质量更轻。但要在主船体结构中得到应用，还需要开展大量研究工作。波形结构的制作成本相对较高，尤其是制作模具的成本和铺层的复杂程度较高。

在复合材料舰船结构设计时，可以将以上结构形式混合应用，以综合利用其各自优点，给出不同结构部件最优设计方案。例如，一种较为理想的设计方案是：采用单壳加筋结构建造船体外板和主甲板结构，采用波形结构设计水密舱壁结构，而采用三明治夹层结构建造次承载结构，如内部甲板（非强力甲板）、轻舱壁和上层建筑等。英国“Sandown”级猎雷舰和法国“BAMO”级猎雷舰就使用了以上两种或更多种基本结构形式。

14.2.2 总布置对结构设计的影响

船舶总体布置对结构设计复杂性和设计成本具有显著影响。为简化结构设计工作，在方案设计阶段，总布置设计时应重点考虑以下几点：

（1）主横舱壁应布置在肋骨间距整数倍位置处，以避免肋距在船长方向上发生变化，从而造成舱壁与外板上已有肋骨的间距过小。

（2）舱壁间距应在船长方向上大致相等，从而实现舱室的等长度分布。在实际工程中，这往往很难实现，而且还会遇到长短舱室相接的情况，此时就需要减小纵向筋材的尺寸，从而导致泡沫修整和铺层裁剪的工作量增加；适应筋材跨度变化的最优方案应是：保持筋材的横断面尺寸不变，而只改变其表层复合材料的铺层方式。在所有舱室中，主机舱中应是比较特殊的，其纵向具有较大跨距，在任何情况下，都需要进行特殊的设计，以提供主机和减速齿轮箱的安装基座。

（3）无需将主横舱壁设置在上层建筑的前后端壁处（这一点对于钢质船舶结构设计属于强制性要求）。这是因为复合材料具有良好的柔韧性，可以避免在这些位置出现明显的应力集中。

（4）在对横向和纵向骨架间距进行优化设计时，必须保证蒙皮螺钉连接和筋材表层铺覆能够顺利实施。因而，主船体和主甲板的骨架间距一般为 1～1.5m，而上层建筑以及内部结构则为 0.6～1.0m。若筋材的间距设置过大，其截面尺寸必然提高，这将侵占过多的舱室空间。

（5）所有轻型舱壁均需要进行结构性设计，使其能有效支撑上层甲板。同时，应尽量将通道设计为直线分布，以便为甲板纵桁与横梁提供连续、刚性的直线支撑。

（6）在主甲板上，一般都需要布置大量的舱口和装载开口。这些开口应布置在船体中线附近，并在长度方向上最大限度地保持直线分布，从而可以保证开口边线外侧的纵向骨架可以平行于船体中线直线布置，与贯穿纵向骨架的横梁一起对开孔边缘进行加强。这将最大限度地保证船体的纵向剖面模数，并避免纵向骨架在开口附近发生“曲折”，降低建造难度并减少铺层工作量。

（7）在进行甲板或舱壁布置时，需考虑舱壁与甲板、舱壁与外板 T 形连接结构的贯穿余量。虽然通过螺钉贯穿连接也能保证接合角处的强度和刚度，但最优的方案应是确保这些接头的顺畅贯穿。

（8）对于复合材料而言，几乎任意形状的结构件都可以通过采用适当的模具进行制造。但是，对于相对简单的结构，例如上层建筑，则可以考虑采用平板组装的方式进行建造，相对于采用整体式模具建造的方式，这种组装方式可大大降低建造成本。实际工程应用中，在前期对生产工艺进行充分研究的基础上，常常需要进行一定程度的折中处理。一般而言，主要结构部件应最大程度地考虑使用平板组装方式，这样就可以使用通用平板模具对不同尺度的结构进行制造；而具有三维形状的结构都需要通过特定模具进行建造。例如，在进行甲板结构设计时，理论上最好只采用直线结构，不设置梁拱，这样就可以对甲板板进行平面建造，从而从根本上避免了平板工具和帽型筋材基线的调整。以上处理途径可以保证所有表面的平整度，有利于实现模块化建造和舾装的先进性。

（9）整体式液舱应最大限度地利用内部已有构件。如主舱壁和下甲板可以分别作为液舱的端部和顶部结构，而纵向液舱舱壁应该布置在底部纵向骨架的中线位置处。

14.3 “一体化”设计与积木式验证技术特点

14.3.1 “一体化”结构设计特点

除材料的理化特性差异之外，复合材料与金属结构的最大差异性还集中体现在设计特点上，并主要源自复合材料及其结构形式的多样性以及复合材料结构的材料/结构/功能的一体化特征。具体表现为以下 3 个方面：

1. 材料与结构的“一体化”技术特点

人们对材料与结构关系的认识一般可分为宏观、细观和微观 3 个层面，材料和结构设计者能够参与的层面及其程度，是决定其材料或结构属性的关键。以传统合金钢为例，它虽然也同时具备着宏观、细观，甚至微观的材料与结构可设计性，如淬火调质以及锻造等工艺设计，但这种“一体化”的操作，往往局限于精密构件的制作，而对于传统的船体结构钢建造，细观操作基本由材料工程设计人员所掌握，且一旦状态固化，材料性能很难发生变化，结构设计者在材料的使用过程中对材料性能的可干预程度是极为有限的。而复合材料，在宏观上可以认为是一种材料，但在细观层面上，增强纤维、树脂基体以及各种添加剂的选型，含胶量的控制以及铺层设计等，在很大程度上取决于其结构性能要求，必须由结构和材料设计者共同确定，并根据结构物设计要求的变化而调整。因此，复合材料结构设计是始于细观层面上的，它是材料和结构共同设计的结果，这也是复合材料结构设计的第一个“一体化”技术特征，即材料与结构的“一体化”。

2. 结构与功能的“一体化”技术特点

对于舰船而言，基于稳性要求所提出的结构重量问题以及结构的功能化设计问题是当前所关注的重点。对于稳性设计的意义，大家都比较容易理解。那么，何谓结构的扩展功能性设计呢？以复合材料舵叶为例，传统钢质舵叶对于中高频段探测声波表现为强反射特征。然而，相对于传统的钢质舵叶，功能型复合材料舵叶不仅能够满足传统舵叶的结构性要求，同时还具有优异的声目标亮点控制和声辐射控制特性。这种非结构性的特殊性能，是通过材料选型（透声玻璃钢蒙皮和吸声或透声填充芯材）以及内部构件优化设计而实现的。那么，这种以复合材料为基础，并通过与不同功能材料的复合及优化设计的结构物，我们就称之为功能型复合材料结构。舰船功能型复合材料结构则是指在不仅能满足常规结构性能的要求，同时还具有对舰船某些特殊性能要求可设计性（如声学特征、电磁波反射特征、磁电场特征、防腐蚀耐冲蚀、减振隔声等）的舰船结构物。功能型复合材料结构设计主要表现为功能材料的选型设计以及结构参数的多目标优化，结构性与特殊功能特性相互影响，必须进行匹配性设计。完美的功能型复合材料结构充分体现了结构与功能的“一体化”技术特征。

一般而言，舰船结构的坚固性设计要求（强度、刚度、稳定性等）相对容易确定且得到满足，但结构的功能性设计要求则不是那么确定的，而且设计水平还可根据材料技术和工艺技术水平的提高而不断进步，这是需要长期跟踪和持续投入的。

3. 技术体系构成的“一体化”技术特点

相对于金属结构而言，复合材料结构的应用更为依赖舰船总体技术和结构分析技术，从而形成了“一体化”设计体系特点。图 14-3-1 阐述了总体技术、结构设计技术、材料选型与研制技术以及制作工艺技术之间的相互关系。即由总体技术提出结构的性能要求；通过开展结构设计，提出材料选用或研制要求，舰船结构设计时所提出的材料及结构的稳定性要求又对成型制造工艺提出需求和指标；材料选型与制作工艺试制的迭代反馈在各阶段分别形成材料试样、结构单元、局部构件以及整体结构，并通过结构性能测试、样机测试与评估。4 个组成部分具有“一体化”相互融合的特点。将以上工程设计特点和现代工程设计的信息集成技术和系统管理方法进一步融合，就构成了舰船复合材料结构“一体化”工程设计特点。

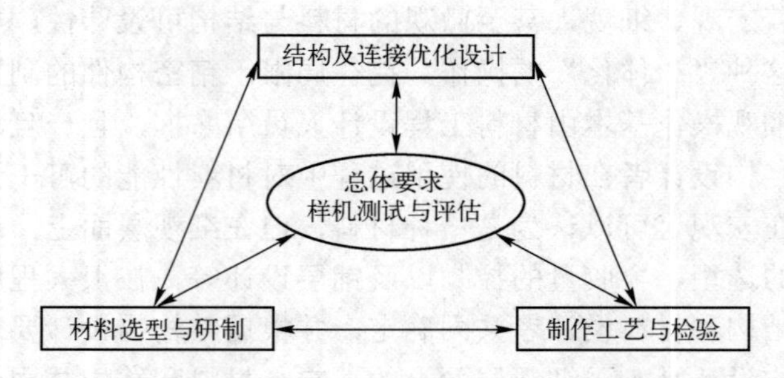

图 14-3-1　复合材料结构的“一体化”设计体系特征

由此可知，总体技术不仅需要提出最基本的结构性使用要求，同时，还应充分考虑其功能性要求和上艇适应性要求，从而形成结构设计要求、材料选用或研制要求；在开展功能型结构设计时，结构设计者必须根据结构和功能要求，进行材料选型，并完成对材料各项性能指标的评估，此外，结构设计者还必须确保材料及结构的质量稳定，从而将对成型制造工艺方案提出要求。总体、结构、材料和工艺四者之间具有十分鲜明的一体化相互融合特点。将以上工程设计特点和现代工程设计的信息集成技术和系统管理方法进一步融合，就构成了环形的“一体化”应用技术体系特征，这也是舰船功能型复合材料结构应用工程中最为重要的技术特点。

14.3.2　积木式验证技术

由于舰船复合材料结构的设计目前尚缺乏成熟的分析方法和足够的设计与使用经验，即使常规的非主承载复合材料结构件都不能完全依赖计算设计。为保证最终产品的结构完整性，它比金属结构更依赖于试件、元件、细节件、结构件、全尺寸部件等多个层次的渐进式验证试验。多层次试验验证可使缺乏经验难以处理的结构技术难点，在低层次上通过试验研究得到解决和验证。这样既能确保费用昂贵的全尺寸试验验证顺利通过，又能尽可能少地避免增加全尺寸部件试验的复杂性。目前，在舰船复合材料产品研制与验证过程中较为常用渐进式试验验证流程包括：材料体系性能表征试验、结构单元（如板格单元）、局部板架以及 1:1 全尺寸模型试验等。全尺寸模型试验验证的内容可能并不完整，但渐近式验证试验的总体内容必须兼顾技术指标的各个方面。

思考题

（1）复合材料具有单壳加筋、厚硬壳、夹层以及波形结构等 4 种典型结构应用形式，试分析若目前拟建造某型 600t 级别的复合材料猎扫雷舰，那么，其外板、主甲板、主横舱壁以及上层建筑的板架结构分别应采用何种方案，并简述理由。

（2）复合材料舰船结构设计具有 3 个“一体化”的典型特征，请简述你对此特征的理解。

第 15 章　部（构）件连接与典型节点

因为复合材料结构件存在制备/加工的局限性、工作周期内的可达性以及维修性需求，连接是复合材料结构设计不可缺少的重要组成部分。对于结构件的制备/加工局限性可以理解为：

（1）大型复杂结构无法一次性完成时，需要将几个结构部件连接组装成为整体结构。此时，限制构件生产尺寸的因素主要包括：材料散热性、树脂基体固化时间、织物尺寸和性能、模具匹配性以及脱模要求等。此外，舰船局部结构采用复合材料结构时，也必须面临局部结构与船体的连接问题。

（2）结构周边载荷传递路径的分散性（受纤维取向影响）。典型实例包括加强筋和轻舱壁，通常，作为附属结构，这些面外部件难以与主体结构一次成型，而需要通过连接装配到主体结构上。

基于船体结构的可达性和维修性需求，如果结构中某些组件需要经常检修，那么阻碍检修的结构部件与其他结构之间需采用便于拆卸的连接。如果隐藏在内部的部件仅仅需要偶尔的处理（比如出现重大故障需要拆卸），那么，妨碍维修的结构件在必要时可以作为维修结构而切掉，此类连接则可设计为永久性连接。

除以上所述典型构件间的连接之外，由于船舶的结构及承载特点，各大板架之间的典型节点也是载荷传递路径变化及应力集中的重点部位，在复合材料舰船结构设计时应得到高度关注。

15.1　概述

15.1.1　连接设计要求

理想的连接设计应在实现连接功能的同时，不应或尽可能少地破坏整体结构的整体性。根据结构的功能和用途不同，其整体性可以做如下定义。

（1）强度特性：拉伸、压缩、剪切或者层间强度。即连接强度应尽量不低于本体结构。

（2）刚度（或柔度）特性：如果连接结构和本体结构刚度特性存在较大差异，就会导致在连接接头处产生应力集中。

（3）紧密性（水密性或气密性）：如果结构件具有紧密性要求，那么所有的连接接头均需达到同等的紧密性水平。

此外，在连接结构设计阶段，同时需要考虑的其他因素还应包括生产加工的工艺性和经济性以及重量特性。在大型复杂结构中，连接接头将占据结构重量和生产成本的较大部分。因此，有必要将材料和劳动力成本降到最小，以保证接头的生产工艺与其余结构相适应。此外，还需注意平衡因减轻重量带来的经济优势或可能带来的成本增加问题。

15.1.2　连接分类

从几何空间特征来看，复合材料构件的连接与金属构件一致，无论是层合板结构还是夹层结构，均可分为两类，即面内连接和面外连接。而对于采用加强筋的复合材料板架，同样也存在板与板、板与筋以及筋材与筋材的连接问题。

从连接方法来看，复合材料构件连接时常用基本方式有两种，即胶接和机械连接。胶接可以通过更大的连接界面来传递载荷。这有利于连接界面上的所有纤维都参与载荷的传递，从而降低应力集中水平。同时，胶接成本较低、施工更加简单，便于实现平板单面连接。然而，胶接在成型阶段对环境的要求比较高；此外，对于完好的胶接接头，当初始裂纹产生后，由于连接界面上没有纤维止裂效应的存在，裂纹很容易扩展；最后，胶接接头一般是永久性的，不可拆卸。

螺栓等机械连接方式能提供很强的连接力，易于拆卸，并且可以在不利的环境下进行施工。螺栓连接与胶接混合使用时，称为混合连接。当初始裂纹出现后，螺栓连接可以防止裂纹进一步扩展。但螺栓连接的载荷传递面积较小，由此产生的应力集中容易导致初始失效过早出现。同时，螺栓连接的施工需要从接头平面的两侧同时进行，接头质量较大，生产成本较高。

以上两种基本连接接头的性能均受到复合材料铺层方式的影响，尤其是较大比例使用单向纤维时，更为明显。典型海洋复合材料结构物常采用含有较大比例的织物或者纤维毡，这些材料对连接方式的敏感度远低于单向纤维。在实际工程中选择何种连接方法，很大程度上将取决于工程应用背景的需求。一般情况下，机械连接主要在安装设备、机器等基座处或（部）构件与船体结构的连接时使用。而胶接连接主要应用在构件间的连接，如层合板对接、骨材与外板或甲板的连接、甲板和舷侧板连接、骨材交叉连接以及舱壁与外板的连接等。

15.1.3　接头评价

连接的目的是把两个或多个部件组合在一起，以便传递载荷，保证结构的整体性。连接效率是评价连接接头设计制造优劣程度的重要指标，记为η。连接效率评价是以连接区与无连接相应等尺寸被连接体综合性能之比为基础建立起来的。常用于接头评价的综合性能指标主要有强度、重量、工艺性和经济性。

若以强度为性能指标，复合材料的连接效率可以称为载荷效率E_{L}：

$$E_{\mathrm{L}}=\frac{P_{\mathrm{j}}}{P_{\mathrm{c}}}$$

式中：P_{j}为连接接头元件的破坏载荷；P_{c}为无接头被连接体的破坏载荷。

当需考虑接头的重量性能时，连接的重量效率E_{W}为

$$E_{\mathrm{W}}=\frac{W_{\mathrm{j}}}{W_{\mathrm{c}}}$$

式中：W_j 为连接接头元件的重量；W_c 为无接头相应尺寸被连接体的重量。

于是，基于连接强度和重量综合性能考虑的连接效率为

$$\eta = E_L \times E_W$$

从性能观点来看，η、E_L 和 E_W 越接近 1，连接结构的设计就越优。

15.2 典型连接形式与连接设计

15.2.1 板件面内连接

1. 面内连接的分类与特点

如图 15-2-1 所示，平板部件的面内连接（或称为对接接头），主要采用搭接或斜削连接的方式。

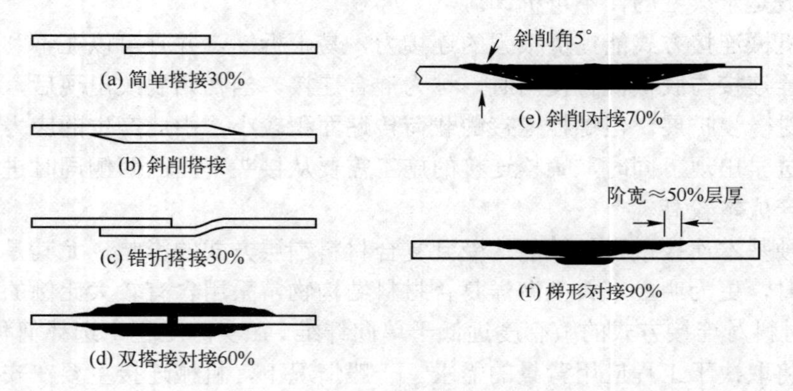

图 15-2-1　典型面内连接形式及连接效率

其中，斜削连接通过界面胶接进行连接，斜削面可以关于板中面对称，也可以不对称。斜削连接同样适用于表层较厚的夹层板的胶接。阶梯形搭接也属于该类连接。

搭接可以采用螺栓连接、胶接或两者混合连接。在结构形式上，可以是单面搭接或双面搭接，对于表层较薄的夹层结构，其表层的连接也可采用该连接形式。

对于斜削连接和搭接这两种形式，具体如何选取主要取决于应用背景和被连接件的厚度。不同连接形式的优缺点汇总如表 15-2-1 所列。

表 15-2-1　面内连接形式及优缺点汇总

连接形式	优点	缺点
对称斜削连接	弯曲性能最好 拉伸性能较好 材料使用少 具有与原结构相近的柔度	劳动成本高 薄板施工困难 需对板两面施工 永久性的接头
不对称斜削连接	弯曲性能较好 拉伸性能较好 仅需从单面施工 具有与原结构相近的柔度	劳动成本高 薄板施工困难 材料使用多 永久性的接头

（续）

连接形式	优点	缺点
双面搭接	弯曲性能一般 拉伸性能较好 薄层合板易于实现 劳动成本更低 采用螺栓连接时，可拆卸	需对板两面施工 材料使用多 较原结构刚度大
单面搭接	仅需单面施工 劳动成本最低 薄层合板易于实现 采用螺栓连接时，可拆卸	弯曲性能差 拉伸性能差 材料使用多 较原结构刚度大

三明治夹层结构表层壳板通常较薄，斜削连接难以实施。但是，即使在弯曲状态下，由于夹层板相对于单一表层具有更高的弯曲刚度，而且表层蒙皮始终处于面内承载状态。因此，当三明治夹层结构采用搭接方式时，弯曲应力集中的影响也会大幅降低。

2. 面内连接强度的主要影响因素

假设连接载荷的峰值及其作用形式已知，那么对于所选定的连接结构方案，其设计参量应该是明确的。首先，对于被连接体，应考虑如下设计参量：①纤维种类和织物构型；②基体种类；③纤维铺层方式/铺层顺序；④层合板材料属性（弹性模量、极限拉伸强度、剪切强度等）；⑤层合板的厚度；其次，当考虑连接方式时，螺栓连接的设计参量应包括：①螺栓直径；②孔径和容差；③紧固力；④垫圈尺寸；⑤孔间距（列距）；⑥端距；⑦边距；⑧多排螺栓的排距（行距）；⑨连接形式（单剪或双剪），如图 15-2-2 所示。

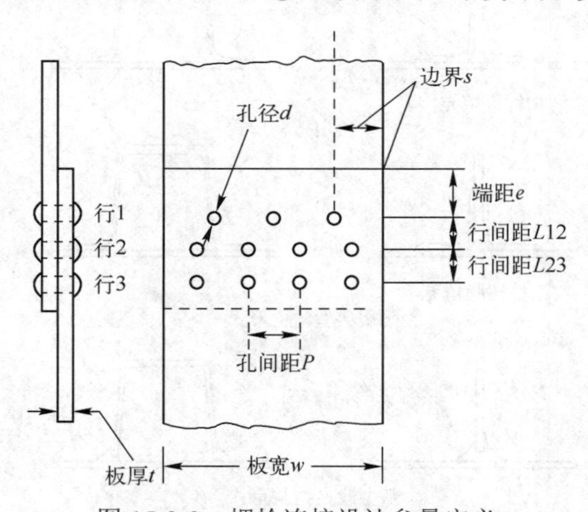

图 15-2-2　螺栓连接设计参量定义

对于胶接接头，斜面搭接或梯形搭接的设计参量应包括：①斜削角度或长度；②斜削深度；③对称或不对称连接特征；④复合材料连接件铺层方式。

对于等厚搭接，则应包括：①单面或双面搭接特征；②搭接段长度；③搭接端端部剖面特征；④搭接段厚度；⑤胶黏剂厚度；⑥胶黏剂材料属性（强度和应力应变特性）。

在理论上连接设计是非常复杂的，因为在不同载荷作用下，即使一个最简单的接头，都有可能带来复杂机理问题。对这些复杂机理进行解释时，就需要考虑其他设计参量，而这些参量在初始阶段可能看似并不相干。例如：面内载荷作用下，一个单面对接接头就会出现图15-2-3所示的偏转现象。这种偏转变形将导致复杂应力状态的出现，包括沿厚度方向的层间拉伸正应力、纵向（面内）和厚度方向的剪切应力以及被连接件本身所受到的纵向拉伸应力。而且层间应力在厚度方向为不均匀分布。这种复杂应力状态的分析必须考虑更多的设计参量，采用更为精确的建模分析技术，如考虑接触与损伤的非线性有限元建模技术才能完成。

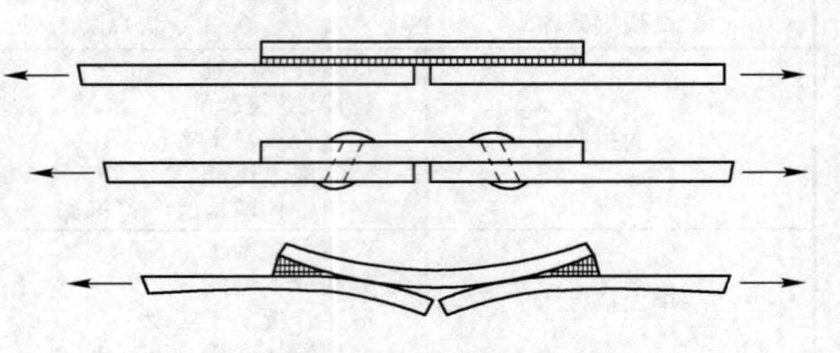
图15-2-3　单面对接接头偏转特性影响

15.2.2　面外连接Ⅰ：骨架-壳板连接

1. 骨架-壳板连接形式分类与特点

典型面外连接结构形式如图15-2-4所示，主要用于骨架-壳板的连接以及轻舱壁-壳板的连接。前者主要采用帽形加强筋，筋材通常是在已固化壳板上进行模塑成型，也有的拉/挤承载筋材会先预制成型，然后通过直接胶接和/或边角连接固定到壳板上。舱壁-壳板的连接与帽形筋-壳板的连接方式不同，这是因为舱壁和壳板在连接前均已预制成型，并且接头的两侧都可以进行施工成型。

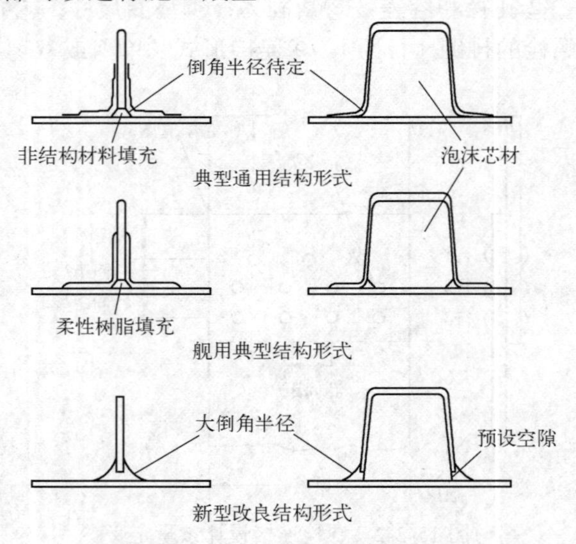

图15-2-4　舱壁-壳板及帽形筋-壳板典型连接

2. 骨架-壳板连接强度主要影响因素

以图14-1-5典型帽形筋材为例，其主要设计参量包括：①倒角半径；②倒角回填角度；③倒角材料；④覆盖层厚度；⑤覆盖层搭接长度；⑥覆盖层铺层方式；⑦覆盖层树脂基体材料；⑧附加层的层数、位置和材料组成；⑨增强螺栓的数量，位置和尺寸。

目前，筋材制作的工程实践经验表明：由于连接区周围的覆盖层仅仅是筋材腹板的延伸，而腹板的尺寸受整体刚度要求的限制，因此与覆盖层相关的设计参量④～⑦是确定的。但由于覆盖层与被胶接的结构单元（壳板）是分离的，所以帽形部分预成型工艺技术的发展消除了以上限制。从经济性角度考虑时，附加层和增强螺栓（包括⑧和⑨）应该尽可能地减少使用。

如果筋材采用预成型再胶接的工艺技术，那么这些参量依然是可变的，而且筋材和壳板的胶接间隙将会成为新的附加设计变量，但倒角回填角度将不再可控。

应该说，目前还没有能够完整地模拟板筋连接接头复杂力学行为的精确方法，尤其是在水下爆炸冲击载荷作用下连接接头的设计与评估问题，而这一点正是舰船复合材料结构设计有别于民用船舶的关键区别之一。舰船复合材料结构设计的首要准则应是使结构能够承受高当量的水下爆炸冲击载荷。冲击载荷将导致连接界面处产生较高的厚度方向的拉伸应力，这在其他应用工程领域中几乎很少见到。初步工作显示：在爆炸冲击载荷作用下，一个完整的聚酯接头结构容易出现早期失效。螺栓连接增强虽然可以提高接头的极限承载能力，但对于防止初始失效意义不大。对此，近年来，主要针对连接界面处和倒角材料的织物缝合技术处理以及柔性树脂的使用技术逐渐得到关注，从而为复合材料舰船结构的设计提供了新的改进技术途径。

15.2.3　面外连接 II：舱壁与壳板连接特点

1. 强度与柔度的设计矛盾

典型层合板的舱壁与壳板的连接形式可参见图 15-2-4，而夹层板结构的舱壁与壳板连接形式可见图 15-2-5。所有舱壁与壳板连接形式的共同特点是在两被连接结构部件的拐角处应采用覆盖层包覆。这种连接形式可保证舱壁和壳板之间能通过覆盖层沿面内方向传递载荷。传统意义上，这种连接形式只需考虑一个设计准则，即两侧覆盖层面内性能的总和与被连接件中的较弱构件相当。在大多数的应用中，由于覆盖层所使用的材料与结构所用材料相同，接头每侧覆盖层的厚度被指定不小于较薄被连接结构部件厚度的 1/2。

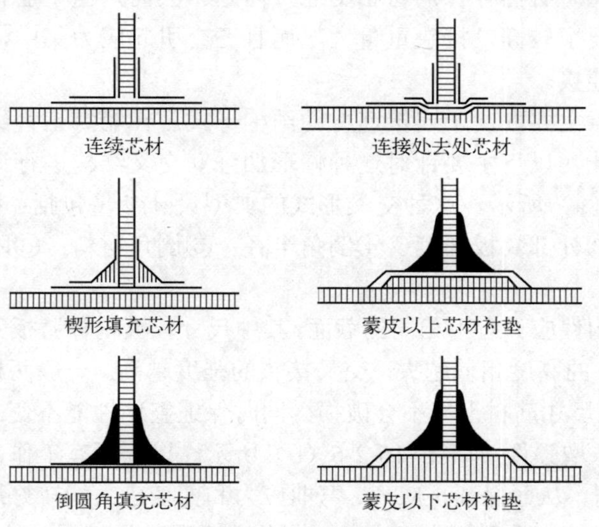

图 15-2-5　夹层板结构的舱壁-壳板连接形式

然而，人们很早就已经认识到接头整体的柔韧性与强度具有同等重要性。如果硬点的应力突变效应（硬点的产生可能是由于面外单元构件引起的，如舱壁）可以避免，那么以上设计思路是有效的。此时，设计者就将面临一个不可回避的矛盾，即强度（需要厚的覆盖层）和柔度（需要薄的覆盖层）间的矛盾。

2. 失效模式

连接强度和柔度设计之间矛盾的存在，可以通过接头的典型失效模式加以验证。以连接结构承载的两个主要参量部件——覆盖层和倒角为例。为了使这两个参数的设计均能有效发挥作用，最好使得在相同载荷作用下，覆盖层的面内和厚度方向能同时达到各自的失效应力。如果覆盖层相对较厚（在多数情况下），其刚度就会较大。载荷作用下，较高的厚度方向应力就会在接头拐角处集中，并最终导致分层失效。当载荷增加时，分层逐渐扩展，直到覆盖层与倒角发生分离。一旦出现这种情况，无支撑的倒角铺层就会失效。在此过程中，覆盖层中的面内应力将远低于其失效应力值。同样在失效之前，倒角铺层上的应力也会低于材料的失效应力。

很明显，为了充分利用材料性能，必须降低厚度方向的应力水平，同时要求面内和倒角的应力能够增加。常规的技术途径是通过增加覆盖层的厚度达到减少分层失效的可能。这种技术方案将增加接头刚度，减小变形挠度，降低厚度方向的应力水平。此外，为了提高覆盖层厚度方向的性能，还可以通过选用不同种类的树脂基体，以达到更优的连接性能。但是，以上方法同时也降低了面内应力和倒角应力，材料使用效率也不高，同时还会导致结构产生“硬点”。任何设计方法必须能够定量分析接头内的应力分布特征，并能用于分析设计参量的影响规律。

15.2.4 加强筋交叉连接

对于大尺度结构件，由于需要承受多向复杂载荷作用，常常有必要对正交的两个方向同时进行加强，此时必然存在筋材相交连接问题。然而，由于筋材的交叉连接对制作的精度和制作成本要求较高，接头重量大，而且还会引起应力集中，因此，应该尽可能避免使用筋材交叉连接。

连接设计的特点主要取决于连接筋材的结构形式。在船海工程结构物中帽形加强筋使用最为普遍。因此，以下主要针对这种帽形加强筋交叉结构进行讨论。典型的交叉布置方案如图 15-2-6（a）所示。这种交叉形式的典型设计参量包括：①交叉构件高度比；②外部翼板厚度；③外部翼板长度；④倒角半径；⑤倒角材料；⑥附加增强层数目、位置和尺寸。

两种交叉筋材构件应具有不相同的截面，其中尺寸较大构件腹板开口，较小构件贯穿，并保持连续。两构件的高度相差越大，交叉接头的强度越高。一般两构件的高度比至少应为 2:1，才能保证大尺寸筋材上端不会破损，同时保证整体性能不变。如果不能满足该要求，那么就需要嵌入增强件，如图 15-2-6（b）所示。以上所有工作，都是为了使大型材能够完全覆盖小型材，从而保证正应力、弯曲应力和剪切应力能较好地在交叉构件间有效传递。由于该工作无法在大型材内部进行，因此主要通过外部覆盖的翼板来实现。

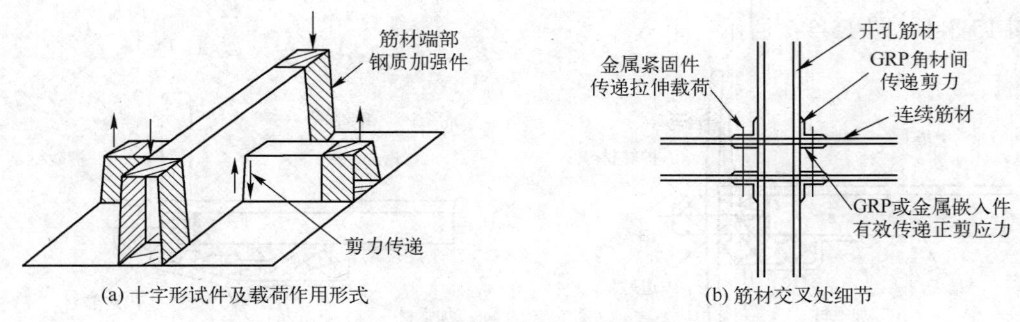

(a) 十字形试件及载荷作用形式　　(b) 筋材交叉处细节

图 15-2-6　帽形筋材的典型交叉连接构形

传统帽形筋材构件交叉接头的制作是很困难的。对于交叉结构中的小型材上所需的嵌入件必须在生产前进行精确定位。任何定位的偏差都可能影响筋材的性能，尤其是压缩性能。因此，应尽可能避免使用嵌入件。一旦小型材已固化成型，那么用来与大型材胶接的小型材表面就应该已经准备完成。然后对大型材的芯材进行切口让小型材穿过，然后将其胶接到预定位置。为了简化工艺，对倒角半径和材料的要求应该与筋材-壳板接头一致。接下来成型大型材，此时同样需要将大型材的腹板表层进行切口以穿过小型材。最后，在四周铺设增强层，增强覆盖层必须切割以保持和型材表面曲率相一致。显然，如果采用譬如喷射短切纤维成型的工艺，会节省许多麻烦，但是无论如何，生产这样一个高质量连接接头工作量都相当大。

如果筋材均采用预制件，那么筋材交叉结构的成型过程会得以简化。如果需要，在胶接定位之前，嵌入件很容易增加到小型材上，而大型预制构件仅需简单地沿小型材轮廓进行切口，并保持合适的间隙。倒角半径的处理与前面相同，薄的覆盖层仅需少量工作沿小型材轮廓成型。与其他工艺相比，对于给定的工程结构，这种设计方案的适用性可以通过数值分析或者试验来确定。

15.3　典型节点结构

对军用舰船而言，由于复合材料舰船尚处于初期研制和试用阶段，国内相关的规范还未出台，但船级社制定的《玻璃钢渔船船体结构节点》（SC/T 8065—2001）等行业标准对军用复合材料舰船结构的设计具有较好的参考作用，GJB4000—2000 中也给出部分典型节点参考方案，下面对此加以简要介绍。

15.3.1　板架间的典型连接节点

1. 甲板与舷侧壳板的连接

舷侧外板与甲板的连接节点是玻璃钢船体最重要的结构元件之一，正确地设计这一节点具有特别重要的意义。由于该连接处在船舶航行中将承受有较大的外载荷作用（如波浪、碰撞等），因此该节点要求在沿整个船体周边上应是连续，且应能保证水密性。

甲板与船体的连接节点可利用折弯凸缘，木垫和护舷材。这种连接型式在小艇和小船上采用。用紧固件的连接被成型连接取代，后者具有整体性，挠性小而且使用可靠，如图 15-3-1、图 15-3-2 所示。

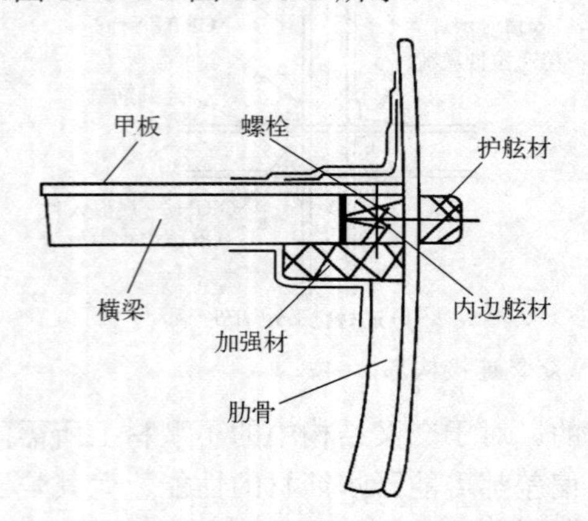

图 15-3-1　垂直式舷侧结构总图

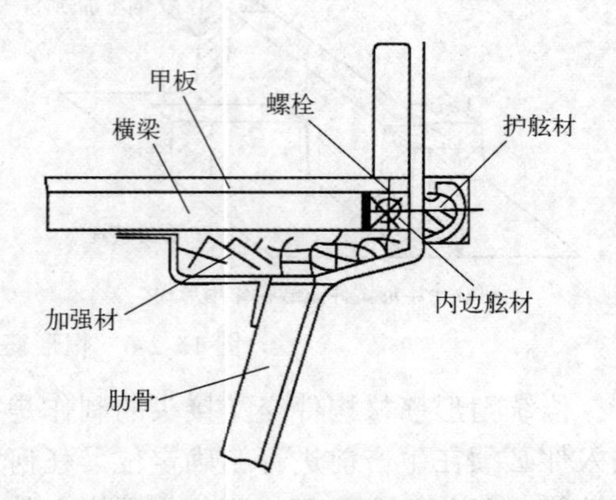

图 15-3-2　外飘式舷侧结构总图

舷部和甲板的成型连接包括板的连接及甲板骨架与舷侧骨架的连接。

对玻璃钢船体，甲板与舷侧的连接典型节点形式有以下几种：

（1）甲板放置在内边舷材之上，周围缝隙用玻璃纤维和树脂腻子填充（见图 15-3-3）。

（2）甲板与内边舷材用螺栓连接。

（3）甲板上边缘与船舷用玻璃布加糊，并覆盖螺栓及填料。

（4）甲板下边缘用玻璃布将内边舷材包覆在甲板和外板上。

（5）对于船长小于 15m 的玻璃钢渔船，甲板可用折边与外板连接（见图 15-3-4、图 15-3-5），其折边宽取 90～180mm。

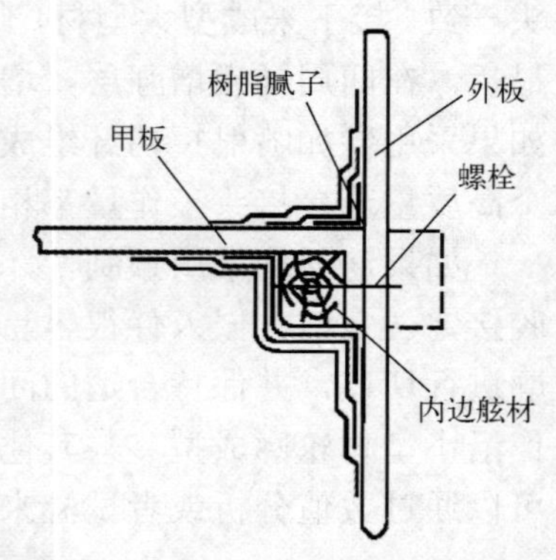

图 15-3-3　甲板与舷侧对接图

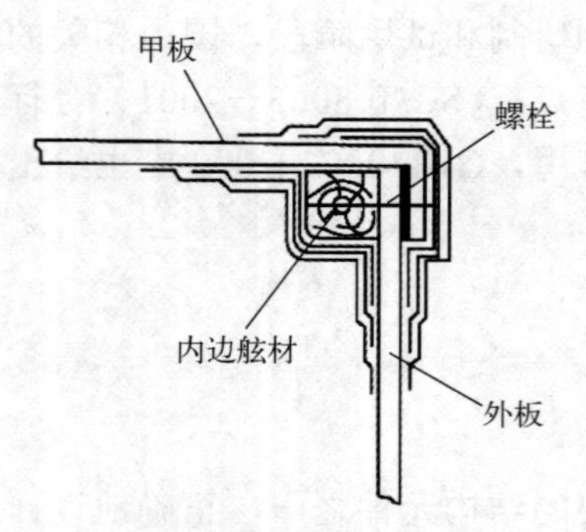

图 15-3-4　甲板外折边节点图

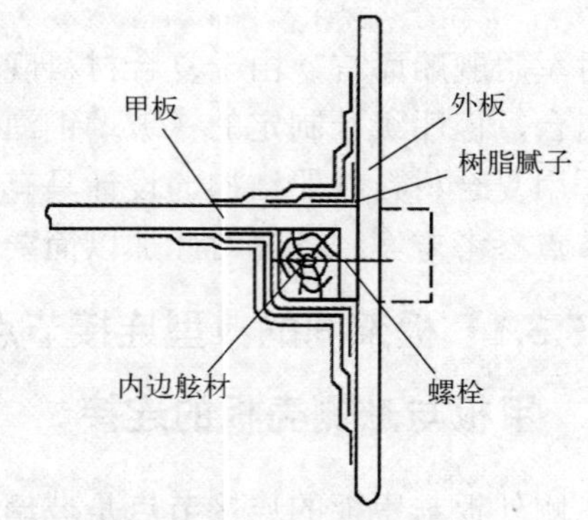

图 15-3-5　甲板内折边节点图

2. 舱壁与舷侧壳板的连接

舱壁与船壳板直接连接时，要在连接部位先放置梯形泡沫塑料或先铺敷 2～4 层玻璃布加强。舱壁与泡沫塑料之间用树脂腻子填充，两面加糊玻璃布将舱壁与船壳板连接起来，如图 15-3-6、图 15-3-7 所示。

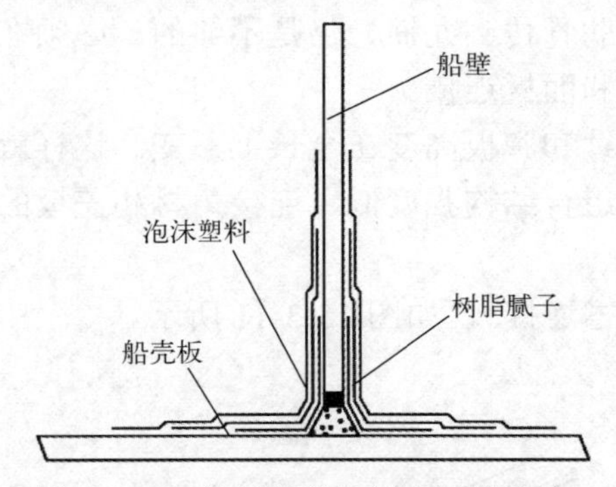

图 15-3-6　单板舱壁与船壳板的连接

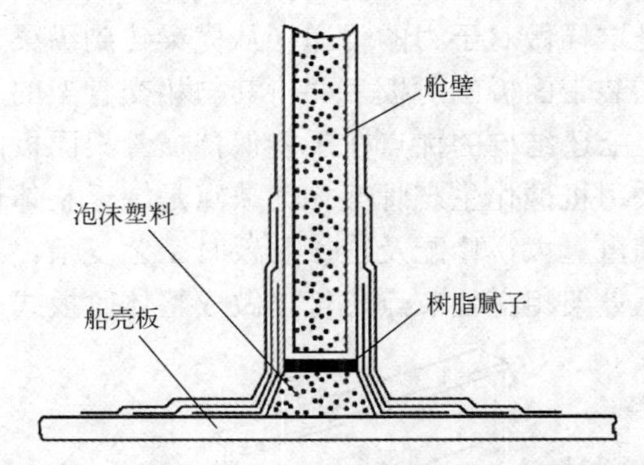

图 15-3-7　夹芯结构复合材料舱壁与船壳板的连接

舱壁与肋骨连接时，舱壁与肋骨一边对齐（图 15-3-8）；或舱壁与肋骨对接，对接处舱壁的厚度与肋骨的宽度相同并逐渐过渡（图 15-3-9）。然后两面加糊玻璃布，将舱壁与肋骨、船壳板连接起来。

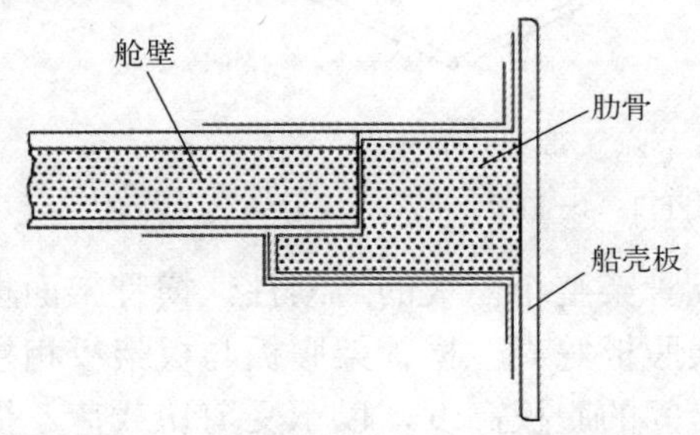

图 15-3-8　舱壁与肋骨一边对齐的连接

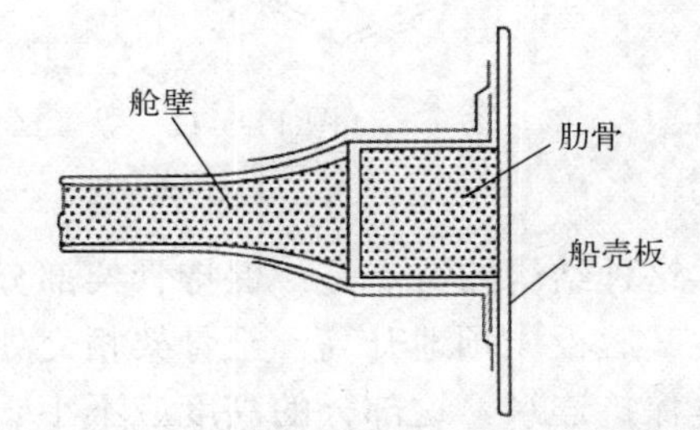

图 15-3-9　舱壁与肋骨对接的连接

15.3.2　骨架间的连接与穿舱

1. 骨材之间的连接

底部板架中的主要纵向构件（如旁内龙骨和中内龙骨）与横骨架（肋板）相交时，横骨架与主要纵骨架相交处的节点可采用嵌装肘板并保持横骨架面板连续的形式，如图 15-3-10 所示。在某种程度上，这种结构与金属船体中的肘板结构相同，只是将焊缝改为成型接缝。

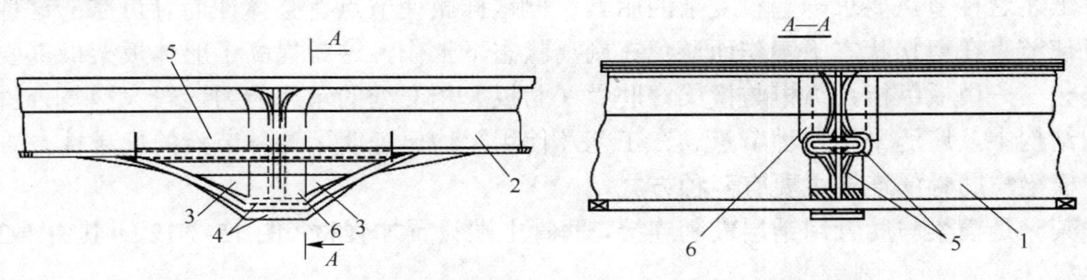

图 15-3-10　横梁与甲板纵桁相交处节点（带嵌装肘板）

1—甲板纵桁；2—横梁；3—肘板；4—盖板；5—盖板包板；6—连接材。

等剖面横骨架穿过纵骨架腹板上的矩形开口（纵骨架腹板高度等于或大于横骨架高度的两倍）。开口在浸以树脂的玻璃纤维的状态下用双面补板补好，并用角形盖板连接。但是这样做对于力的传递（从横梁传到纵梁或从肋骨传到龙筋）仍是不够的。必须在两面加装带面板的肘板，并将其与相交骨架的腹板和面板连接。

上述结构的优点在于能保持横骨架面板的连续和腹板高度在全长上不变。这样就可以采用机械化生产骨架。其缺点是缺乏整体性，组合结构强度低，连接角材和盖板的用量和重量大，修配及连接肘板时工艺复杂。

骨架相交处节点还可以做成整体肘板式（开槽连接），如图 15-3-11 所示。

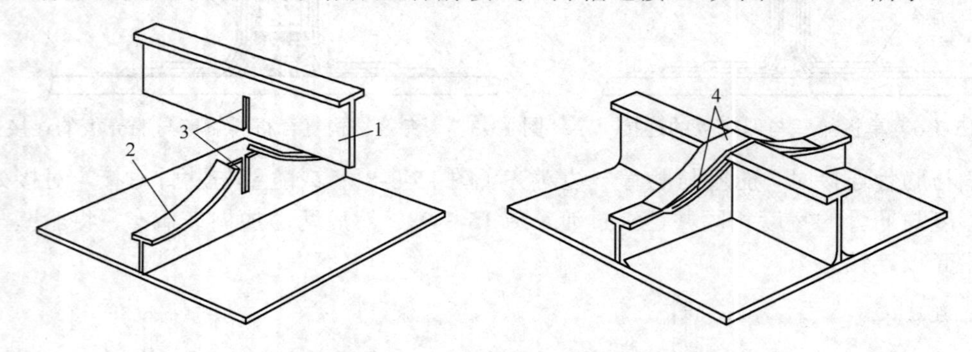

图 15-3-11　纵、横骨架相交处节点（带整体肘板）

1—纵骨架；2—横骨架；3—开口；4—盖板。

这种结构的特点是：保持骨架部分腹板和纵骨架整个面板的连续性，横骨架面板间断，其腹板光顺地升高，至骨架相交处与纵骨架腹板等高。横骨架腹板与板架板相接的部分保持连续。这部分的高度应不小于骨架在跨间的腹板高度，以承受剪切载荷。横骨架面板光顺地延伸至纵架面板并在该处切断。横骨架的升高腹板在骨架相交处开切口；在纵骨架腹板与板相接的一面也开出类似的切口，其高度不应超过纵骨架本身高度的一半。这样，骨架就以嵌槽方式连接。在这种情况下，参加船体总弯曲的纵骨架面板及与面板相连的一半腹板仍然保持连续。为了补偿横骨架面板的切断，在面板两面各设置厚度不小于面板厚度一半的盖板，如果型材高度较低，设置内盖板有困难时，可以只安设外盖板，但其厚度应不小于横骨架面板厚度的 0.8 倍。

为了提高嵌槽连接节点的整体性，骨架相交处的四周均应用垂直角材将其相互连接起来。

上述这种节点要求一些较复杂的胎具，但这样做使节点有整体性而且可靠；这种结构可使节点在剪切状态下工作而避免在剥离状态下工作，这就提高了船体板架最重要节点之一——甲板纵桁，纵桁与横梁，肋骨（肋板）相交处的承载能力。较大型复合材料船的结构中，广泛采用这种节点。在工艺及使用上均已证明了这种节点的优越性。

横梁与肋骨的连接主要有两种方式，

其一是横梁与肋骨用铺层糊制连接，肋骨上端设置加强材（图 15-3-12）；其中 $l=2h$，$b=h/2$。

其二是横梁与肋骨用肘板连接，周围用玻璃布包糊（图 15-3-13）；其中 $a=2h$。

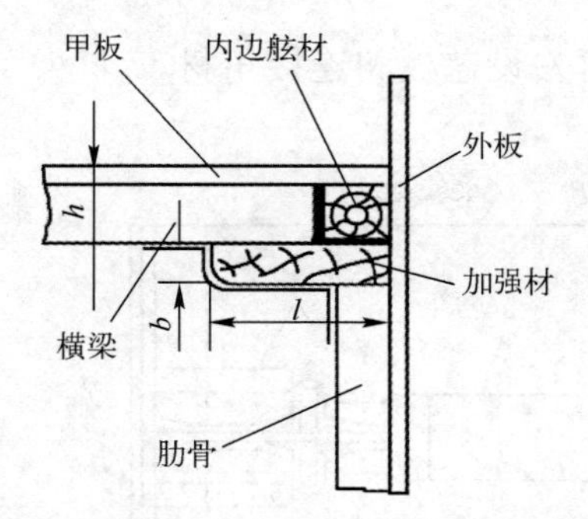

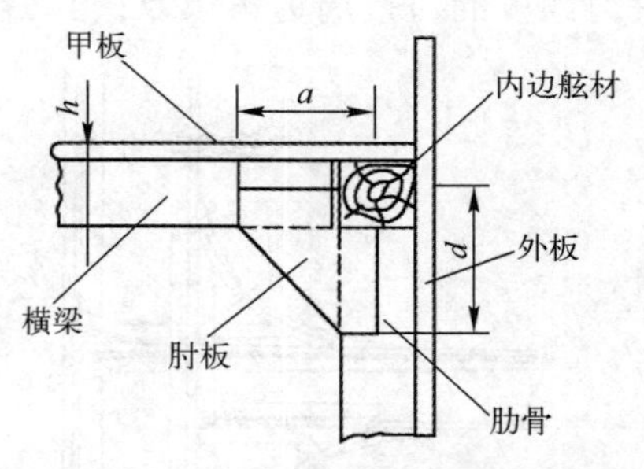

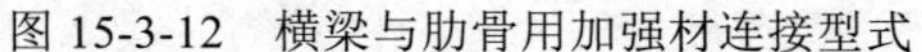
图 15-3-12　横梁与肋骨用加强材连接型式　　　图 15-3-13　横梁与肋骨用肘板连接型式

2. 骨架穿过舱壁

建造玻璃钢船体时，在保证密闭性方面很大的困难来自骨架，特别是各种用途的加强筋（纵向、横向）通过密闭结构（水密隔壁；甲板和平台；燃油柜、滑油柜、水柜的壁板和顶盖；气密舱室的围壁和壁板）处的节点。

制造这类节点的基本原则是：安设材料与基本结构材料相同的补板以封闭板架上加强筋通过处的开口。开口内充填以浸过胶黏剂的短切玻璃纤维，固化后所形成的玻璃钢起了补板的作用；再利用连接角材和盖板将其固定起来。

这种结构节点中，加强筋用成型角材与外板连接且通过隔壁板上的梯形开口。为了保证连接处的密闭性和强度，开口内要填以浸过树脂的玻璃纤维，然后将加强筋的面板和腹板与隔板胶接固定。

纵桁通过舱壁时，为保持纵桁的连续性，舱壁开孔使纵桁通过。舱壁上的开孔尺度稍大于纵桁的尺寸，缝隙用增强纤维和树脂腻子填充。纵桁通过后两边用封板封闭，单块封板的高度为开孔高度的 2/3，封板的宽度为开孔宽度的 2 倍，并用铺层将封板包敷在舱壁与纵桁上，如图 15-3-14 所示。

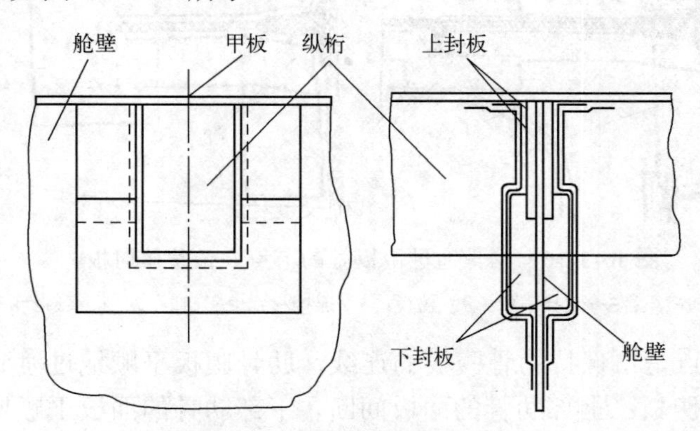

图 15-3-14　纵桁通过舱壁的连接

当舷部板架与下层甲板和平台板架相交时（图 15-3-15），形成肋骨通过铺板处的水密节点和保证肋骨与横梁具有强固和可靠的连接是非常重要的。

甲板铺板在通过连续肋骨处开设矩形（梯形）开口。如果骨架不高，在其通过处填以浸树脂的玻璃纤维；如果肋骨比较高（150mm 以上），则可在开口处补上干的玻璃板块，板块与铺板的对接周边再填以密封膏，然后再安设盖板和连接角材。

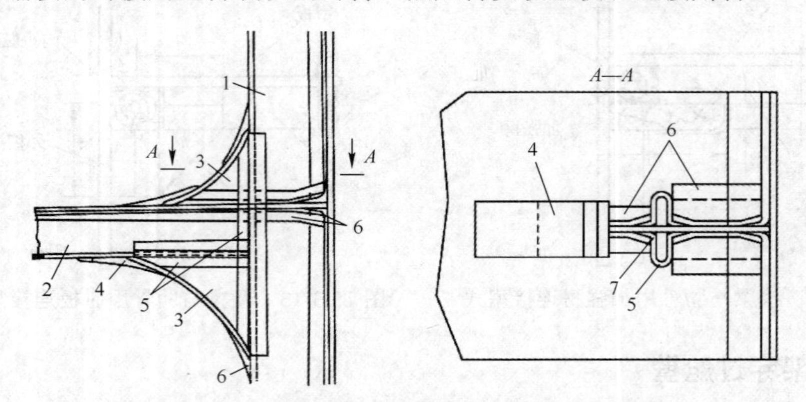

图 15-3-15　肋骨通过甲板处的节点（带嵌装肘板）

1—肋骨；2—横梁；3—肘板；4—盖板；5—盖板包板；6—连接材；7—玻璃纤维。

横梁与肋骨的连接可利用嵌装肘板，并将横梁腹板和肘板与肋骨面板成型连接；也可将横梁高度增加到1.5～2倍，即将肘板与横梁做成一整体而固定到肋骨面板上。

这两种方案都需要安设上部肘板以增加节点刚度和固定补板。

这种结构适用于没有很大剥离载荷的节点。一些小船上，肋骨通过艇体内玻璃钢制燃油柜的节点可以采用这种结构。

对于下甲板和平台延伸很长承受很大外载荷的结构，应该采用图 15-3-16 所示的肋骨通过甲板的节点。

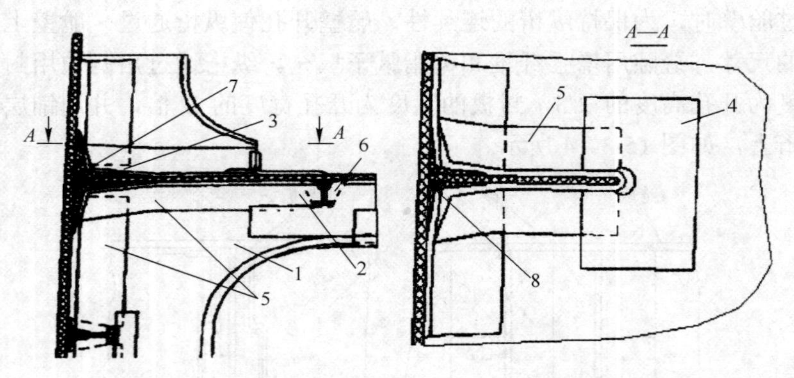

图 15-3-16　肋骨通过甲板处的节点（带整体肘板）

1—肋骨；2—横梁；3—连接盖板；4—盖板；5—连接材；6—开口；7—止水口；8—密封料。

这种节点的特点是：保持肋骨腹板的连续，肋骨腹板平顺地过渡到连接肋骨和横梁的双面T形肘板的腹板；上部肋骨的面板间断，下部肋骨的面板平顺地过渡到横梁的面板，两者相互对接；甲板铺板上开有通过肋骨腹板的切口。

通过甲板处的腹板高度取决于为承受作用于肋骨在甲板处支承剖面的弯矩和剪力所必需的剖面惯矩。由于在该处没有型材的自由面板，因而不得不大大增加腹板高度（到2～2.5 倍），有时还要增加其厚度。铺板上切口宽度取决于肋骨腹板厚度和工艺上要求的间隙（每边1～2mm）；在切口顶部做成圆弧，在根部则开斜口以通过肋骨的连接角材。

上述措施可以形成一个用来填充密封料以保证连接密封性的周界。为了同一目的在肋骨腹板上与甲板的交线处开一直径 15～20mm 的半圆形小孔，孔内填了密封膏以后就可防止某一舱内的浸水通过肋骨腹板流到相邻隔舱中去，肋骨的连接角材在该处是间断的。上部肋骨的面板按圆弧（$R>h$）平顺地弯曲，并通过减小宽度和厚度而逐渐缩小（约缩小一半）。此处肋骨的腹板，变为 T 形肘板的上部，肘板有高度等于连接角材高度的突肩。下部肋骨的面板按圆弧过渡到横梁面板的高度，其宽度和厚度也逐渐减少到横梁面板的尺度，这样就形成了下部 T 形肘板，其直线部分与横梁对接。这一段的肋骨腹板的高度平顺地增加，而厚度光顺地减少。腹板采用对角增强结构可使这部分外形相当复杂的肋骨的成型大大简化。

主要纵向骨架（甲板纵桁、边纵桁、中内龙骨）通过横隔壁处的结构节点与肋骨通过甲板的节点相同。此时，纵骨架保持连续，隔壁防挠材则与其相连接。在隔壁板上或者开矩形切口以通过面板保持连续的甲板纵桁（边纵桁），并用肘板将面板与隔壁防挠材连接，或者开槽以通过 T 形肘板的腹板，纵骨架的面板则过渡为防挠材的面板。

考虑到主要纵骨架参与保证船体总强度，在大挠度情况下肘板的成型连接有可能会剥离，所以甲板纵桁和边纵桁与隔壁防挠材最好不用肘板连接，这点和肋骨与横梁的连接有所不同。

15.3.3　其他典型专用结构

1. 龙骨结构

为了提高平板龙骨的强度和刚度，玻璃钢船舶的平板龙骨一般采用方龙骨形式。方龙骨与船壳一体糊制成型；小型船舶方龙骨内可填充泡沫、短切纤维等填料并加聚酯树脂；方龙骨上方用铺层法封闭并与外板内表面连接，如图 15-3-17 所示。

对于大型船舶，方龙骨内中部可设置强度性能更为优异的木质加强筋材，两边用增强填料及聚酯树脂（或泡沫）填充。方龙骨上方用盖板加封，在盖板上面设中内龙骨加强材，加强材上方用泡沫塑料作芯材，并用铺层法将中内龙骨及盖板包覆在船底板上，如图 15-3-18 所示。

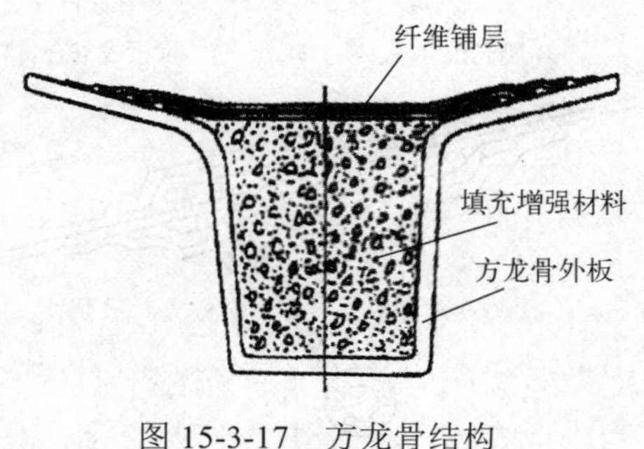

图 15-3-17　方龙骨结构

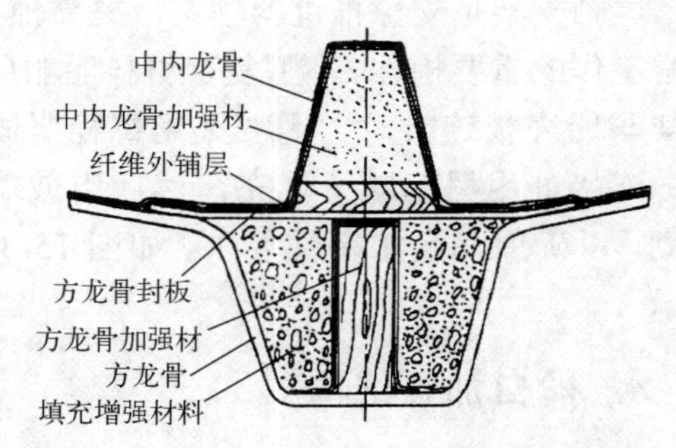

图 15-3-18　方龙骨与中内龙骨的连接图

2. 舭龙骨结构

对于小型船艇，复合材料舭龙骨的典型连接节点主要包括以下两种型式：一种为开放折角型舭龙骨，如图 15-3-19 所示，可用于长度小于 10m 的玻璃钢渔船；另一种为收缩型舭，如图 15-3-20 所示，常用于长度小于 20m 的玻璃钢渔船。

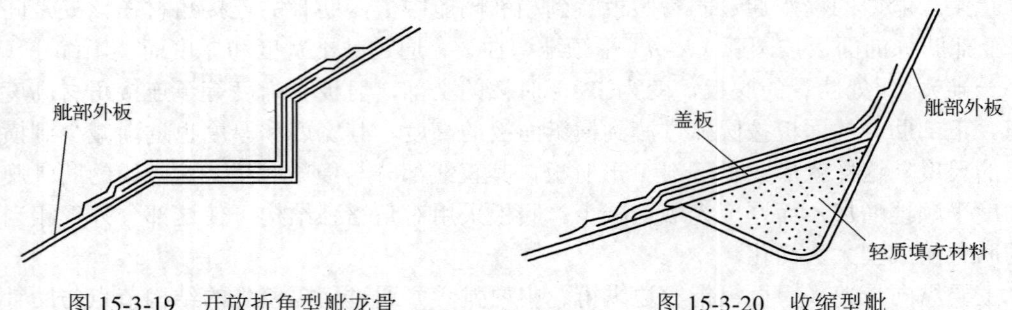

图 15-3-19　开放折角型舭龙骨　　图 15-3-20　收缩型舭

对于长度超过 20m 的复合材料船艇，宜采用组合式梯形芯材舭龙骨，如图 15-3-21 所示。必要时，组合式舭龙骨还可采用木板与泡沫塑料混合芯材的三角形舭龙骨结构形式，如图 15-3-22 所示。此类舭龙骨采用帽形结构时，泡沫塑料芯材或木材时应将芯材包敷于舭龙骨处，其铺层厚应略小于船壳外板厚度。

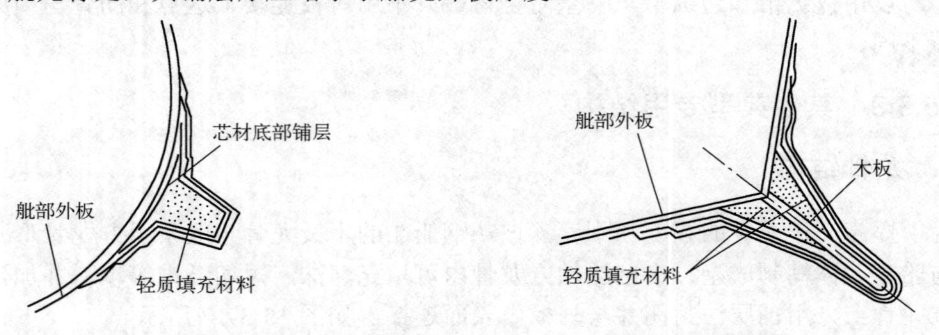

图 15-3-21　梯形芯材舭龙骨　　图 15-3-22　中心带木板的三角形舭龙骨

3. 尾轴架结构

尾轴支架是支撑推进器轴系，提高轴系强度与刚度，减小和控制尾轴振动，保证其正常工作的重要构件。小型复合材料船舶尾轴支架与船壳板连接时，需要采用螺栓坚固连接，连接处用树脂腻子填充，然后用玻璃布加糊，以确保满足水密性要求，如图 15-3-23 所示。

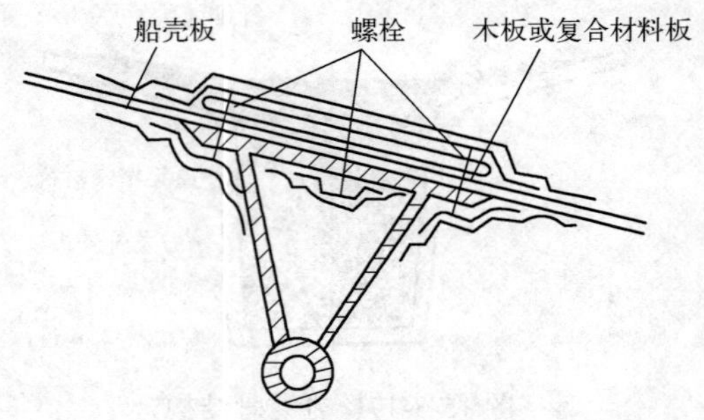

图 15-3-23　尾轴支架节点图

4. 舱口加强结构

复合材料船体因不能像金属材料一样随意切割、开口和焊接，因此其舱口节点结构的设计非常重要，且应在制造过程中严格按工艺成型。图 15-3-24 所示为一个典型的复合材料胶接舱口结构。

其中，芯材用泡沫塑料或巴萨软木。舱口斜牙与内口舱盖相接部分加铺密封橡胶。实际制造过程中，还可以使用其他结构，如采用螺栓与胶接的混合连接结构节点，如图 15-3-25 所示。

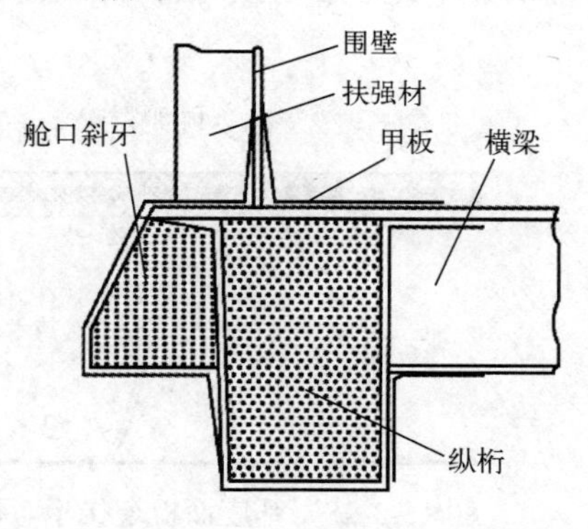

图 15-3-24　胶接舱口节点图

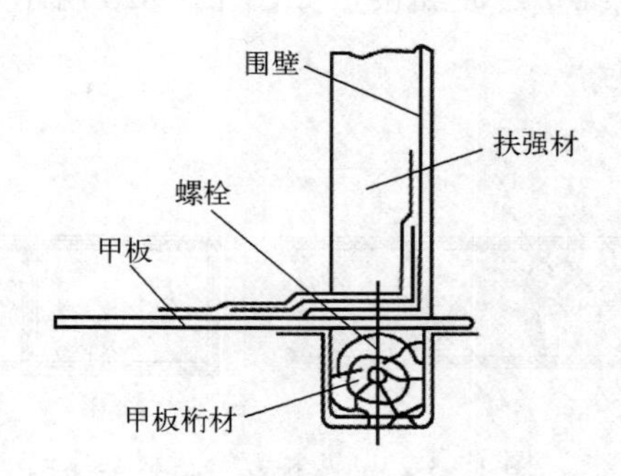

图 15-3-25　螺栓连接舱口节点图

5. 基座结构

图 15-3-26 为某型混合基座结构图，可用于复合材料船体内设备安装基座的设计参考。

典型混合结构基座的连接一般可选用矩形断面泡沫芯材，木材或结构泡沫等，从矩形芯材旁开设螺栓用孔，并在芯材中部开设螺栓孔。将芯材包敷于船底板上，再糊制上玻璃钢肘板支撑基座；基座上方可加一槽钢，并用螺栓与基座连接；最后再焊上肘板支撑槽钢，如图 15-3-26 所示。

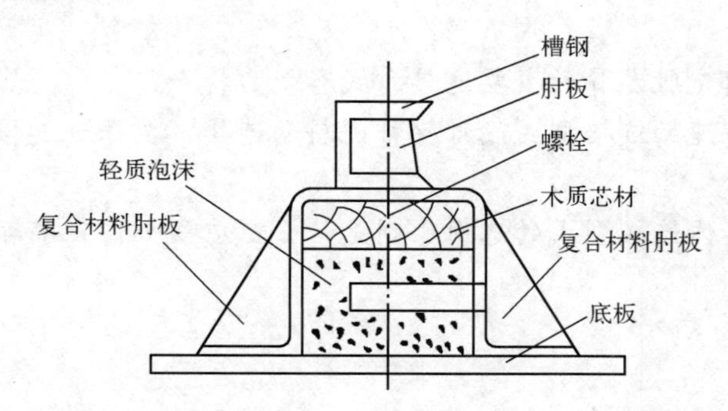

图 15-3-26　某型混合基座结构图

随着材料科技发展，采用多种材料体系设计满足要求的基座结构已成为当下研究的热点。通过复合材料质轻高强的特点，满足基座结构刚度的同时，通过设计合理的阻尼夹芯结构，提高基座减振耗能的能力，以高阻尼和高阻抗实现较好的减振效果。

图 15-3-27 为复合材料减振基座结构的概念设计，基座结构为夹层含筋结构，上下面板采用直支撑或弧形支撑两种复合材料筋材隔板形式。

其中以弧形支撑可设计性更强，可根据基座所受载荷以及基座频率储备等要求，调整面板铺层、面板厚度、弧形支撑弧度、弧形支撑厚度、夹芯厚度等参数来达到结构静/动力学要求。最为重要的是，可选择具备合理刚度和阻尼性能的芯材填充，以降低结构在共振频率区域的振动水平。

对于基座面板与机械设备之间的连接节点，可采用预埋钢质板或者是多层夹芯板（夹芯材料为钢板和层合板），连接螺孔穿透增强面板，在芯材填充前连接螺杆，弧形支撑通过纤维布过渡黏接，如图 15-3-28 所示。

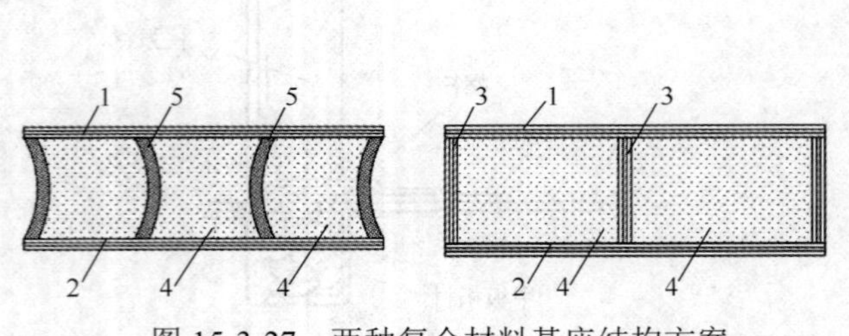

图 15-3-27　两种复合材料基座结构方案

1—上面板；2—下面板；3—直支撑；4—芯材；5—弧形支撑。

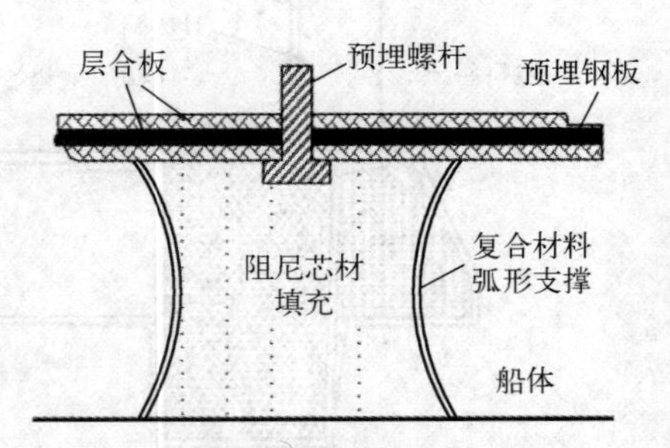

图 15-3-28　基座面板连接示意图

思考题

（1）夹芯结构板的对接有哪几种型式？各有什么特点？

（2）复合材料船体结构中铆接与胶接相比，各自的应用范围是什么？相应结构的承载状态和典型破坏模式有什么特点？

（3）复合材料加强结构中，主要纵向骨架与横向骨架交叉的部位有哪几种连接方式？各有什么特点？

（4）简述泡沫填充舭龙骨的主要连接方式和受力特点？

（5）混合结构基座的连接型式设计异种材料的连接，要保证连接结构合理应注意哪些问题？

（6）复合材料船体连接型式的选用原则是什么？应该如何正确理解？

参考文献

[1] 邵开文，马运义. 舰船技术与设计概论[M]. 北京：国防工业出版社， 2005.

[2] 刘徐源，等. 船舶及海洋工程用结构钢（GB712—2011）. 中国国家标准化管理委员会. 2011.

[3] 朱锡. 水面舰艇结构[M]. 大连：大连海事大学出版社，2000.

[4] 贺小型. 潜艇结构[M]. 北京：国防工业出版社，1991.

[5] 彭公武. 船体结构与制图[M]. 哈尔滨：哈尔滨工程大学出版社，2007.

[6] 瓦加诺夫 AM，卡尔梅奇科夫 AП，弗利德 MA. 玻璃钢船体结构的设计[M]. 丁玮，译. 北京：国防工业出版社，1977.

[7] 孙启星. 复合材料整体加筋壁板的实效分析[D]. 南京航空航天大学，2008.

[8] 白光辉. 复合材料船艇结构选型及抗爆性能分析[D]. 哈尔滨工业大学，2010.

[9] 孙春方. 磁浮列车用 PMI 泡沫芯夹层结构研制和性能研究[D]. 同济大学，2007.

[10] 朱锡，等. 舰艇结构[M]. 北京：国防工业出版社，2014.

[11] 张二. 初始几何缺陷对锥-环-柱结合壳力学性能影响研究[D]. 海军工程大学，2015.

[12] 王庆丰，等. 船舶结构设计方法[M]. 上海：上海交通大学出版社，2019.

[13] 魏莉洁. 船舶结构与制图[M]. 北京：人民交通出版社，2009.

[14] 李华东，等. 舰艇结构[M]. 武汉：华中科技大学出版社，2019.

[15] 中国建筑西南设计研究院有限公司等. 结构设计统一技术措施[M]. 北京：中国建筑工业出版社，2020.

[16] SHENOI R A, WELLICOME J F. 船舶与海洋复合材料结构物工程应用技术[M]. 梅志远，等译. 北京：科学出版社，1977.